绿色环保领域普通高等教育教学丛书

环境生物学

（第二版）

杨柳燕　缪爱军　主编

科学出版社

北京

内 容 简 介

本书在介绍环境生物学与环境生态学知识的基础上,从污染物的运移、生物效应与生态效应三个方面论述了环境污染物对生物的影响。从环境物质的生物转化、有机污染物的生物降解、污染物的生物处理和环境生物修复三个方面论述污染物的生物转化降解过程、机理与方法,最后阐述了生物与环境的交互作用,提出人类与环境和谐发展。

本书可作为高等学校环境科学与工程类专业本科生和研究生教材,也可以供环境科学与工程领域科研和管理人员参考。

图书在版编目(CIP)数据

环境生物学 / 杨柳燕, 缪爱军主编. -- 2版. -- 北京:科学出版社, 2024.9. -- (绿色环保领域普通高等教育教学丛书). -- ISBN 978-7-03-079465-9

I. X17

中国国家版本馆 CIP 数据核字第 2024LR3368 号

责任编辑:赵晓霞 / 责任校对:邹慧卿
责任印制:赵 博 / 封面设计:有道文化

科 学 出 版 社 出版
北京东黄城根北街 16 号
邮政编码:100717
http://www.sciencep.com

固安县铭成印刷有限公司印刷
科学出版社发行 各地新华书店经销

*

2022 年 6 月第 一 版 开本:787×1092 1/16
2024 年 9 月第 二 版 印张:21 1/2
2025 年 8 月第五次印刷 字数:490 000

定价:89.00 元
(如有印装质量问题,我社负责调换)

第二版前言

环境科学与工程是一门综合性学科，涉及自然、人文、社会、经济和工程等多个领域。环境生物学是环境科学与工程类专业的一门基础性课程，该课程要求学生掌握与环境相关的生物学知识的同时，熟悉生物学在生态环境保护方面的应用。

目前，我国生态环境问题依然突出，生物多样性保护和生态功能恢复刻不容缓。面向"双碳"目标和新污染物防控，迫切需要利用生物学知识对环境问题现状、成因和效应进行探索，也需要利用生物学和生态学知识实施环境污染的控制与生态修复，有效提升我国生态环境质量，保障区域环境的生态安全和广大人民群众的身体健康。

南京大学环境学院环境生物学的创立为国内高等院校环境类人才培养做出了重要贡献。时值南京大学环境学院成立四十年之际，教研室的老师修编了本书，力求反映绿色环保领域中环境生物学发展的最新成果，系统、全面地叙述环境生物学的知识要点，为学生学习环境类专业课程奠定坚实的基础。

本书共十章，前三章主要介绍环境生物学概论、环境生物学和环境生态学基础知识，第四章至第六章叙述了污染物的运移、生物效应和生态效应，第七章至第九章叙述了污染物的生物转化和控制，第十章讲述了生物与环境交互作用过程。在再版过程中，不仅增加了环境生物学新的知识点，而且增加了辅助的阅读和视频材料，补充了环境生物学有关的实验和实践教学内容。通过知识图谱构建、数字资源开发和示范课程建设，增强环境生物学知识传播的力度，提升知识传播的效果。

本书由杨柳燕(第一章、第十章)、王晓琳(第二章)、陈良燕(第三章)、季荣(第四章第一、二节)、缪爱军(第四章第三节)、李梅(第五章第一至三节)、钟寰(第五章第四节)、张效伟(第六章)、肖琳(第七章)、蒋丽娟(第八章)、张徐祥(第九章)负责修编，由缪爱军完成统稿。本书编写过程中的资料收集、图表绘制和视频材料制作等方面的工作得到了研究生的大力支持，在此深表感谢。

由于环境生物学涉及的内容广泛，相关的生态环境科技知识发展迅速，本书如存不足之处，恳请生态环境保护领域广大专家、从业者和老师批评指正。

杨柳燕　缪爱军
2024 年 5 月

第一版前言

环境科学与工程是一门综合性学科，涉及自然、人文、社会、经济和工程等多个领域。环境生物学是环境科学与工程类专业的一门基础性课程，该课程要求学生掌握与环境相关的生物学知识，并且了解生物学在环境保护方面的应用。

目前，我国环境问题突出，区域水污染问题依然严重，大气和土壤污染治理也刻不容缓。因此，迫切需要利用生物学知识对环境问题现状、成因和效应进行探索，也需要利用生物学、生态学知识进行环境污染的控制、生态修复，有效提升我国环境质量，保障区域环境的生态安全和广大人民群众的身体健康。

南京大学环境学院环境生物学方向的老师一直积极开展环境生物学的教学和科研工作，形成了独特的学科优势，孔繁翔为主编、尹大强和严国安为副主编编写的面向21世纪课程教材《环境生物学》系统传授了环境生物学知识，为国内高等院校环境类人才培养打下了良好的基础。丁树荣、金洪钧、周风帆、孔志明、马文漪、章敏、程树培、孔繁翔和许超等老师为南京大学环境生物学的创立、发展做出了重要贡献。在此基础上，教研室老师编写了本书，力求在反映环境生物学最新成果的同时，系统、全面地叙述环境生物学的知识要点，为学生学习环境类专业课程奠定坚实的基础。

本书共十章，前三章主要介绍环境生物学概论、环境生物学和环境生态学基础知识，第四章至第六章叙述了污染物的运移、生物效应和生态效应，第七章至第九章论述了污染物的生物转化和控制，第十章讲述了生物与环境交互作用过程。

本书由杨柳燕(第一章、第十章)、王晓琳(第二章)、陈良燕(第三章)、季荣(第四章第一、二节)、缪爱军(第四章第三节)、李梅(第五章第一至三节)、钟寰(第五章第四节)、张效伟(第六章)、肖琳(第七章)、蒋丽娟(第八章)、张徐祥(第九章)负责编写，由杨柳燕完成统稿。本书编写过程中的资料收集、图表绘制等方面的工作得到了研究生的大力支持，在此深表感谢。

由于环境生物学涉及的内容广泛，相关的环境科技发展迅速，同时由于编者的水平有限，本书难免存在不足之处，恳请环境领域广大专家和老师指正。

杨柳燕
2021年11月

目 录

第二版前言
第一版前言
第一章 绪论 ··· 1
　第一节 环境生物学定义与内涵 ··· 1
　　一、环境概述 ··· 1
　　二、环境生物学的定义 ·· 2
　　三、环境生物学的内涵 ·· 3
　　四、环境污染生物防控 ·· 5
　第二节 环境生物学与相关学科 ··· 7
　　一、环境生物学与生态学 ··· 7
　　二、环境生物学与毒理学 ··· 8
　第三节 环境生物学发展历程与趋势 ·· 9
　　一、环境生物学发展历程 ··· 9
　　二、环境生物学发展趋势 ·· 10
　思考题和习题 ·· 15
　参考文献 ··· 15
第二章 环境生物学基础 ··· 16
　第一节 生物体组成 ··· 16
　　一、细胞形态特征 ·· 16
　　二、细胞结构与功能 ··· 17
　　三、生物大分子 ··· 22
　第二节 生物生长、生殖、分裂与代谢 ·· 26
　　一、生物生长 ·· 26
　　二、生物生殖 ·· 28
　　三、细胞分裂 ·· 30
　　四、生物代谢 ·· 32
　第三节 生物遗传、变异与调控 ··· 36
　　一、生物遗传与变异 ··· 36
　　二、生物调控 ·· 41
　第四节 生物组学 ··· 44
　　一、组学的定义 ··· 44
　　二、基因组学 ·· 45

三、转录组学和蛋白质组学···46
　思考题和习题···50
　参考文献··50

第三章　环境生态学基础···51
第一节　生态系统的概念···51
　　一、生态系统基本组成···51
　　二、生态系统的食物链与食物网···52
　　三、生态系统中生产和分解过程···54
第二节　生态系统类型··54
　　一、陆地生态系统··54
　　二、淡水生态系统··58
　　三、海洋生态系统··63
第三节　生态系统功能··66
　　一、物质循环··66
　　二、能量流动··73
　　三、信息传递··76
第四节　生物多样性···77
　　一、遗传多样性··77
　　二、物种多样性··78
　　三、生态系统与景观多样性···79
　思考题和习题···81
　参考文献··81

第四章　污染物环境过程、行为与生物运移·································82
第一节　环境与污染物··82
　　一、污染环境··82
　　二、污染物种类··86
第二节　污染物在环境中迁移转化··100
　　一、污染物的环境过程··100
　　二、土壤环境中污染物迁移转化·······································102
　　三、水环境中污染物迁移转化··105
　　四、大气环境中污染物迁移转化·······································106
　　五、环境因子对污染物环境过程的影响······························108
第三节　污染物在生物体中运移··111
　　一、生物运移···111
　　二、生物富集与放大··116
　思考题和习题···122
　参考文献···122

第五章 污染物的生物效应 ………………………………………………………… 123
第一节 污染物对生物的个体效应 ……………………………………………… 123
一、污染物与营养性污染物 ……………………………………………… 123
二、污染物与毒物 ………………………………………………………… 124
三、污染物的毒性效应指标 ……………………………………………… 130
第二节 复合污染对生物的联合效应 …………………………………………… 132
一、复合污染 ……………………………………………………………… 132
二、复合污染联合效应 …………………………………………………… 135
第三节 污染物毒性测试方法 …………………………………………………… 136
一、急性、慢性毒性测试方法 …………………………………………… 136
二、遗传毒性测试方法 …………………………………………………… 141
三、其他毒性测试方法 …………………………………………………… 145
第四节 环境污染风险评估 ……………………………………………………… 146
一、模式生物 ……………………………………………………………… 146
二、流行病学调查 ………………………………………………………… 148
三、健康风险评估 ………………………………………………………… 149
思考题和习题 ……………………………………………………………………… 151
参考文献 …………………………………………………………………………… 152

第六章 污染物的生态效应 ………………………………………………………… 153
第一节 化学污染物影响生态系统的作用模式 ………………………………… 153
一、直接作用和间接作用 ………………………………………………… 153
二、有害结局路径和致毒机制 …………………………………………… 154
三、典型污染物的生态效应 ……………………………………………… 155
第二节 化学污染物对生态服务功能的影响 …………………………………… 160
一、生态服务功能 ………………………………………………………… 160
二、环境污染对生态系统服务功能的影响 ……………………………… 163
第三节 环境污染生态效应评估 ………………………………………………… 165
一、环境污染的生态效应评估 …………………………………………… 165
二、生态基因组学技术在环境污染生态效应评估中的应用 …………… 170
思考题和习题 ……………………………………………………………………… 175
参考文献 …………………………………………………………………………… 175

第七章 环境物质的生物转化过程 ………………………………………………… 176
第一节 生态圈元素生物转化 …………………………………………………… 176
一、碳的生物转化 ………………………………………………………… 176
二、氮的生物转化 ………………………………………………………… 181
三、磷的生物转化 ………………………………………………………… 189
四、其他元素生物转化 …………………………………………………… 192
第二节 生物毒素的形成和作用 ………………………………………………… 200

一、微生物毒素 200
　　二、植物毒素 201
　　三、动物毒素 202
　第三节　基于生物转化的污染物资源化 203
　　一、生物质能源化 203
　　二、绿色化学品生产 205
　思考题和习题 211
第八章　有机污染物的生物降解过程 212
　第一节　天然有机污染物的生物降解 212
　　一、石油类污染物 212
　　二、生物毒素 216
　第二节　人工合成有机污染物的生物降解 218
　　一、农药 218
　　二、邻苯二甲酸酯 225
　　三、双酚 A 和四溴双酚 A 228
　　四、表面活性剂 230
　第三节　持久性有毒有机化合物的生物降解 231
　　一、多氯联苯 232
　　二、二噁英 236
　　三、多环芳烃 238
　　四、烷基苯酚 240
　　五、多溴联苯醚 242
　第四节　有机污染物生物降解的影响因素 243
　　一、生物活性 243
　　二、化合物结构 244
　　三、环境因素 245
　思考题和习题 247
　参考文献 247
第九章　污染物生物处理和环境生物修复 249
　第一节　污染物生物处理 249
　　一、污水生物处理 249
　　二、固体废物生物处理 262
　　三、废气生物处理 264
　　四、污染物的生态处理 267
　第二节　污染环境生物修复 270
　　一、污染环境的微生物修复 270
　　二、污染环境的植物修复 274
　　三、污染环境的动物修复 278

四、富营养水体生态修复 ·· 279
第三节　现代生物技术在环境保护中的应用 ································ 282
　　一、微生物制剂 ··· 283
　　二、基因工程菌 ··· 286
　　三、转基因生物 ··· 288
　　四、合成微生物组 ·· 290
思考题和习题 ·· 293
参考文献 ··· 293

第十章　生物与环境的交互作用 ··· 294
第一节　污染环境中生物演替 ·· 294
　　一、淡水环境污染与生物演替 ·· 295
　　二、海洋环境污染与生物演替 ·· 296
　　三、陆地环境污染与生物演替 ·· 298
第二节　环境污染与生物适应和变异 ···································· 299
　　一、环境污染与生物变异 ·· 300
　　二、环境胁迫和生物抗性 ·· 305
第三节　生物改变生存环境 ·· 308
　　一、生物净化污染环境 ·· 308
　　二、生物固碳 ·· 312
　　三、生物导致环境污染 ·· 317
第四节　环境与人类健康 ··· 320
　　一、人类在环境中的地位 ·· 320
　　二、环境污染与人类疾病 ·· 322
　　三、可持续发展 ··· 326
思考题和习题 ·· 329
参考文献 ··· 329

第一章

绪　论

本章导读

环境生物学是一门阐述生物与环境之间相互关系的学科。环境生物学的知识不仅可以用于评价环境质量和污染物的生物效应，而且可以用于环境污染控制，因此环境生物学是一门应用学科，利用生物技术，有效控制和治理环境污染，监测和评价环境质量，维护生态系统的平衡，实现人类环境的可持续发展。本章论述了环境生物学的定义、内涵、作用，以及与相关学科的关系及其发展历程、趋势。

第一节　环境生物学定义与内涵

一、环境概述

(一) 环境的定义

环境(environment)一词的含义在生态学和环境科学中是有差别的。环境是一个相对的概念，即相对于一个特定的主体。环境的一般含义指某一特定生物体或生物群体所处的空间以及对其产生影响的全部外界因素的集合。生态学是研究生物与其环境之间的相互关系的学科。显然，生态学中环境概念突出环境的自然特性，主体是生物，而环境是与生物(群)体相关的所有外界因素(通常区分为生物的和非生物的因素两大类)的集合。在环境科学中，一般以人类为主体，环境是指人类所处的空间以及能与人类发生相互作用的全部外界因素的集合，涉及地球表面与人类相关的各种自然要素及其总和。环境科学中的环境概念在保留环境自然特性的同时，强调其人文特性。它既是人类生存所依赖的空间，也是人类开发利用的对象。

环境是人类生存的物质基础，人类的生产、生活等一切活动都离不开自然环境，它与自然生态系统的结构和功能密切相关。人类通过生产和消费从自然界中获取生存资源，然后又将使用过的自然物质和各种废弃物归还给自然，从而参与了自然界的物质循环和能量流动，也就是说人类只是自然环境的一个有机组成部分。

(二) 环境问题的产生

人类在发展初期，需求的物质不多，使用大自然的资源有限，砍伐、狩猎等造成的环境问题有限，自然生态系统的恢复能力和正常功能都未遭到过多破坏。随着人类智慧的提高、人口的增加，人类需要的生活物资也相应变多。开始发展农业和畜牧业后，人类生存的空间需求变大，改造自然环境能力也变强。树木大量砍伐、草原过度放牧、大量圈地饲养动物引起了水土流失、沙漠化、瘟疫等，自然环境发生巨大改变。

18世纪下半叶，蒸汽机的发明代表着第一次工业革命的到来，人类生产能力获得了巨大发展，利用和改造自然的能力大大提高。在工业生产初期，废水、废气、废渣等无节制排放，人类对此并没有采取相应的措施，环境污染程度不断加剧。另外，相伴而来的都市化进程、农业化和交通运输的发展也引来很多环境问题，使人类赖以生存的环境越来越恶劣。20世纪，震惊世界的八大环境公害事件相继发生，在工业发达的国家，大气污染、水污染、土壤污染、噪声污染、核辐射等环境污染问题对人类的生存造成了巨大的威胁。1972年，在斯德哥尔摩召开的联合国第一次人类环境会议通过了《联合国人类环境会议宣言》(简称《人类环境宣言》)，推动了各国政府和人民积极应对环境问题，维护地球家园，造福全人类。半个世纪以来，人类一直关注环境污染的治理，开始走向发展与污染并存、不断治理的时代。由于发展中国家仍需要发展经济，工业是他们发展的主要目标，加上发达国家将本土污染严重的企业选择性外迁到发展中国家，因此从全球角度来讲，世界环境污染仍然是人类需要解决的问题，温室效应、臭氧层被破坏、雾霾天气频发、酸雨、河流湖泊富营养化、土地沙漠化、固体废弃物增加、生物多样性减少等全球性问题仍然突出。

在生态破坏和环境污染问题中，生态破坏是人类对自然资源的不合理开发引起的生态失调、生物多样性减少和生产量下降，主要表现为植被破坏、水土流失、土地沙漠化等。环境污染是人类活动引起环境质量下降，从而对人类及其他生物的生存和发展产生不利影响的现象。环境污染是一个量变到质变的过程，当环境本身的自净速度低于被污染速度时，环境质量就不断下降。生态破坏和环境污染这两类问题相互影响、相互作用。环境问题的实质是人类活动超出了环境的承受能力，对人类赖以生存的自然生态系统的结构和功能产生了破坏作用，导致人与其生存环境不协调。

二、环境生物学的定义

(一) 生物与生物学

生物是随着地球环境的演化而产生的。一切生物都离不开环境，生物必须从环境中获得必需的能量与物质，并且受各种外界环境因素的影响。因此，生物的起源、演化、生存和发展都与环境演变密切相关。生物学是研究生命现象及其机理和规律的学科。地球上各种生物及其运动都是生物学的研究对象，由于地球上生物种类繁多，其形态结构复杂、生活习性多样，因此生物学的研究内容非常广泛。

(二) 环境生物学

目前，几个较为典型的环境生物学(environmental biology)的定义为：①是生态学的分支学科，以 A. G. Tansley 提出的生态系统概念作为主要的理论基础；②是研究生物与受人类干扰的环境之间相互作用规律及其机理的科学，是环境科学的一个分支学科；③主要研究异常环境条件与生物系统之间的相互关系；④是研究受污染的环境与生物之间相互关系的学科；⑤是研究人类干预造成的异常环境与生物相互作用规律及机理，并应用生物学理论和方法控制污染、监测和评价环境质量、维护系统健康和人类生命系统稳定的一门学科。

环境生物学是环境科学的一个重要分支学科，同时也是一门具有交叉性、边缘性以及综合性的学科，研究内容繁多，涉及的学科领域广泛，因此目前对于环境生物学的研究内容、研究对象、研究目的和研究任务等内容，仍有分歧和争论。

现在，环境生物学的定义是研究生物与受人类干扰的环境之间相互作用规律及其机理的科学，是环境科学与工程的一个分支学科。受人类干扰的环境是指人类对生态系统造成的污染和人类活动对生态系统的破坏和影响，主要是对自然资源的不合理利用，如森林乱砍滥伐、草原过度放牧、稀有资源的不断开采等。现在一般将环境生物学狭义理解为污染环境生物学。它以研究受污染的生态系统为核心，向两个方面发展：从宏观上研究环境中污染物对生态系统产生的影响及其反作用，从微观(在细胞和分子水平)上研究污染物对生物产生毒害的作用和机理。另外，也要结合其他相关学科(如污染生态学、环境毒理学、环境生物技术、保护生态学)，探索新的知识，发展新的技术和方法，从微观、动态、机理、调控等多个方面推动环境生物学的发展，以便人类更有效地评价生态环境质量、控制污染、恢复和管理生态环境。

三、环境生物学的内涵

(一) 环境生物学的研究内容

环境生物学的研究对象是被人为干扰的环境以及在此环境中的生物。为了合理利用有限环境资源，人类采用科学方法抑制和避免自然过程对环境产生不利影响，促进人类和生态环境沿着可持续发展的道路稳步前进。

环境生物学主要研究内容包括环境污染引起的生物效应和生态效应及其机理，生物对环境污染的适应及抗性机理，利用生物对环境进行监测、评价的原理和方法等；生物或生态系统对污染的控制与净化的原理与应用；自然保护生物学和生态学及生物修复技术，以及探索生物包括人与自然的关系等。其目的在于为人类维护生态系统健康，保护和改善其生存与发展的环境，合理利用自然和自然资源，研究受污染生态环境的治理提供科学基础，促进环境和生物的和谐发展，以利于人类的生存和社会的可持续发展。

(二) 环境生物学的学科特点

(1) 具有学科交叉性和综合性的特点。环境生物学涉及环境科学、生物学、生态学、医学、生理学和地理学等众多学科领域。环境本身就是一个多因素构成的复合体，影响因素众多，这就决定了环境生物学本身具有多种学科综合交叉的显著特征。另外，作为一门新兴的交叉性学科，环境生物学围绕环境和生物这两个基本研究对象，应用相关学科的理论和原理开展研究。

(2) 具有显著的基础理论性特点。环境生物学自身的学科性质决定了该学科具有典型的基础理论性，即环境生物学学科理论知识本身就是有关自然的基础知识。人们应用环境生物学原理和方法，开展环境污染的治理修复和监测评价，支撑人类社会可持续发展。

(3) 具有明显的时代特征。环境生物学是一门综合性学科，其研究的对象和内容随着人类认识水平的提高和发展而变化。特别是随着各种新技术手段的出现、新生物学理论的提出，环境生物学中相关内容必定发生相应的变动和发展。例如，卫星遥感技术的出现，使得环境生物学研究范围扩大到整个地球；电子显微技术的出现，使得环境生物学可以在生物分子、细胞、组织和器官水平上开展深入研究。总之，随着人类对环境和生物认识水平和研究手段的不断提高和发展，环境生物学必将在宏观和微观两个层次上不断进步。

(三) 环境生物学的任务

21 世纪以来，环境问题的不断出现引起了各个国家的关注，环境生物学作为环境科学的一个分支，也在不断发展中应对各种新出现的环境问题。

(1) 阐明环境污染的生物学或生态学效应。在分子到生态系统各级水平上探索环境污染的效应及其作用机理，研究并发展环境质量的生物学监测与评价的方法，探索生物与环境相互作用的过程与机理，这是认识环境问题的过程，可为环境管理、环境问题的解决提供科学依据，这也是进行其他环境科学研究的基础。

(2) 探索生物对污染环境净化的原理，提高生物对污染环境净化的效率。在自然环境中，由于具有一定的环境容量，污染物一般会通过物理、化学和生物作用，逐步得到净化。但目前环境污染日趋严重，仅仅依靠天然自净能力已无法及时充分地净化环境中的污染物。因此，环境生物学需要探索污染物生物降解的过程和分子机理，研发利用生物进行大气、水和土壤污染治理的技术方法，提出如何利用生物技术和生态学方法进一步提高生物对污染物的净化能力，探明生物与环境协同发展的途径。

(3) 探讨自然保护生物学和恢复生态学的原理与方法。了解人类在利用和改造自然的过程中对自然资源更新能力的影响或危害程度，探索合理利用自然资源的途径，保护生物多样性，实现人类与自然的和谐发展。

(四) 环境生物学的研究方法

环境生物学是一门基础理论性学科，同时也是一门应用性很强的学科，还是一门涉及学科范围广的综合性学科，因此它形成了一套自己的研究方法体系。

(1) 室外调查和试验法。对破坏或污染的环境进行现场实地调查和试验，通过对各种环境因子的测定、调查和研究，探索、完善环境生物学，是环境生物学中最重要的研究方法之一。只有通过室外调查才能真正了解污染物在环境中的分布、迁移、转化和归宿及其生物效应，也只有通过现场试验(中试规模)才能真正检验某项生物净化技术的可靠性和可操作性。实际上很多污染净化技术如活性污泥法、生物膜法、氧化塘等都是通过对自然净化现象的观察而总结出来的。

(2) 实验室试验研究。在实验室中，通过控制各种影响因素模拟污染物对自然环境污染的过程，探索污染物的生物效应和生物净化过程等机理。实验室处于人工可控情况下，具有很强的稳定性和可重复性，各种影响因素便于控制，能及时调整研究方案，是研究生物学的主要方法之一。当然，这种方法也有不足之处，实验室与自然环境毕竟是有差异的，某些自然因素不易被控制，很多自然过程难以在实验室重现，将实验室得出的结果应用到室外环境还需进行多次模拟、整合，以保证试验的准确性。

(3) 模拟预测。将试验数据利用公式得出结果，并经过计算机软件的数学模型处理，得出概括性的结果，从而对发展趋势进行预测。经过多次现场试验数据和参数的选择，得到不断更新的拟合度，并根据拟合度获得优化模型。环境模拟不仅能预测污染物在环境中的运移规律，而且可以模拟污染物的生物效应和在水体、土壤中降解转化的规律，从而为分析生态环境质量演变规律提供理论依据。

在实际研究过程中，采取什么样的研究方法，往往取决于研究本身，包括具体研究内容、研究目的和要求达到的效果、实验条件的约束、场地的限制等一系列因素。人们往往会综合采用多种方法来达到研究目的。

四、环境污染生物防控

环境生物学研究内容广泛，不仅评估污染物的生物效应，而且进行污染物的生物防控。活性污泥法处理污水仍然是环境污染防治的主要生物学方法之一。自然环境按照条件可分为水环境、大气环境、土壤环境。水环境又包括淡水环境、海洋环境和地下水环境。从19世纪中叶起，环境问题开始出现，随后全球环境问题如全球变暖、臭氧层空洞、大气污染、酸雨、生物多样性减少、土地荒漠化、淡水资源缺乏、海洋环境污染、固体废弃物污染等越来越严重，目前环境问题已经无处不在。

而现在的环境问题大多是人类为了自身的发展，在影响自然后所产生的问题。它没有总源头，不同因素导致了不一样的环境问题。在全球生态不断退化的今天，利用生物学方法来治理环境和保护人类赖以生存的生态系统，是继物理、化学治理方法后又一有效方法，它具有高效、反应条件适宜、价格低廉等优点，可以实现可持续发展。

(一) 大气污染生物治理

污染物或其转化成的二次污染物进入大气的浓度达到对人类和其他生物有害的程度，造成大气环境质量下降的现象或引起全球气候变化的过程，称为大气污染。

大气污染物主要包括挥发性有机污染物(VOCs)、二氧化硫(SO_2)、二氧化碳(CO_2)、甲烷(CH_4)、氟化物、光化学烟雾、氨气、氯气、放射性污染物、酸雨、病原菌等。大气污染的主要受害者是陆生植物，这是由它们本身的特点决定的：①植物无运动性，生长在污染区的植物不可避免地受到污染；②植物本身的大面积叶片与大气接触，且有众多的气孔与大气交换气体，大气污染物极易进入植物体内；③进入植物体的污染物转运至整个植株的速度较慢，甚至直接累积在吸收部位或邻近部位。另外，人类由于居住地点等社会因素的不易迁移性，即使有使其不适的污染源，也不能立即回避，因此对人体产生伤害，不同污染源造成的大气污染对人体产生的伤害程度不同。

随着现代工业的发展，大量有机废气(含氟废气、气态碳氢化合物)不可避免地产生，它们一般具有易燃易爆、有毒有害、不溶于水而溶于有机溶剂、处理难度大的特点，如不经过处理直接排入大气层，会严重污染大气环境，最终危害人们的健康。有机废气的处理方法有物理法、化学法和生物法等。生物法是基于"双膜理论"发展而来的技术，与传统有机废气处理方法相比，具有成本低、效率高、安全性好和无二次污染等优点，因此成为应用越来越广泛的有机废气治理技术。生物法治理废气工艺有很多种，如生物滤池法、生物滴滤法、生物洗涤法、生物吸附法等。生物法处理有机废气包括气液转化、生物吸附/吸收和生物降解三个阶段。例如，美国某公司利用微生物分解有机物的能力处理工业恶臭气体，取得了令人满意的除臭效果，且无二次污染产生；德国科学家利用生物滤池法处理含硫化氢气体，90%以上硫化氢得以有效去除。

(二) 水污染生物治理

由有害化学物质造成的水使用价值降低或丧失的现象称为水污染。水是生物原生质的组成部分，是新陈代谢和各种生化过程正常进行所需的重要介质，对生物体的一切生命活动和生理机能均极为重要。人类的一系列生产生活活动，如生活产生的污水及食品加工业、造纸业、轻工业生产等所排放的废水含有各种化学成分，会导致水体的理化性质和生物群落发生变化，水体功能下降。污水中酸、碱、氧化剂及含铜、镉、汞、砷等的化合物和苯、二氯乙烷、乙二醇等有机毒物危害水生生物，影响饮用水水源地水质和风景区景观质量。同时，污水中有机物在微生物分解过程中消耗水体中溶解氧，从而危及水生生物的生存，水体中的溶解氧耗尽后，有机物进行厌氧分解，产生硫化氢等异味气体，导致水质进一步恶化。

目前我国七大水系、主要湖泊、近岸海域及部分地区地下水受到不同程度的污染。河流以有机污染为主，主要污染指标是氨氮、生化需氧量、高锰酸盐指数和挥发酚等；湖泊以富营养化为主要特征，主要污染指标为总磷、总氮、化学需氧量和高锰酸盐指数等；近岸海域主要污染指标为无机氮、活性磷酸盐和重金属等。

污水处理的主要生物方法有活性污泥法、化学生物絮凝法、生物活性炭法、固定化微生物技术等。生物活性炭法是一种生物强化处理方法，对于处理化工废水具有很好的效果。该方法借助活性炭优良的吸附能力及微生物氧化能力的协同增效作用，提升污染物去除效能。利用生物活性炭工艺处理石油类污染的地下水，对石油类污染物的平均去除率为 45.4%，同时能提高系统的脱氮效果。采用改性生物质炭作为微生物载体，能提高污水生物除磷脱氮能力，有效削减污水处理厂尾水中氮磷浓度。对于有机污水的生物处理，提高系统微生物浓度或者投加生物强化材料将成为生物治理废水发展的一个主要方向。

(三) 固体废弃物生物治理

固体废弃物是指人类在某些生产、加工、流通、消费和日常生活过程中产生的、未经利用而被丢弃的、以固体或半固体形式存在的物质。城市规模扩大和经济发展导致生活垃圾快速增长，成为世界各国城市发展普遍面临的棘手问题。发达国家从 20 世纪六七十年代开始重视对城市生活垃圾污染防治的研究，逐步形成了填埋、堆肥、焚烧和热解相结合的综合处理模式，八九十年代开始，德国、日本、美国、英国、新加坡等国家逐步引入"避免和减少垃圾产生"的减量化理念，从垃圾处理处置的末端治理向源头减量与循环利用方向转变。进入 21 世纪，随着科学技术的进步和人类环境意识的加强，过去的垃圾成为城市矿产资源，各国开始探寻城市发展中垃圾资源的能源化解决方案。

可进行生物处理与利用的固体废弃物大多数为微生物可降解的有机废物，它们能为生物活动提供物质和能量来源。此外，有一些虽不是有机废物，但也能通过微生物的直接与间接作用，去除其有害成分或通过生物处理回收有益成分。

固体有机废弃物生物处理的方法很多，常见的方法有微生物处理法，如农林废弃物糖化、蛋白化和乙醇化，将有机废弃物转化为食用菌栽培基质并形成担子菌发酵饲料，有机废弃物高温快速堆肥、沼气化和制氢，农业废弃物饲料化，煤炭的微生物脱硫，尾矿和低品位矿石的微生物湿法冶炼提取金属等。利用植物和动物也可对固体废弃物进行处理，如固体废弃物处理的污染土壤植物修复，利用蚯蚓将城市垃圾、污泥和农林废弃物转化为优质肥料并获得蚯蚓蛋白饲料等。

城市固体废弃物中有机物占 40% 以上，是宝贵的可利用资源。如果通过生物技术将其转化为能源或者有机肥料，可以实现城市生活垃圾的资源化利用。因此，基于生物技术处理城市固体废弃物从而获得能源或者优质有机肥料，是城市固体废弃物无害化、减量化、资源化的有效途径。我国城市固体废弃物资源能源化处理起步较晚，国外的一些成熟处理技术不能在国内直接应用，加上资金、技术等方面的短缺，因此需要加大在生活垃圾资源能源化方面的科研投入力度，在回收能源的同时，寻求适合我国国情的其他功能化应用途径。

第二节 环境生物学与相关学科

环境生物学是一门交叉性、综合性学科，与环境生物学相关的学科有很多，如生态学、毒理学等。同时，环境生物学还包括若干分支学科，如生态毒理学、环境微生物学、环境生物技术等(图 1-1)。

一、环境生物学与生态学

与环境生物学相关性最大的莫过于生态学(ecology)。1966 年，Smith 按照生态学的词意，提出环境生物学就是生态学，因此在一段时间内，它们的概念是一样的。国外还将环境生物学称为环境保护生态学，主要研究异常环境条件与生物系统之间的相互关系，均与生态学有关。环境生物学按照研究对象也可以划分为污染生态学、生态毒理学、保

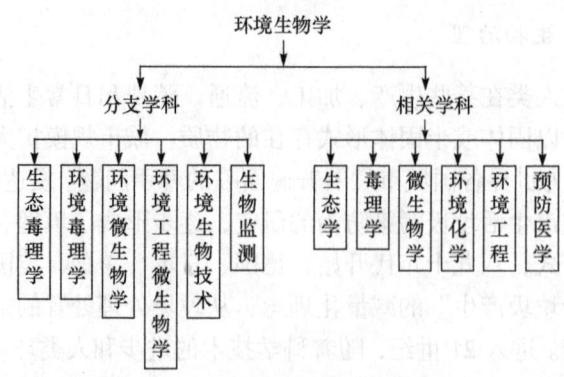

图 1-1　环境生物学分支学科与相关学科

护生态学、环境生物技术。从这个分类可以看出,生态学与环境生物学是密不可分的。人们面临的很多环境问题,如雾霾、全球气候变暖、江河湖海污染等,其实也都是生态学的问题,在理论基础(生物学)和研究方法上它们具有一定的共性,但是无论是在研究对象还是在研究重点上环境生物学与生态学都是有差别的。

生态学是研究生物体与其环境之间相互关系的科学。它的研究对象是生物与环境、生物与生物之间的相互关系,其中提到的环境是以生物为主体的环境,它所指的环境是包括人类在内的各生物之间的环境,突出自然属性。环境生物学是研究生物与受人类干扰的环境之间相互作用规律及其机理的科学。它的环境是指受到人类干扰的环境,突出人为属性。

生态系统包括生产者、消费者、分解者和非生物环境。生态学研究重点为生态系统和生物圈中各个组分之间的相互关系。生态学研究着重于生态系统,从生态系统的整体去研究生态系统中各个组分之间的关系。而环境生物学主要研究污染物对生物和生态系统的影响,分析污染环境或受损生态系统的变化过程,探索受损生态系统的修复方法。

二、环境生物学与毒理学

毒理学(toxicology)研究物理、化学和生物有毒有害因素,特别是化学有毒有害因素对各种生物体的损害及其机理。有毒有害的因素包括药物、食品添加剂、饲料添加剂、工业用品、农业用品甚至宇宙射线等。在工业发展取得巨大进步的同时,环境问题也随之频频出现,人们合成了许多新型化合物并且应用于各个领域,人类与混合化学物质接触的机会越来越多,对人类的生活和健康造成了潜在危害。

传统毒理学是以研究各种有毒有害因素对人体和人群健康造成损害作用及其规律为核心,以保障人体健康免受各种不良因子影响为目标的科学。它并不将非人类生物作为研究对象,但为达到研究目的,也常常使用非人类的实验生物进行研究。只依据传统的毒理学研究,对污染物的毒害效应难以获得全面和完整的认识,也就难以预测毒害效应的程度。随着人类基因组计划的完成、环境基因组计划和表观基因组计划的实施及科学技术的进步,基础生命科学的大量新理论、新技术不断渗透到毒理学各个领域,毒理学学科正经历着又一次蓬勃发展。随着毒理学实验方法和技术的快速发展,毒理学的发展将以毒理基因组学为先导，整体迈入分子毒理学时代，出现以下几个发展趋势：由被动毒理学向主动毒理学发展；由高剂量测试向低剂量测试发展；实验动物由单一性模型向特征性模型发展；由低通量测试向高通量测试发展；由单一用途向多用途、多领域发展等。

环境生物学的主要研究任务之一就是研究自然环境中大气、水体和土壤中的污染物及其在环境中转化产物对生物及人体产生的有害效应、毒作用途径及其作用机理，因此生态毒理学、分子生态毒理学和遗传毒理学都是环境生物学的重要研究内容。在微观领域，这些学科从环境污染物在器官水平上的效应研究逐渐深入细胞水平、亚细胞水平和分子水平研究毒作用的过程和机理，为环境质量的早期监测预警提供了科学依据。因此，它与毒理学的最大区别在于，环境生物学不仅研究环境污染物对生物产生的损害作用，而且要阐明其作用机理及影响其毒性作用的各种因素和控制的规律，探索污染物损害有机体的敏感指标，毒物在生物体内的积累与毒物浓度的关系及生物代谢与剂量-效应的关系；在宏观领域，在特定的生物区系中，要预测毒物对生物种群、生物群落及生态系统的结构和功能的影响，并对外来化合物进行环境风险评价，确定毒物毒性大小、危害程度及致畸致癌致突变的作用，为制定环境标准提供科学依据。

第三节 环境生物学发展历程与趋势

一、环境生物学发展历程

一门学科的诞生，往往是为了解决人类的实际问题，环境生物学就是在这种情况下应运而生的。在19世纪中叶工业革命时期，发达国家工厂排放的废水引起河流和湖泊污染，有些生物学家在这之前就已开始了水污染对水生生物，以及对污水进行生物处理的研究。1902年，Kolkwitz和Marsson对水中的微型生物进行分类，并提出了"污水生物系统"的概念；1908～1909年，他们在调查受污染的河流后发现，河流自上游往下游因自净作用形成一系列污染程度逐渐减轻的连续带，每一带都具有大致能表示其特征的动物及植物区系，并因此提出了污水生物系统。该系统在水污染生物监测中起到了重要作用，至今仍被广泛应用。

从20世纪60年代开始，随着环境污染日益恶化，公众的环境意识不断增强，环境生物学研究进入迅速发展时期。1962年，美国生物学家Rachel Carson出版了其轰动全球、里程碑式的著作《寂静的春天》。该书以科普形式描述了大量使用杀虫剂所引起的种种有害生物效应。《寂静的春天》首次将滥用DDT等残留期长的有机氯杀虫剂对野生生物和人类自身的生存与健康的威胁系统地展示在公众面前，继而触发了美国社会一场历时数年的杀虫剂论战。可以认为，《寂静的春天》的问世标志着环境生物学新纪元的开端。70年代以来，环境生物学的相关工作内容已涉及水、大气污染的生物监测和生物净化、遗传毒理学和生态毒理学、土壤污染和土地处理系统及自然保护等，并开展了大量科学研究工作。不少高等院校也设立了环境生物学或与之有关的专业和专业方向，致力于研究日趋严重的环境问题。联合国教育、科学及文化组织(UNESCO)建立了"人与生物圈(MAB)计划"，力求探寻合理利用和保存生物圈资源的科学基础，以改善人与环境的关系，这为环境生物学增添了新的研究内容。从此，环境生物学的雏形及其特点初步形成。

美国国家环境保护局(EPA)提出了环境保护生态学研究战略，确定了六个新的方向：环境监测与评价(危险鉴别)、生态暴露评价、生态效应(剂量-效应关系)、生态风险特征、生态系统的恢复与管理、生态系统的风险。这六个方向在很大程度上说明了环境生物学的发展方向，即环境生物学向宏观和微观深入发展的趋势。在宏观研究领域，主要研究对象从生物个体、种群、群落水平深入到生态系统和景观水平。在微观领域，采用分子生物学、细胞生物学、遗传学、生理学等生物学分支学科的理论、方法和技术研究污染物及代谢产物与生物大分子、细胞的相互作用及与生物遗传和生理代谢的关系，揭示其作用机理，从而对个体、种群或生态系统的影响做出预测。

二、环境生物学发展趋势

21世纪以来，全球环境问题仍层出不穷，全球变暖问题日益严重，臭氧层破坏不断加重，淡水资源不断减少，森林植被破坏加重，海洋资源遭受破坏与污染等问题不断爆发。我国也不断上演着在发达国家曾发生的种种环境问题，如大气污染依然存在，雾霾现象屡见不鲜，南方酸雨频频发生，湖泊富营养化严重，持久性有机物等新污染物不断累积。所以，针对如此多的环境问题，环境生物学的发展有着历史的必然性，它需要环境工作者通过不断的研究总结，认识环境问题的实质，充分利用生物资源，配合先进的科研技术，从"末端治理"到"清洁生产"，从"生态修复"走向"生态恢复"，更加有效地解决各种生态环境问题。

目前，环境生物学的发展趋势主要体现在以下两个方面。

(一) 污染生物控制新原理与方法

环境污染生物控制技术是生物技术在环境保护中广泛应用而衍生出的一门新技术，是一门由现代生物技术与环境工程技术相结合形成的前沿交叉学科。其核心思想是依据各类生物的生态活动规律，从中寻找能有效解决目前一些环境问题的途径，如降解污染物、废物循环利用等。

生物治理技术具有成本低、产出高、二次污染少等诸多优点，在环境保护中已获得了广泛应用，并取得了明显的经济效益、环境效益和社会效益。虽然生物技术还存在不如化学技术快速、高效和对条件要求高等不足，但是随着现代生物技术的快速提高，以及经济快速发展导致的资源短缺、环境状况恶化，生物技术的环境保护功能越来越重要。可以推测，现代生物技术的迅猛发展及其在环保领域的广泛应用必将成为解决资源短缺、能源危机及环境问题的有力手段，在环境保护领域得到更多的重视和应用。

环境生物技术已在各个环境领域得到应用，如污水生物处理、污染土壤生物修复等。

1) 污水生物处理

污水中的有毒物质多种多样，每个行业排放的污水都有其特点，有的含重金属较多、有的含有机物较多、有的是氮磷超标。微生物可以通过吸收、分解使污水中的有毒物质转化为无毒物质，使污水得到净化。生物技术的快速发展为污水生物处理系统内微生物的研究提供了新的分析方法和手段，使脱氮除磷的相关机理研究有着广泛的应用前景，如短程脱氮、反硝化除磷、同步硝化反硝化及厌氧氨氧化等。通过这些技术可以识别特定生物代谢过程的微生物种群；建立目标菌群动态变化与工艺运行参数之间的相关关系；从微生物学角度对系统运行状态给予优化，为污水生物脱氮除磷系统的长期稳定运行奠定理论基础。

2) 污染土壤生物修复

重金属和有机物是污染土壤的主要污染物，重金属主要有 Cd、As、Pb、Hg、Zn 等，有机物主要是多环芳烃、多氯联苯和石油烃等。经过长期全球范围的研究和应用，出现了污染土壤的原位生物修复技术和基于监测的自然修复技术等研究热点。土壤污染生物修复技术包括植物修复、微生物修复、生物联合修复等技术，它们成为绿色环境修复技术之一。微生物修复以其高效、无二次污染等优势得到迅速发展。在我国，已开发了农药高效降解菌筛选技术、生物修复剂制备技术和农药高效降解田间应用技术等生物修复技术。近年来，有机砷和持久性有机污染物如多氯联苯和多环芳烃污染土壤的生物修复研究也正在不断深入。总体来讲，生物修复以筛选和驯化特异性高效降解微生物菌株为主，旨在提高功能微生物在污染土壤中的活性、寿命和安全性，修复过程参数的优化和养分、温度、湿度等关键因子调控等方面研究也不断加强。目前，人们正在不断发展生物修复与其他现场修复工程的嫁接和移植技术，开发针对性强、高效快捷、成本低廉的生物修复设备，以实现生物修复技术的工程化应用，同时，针对重金属污染土壤开展超累积植物修复研究，采用分子生物学手段提高超累积植物吸收重金属的能力，并应用于修复工程中。

(二) 污染生态毒理学过程与机制

污染生态毒理学研究环境压力对生态系统内的种群和群落的生态学和毒理学效应，以及物质或因素的迁移和环境相互作用的规律。生态毒理学也是交叉学科，是由化学、生态学和毒理学等学科交叉而发展起来的。20 世纪 70 年代，化学品毒性生物测试得到快速发展，建立了单种生物个体、种群的急性和慢性毒性实验标准方法。70 年代后期发展了生态群落效应研究，应用微宇宙、中宇宙和受控生态系统，研究化学品在环境中的迁移、转化、降解和归宿。80 年代发展了快速(7 天)网纹溞(*Ceriodaphnia*)和黑头呆鱼(*Pimephales promelas*)慢性试验标准方法，采用发光菌对污染物进行快速测定的 Microtox 等方法更是将对污染物的生物检测推向了标准化和商品化。目前又发展了分子生态毒理学和生物标志物的研究，其特点是采用现代分子生物学技术研究污染物及代谢产物与细胞内大分子如蛋白质、核酸的相互作用，找出作用的靶位或靶分子。无论环境污染对生态系统产生什么影响，其最初必然是从环境因素对生物细胞内大分子的作用开始，污染物效应的研究已深入生物遗传物质脱氧核糖核酸(deoxyribonucleic acid，DNA)的损伤、修复，以及基于测序技术分析污染物对基因表达的影响，揭示污染物毒作用分子机理。用生物体有关酶作为机体功能和器官损伤的标志物，研究污染物对生物体内解毒系统基因的活化，引起核糖核酸(ribonucleic acid，RNA)和酶活性的增加，以反映特定环境因子的早期作用；研究污染物对 DNA 的化学修饰引起的改变，以反映其潜在的致癌作用。在污染生态风险评价方面，开展污染物的生态基准研究，建立我国不同区域的无机污染物生态基准。并根据化学品的行为模型、毒理学模型和地理信息系统，对区域生态系统的承载能力、污染负荷恢复能力及修复后生态系统的恢复情况进行综合的定量评价和预测。

我国污染生态毒理学研究起步相对较晚，20 世纪 80 年代中期，随着环境保护事业的快速发展，我国许多高等院校和科研机构逐步开展了污染生态毒理学的研究。但是，随着我国环境复合污染越来越严重，污染生态毒理学研究的另一个趋势是在污染单因素研究的基础上，加强对污染复合综合效应和多组分复合污染的环境效应及其机理的研究。不仅从种群和群落水平研究复合毒性，而且从生态系统水平乃至全球生态水平开展毒理学研究。通过生态毒理学研究，增强对污染物在环境中转化、归趋和效应的理解，建立可以检测、预测和控制污染物危害的试验方法。

环境生物学正向宏观和微观两方面不断深入发展。在宏观领域，主要研究对象已由个体、种群和群落水平上升到生态系统和景观系统水平。由过去室内单一污染物对单物种影响的水平上升到在生态系统水平上评价生态效应，以客观评价污染的整体效应和生态风险。在微观领域，则采用分子生物学、细胞学、遗传学、生理学等生物学方法，研究污染物及其代谢产物与生物大分子及细胞的相互作用，以及其与生物遗传和代谢的关系，揭示污染物在个体、种群、生态系统水平上效应的生物学机制。同时，采用基因工程等手段探索污染物生物治理新技术，有效削减污染物，不断提升我国环境质量。随着人工智能(AI)技术的发展，其在环境生物学中得到广泛应用，已应用于环境污染物的毒性预测，结合大数据，还可分析生态环境受人类影响的程度，监测和预测生物多样性的变化等。

生态学介绍

一、定义

1866 年德国动物学家 Haeckel 首次提出生态学的概念，认为生态学是"研究动物与其有机及无机环境之间相互关系的学科"，1935 年英国生态学家 Tansley 提出了生态系统的概念，美国的学者 Lindeman 提出了生态金字塔能量转换的"十分之一定律"。由此，生态学成为一门比较完整和独立的学科。生态学是研究生物之间和生物与周围环境之间相互关系的科学。例如，研究某种生物的生活史、数量变动、与其他生物的关系，以及非生物因素对以上各种情况的影响。

二、研究内容

生态学研究通常包括四个方面的内容：个体生态学、种群生态学、群落生态学和生态系统生态学。

1) 个体生态学

个体生态学是生态学的一个分支，专注于研究生物的个体发育、系统发育以及它们与环境之间的相互作用。个体生态学以生物个体及其栖息地为研究核心，探讨环境因子如何影响生物，以及生物如何适应其栖息地，包括形态、生理和生化机制的变化。具体来讲，个体生态学主要研究生态因子，如阳光、大气、水分、温度、湿度、土壤以及其他生物对生物个体的影响。这些影响通常表现为生物个体在生长发育、繁殖能力和行为方式上的变化。例如，研究植物个体在发芽、生长、开花、结果、落叶和休眠等不同阶段的形态和生理变化，以及这些变化如何与环境因素相关联。同样，动物个体的适应性、耐受性、食性、迁移、繁殖和生活史等方面也是研究的重点。个体生态学的研究内容还包括个体生长的限制因子、生态因子的综合作用、生态因子的时空变化等。此外，个体生态学还探索生物对环境的适应性，包括生物的耐受性、生物胁迫与非生物胁迫，以及生物进化的过程。

2) 种群生态学

种群生态学是研究种群数量动态与环境相互作用关系的科学。种群是指同一物种在一定空间和一定时间的个体的集合体，是具有潜在互配能力的个体。种群生态学定量地研究种群的基本特征，如种群的大小和密度、种群的年龄结构和性别比、种群的出生率与死亡率、种群的生命表和生存曲线、种群的内禀增长率和种群的环境容纳量等；了解种群的数量动态及调节，如种群增长的模型、种群的实际数量动态、种群调节等；探索种群的种内关系，如种群内个体的空间分布类型、种内竞争与自疏、隔离和领域性、种群的社会等级及分工等；阐明种群的种间关系，如种间相互作用的类型、种间正相互作用、种间负相互作用和种间协同进化等。

3) 群落生态学

群落指在特定时间内，由分布在同一区域的许多同种生物个体自然组成的生物系统，是居住在一定空间范围内的生物种群的集合。它包括植物、动物和微生物等各个物种的种群，它们共同组成生态系统中有生命的部分。群落生态学是研究群落与环境相互关系的科学，是生态学的一个重要分支学科，它不是以一种生物作为对象，而是将群落作为研究对象。因此，群落生态学研究群落的组成，包括物种组成的性质、物种组成的数量特征；分析群落的结构，包括群落的外貌、水平结构、垂直结构、时间结构、群落的交错区与边缘效应、岛屿效应、干扰对群落结构的影响；探索群落的演替，包括演替序列、群落演替的影响因素、顶极群落；研究生物多样性与群落稳定性，包括生物多样性、群落多样性的影响因素和群落的稳定性等。生物多样性是指生物种类和遗传资源的多样性，它是生态学研究的基础。生态学家通过研究生物种类的分布和数量，了解不同物种在生态系统中的作用和地位，从而揭示生物多样性的维持机制。同时，生态学家还关注生物多样性丧失对生态系统的影响，以及如何保护生物多样性。

一个生物群落中的任何物种都与其他物种存在着相互依赖和相互制约的关系，如捕食者的生存依赖于被捕食者，其数量也受被捕食者的制约；而被捕食者的生存和数量也同样受捕食者的制约。例如，地衣中菌藻共生，大型草食动物依赖胃肠道中寄生的微生物帮助消化，以及蚁和蚜虫的共生关系等，都表现了物种间的相互依赖的关系。群落生态学同时关注人类活动对物种分布和群落结构的影响，以及如何保护和维护物种分布和群落结构的稳定性。

4) 生态系统生态学

生态系统生态学是研究分布在地球表面特定地理空间范围内的各种类型和空间尺度的生态系统结构、过程和功能状态及其分布和演替机制，以及生态系统与自然和人类福祉之间相互作用关系及调控管理原理的学科。主要研究生态系统组分-结构-过程-功能格局及形成机制，自然环境变化和人类活动对生态系统的影响与反馈，生态系统管理与生态安全保障等。生态系统的代谢功能就是保持生命所需的物质不断地循环再生。阳光提供的能量驱动着物质在生态系统中不停地循环流动，既包括环境中的物质循环、生物间的营养传递和生物与环境间的物质交换，也包括生命物质的合成与分解等物质形式的转换。具体包括生态系统中的能量流动，如食物链、营养级、食物网等能量流动的渠道，能量流动途径、生态效率、生态学金字塔等能量流动过程，初级生产、次级生产的生态系统生产力等。生态系统中的物质循环包括水循环、碳循环、氮循环、磷循环、硫循环、养分循环等。生态系统中的信息传递包括阳光与植物间的信息传递、植物间的化学信息传递、植物与微生物间的信息传递、植物与动物间的信息传递等植物的信息传递，视觉信号通信、声音信号通信、接触通信、舞蹈信号通信、电通信、动物间的化学通信等动物间的信息传递。

生态系统类型包括水域生态系统、湿地生态系统、陆地生态系统、大气生态系统、城市生态系统等。生态系统结构包括生态系统的垂直结构、生态系统的水平结构和生态系统的时间结构。生态系统功能是指生态系统内各种生物与非生物因素之间的相互作用和相互依赖关系，以及这些作用和依赖关系对整个生态系统的影响。生态学家研究生态系统内物质循环、能量流动和信息传递等过程，以及这些过程对生态系统稳定性和生产力的影响。同时，生态学家还关注人类活动对生态系统功能的影响，以及如何维持生态系统的稳定性和生产力。

三、分支

20世纪50年代以来，生态学吸收了数学、物理、化学工程技术科学的研究成果，向精确定量方向前进。随着精密灵敏的仪器和计算机的应用，人们可更广泛、深入地探索生物与环境之间的相互作用，生态学衍生出系统生态学等若干新分支，初步建立了生态学理论体系。生态(包括生物类群、生境类型、生存环境、生命过程、生命演化等)的复杂性主导性地决定了生态学科的多样性。生态学要面对一个庞大而变化多样的生物类群，小到一个烧杯，大到整个生物圈，短可仅为数分钟，长可涉及数十亿年的生物演化，生物的生存条件跨越巨大的气候梯度、海拔垂直梯度、各种各样地貌特征完全不同的生境，因此形成了各种生态学分支。

生态学按研究的生物类别分为微生物生态学、植物生态学、动物生态学和人类生态学等。按生物系统的结构层次分为个体生态学、种群生态学、群落生态学和生态系统生态学等。按生物栖居的环境类别分为陆地生态学和水域生态学，陆地生态学包括森林生态学、草原生态学、荒漠生态学和土壤生态学等，水域生态学包括海洋生态学、湿地生态学、湖沼生态学、淡水生态学和流域生态学等。

生态学根据学科分为数学生态学、化学生态学、物理生态学、地理生态学、经济生态学、生态经济学、森林生态会计等，根据生命科学的分类和生态学的水平分析分为生理生态学、行为生态学、遗传生态学、进化生态学、分子生态学、古生态学等。

生态学根据应用对象分为农业生态学、医学生态学、工业生态学、环境保护生态学、环境生态学、生态保育、生态信息学、城市生态学、生态系统服务、景观生态学和全球变化生态学等。

四、生态学的应用

生态学的基本原理的应用思路是，因模仿自然生态系统的生物组成、能量流动、物质循环和信息传递而建立起人类社会组织，以自然能流为主，尽量减少人工附加能源，寻求以尽量小的消耗产生最大的综合效益，解决人类面临的各种环境危机。

1) 实施可持续发展

人们在改造自然的过程中须注意物质代谢的规律。在生产中只能因势利导，合理开发生物资源，而不可只顾一时，竭泽而渔。世界上已有大面积农田因肥力减退未得到及时补偿而减产。可持续发展观念协调着社会与人的发展之间的关系，包括生态环境、经济、社会的可持续发展，但最根本的是生态环境的可持续发展。

2) 人与自然和谐发展

事实上造成当代世界面临空前严重的生态危机的重要原因是以往人类对自然的错误认识。工业文明以来，人类凭借自认为先进的"高科技"试图主宰、征服自然，这种严重错误的观念和行为虽然带来了经济的飞跃，但造成的环境问题却是不可弥补的。例如，大量有毒的工业废物进入环境，超越了生态系统和生物圈的降解和自净能力，因而造成毒物积累，损害了人类与其他生物的生活环境。人类是生物界中的一份子，必须与自然界和谐共生，共同发展。

3) 生态伦理道德观

在改造自然的活动中，人类自觉或不自觉地做了不少违背自然规律的事，损害了自身利益。例如，对某些自然资源的长期滥伐、滥捕、滥采造成资源短缺和枯竭；大量的工业污染直接危害人类自身健康等，这些都是人与环境交互作用的结果，是大自然受破坏后所产生的一种反作用。大量而随意地破坏环境、消耗资源的发展道路也是一种对后代和其他生物不负责任和不道德的发展模式。新型的生态伦理道德观应该是发展经济的同时还要考虑这些人类行为是否不仅有利于当代人类生存发展，还可为后代留下足够的发展空间。

思考题和习题

1. 环境生物学的定义是什么？
2. 环境生物学的任务是什么？
3. 环境生物学发展趋势如何？

参 考 文 献

段昌群. 2010. 环境生物学. 2 版. 北京：科学出版社
耿春女，高阳俊，李丹. 2015. 环境生物学. 北京：中国建材工业出版社
黄占斌，单爱琴. 2010. 环境生物学. 徐州：中国矿业大学出版社
孔繁翔. 2000. 环境生物学. 北京：高等教育出版社
孔繁翔，杨柳燕. 2019. 环境生物学大百科全书. 北京：环境科学出版社
刘广发. 2014. 现代生命科学概论. 2 版. 北京：科学出版社
孙慧群. 2014. 环境生物学. 合肥：合肥工业大学出版社
郑平. 2002. 环境微生物学. 杭州：浙江大学出版社

第二章 环境生物学基础

本章导读

环境生物学是探索环境与生物相互作用规律的学科。本章简要介绍了生物学的基本概念，主要对细胞形态特征、细胞结构与功能以及生物生长、生殖、分裂与代谢等知识点进行了论述。本章还阐述了生物遗传、变异的原因及其物质基础，并概述了基因工程的基本操作过程与方法等，最后介绍了生物组学相关知识，力求反映生物学最新研究成果，有助于读者更好地学习环境生物学专业知识。

第一节 生物体组成

生物是具有生命的物体，包括动物、植物和微生物等，具有新陈代谢、自我复制繁殖、生长发育等生命现象。动物界所有成员是由细胞组成的异养有机体，均属真核生物，包括能自由运动、以碳水化合物和蛋白质为食的所有生物。在地球表面生长着各种类型的植物，它们在生态系统的物质循环和能量流动中处于关键的地位，在自然界中具有不可替代的作用。微生物则是对所有形体微小、结构简单的低等生物的统称。

细胞是构成生物有机体形态结构和生理功能的基本单位。除病毒和类病毒外，生物有机体都是由细胞构成的。根据进化树，细胞生物分为细菌、古菌和真核生物，其中细菌和古菌为原核生物。最简单的生物有机体仅由一个细胞构成，如细菌、衣藻等，各种生命活动都在一个细胞内进行。复杂的生物有机体可由几个到亿万个形态和功能各异的细胞组成，如海带、蘑菇等低等植物及所有的高等动植物。多细胞生物体中的所有细胞，在结构和功能上密切联系，分工协作，共同完成有机体的各种生命活动。生物个体的生长、发育和繁殖都是细胞不断进行生命活动的结果。

一、细胞形态特征

细胞是生物体组成的基本单位，直径在几到几十微米，形态多种多样，有圆形、椭圆形、立方形、扁平形、梭形、柱状和星形等（图2-1）。一般来说，细胞的形态与它们所处的环境条件或所担负的生理功能密切相关。例如，植物体中具有输导作用的细胞呈长筒状；支持器官的细胞呈长纺锤形；吸收水分和无机盐的根毛细胞向外突起，以增加吸收面积；动物体中肌肉细胞呈长梭形或纺锤形；担负氧气运输的红细胞呈圆盘状等。

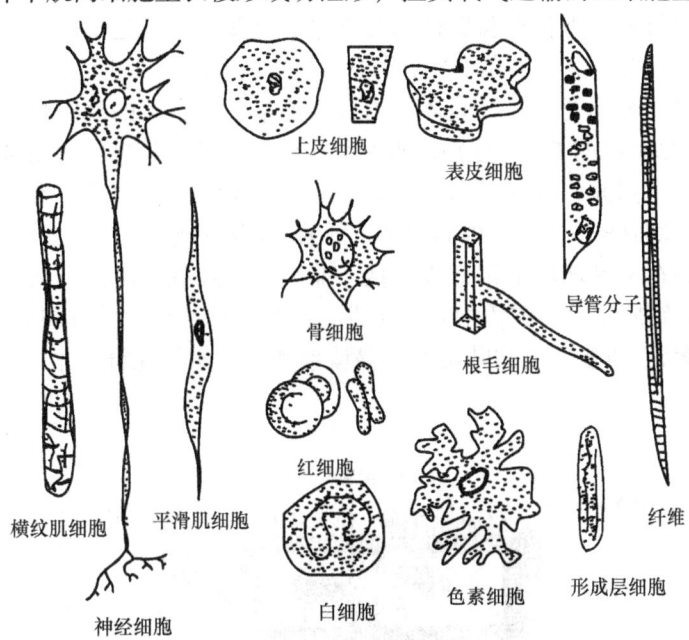

图 2-1　各种形态的动植物细胞

细胞的大小与生物的进化程度和细胞功能相适应。但细胞的大小与生物体的大小并无直接关系，如大象和小鼠的体积相差很大，但细胞大小却相差无几。生物个体的成长主要是因为细胞增多，而不是因为细胞增大。单细胞生物，如衣藻、变形虫、草履虫等，只由一个细胞组成。多细胞生物则是由多个细胞组成。一般来说，细胞的数目和生物体的大小成正比。个体越大，细胞的数目就越多。因此，根据生物体或其某一器官的体积及细胞的体积，就可估算出该生物体或器官的细胞数目。有人估计新生婴儿约有 $2×10^{12}$ 个细胞，而成人大约有 $6×10^{13}$ 个细胞。不论细胞的种类与大小如何，它们的结构十分相似。

二、细胞结构与功能

根据细胞的进化程度，可将其分为原核细胞(prokaryotic cell)和真核细胞(eukaryotic cell)两大类型。

(一) 原核细胞

在自然界中，一些细胞在光学显微镜下见不到细胞核膜和核仁，即没有核膜将它的遗传物质与细胞质分开，只有一个由裸露的环状 DNA 分子构成的拟核(nucleoid)，除核糖体、类囊体外，一般不存在其他细胞器，这类细胞称为原核细胞。原核细胞种类少，构造简单，增殖方式以无丝分裂为主，以几何级数增殖；具有多功能的细胞膜，细胞质中没有像真核细胞所具有的内质网、线粒体等细胞器，但有分散的核糖体，其结构也不同于真核细胞的核糖体；DNA 复制、RNA 转录及蛋白质合成是同时连续进行的。由原核细胞构成的生物称为原核生物(prokaryote)，细菌和蓝细菌是原核生物的典型代表，此外，支原体、衣原体、放线菌等都属于原核生物。古菌是一类不同于细菌的原核生物。

细菌细胞的质膜外为含有肽聚糖的细胞壁。有些细菌细胞壁的外侧还包有荚膜或黏液层，有些则具有鞭毛。细菌 DNA 分子不与蛋白质结合，也无膜包围，称为拟核。质膜可凹陷形成复杂程度不一的间体，内含与能量代谢有关的酶类物质。间体还能复制 DNA 分子，复制出的 DNA 分别进入两个子细胞。细菌核糖体可游离在细胞质中，也可附着在质膜内侧面，行使蛋白质合成功能。细菌细胞质内还含有多种酶、糖原颗粒、蛋白质颗粒和脂滴，具体结构如图 2-2 所示。细菌细胞通常以一分为二的无丝分裂增殖，有些种类在不良环境中则形成芽孢。蓝细菌的细胞壁由纤维素和果胶质组成，细胞壁外面包有胶质鞘。细胞质中有非常发达的类囊体片层，并排列成平行的同心环，其上含有叶绿素 a、胡萝卜素和叶黄素及藻蓝素和藻红素等光合色素，光合作用与绿色植物相似。

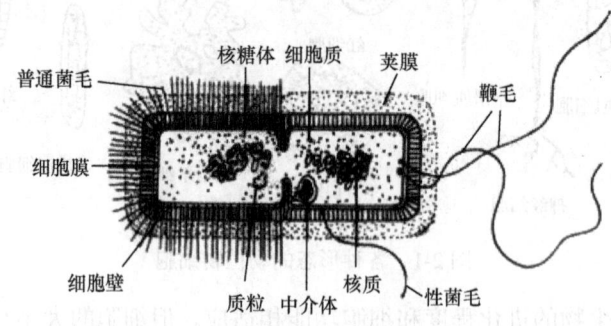

图 2-2　细菌细胞结构模式

(二) 真核细胞

在已知的生物中，绝大多数生物是由真核细胞构成的，称为真核生物(eukaryote)。在光学显微镜下可见到真核细胞中明显的细胞核膜和核仁。真核细胞结构基本相似，但植物细胞和动物细胞稍有不同(图 2-3 和图 2-4)。

1. 细胞表面结构

1) 细胞膜

细胞膜(cell membrane)又称质膜(plasma membrane 或 plasmalemma)，是各类细胞都具有的结构，它包围在细胞的表面，主要是由脂类和蛋白质组成的薄膜。细胞膜的厚度一般为 4～8 nm，主要成分为脂类和蛋白质，还含有少量的多糖和微量的核酸等。不同类型细胞的膜中各种物质的比例和组成有所不同，如真核细胞的膜还含有胆固醇，原核细胞则没有。

1972 年，S. J. Singer 和 G. Nicolson 提出了细胞膜的流动镶嵌模型(fluid mosaic model)，概括了细胞膜的结构与特征。细胞膜呈脂质双分子层结构，其中镶嵌着具有不同生理功能的蛋白质，镶嵌的膜蛋白与膜脂双层分子交替排列。该模型还强调了膜结构具有不对称性和流动性。膜的不对称性包括膜脂、膜蛋白及糖类的不对称性，同一种膜脂分子在膜脂双层中呈现出不均匀分布，膜蛋白在膜脂双层上也呈不对称分布，每种膜

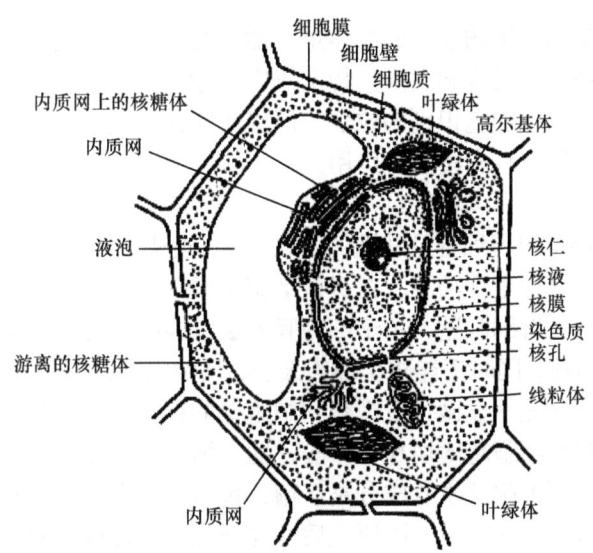

图 2-3 植物细胞结构模式图

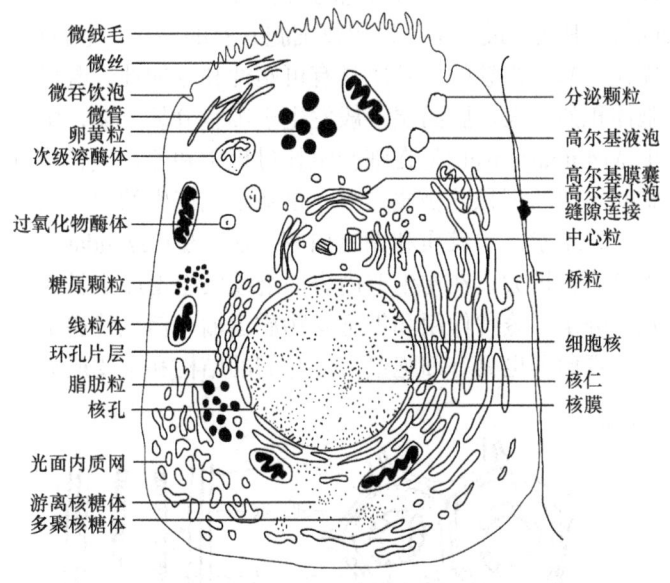

图 2-4 动物细胞结构模式图

蛋白在细胞膜上都有明确的方向性，可以按照一定的方向传递信号和转运物质。膜的流动性主要包括膜脂及膜蛋白的流动性，即两者在膜中位置的变化，主要表现为侧向扩散、旋转运动、伸缩振荡运动等。

生物膜具有物质运输的功能，特别是细胞膜，位于细胞表面，具有半透性或选择透性，能选择性地允许物质通过被动运输或主动运输等方式出入细胞，控制细胞与外界环境之间的物质交换，即对不同物质的通过具有选择性，大分子物质不能随意进出，阻止糖类和可溶性蛋白质等许多有机物由细胞内渗出，同时又能使水、无机盐等小分子物质自由进出细胞，以维持细胞内环境的相对稳定，保障细胞的正常生命活动。生物膜还具有信息跨膜传递的功能，生物膜上的受体蛋白能感受外界各种化学信号并传入细胞，使细胞内发生各种生物化学反应和发挥生物学效应。此外，许多质膜上还存在激素的受体、抗原结合位点及其他有关细胞识别的位点，所以质膜在细胞识别、细胞间的信号传递、新陈代谢的调控等过程中具有重要的作用。

2) 细胞壁

细胞壁(cell wall)是位于细胞最外围的一层厚实、坚韧的结构，具有固定细胞外形和保护细胞不受损伤等多种生理功能。在真核细胞中细胞壁是区别植物细胞和动物细胞的基本特征，植物细胞具有细胞壁，位于细胞膜外层，能够保持植物体的正常形态，支持和保护其中原生质体，同时还能防止细胞破裂，动物细胞则不具有细胞壁。通过染色、质壁分离等方法可以在光学显微镜下观察到细胞壁的存在，如洋葱上皮细胞的观察，也可通过电子显微镜观察细胞超薄切片等方法，证实细胞壁的存在。

高等植物和绿藻的细胞壁主要成分是多糖，包括纤维素、果胶质和半纤维素。在植物细胞生长发育过程的不同阶段，因原生质体在新陈代谢过程中的时空有序性，所形成的壁物质在种类、数量、比例上也具有明显差异，使细胞壁有了分层现象。对大多数植物细胞而言，在显微水平上，一般可分为胞间层、初生壁和次生壁三层(图 2-5)。胞间层(intercellular layer)位于细胞壁最外层，是相邻细胞共有的层次，主要化学成分是果胶质，能使相邻细胞粘连在一起，柔软的果胶质具有可塑性和延伸性，既可缓冲细胞受到的压力，又不阻碍细胞体积的增大。胞间层一般发生于细胞分裂末期，由积累在赤道板上的壁物质形成。初生壁(primary wall)是在细胞生长过程中和停止生长前所形成的壁层，由相邻细胞分别在胞间层两面沉积壁物质形成，是新细胞产生的第一层真正的细胞壁，主要成分为纤维素、半纤维素、果胶质和糖蛋白等。次生壁(secondary wall)是指在细胞体积停止增长、初生壁不再扩大，在初生壁内表面继续发生增厚生长而形成的新壁层。细胞壁在植物的吸收、分泌、蒸腾作用和细胞间物质运输、信息传递中也起重要作用。除植物细胞外，细菌、真菌等也具有细胞壁，但它们的结构和主要成分不同，其化学成分主要是肽聚糖。

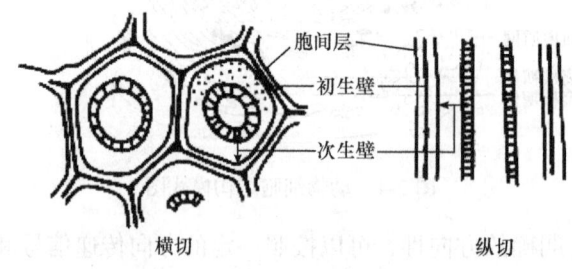

图 2-5 植物细胞壁的结构层次

2. 细胞内部结构

1) 细胞质

除细胞核外，动植物细胞的质膜以内均属细胞质(cytoplasm)。在光学显微镜下，质膜与细胞核之间的细胞质为透明、黏稠并能流动的溶胶，其中分散着许多细胞器。组成真核细胞细胞质的有细胞基质、细胞骨架和各种细胞器。

(1) 细胞基质和细胞骨架。细胞质中除细胞器外无一定形态结构的胶体称为细胞基质(cytoplasmic matrix 或 cytomatrix)。细胞基质含有一定机械强度的细胞骨架，细胞骨架是指真核细胞中特有的蛋白纤维网架体系。细胞基质富含蛋白质，多数以相对游离状态的酶类存在并完成生化反应的催化作用，其蛋白质含量占细胞总蛋白质的 20%～50%，还含有各种小分子物质(水、无机离子、糖类等)及中间代谢物等，是细胞代谢活动的重要场所。因此，细胞基质能为维持细胞的完整性提供所需要的离子环境，并且供给细胞器行使功能所必需的一切底物。此外，细胞基质处于不断运动的状态，它能带动其中的细胞器在细胞内做有规则的持续流动，这种运动称为胞质运动。

(2) 细胞器。细胞基质中含有各种细胞器，包括线粒体、叶绿体、核糖体、内质网、高尔基体，还有溶酶体、过氧化物酶体、液泡和芽孢等。

a. 线粒体和叶绿体。线粒体(mitochondrion)为真核细胞的"发电站"，是极其重要的细胞器。在一些细胞中它们的数量相当多，可以占细胞体积的 20%。线粒体的直径约为 1 μm，具有一层外膜和一层内膜，并在内膜内充满着液态的基质。内膜高度折叠形成延伸到基质中的嵴(cristae)。线粒体完成物质的氧化反应，以获取三磷酸腺苷(ATP)形式的能量，ATP 中能量又被细胞用于各种生命活动。

能完成光合作用的真核细胞均含有叶绿体(chloroplast)，它们也有一层外膜和一层内膜，其内部基质在结构上与线粒体形似，不同的是，叶绿体有不一样的内膜，称为类囊体(thylakoid)，它含有能在光合作用中从光能获取能量的叶绿素(chlorophyll)。线粒体和叶绿体均含有 DNA，并可以自我复制，推测这些细胞器可能起源于自由生活的生物体。

b. 核糖体。在原核细胞的细胞质中，存在的主要细胞器为核糖体(ribosome)，它由 RNA 和蛋白质组成。加利福尼亚大学圣克鲁斯分校分子生物学教授 Harry F. Noller 于 2016 年荣获生命科学突破奖，他的贡献在于阐明了 RNA 在组成核糖体过程中的重要作用，核糖体是合成蛋白质的重要细胞器，是实现生命活动非常重要的一部分。Noller 的这一发现将现代生物学与生命的起源连接起来。细菌细胞质中含有大量的核糖体，经常聚集成长链状，称为多聚核糖体。核糖体近似球形，着色致密，含有一个大亚基和一个小亚基，是蛋白质合成的场所。完整的细菌核糖体沉降系数为 70S，它们的亚基为 30S 和 50S，比真核细胞内的核糖体要小。真核细胞的核糖体比原核细胞的大，大约 60%是 RNA，40%为蛋白质。真核细胞核糖体的沉降系数为 80S，其亚基的沉降系数为 60S 和 40S。核糖体在细胞核的核仁中完成装配。所有核糖体均为蛋白质合成提供场所，有些呈链状排列成多聚核糖体。那些结合在内质网上的核糖体，通常都合成细胞分泌蛋白，而那些游离于细胞质的核糖体则合成在细胞内发挥作用的蛋白质。

c. 内质网。除原核生物和哺乳动物的成熟红细胞外，所有动植物细胞都有内质网(endoplasmic reticulum，ER)，内质网是一个广延的膜系统，在细胞中形成无数个管状和板状结构。内质网有光滑型或粗糙型纹理。内质网的粗糙纹理是因为表面结合了核糖体，它的作用是与核糖体一起合成蛋白质。从这个膜系统中形成的囊泡将内质网膜内或膜上合成的脂类和蛋白质运输到高尔基体。内质网是负责蛋白质折叠和转运的基础细胞器，环境干扰或蛋白质合成增加会使内质网出现蛋白质错误折叠，错误折叠蛋白质和未折叠蛋白质在内质网累积称为内质网应激。在这种情况下,细胞会激活未折叠蛋白质反应以恢复自己的内稳态。如果蛋白质错误折叠没有得到解决,细胞就会凋亡。

d. 酸钙体。随着对酸钙体研究的深入,发现酸钙体不仅含有大量的多聚磷酸盐,类似于异染颗粒,而且有膜,膜上镶嵌有多种酶,因此酸钙体也被认为是原核或真核细胞中一种细胞器,并在细胞应激状态下大量存在。

2) 细胞核

真核细胞与原核细胞最显著的差异是真核细胞中存在细胞核(nucleus)。细胞核是细胞进化的重要标志之一。除哺乳动物的成熟红细胞和植物筛管细胞失去细胞核外,真核细胞都具有完整的细胞核。细胞核呈圆球形,直径为 5~25 μm。它主要由核膜、核仁和染色质组成(图 2-6),是遗传物质集聚的主要场所,也是细胞生长、发育、繁殖和调控的中枢。核膜(nuclear membrane)由双层膜组成,在结构上与细胞膜相似,核膜上有许多核孔(nuclear pore),可以使 RNA 分子离开核质(nucleoplasm)的半流体区域,去参与蛋白质的合成。核仁(nucleolus)是真核细胞间期核中最明显的呈圆形或椭圆形的颗粒状结构。每个细胞核有一个或多个核仁,在光学显微镜中极易看到,其组成成分有核糖体 RNA(ribosome RNA,rRNA)、核糖体 DNA(ribosomal DNA,rDNA)和核糖核蛋白。

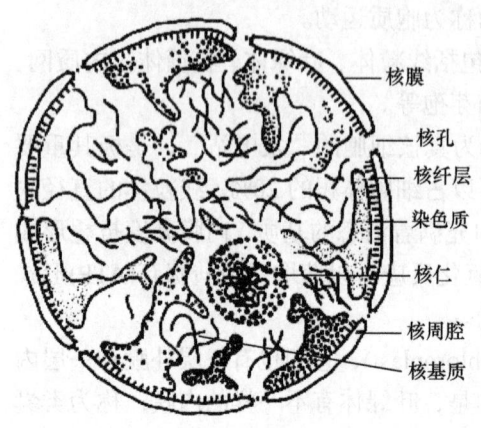

图 2-6 细胞核模式图

在原核细胞中没有细胞核结构,而是称为核区(nuclear region),又称核质体(nuclear body),是指原核细胞所特有的无核膜包裹、无固定形态的原始细胞核。用福尔根(Feulgen)染色法可以呈现出形态不定的紫色区域。

三、生物大分子

组成细胞的分子中,其中一半是相对分子质量不超过几百的无机离子和有机成分的小分子。另一些分子是生命所特有的,相对分子质量从 10^4 到 10^{12} 不等,所以称为生物大分子。这些大分子主要分为蛋白质、核酸、糖类和脂类。

(一) 蛋白质

蛋白质(protein)是生物体的重要组成部分,在质量上占细胞干重的一半以上,肌肉、皮肤和毛发等的主要成分都是蛋白质,蛋白质参与几乎所有的生命活动过程;酶是生物体代谢变化的催化剂,其主要成分就是蛋白质;许多激素和细胞生长分裂的调节因子都是蛋白质;细胞表面和内部的各种受体也是蛋白质。蛋白质由氨基酸(amino acid)的基本单元组成,氨基酸至少有一个氨基和一个羧基。所有氨基酸都含有碳、氢、氧和氮,部分含有硫,共有 20 多种氨基酸。蛋白质由氨基酸通过肽键(peptide bond)相连而成,肽键即一个氨基酸的氨基与另一个氨基酸的羧基之间形成的共价键。在生物体的所有分子中，蛋白质的结构和功能最复杂多样。除氨基和羧基外，某些氨基酸还含有巯基(—SH)基团。氨基酸之间邻近的巯基能脱氢形成链间的二硫键(—S—S—)。

蛋白质的种类多种多样，每一种蛋白质的结构都与它复杂的生物学功能相适应。①催化功能，一些蛋白质在生物体内有催化作用，发挥酶的功效，促进生物体的新陈代谢；②免疫功能，有些蛋白质具有抗体的作用，与抗原结合，能预防疾病；③调节功能，一些蛋白质有激素的作用，在生物体内有调节功能；④运输功能，一些蛋白质在生物体内用作载体，负责体内的物质运输和转运；⑤调控功能，一些蛋白质是生物膜上的受体，接受并传递生物体的化学和物理信息；⑥还有一些蛋白质是核酸结合蛋白，有调节信息表达的作用。因此，蛋白质是组成生物体的主要成分，生物体的多种功能是由蛋白质完成的。

(二) 核酸

核酸(nucleic acid)由核苷酸长链多聚物组成，又称多聚核苷酸(polynucleotide)。核苷酸(nucleotide)包括三种组分：含氮碱基、五碳糖和一个磷酸基团。生物体内核酸分为 RNA 和 DNA。

DNA 含有四种含氮碱基：腺嘌呤(A)、胸腺嘧啶(T)、胞嘧啶(C)和鸟嘌呤(G)。A 和 T，C 与 G 之间这种特定碱基间的连接，称为碱基互补配对(complementary base pairing)。DNA 是呈双螺旋结构的核苷酸双链，在同一条链中，DNA 的螺旋结构由碱基排列决定，配对碱基间通过氢键作用形成双链。超螺旋的生物学意义主要是：其一，超螺旋形式是 DNA 复制和转录的需要(即基因表达的需要)；其二，可以使巨大的 DNA 分子的体积缩小。

RNA 含有的五碳糖为核糖，而 DNA 含有的五碳糖是比核糖少一个氧原子的脱氧核糖。除了少数病毒以外，RNA 有一些以核苷酸单链的形式存在，还有一些是以环状形式存在。RNA 含有的四种碱基为腺嘌呤(A)、尿嘧啶(U)、胞嘧啶(C)和鸟嘌呤(G)，A 和 U 配对。细胞内的 RNA 大分子主要有三种类型：信使 RNA(messenger RNA，mRNA)，负责把 DNA 分子中的遗传信息表达为蛋白质分子中的氨基酸序列；转运 RNA(transfer RNA，tRNA)；核糖体 RNA。三种 RNA 相互配合，共同将 DNA 分子中遗传信息表达到蛋白质中。

(三) 糖类

糖类是细胞结构的重要成分，也是原生质进行生命活动的主要能源物质，其储存在细胞内。同时，糖类也是合成其他有机物的原料。

糖类可分为单糖、双糖和多糖。多糖是由许多单糖分子脱去相应数目的水分子聚合而成的高分子糖类。植物细胞中最重要的多糖有纤维素、果胶质、淀粉等。纤维素和果胶质是细胞壁的重要成分，淀粉是植物细胞最常见的储存营养物质。在结构上，糖链可以有分支，糖链中间的单糖残基的多个碳原子上有羟基，可以与另一个单糖结合而形成糖苷键，由此生成分支。多糖是生物体内重要的能量储备体，植物的种子和块根以淀粉的形式储备能量，供种子发芽或者生长时使用。动物体内的糖原，如肝脏中的肝糖原、肌肉中的肌糖原都是能量储备体，在长时间运动或饥饿时为机体提供能量。在植物细胞的细胞壁中纤维素起到支持骨架的作用，纤维素也是由葡萄糖单体形成的多糖组成。树干、玉米秆等组织不但具有大量的纤维素，还含有半纤维素、木质素等，它们的单糖组分也不止葡萄糖一种，有的可以由七八种不同种类的单糖组成。

(四) 脂类

凡是水解后产生脂肪酸的物质都属于脂类，其特点是难溶于水。脂类在原生质中可作为结构物质，如磷脂和蛋白质结合，参与质膜和细胞内部的各种膜的构成，角质、木栓质和蜡等脂类物质参与细胞壁的构成。有些脂类物质在细胞生理上有活跃的作用，如类胡萝卜素、维生素A等，属于脂类物质中的色脂类物质。

(五) 生物大分子结构

生物的功能与其结构密切相关，对生物大分子而言，结构决定了生物大分子的功能。无论生命现象在从细胞到个体的各个层次上如何具体(宏观)表现，在其背后都有一个分子层次(微观)上的机制——分子间的相互作用；而分子结构，尤其是生物大分子的结构是阐释各种具体相互作用的基础。因此，结构生物学就是以生物大分子以及超分子复合物的结构为基础，解释生命现象的科学，其主要是用物理的手段，通过X射线晶体学、核磁共振波谱学、电子显微镜技术等物理学技术来研究生物大分子的功能和结构。目前，蛋白质结构数据库中绝大部分结构由X射线晶体学及核磁共振波谱学解析而来。

蛋白质含有不同层次的结构形式，一级结构(primary structure)指的是多肽链上特定的氨基酸序列。二级结构(secondary structure)是指氨基酸链折叠或盘绕而成的特殊形状，如螺旋或折叠结构，氢键决定了这种结构特征。蛋白质分子进一步弯曲和折叠成球状或者不规则球状或线状则得到了三级结构(tertiary structure)。有些蛋白质仅有一条肽链，到三级结构为止，还有一些蛋白质由两条或两条以上肽链组成，每条肽链都有其自身的一、二、三级结构，形成各自的特征形状。然后几条肽链之间形成相互关联的特定格局，使整个蛋白质分子具有特定的形状，这就是四级结构(quaternary structure)，通常将蛋白质分子的二、三、四级结构称为蛋白质的高级结构。如何实现从氨基酸序列到三维蛋白质结构一直是挑战科学家的难题。虽然前者在表面上决定了后者，但科学界仍旧难以预测出肽链折叠过程的准确规则。尽管如此，计算生物学家仍在不断研究这一问题，不断开发新工具，随着人工智能的发展，未来一定能准确地预测某些种类的蛋白质结构。在X射线晶体学稳步发展的同时，其他的蛋白质结构测定技术也处于变革之中。事实上，电子显微学自从20世纪50~60年代以来，一直在细胞、亚细胞及生物大分子结构的研究中发挥重要的作用，揭示了很多重要的细胞内细微结构。电子显微镜领域的一系列革命性进展也使人们解析了之前难以理解的结构，如冷冻电子显微镜(cryo-electron microscopy)技术，其核心是透射电子显微镜成像，研究人员利用超低温将样本冷冻成一块薄冰，然后将它置于电子显微镜中，电子枪产生的电子在高压电场中被加速至亚光速并在高真空的显微镜内部运动，将样品的三维电势密度分布函数沿着电子束的传播方向投影至与传播方向垂直的二维平面上，最终利用透射电子显微镜获得的多个角度的放大电子显微图像，通过计算机重构出样本中生物大分子的三维空间结构。冷冻电子显微镜技术推动了生物大分子结构的研究，并取得了巨大成果，因此该技术的相关研究者获得了 2017 年诺贝尔化学奖。

冷冻电子显微镜技术自 20 世纪 80 年代提出以来，已经获得多种生物大分子复合体的原子分辨率结构，而且高分辨率结构的解析速度正在呈现迅速增加的趋势，在结构生物学中发挥越来越重要的作用。

(1) 生物大分子复合物的结构。2000 年，美国普渡大学的 M. Rossmann 研究组应用冷冻电子显微镜技术对脊髓灰质炎病毒(poliovirus)与其受体复合物的结构进行了研究，得出了病毒与受体的作用方式和结合位点。这一工作为阐明病毒感染细胞的机制及阻断病毒对细胞感染的药物设计打下了结构基础。2013 年美国加利福尼亚大学洛杉矶分校的程亦凡研究组与 Julius 研究组合作，利用冷冻电子显微镜技术首次获得了 300 kDa ($1\ Da = 1\ u = 1.66054 \times 10^{-27}\ kg$)膜蛋白 TRPV1 的 3.4 Å 分辨率的三维结构，并建立了该分子的原子模型，在结构生物学领域引起了巨大的反响。

(2) 生物大分子在不同功能状态下的结构。离子通道在信息传递、神经传导中起关键性的作用，研究离子通道的结构对理解生物学功能及药物设计具有重要意义。由于离子通道开放时间短(由毫微秒到毫秒)，难以通过 X 射线晶体学来研究其结构。而通过冷冻电子显微镜技术，可将分子冻结在不同的功能状态，从而对这些不同状态下的结构进行研究。英国医学研究理事会(MRC)剑桥大学分子生物学实验室的 N. Unwin 应用冷冻电子显微镜技术研究了乙酰胆碱受体(AchR)由关闭到开放时结构的转变。研究发现，乙酰胆碱受体由关闭状态转变为开放状态时，形成通道的 5 个 α-螺旋发生了旋转式运动。氨基酸序列分析表明，在这 5 个 α-螺旋的中部，各有一个疏水的亮氨酸残基。据此推测，在通道处于关闭状态时，这 5 个亮氨酸残基指向通道的中心，形成一个门，将通道关闭；而当乙酰胆碱受体结合乙酰胆碱时，通道构象改变，α-螺旋发生旋转，使得 5 个亮氨酸由中心移至侧面，导致通道开放。

(3) 细胞器或活细胞的结构。观察到生物分子在细胞内的结构和功能是科学界一直以来追求的目标。2002 年，德国 Max-Plank 生物化学研究所的 Baumeister 研究组应用冷冻电子显微镜技术研究了网柄菌属(*Dictyostelium*)活细胞的结构，第一次观察到了肌动蛋白(actin)在细胞内的三维分布。这一工作开辟了在分子水平上研究活细胞结构与功能的新纪元。

(4) 不适于应用 X 射线晶体学和核磁共振波谱学的分子及其聚合物的结构。阿尔茨海默病(Alzheimer disease，AD)是一种常见的神经退行性疾病，研究人员在阿尔茨海默病患者脑组织内发现了淀粉状蛋白纤维聚合物，并认为这可能是导致阿尔茨海默病的原因之一。这种聚合物不能形成结晶且溶解性差，因此不能用 X 射线晶体学和核磁共振测定其结构，但这些纤维聚合物是冷冻电子显微镜研究的理想对象。通过冷冻电子显微镜研究发现，这种纤维状结构是由反向平行的 β-折叠为结构单元的 Aβ 蛋白聚合而成，说明淀粉状纤维聚合物的形成是 Aβ 蛋白构象改变，从 α-螺旋转变为 β-折叠进而聚合所致。2017 年，MRC 剑桥大学分子生物学实验室在阿尔茨海默病研究领域再次取得重大突破，研究人员利用冷冻电子显微镜，首次获得了阿尔茨海默病患者脑部神经细胞内 Tau 蛋白细丝的高分辨率分子结构图像，Tau 蛋白聚集造成的神经纤维缠结被认为是引起阿尔茨海默病的另一个"元凶"。这项突破性的研究，使科学家首次看清了 Tau 蛋白的真面目，也是近三十年来阿尔茨海默病领域内取得的最大进展之一。

第二节 生物生长、生殖、分裂与代谢

一、生物生长

单细胞生物的生长主要依靠细胞体积与质量的增加。多细胞生物的生长，主要依靠细胞的分裂来增加细胞的数量，再经过一系列变化由幼体形成与亲体相似的成熟个体。生长是生物普遍具有的一种特征。在高等动植物中，发育一般是指达到性机能成熟时为止。生长是连续的量变过程，发育是阶段性的质变过程，生长和发育是量变和质变的统一体。而单细胞生物有生长和繁殖的过程，不存在发育过程。个体发育的基础是细胞分化(cell differentiation)，多细胞有机体的个体发育一般开始于一个单细胞受精卵，通过一系列的细胞分裂和细胞分化，产生有机体的所有形态和功能不同的细胞，通过细胞之间的相互作用共同构建各种组织和器官，形成一个有机体并完成各种发育过程。

(一) 动物的生长发育

在动物界中，由于动物的形态不同，其卵子也有不同的类型，胚胎发育的模式是多种多样的，不同器官、系统形态发生的模式也各不相同。但大多数动物都要经过受精、卵裂(cleavage)、原肠胚形成(gastrulation)、神经胚形成(neurulation)和器官形成(organogenesis)等几个主要的胚胎发育阶段才能发育形成幼体，通过生长发育为成体。有些动物的个体发育还必须经历变态(metamorphosis)，如两栖类的非洲爪蟾等经历尾部退化、四肢生长和呼吸系统改变才能发育成为成体。

在细胞水平上，细胞分裂后，子细胞的体积只有母细胞的一半大，新的细胞在分裂后迅速合成新的原生质，使细胞增大。当新的细胞长到和母细胞一样大的时候，有的继续分裂，有的不再分裂，但体积进一步增加，这种细胞体积的不可逆增长过程就是细胞的生长。多细胞生物体是由多种类型的细胞组成的，而这些细胞都来自于一个受精卵细胞，也就是说，在生物的个体发育中，不同类型的细胞在细胞分裂后逐渐在形态、结构和功能上产生稳定的差异，形成不同的细胞类群，这一过程称为细胞分化。细胞分化是多细胞有机体发育的基础与核心，分化的关键在于基因的选择性表达。不同表型的细胞构成组织、器官，建立结构的过程称为形态发生(morphogenesis)。

以模式生物斑马鱼(zebra fish)为例介绍动物的生长发育。斑马鱼为小型热带鱼，成鱼体长 3～4 cm，因体侧有头尾方向的蓝色条纹而得名，三个月即可达到性成熟，其品系可分为 AB 品系、TU 品系等。体外产卵、受精、发育。具有产卵量大、繁殖周期快、突变表型明显、胚体透明、胚胎发育同步且发育速度快等特点，是研究脊椎动物发育机制、遗传突变和疾病的良好模式生物。斑马鱼的胚胎发育如图 2-7 所示。斑马鱼的卵属于端黄卵，胚盘位于卵黄之上。早期的卵裂为盘状不完全卵裂，囊胚期胚胎形成一个细

胞球位于卵黄上,而囊胚腔并不明显。位于囊胚边缘的细胞与卵黄并不完全分隔,在囊胚期,这些细胞与卵黄细胞融合,形成一个合胞体层,称为卵黄合胞体层(yolk syncytial layer,YSL)。在囊胚晚期,卵黄合胞体层与胚盘开始向下包被,称为外包(epiboly)。到原肠作用结束时,卵黄细胞被完全包被在胚胎内部。原肠作用后,体节、神经管和其他器官原基开始出现,因此斑马鱼的胚胎发育均在胶膜内进行,直至幼鱼出膜。

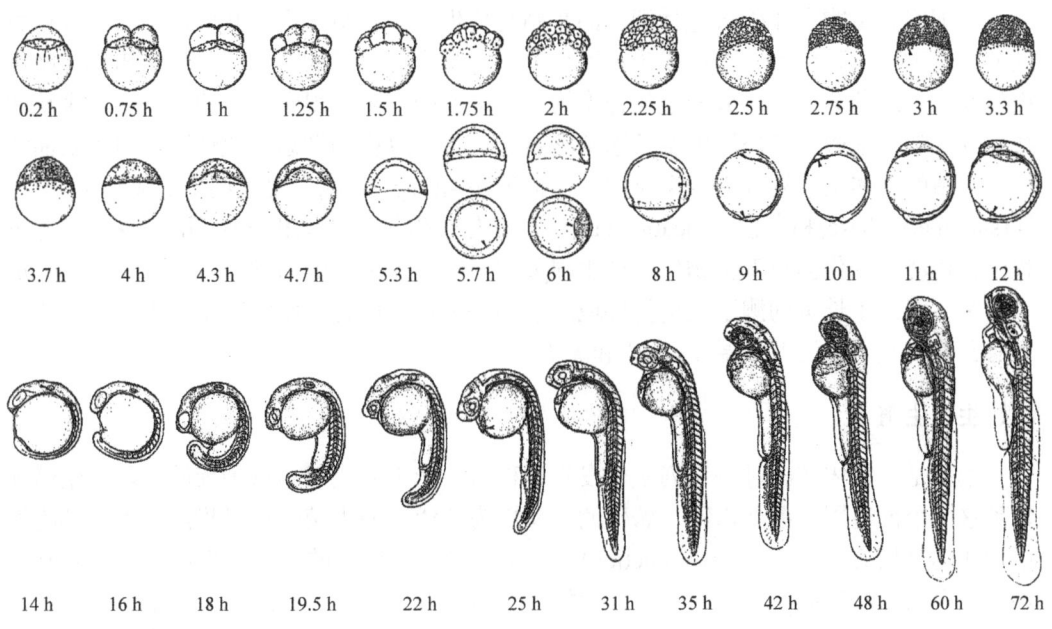

图 2-7 斑马鱼胚胎发育图谱

(二) 植物的生长发育

植物体是由细胞组成的,而植物的生长实际上就是细胞数目的增多和体积的增大,因此植物生长是一个体积或质量的不可逆的增加过程。植物发芽后,在整个生命过程中,都在连续不断地产生新的器官,而且由于茎和根尖端的组织始终保持胚胎状态,茎和根中又有形成层,所以可以不断地生长(加长和加粗),如在百年甚至千年的老树上,还会生长仅数月或数天的幼嫩部分。植物生长是指植物在体积和质量(干重)上的不可逆增加,是由细胞分裂、细胞伸长及原生质体、细胞壁的增长而引起的。严格地讲,植物的个体发育是从形成合子开始,但由于农业生产往往是从播种开始,因此一般认为植物的个体发育开始于种子萌发,进一步表现为根、茎、叶等营养器官的生长,然后进入生殖生长过程,最后形成新的种子。植物的生长发育是植物代谢活动的必然结果。

拟南芥(*Arabidopsis thaliana*)是目前应用最广泛的模式植物,植株较小(一个 8 cm×8 cm 的培养钵可种植 4~10 株)、生长周期短(从发芽到开花为 4~6 周)、结实多(每株植物可产生数千粒种子)。拟南芥的形态特征分明,莲座叶着生在植株基部,呈倒卵形或匙形;茎生叶无柄,呈披针形或线形。侧枝着生在叶腋基部,主茎及侧枝顶部生有总状花序,四片白色匙形花瓣,四强雄蕊。长角果线形,长 1~1.5 cm,每个果荚可着生 50~60 粒种子。生命力强,可在温室或培养皿中生长,其基因组是目前已知植物基因组中最小的,每个单倍体染色体组($n = 5$)的总长只有7000万个碱基对,是自花授粉植物,基因高度纯合,用理化因素处理突变率高,容易获得理想的拟南芥突变株。这些特点使得拟南芥的突变表型易于观察,为突变体筛选提供了便利。

(三) 微生物的生长

单细胞微生物个体生长包括细胞的复制与再生,一般情况下,我们肉眼看到或接触到的微生物已不是单个,而是成千上万个单个的微生物组成的群体。如果以培养时间为横坐标,以细菌数目的对数或生长速度为纵坐标作图,可以得到一条曲线,称为生长曲线,其反映了细菌在新环境中生长繁殖至衰老死亡全过程的动态变化情况。由生长曲线可将细菌的群体生长划分为四个时期,包括延滞期(lag phase)、对数期(log phase)、稳定期(stationary phase)和衰亡期(death phase)。生长是微生物与环境相互作用的结果。培养过程中,环境的变化会对微生物生长产生很大的影响。这种影响通常通过生长量的变化反映出来,因此生长量的测定是衡量环境影响的一个重要内容。影响微生物生长的主要因素有营养物质、水活度、温度、pH和氧等。

二、生物生殖

生殖是生物体在经过一系列生长发育过程后,产生后代以延续种族的现象。生殖和繁殖这两个词通用,但严格说,繁殖的意义更为广泛,而生殖一般是指产生生殖细胞繁衍后代的繁殖方式。繁殖(reproduction)是指生物能复制出新的一代,生物通过繁殖延续种族。根据生物形成新个体的方式,生物的生殖可分为无性生殖(asexual reproduction)和有性生殖(sexual reproduction)。

(一) 无性生殖

无性生殖是指一类不经过两性生殖细胞的结合,由母体直接产生新个体的生殖方式,具体可以分为营养生殖、分裂生殖、出芽生殖、孢子生殖等。无性生殖具有缩短生长周期、保留母本优良性状的作用。

1) 营养生殖

营养生殖是生物营养体的一部分由母体分离出来后又长成一个新个体的繁殖方式。这种繁殖方式除动物界外,在各类生物中普遍存在。但是,由于生物的种类不同,营养生殖的方式也不尽相同,如草莓匍匐茎等。

2) 分裂生殖

分裂生殖也称裂殖,是单细胞生物中比较普遍的一种生殖方式,其主要特点是通过细胞分裂,将母体分为大小、形态、结构相似的两个子细胞,每个子细胞都生长成为新个体。例如,细菌、草履虫、某些单细胞藻类和原生动物的营养繁殖方法,都属于裂殖。

3) 出芽生殖

出芽生殖又称芽殖(budding),是由母体在一定的部位生出芽体的生殖方式。芽体逐渐长大,形成与母体一样的个体,并从母体上脱落下来,成为完整的新个体。例如,真菌中的酵母菌(*Saccharomyces*)在营养繁殖时,细胞壁与原生质从母细胞的一端突出,同时细胞核分裂为两个，一个核留在母细胞内，另一个核移入突出部分成为芽，然后脱离母体，长成新个体。在高等植物中，也存在芽殖这种生殖方式。例如，竹、芦苇等的根状茎上，蓟、甘薯等的根上及落地生根、秋海棠等的叶上，都可以产生根和芽，形成新植株。动物也有进行芽殖的，如水螅可以由体壁的一部分向外突出，成为暂时着生在母体上的芽，待芽长到一定大小时，就可以脱离母体形成新个体。

4) 孢子生殖

随着生物的进化，在多细胞生物中，细胞特化的程度也越来越高，它们的繁殖是由特定部分所产生的生殖细胞(generative cell)来进行的。有些生物特别是植物和真菌所产生的生殖细胞，并不经过有性过程，可以直接发育成新个体，这种无性繁殖的方式为孢子生殖(spore reproduction)，进行孢子生殖的生殖单位称为孢子(spore)，产生孢子的器官称为孢子囊(sporangium)。例如，青霉能产生大量孢子，它们随风飘散，遇到适宜的环境即发育成新菌体。植物界中的藻类、苔藓和蕨类所产生的孢子能萌发为独立生活的生物体，所以将这类植物总称为孢子植物(spore plant)。

(二) 有性生殖

有性生殖是指通过两种不同的性细胞的结合形成新个体的繁殖方式。有性生殖中最普遍的是配子生殖(gametic reproduction)，即通过两种配子结合产生新的个体，配子是在配子囊中形成的，是单倍体的有性生殖细胞。配子是由营养个体所产生的生殖细胞，需两两配合后才能继续其生活史，若在一定时间内找不到适当的配子便会死亡。按配子的大小、形状和性表现可分为三种类型。

(1) 同配生殖。配子的形态和机能完全相同，没有性的区分。例如，衣藻属中的大多数种类都是同配生殖。

(2) 异配生殖。有两种类型：①生理的异配生殖，参加结合的配子形态上并无区别，但交配型不同，在相同交配型的配子间不发生结合，只有不同交配型的配子才能结合，且具有种的特异性，如衣藻属中的少数种类。这是异配生殖中最原始的类型。②形态的异配生殖，参加结合的配子形状相同，但大小和性表现不同。大的不活泼，为雌配子，小的活泼，为雄配子，这说明已开始了性在形态上的分化。

(3) 卵配生殖。相结合的雌雄配子高度特化，其大小、形态和性表现都明显不同，成为卵和精子。卵和精子经过受精，融合为受精卵。卵配生殖是分化显著的异配生殖。配子生殖的进化趋势是由同配到异配，最后发展为卵配生殖。在原生动物和单细胞植物中，所有个体或营养细胞都可能直接转变为配子或产生配子，而在高等动物中，生殖细胞是由特殊的性腺产生的。

有性生殖中基因组合的广泛变异能提高子代适应自然选择的能力。有性生殖产生的后代中随机组合的基因对物种可能有利，也可能不利，但至少会增加少数个体在难以预料和不断变化的环境中存活的机会，从而对物种有利。有性生殖还有利于突变在种群中的传播。

生物界虽然出现了雌雄两性的分化，生物体却不一定都分为雌性个体和雄性个体，很多生物是雌雄同体(hermaphroditism)。植物界雌雄同体的现象比动物界更普遍。在种子植物中，有些是雌蕊和雄蕊生在同一花中，称为两性花，即雌雄同株同花。有些是在同一植株上有两种花，即只有雌蕊的雌花和只有雄蕊的雄花，即雌雄同株异花，如黄瓜、蓖麻等。有些是雌花和雄花分别生在不同的植株上，如银杏、啤酒花等，这是雌雄异株。此外，还有些植物既有雌雄同株的，也有雌雄异株的。无脊椎动物中雌雄同体的也很多。大多数寄生虫、蚯蚓等都是雌雄同体，但大多数雌雄同体的动物都是异体受精，睾丸先成熟，放出精子，然后其他多数个体的睾丸退化，不再产生精子，而卵巢成熟产卵，少数个体继续释放精子，与卵结合而成受精卵。而一些无脊椎动物，如轮虫、甲壳类、某些昆虫等的卵不必受精就可发育成成虫，这种生殖方式称为孤雌生殖(parthenogenesis)，多种轮虫至今还没有发现雄虫，它们繁殖的方式主要是孤雌生殖。

三、细胞分裂

生物体的生长发育在细胞水平上来说是细胞繁殖、增大和分化的结果。而细胞的繁殖是通过分裂方式实现的，细胞分裂是细胞生命活动的重要特征之一，也是生物体生长发育和繁殖的基础。生物经过长期的进化过程，由原核细胞逐渐演化到真核细胞，细胞分裂也由简单而逐渐趋于完善，主要分为无丝分裂(amitosis)、有丝分裂(mitosis)和减数分裂(meiosis)三种方式。

1) 无丝分裂

无丝分裂于 1841 年发现于鸡胚血细胞中，此类分裂不涉及纺锤体形成及染色体变化。无丝分裂又称直接分裂(direct division)，是指处于间期的细胞核不经过任何有丝分裂的时期而分裂成大小相当的子细胞的细胞分裂。无丝分裂过程中，不形成纺锤丝，只是核拉长为哑铃状，中央部分变细断开，细胞随之分裂成两个部分，具有速度快、消耗能量少的特点。无丝分裂常出现在低等动物和高等动植物生命力旺盛、生长迅速的器官和组织中，如原生动物中的纤毛虫、动物的肌肉组织和植物的根尖靠近表皮的细胞中均为无丝分裂。

2) 有丝分裂

有丝分裂又称间接分裂(indirect division)，于 1879 年首次被发现于动物中并描述了分裂过程，于 1880 年发现在植物中也存在。因在分裂过程中出现了纺锤丝及细丝状染色质而得名。严格地讲，有丝分裂是指核分裂，随后还有胞质分裂(cytokinesis)，母细胞要通过核分裂和胞质分裂后才成为两个完整的子细胞。有丝分裂是真核生物体细胞的正常分裂方式。细胞周期(cell cycle)是指从一次细胞分裂结束开始到下一次细胞分裂结束之间细胞所经历的全部过程。细胞周期包括分裂间期和分裂期，如图 2-8 所示。

有丝分裂是细胞分裂的一系列事件连续发生和发展的过程，根据形态学特征，通常人为地将有丝分裂的分裂期划分为前期(prophase)、前中期(prometaphase)、中期(metaphase)、后期(anaphase)和末期(telophase)，最后通过胞质分裂，完成整个有丝分裂。有丝分裂的特点是在 DNA 复制一次之后经过一次细胞分裂产生两个子细胞，每个子细胞所含的染色体在数目和类型上都和亲代细胞一样，因此各代细胞的染色体数保持不变，从而保证了遗传性能的继承性和稳定性。

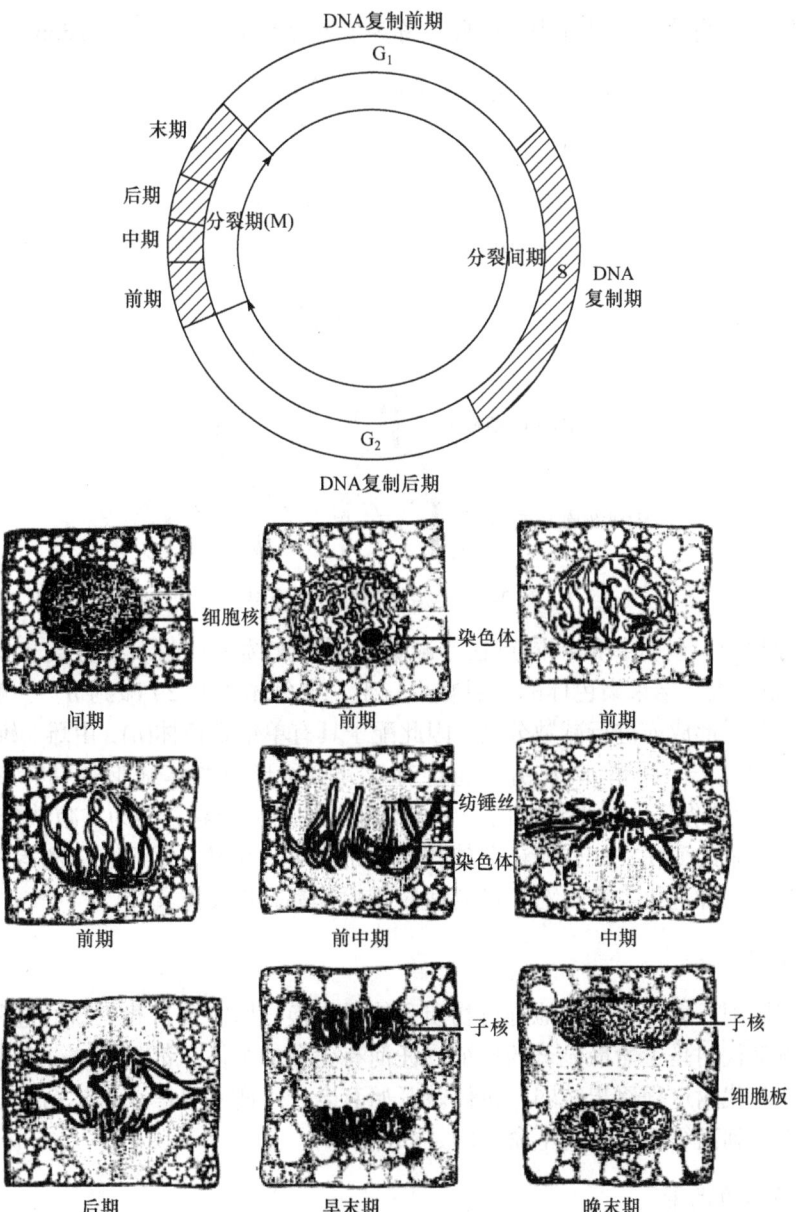

图 2-8 细胞周期及有丝分裂过程模式图

3) 减数分裂

有性生殖是生物在长期进化历史中较无性生殖更为进步的一种繁殖方式。雌雄配子的融合将不同遗传背景的雌雄双方的遗传物质混在一起，其结果是既稳定了遗传性，又添加了许多新的变异，大大增强了生物对千变万化环境的适应能力。减数分裂是一种特殊的有丝分裂方式，仅发生于有性生殖细胞(配子)形成过程中的某个阶段，为生殖细胞所特有。减数分裂与有丝分裂不同，在染色质复制一次后，要经过两次分裂使子细胞所含的染色体数比亲代细胞减少一半，所以称为减数分裂，见图 2-9。减数分裂只存在于高等生物生殖细胞的成熟过程中，因此又称为成熟分裂(maturation division)。

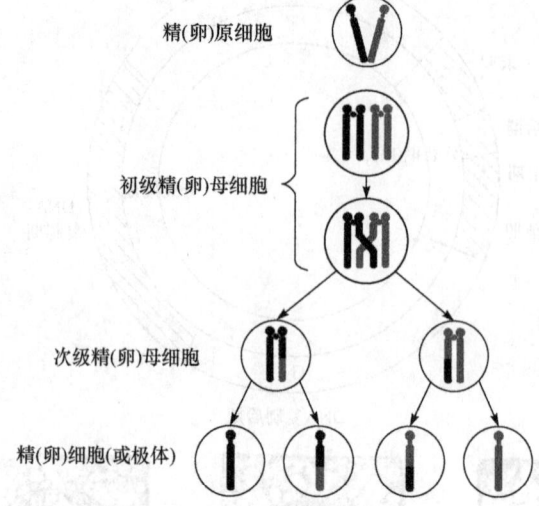

图 2-9 生殖细胞的减数分裂

减数分裂与有丝分裂的不同点在于减数分裂时连续进行两次核分裂，其中染色体 DNA 只复制一次，结果染色体的数目减少一半，染色体数由 $2n$ 减到 n。一般在配子形成过程或在配子形成前进行减数分裂，因此配子具有单倍染色体(n)，由雌、雄配子(卵和精子)结合形成合子(受精卵)及由其通过有丝分裂所形成的体细胞则具有双倍染色体($2n$)。这样不仅能保持物种遗传性的稳定，又能增加新的变异，因为在减数分裂过程中，染色体发生复杂的变化，如同源染色体相互识别配对、交叉、重组、分离等，这对生物的遗传变异、物种进化、增强对环境的适应能力等都有重要意义。

四、生物代谢

机体与周围环境之间不断地进行物质和能量交换，以实现自我更新的过程，称为新陈代谢。新陈代谢是生命最显著的特征，任何有生命的个体，都具有这一基本特征。如果机体的新陈代谢过程逐步减弱，机体就开始衰老，代谢一旦停止，生命就必然终结，从单细胞生物到高等动植物的生命，均是如此。

(一) 动物的代谢

碳水化合物、脂肪和蛋白质是动物的主要能量来源物质。其中碳水化合物因在植物性食物中含量高、来源丰富而成为大多数动物的主要能源。相同质量脂肪的能量值约为碳水化合物的 2 倍，但在食物中含量较少。蛋白质在动物体内不能完全氧化，所以作为能源的利用效率相对较低。因为鱼类对碳水化合物的利用率较低，所以蛋白质是其有效的供能物质，其次是脂肪。此外，当动物处于绝食、饥饿、产奶和产蛋等状态时，若食物来源的能量难以满足需要，也会依次利用体内储存的糖原、脂肪和蛋白质来供能。

通常将生物体内物质代谢过程中所伴随的能量释放、储存、转移和利用等称为能量代谢(energy metabolism)。动物的一切生命活动都需要能量。如果没有能量，生命活动就不能进行。动物机体的组织细胞不能直接利用食物进行各种生理活动。机体能量的直接提供者是含有高能键的化合物，它们具有多种形式，其中 ATP 是生物能的主要载体。ATP 是广泛存在于动物细胞内、由线粒体合成的高能化合物。它既是重要的储能载体，又是直接的供能物质。其分子中含有两个高能磷酸键，通常 1 mol 的 ATP 断裂一个高能磷酸键形成腺苷二磷酸(adenosine diphosphate，ADP)时，可释放 33.47 kJ 的能量，但是在活细胞中，受温度、pH 和反应物浓度等的影响，断裂一个高能磷酸键最多可释放 30.54 kJ 的能量。机体在生命活动中所消耗的 ATP，可通过营养物质在体内的氧化分解所释放的能量，不断地将 ADP 重新转变成 ATP 而获得补充。

(二) 植物的代谢

在自然界中，植物有机体的一个重要特征就是以新陈代谢的方式进行物质与能量的转变，在不断地与外界环境进行的物质交换中来维持生存，建立其特有的形态并进行增大与繁殖。植物代谢主要是研究水分代谢、矿质营养、光合作用、呼吸作用及植物体内有机物质(糖类、蛋白质、脂肪、核酸、激素)的转化、运输等各种生理活动规律及代谢过程，它们是各种生命活动的基础和微观体现。其中呼吸作用和光合作用是绿色植物代谢的核心。

1) 水分代谢

水是植物生长重要的条件。植物的一切正常生命活动只有在含有一定量水分的条件下才能进行，否则就会受到阻碍，甚至停止。陆生植物一方面不断地从土壤中吸取水分，以保持其正常的含水量，另一方面，它的地上部分(尤其是叶片)以蒸腾作用(transpiration)方式散失水分，以维持体内外的水分循环及适宜的体温。根系吸收的水分除极少部分参与体内的生化代谢过程外，其绝大部分通过蒸腾作用散失到周围环境中。蒸腾作用是植物叶片的一个主要生理功能，是水分以气体状态从植物体表散失到大气中的过程。陆生植物对水的消耗量是很大的，每生产 1 g 有机物，就要消耗 300~500 g 的水，其中绝大多数通过叶片的蒸腾作用散发出去。蒸腾作用是植物通过根尖吸收及在体内运输水和矿质元素的主要动力之一。植物对水分的吸收、运输、利用和散失的过程称为植物的水分代谢(water metabolism)。植物水分代谢的基本规律是作物栽培中合理灌溉的生理基础，通过合理灌溉可以满足作物生长发育对水分的需要，同时为作物提供良好的生长环境，对农作物的高产、优质有重要意义。

水的生理作用是指植物生命活动所需的水分直接参与原生质组成、重要的生理生化代谢和基本生理过程。水是植物原生质的主要组分，直接参与植物体内重要的代谢过程；水通常也是许多生化反应和物质吸收、运输的良好介质；水还能使植物保持固有的姿态，细胞的分裂和延伸生长也都需要足够的水，因此植物生长离不开水。

2) 矿质营养

植物必需元素通常被分成两类，即大量元素(major element 或 macroelement)和微量元素(microelement 或 trace element)。这种分类是根据植物对必需元素需求量的大小来划分的。大量元素(或大量营养)是指植物需要量较大、其含量通常为植物体干重 0.1%以上的元素。大量元素一共有 9 种，即 C、O、H 等 3 种非矿质元素和 N、P、K、Ca、Mg、

S 等 6 种矿质元素。微量元素(或微量营养)是指植物需要量极微、其含量通常为植物体干重 0.01%及以下的元素。这类元素在植物体中稍多即会发生毒害，它们是 Fe、Mn、B、Zn、Cu、Mo、Cl、Ni 等 8 种矿质元素，见表 2-1。

表 2-1 植物的必需元素

元素	植物利用的形式	单位干重质量分数/%	元素	植物利用的形式	单位干重质量分数/%
C	CO_2	45	Cl	Cl^-	1×10^{-2}
O	O_2、H_2O	45	Fe	Fe^{2+}、Fe^{3+}	1×10^{-2}
H	H_2O	6	B	H_3BO_3、$B(OH)_3$	2×10^{-3}
N	NO_3^-、NH_4^+	1.5	Mn	Mn^{2+}	5×10^{-3}
K	K^+	1.0	Zn	Zn^{2+}	2×10^{-3}
Ca	Ca^{2+}	0.5	Cu	Cu^{2+}、Cu^+	6×10^{-5}
Mg	Mg^{2+}	0.2	Mo	MoO_4^{2-}	1×10^{-5}
P	$H_2PO_4^-$、HPO_4^{2-}	0.2	Ni	Ni^{2+}	5×10^{-5}
S	SO_4^{2-}	0.1			

植物必需的矿质元素在植物体内有三个方面的生理作用：一是细胞结构物质的组成成分；二是作为酶、辅酶的成分或激活剂等，参与调节酶的活动；三是起电化学作用，参与渗透调节、胶体的稳定和电荷的中和等。大量元素中有些同时具备上述两三个作用，而大多数微量元素只具有酶促功能。

3) 呼吸作用

呼吸作用(respiration)是生物界非常普通的现象，是一切生物细胞的共同特征。呼吸作用是指生物细胞内的有机物，在一系列酶的参与下，逐步氧化分解成简单物质并释放能量的过程。然而，呼吸作用并不一定伴随着氧的吸收和二氧化碳的释放。依据呼吸过程中是否有氧参与，可将呼吸作用分为有氧呼吸(aerobic respiration)和无氧呼吸(anaerobic respiration)两类。有氧呼吸是指生物细胞利用分子氧，将某些有机物质彻底氧化分解释放 CO_2，同时将 O_2 还原为 H_2O，并释放能量的过程。呼吸作用释放的能量，少部分以 ATP、NADH(还原型辅酶)和 NADPH(还原型辅酶Ⅱ)形式储藏起来，为植物体内生命活动过程所必需，大部分以热能放出。例如，水稻浸种催芽时，谷堆里的发热现象便是种子萌发时进行旺盛呼吸的结果。

4) 光合作用

自养生物吸收二氧化碳转变成有机物的过程称为碳同化(carbon assimilation)。生物的碳同化包括细菌光合作用、绿色植物光合作用和化能合成作用三种类型，其中以绿色植物光合作用最为广泛，合成有机物最多，与人类的关系也最密切。光合作用(photosynthesis)是指绿色植物吸收光能，同化二氧化碳和水，制造有机物质并释放氧气的过程。光合作用对整个生物界产生巨大作用：一是将无机物转变成有机物，每年约合成 5×10^{11} t，可直接或间接作为人类或动物的食物；二是将光能转变成化学能，绿色植物在同化二氧化碳的过程中,将太阳光能转变为化学能,并蓄积在形成的有机化合物中,人类所利用的能源,如煤炭、天然气、木材等都是现在或过去的植物通过光合作用形成的;三是维持大气 O_2 和 CO_2 的相对平衡。根据需光与否,将光合作用分为两个反应——光反应(light reaction)和暗反应(dark reaction)。光反应的场所是类囊体,准确地说光反应是通过叶绿素等光合色素分子吸收光能,并将光能转化为化学能,形成 ATP 和 NADPH 的过程。暗反应的场所是叶绿体基质,其过程包括植物叶片通过气孔从外界吸收 CO_2,经过 CO_2 的固定,在有关酶的催化作用下形成糖类的过程以及 CO_2 固定产物(三碳化合物)还原的过程。光合作用的实质是将 CO_2 和 H_2O 转变为有机物(物质变化)和将光能转变成 ATP 中活跃的化学能再转变成有机物中的稳定的化学能(能量变化)。

(三) 微生物的代谢

微生物通过分解代谢产生化学能,光合微生物还可将光能转换成化学能,这些能量除用于合成代谢外,还可用于微生物的运动和营养物质的运输,另有部分能量以热或光的形式释放到环境中。微生物的产能代谢是指物质在生物体内经过一系列连续的氧化还原反应,逐步分解并释放能量的过程,又称生物氧化。在生物氧化过程中释放的能量可被微生物直接利用,也可通过能量转换储存在高能化合物(如 ATP)中,以便逐步被利用,还有部分能量以热的形式释放到环境中。不同类型微生物进行生物氧化所利用的物质不同,异养微生物利用有机物,自养微生物则利用无机物。异养微生物将有机物氧化,根据氧化还原反应中电子受体的不同,可将微生物细胞内发生的生物氧化反应分成发酵和呼吸两种类型,而呼吸又可分为有氧呼吸和无氧呼吸两种方式。

发酵(fermentation)是指微生物细胞将有机物氧化释放的电子直接交给底物本身未完全氧化的某种中间产物,同时释放能量并产生各种不同的代谢产物。在发酵条件下,有机物只是部分被氧化,因此只释放出一小部分的能量。发酵过程的氧化与有机物的还原相偶联,被还原的有机物来自初始发酵的分解代谢产物,即不需要外界提供电子受体。发酵的种类有很多,可发酵的底物有糖类、有机酸、氨基酸等,其中以微生物发酵葡萄糖最为重要。生物体内葡萄糖被降解成丙酮酸的过程称为糖酵解(glycolysis),主要分为 4 种途径,分别为 EMP 途径、HM 途径、ED 途径及磷酸解酮酶途径。

一般将微生物从外界吸收的各种营养物质,通过分解代谢和合成代谢,生成维持生命活动的物质和能量的过程,称为初级代谢。次级代谢是相对于初级代谢而提出的一个概念。一般认为,次级代谢是指微生物在一定的生长时期,以初级代谢产物为前体,合成一些对微生物的生命活动无明确功能的物质,这一过程的产物,即为次级代谢产物。有人将超出生理需求的过量初级代谢产物也看作次级代谢产物。次级代谢产物大多是分子结构比较复杂的化合物,根据所起作用,可将其分为抗生素、激素、生物碱、毒素及维生素等类型。次级代谢与初级代谢关系密切,初级代谢的关键性中间产物往往是次级代谢的前体,如糖降解过程中的乙酰辅酶 A 是合成四环素、红霉素的前体。

人体健康与人体微生物有着密切的关系。人们逐渐认识到人体中的微生物是人体不可或缺的重要组成部分,在人体的健康和疾病中发挥着重要作用。为此,美国国立卫生研究院(NIH)启动了"人类微生物组计划"(human microbiome project,HMP)、欧盟启动了"人类肠道宏基因组计划"(metagenomics of the human intestinal tract，MetaHIT)，中国也参与其中。"人类微生物组计划"又称"第二人类基因组计划"，用5年时间耗资1.5亿美元完成900个人体微生物基因组测序，探索研究人类微生物组的可行性，研究人体微生物组变化与疾病的关系，同时为其他科学研究提供信息和技术支持。"人类微生物组计划"Ⅰ期已经结束，作为该项目子项目之一的口腔微生物组项目，已经获得了海量的测序数据，包括口腔微生物组(包括细菌、真菌、病毒和古菌)的组成及多样性。通过分析患有特定疾病，如龋病、牙周病、全身系统性疾病志愿者的口腔微生物组成，解析口腔微生物群落结构变化与疾病之间的相互联系。而肠道微生物组研究人体微生物种群结构、人与微生物交互作用、人体微生物功能差异、微生物和疾病的关系。肠道微生物组在维持人体营养、代谢、生长、免疫、防御等方面发挥着重要作用，肠道微生物组紊乱可导致癌症、肥胖、糖尿病、过敏等疾病的发生和发展。因而深入研究肠道微生物组的成分、功能和影响因素，将为人类疾病的治疗和预防提供新的靶标。

第三节 生物遗传、变异与调控

一、生物遗传与变异

遗传(heredity)是指上一代生物将自身的一整套遗传基因稳定地传给下一代的行为或功能，具有极其稳定的特性。简单地说，就是生物在繁殖过程中将它们的特性传给后代，使后代与亲代相似的现象。遗传必须有物质基础，即遗传信息必须由某些物质作为携带和传递的载体。染色体(chromosome)是所有生物遗传物质DNA的主要存在形式(图2-10)，是存在于真核细胞核中，由DNA、组蛋白、非组蛋白及少量RNA构成的易被碱性染料着色的一种杆状物，是遗传物质的载体。一切生物的遗传信息都以染色体的形式组织在

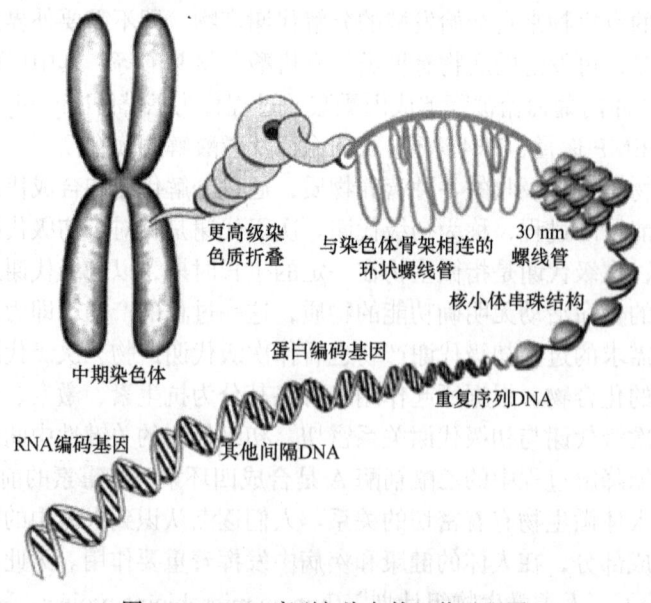

图2-10 DNA序列与染色体组装过程图

一起,并由染色体负责遗传信息的传递。通常所说的染色体多指真核染色体。一个典型的染色体主要由以下几个部分组成:着丝粒(centromere)、臂(arm)、端粒(telomere)、染色单体(chromatid)等。

基因(gene)就是存在于 DNA 上承载遗传信息的核苷酸序列,是位于染色体上呈直线排列的遗传物质的最小单位,也是携带遗传信息的结构单位和控制遗传性状的功能单位。基因组(genome)指存在于细胞或病毒中的所有基因。一般情况下细菌只有一套基因,即单倍体(haploid);真核生物通常有两套基因,又称二倍体(diploid)。生物基因组 DNA 可以分为以下几类(以人类基因组为例):①蛋白编码序列,以三联体密码(triplet code)方式进行编码。编码 DNA 在基因组中所占比例随物种而异,在人类细胞基因组中,这一比例为 1%～1.5%。这类编码序列主要是非重复的单一 DNA 序列,一般在基因组中只有一个拷贝(单一基因)。②编码 rRNA、tRNA、snRNA 和组蛋白的串联重复序列。它们在基因组中一般有 20～300 个拷贝,人类基因组中这类 DNA 约占 0.3%。③含有重复序列的 DNA,这类 DNA 在基因组中占有很大一部分,如转座因子(transposable element)。转座因子是位于染色体或质粒上的一段能改变自身位置的 DNA 序列,广泛分布于原核和真核细胞中。而质粒(plasmid)是一种细胞中除染色体以外的遗传因子,是能进行自主复制的细胞质遗传因子,主要存在于各种微生物细胞中。

(一) 细胞中 DNA 的复制和转译

1) DNA 的复制

亲代的表型性状要在子代中得以完全表现,亲代的遗传信息必须既能完整地传递给子代,又能保留在亲代中。DNA 复制是指 DNA 双链在细胞分裂以前的分裂间期进行的复制过程,复制的结果是一条双链变成两条一样的双链(如果复制过程正常),每条双链都与原来的双链一样,见图 2-11。这个过程通过边解旋边复制和半保留复制机制得以顺利完成。DNA 复制主要包括引发、延伸、终止三个阶段。

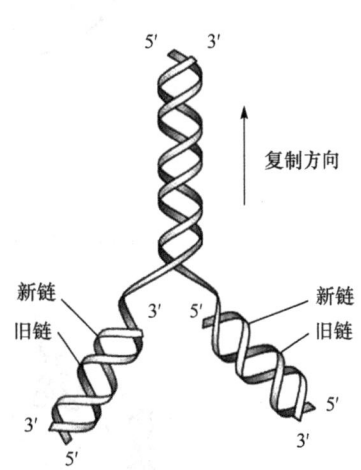

图 2-11 DNA 的复制图解

2) DNA 的转译

DNA 双螺旋结构模型的奠基人之一 F. Crick 于 1958 年首次提出了 DNA—RNA—蛋白质(或多肽链)这一遗传信息单向传递的中心法则,见图 2-12。该中心法则中,从 DNA 到蛋白质有两个过程,前一过程为 DNA—RNA,称为转录(transcription),后一过程为 RNA—蛋白质,称为翻译(translation)。中心法则是指遗传信息从 DNA 传递给 RNA,再从 RNA 传递给蛋白质的转录和翻译的过程,这是所有有细胞结构的生物所遵循的法则。在某些病毒中的 RNA 自我复制(如烟草花叶病毒等)和在某些病毒中以 RNA 为模板逆转录成 DNA 的过程(某些致癌病毒)是对中心法则的补充。RNA 的自我复制和逆转录过程,在病毒单独存在时是不能进行的,只有寄生到寄主细胞中后才发生。在基因工程中逆转录酶是一种很重要的酶,它能以已知的 mRNA 为模板合成目的基因。在基因工程中是获得目的基因的重要手段。

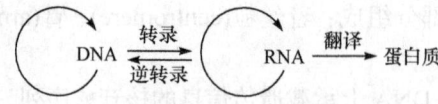

图 2-12　遗传信息单向传递的中心法则

遗传密码决定 DNA 链上各具体氨基酸的特定核苷酸排列顺序。遗传密码的信息单位是密码子，每一密码子由三个核苷酸序列即一个三联体组成。核苷酸单位(碱基单位)是一个最低突变单位或交换单位，除少数例外，在绝大多数生物的 DNA 组分中，只含有腺苷酸(AMP)、胸苷酸(TMP)、鸟苷酸(GMP)和胞苷酸(CMP)四种脱氧核苷酸。四种脱氧核苷酸，按其排列组合方式的不同，可编出三联体密码 64 种组合，用于决定组成蛋白质的 20 种氨基酸顺序(图 2-13)。

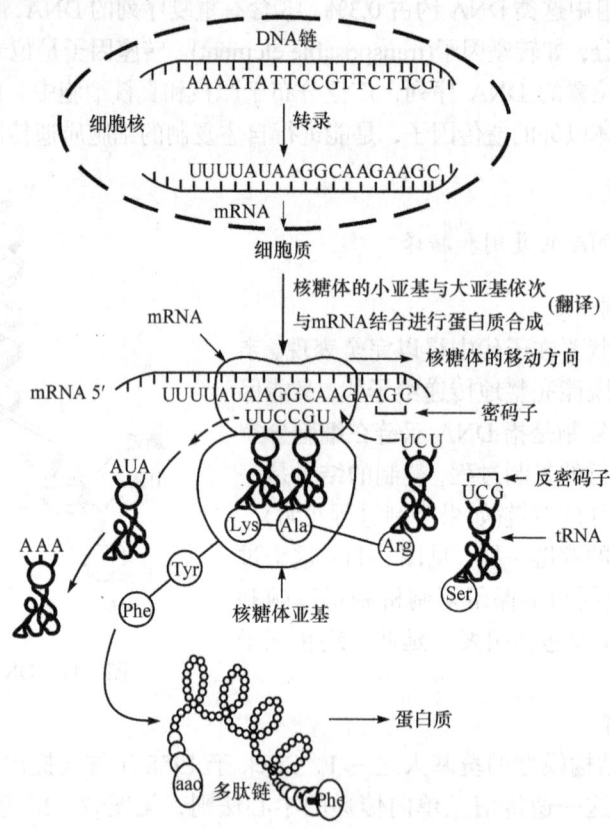

图 2-13　遗传信息的传递与特定蛋白质合成的总过程

(二) 生物变异

生物变异(variation)是后代与亲代之间及后代个体之间存在差异的现象。例如，同一个稻穗上的籽粒，长成的植株在性状上也有或多或少的差异，甚至一卵双生的兄弟也不可能一模一样。这种差异的表现，就是生物的变异。遗传和变异是生命活动中的一对矛盾，既对立又统一。变异为生物产生新的性状，导致物种的变化和发展。遗传、变异和进化构成了生物发展史。

生物性状变异包括遗传变异(genetic variation)与不可遗传变异(non-genetic variation)。不可遗传变异由环境因素引起，细胞内遗传物质并不发生改变，不能在世代间传递。遗传变异是由于细胞内遗传物质的结构、组成及排列方式改变而产生的性状变异，可以在世代间传递。遗传变异的来源主要有 3 种：基因突变、基因重组和染色体变异。这两类变异的划分是相对的。因为在一定的环境条件下，通过长期定向的影响和选择，由量变的积累可以转化为质变，不遗传的变异就有可能形成遗传的变异。

1) 基因突变

基因突变指由 DNA(RNA 病毒和噬菌体的 RNA)链上的一对或少数几对碱基被另一个或少数几个碱基对取代发生改变的突变类型。该类型的变异是基因内部结构改变造成的，多因 DNA 复制差错造成，包括能使生物产生性状改变的有义突变和不改变生物性状的无义突变。太空育种和辐射育种的遗传学原理就是基因突变，基因突变是生物变异的根本来源。基因突变具有重演性、可逆性、多方向性、有害性及平行性等一般特征。掌握这些特征对于研究基因突变产生的机理、突变体筛选与鉴定、人工诱发突变及其应用都具有重要的指导意义。

2) 基因重组

基因重组是由控制不同性状的基因在减数分裂时自由组合或同源染色体间的非姐妹染色单体互换造成，生物的变异多数由基因重组造成。农业上杂交育种的遗传学原理就是基因重组。

3) 染色体变异

由于基因主要位于染色体上，染色体的结构和数目发生变化必然会导致基因的数目及排列顺序发生变化，从而使生物发生变异，称其为染色体变异。染色体变异可分为染色体结构变异和染色体数目变异，具体包括染色体 DNA 链上的插入(insertion)、缺失(deletion)、重复(duplication)、易位(translocation)、倒位(inversion)等。染色体作为遗传物质的主要载体，在细胞分裂过程中能够准确地自我复制、均等地分配到子细胞中，以保持染色体形态、结构和数目稳定。然而染色体也同它所载的基因一样，稳定只是相对的，变异则是绝对的。在农业育种上，染色体数目变异应用较广，如整倍数目变异的异源八倍体小黑麦、无籽西瓜等。

变异从发生的根源上又可以分为自发突变(spontaneous mutation)和人工诱变。普通的细胞活动或与环境的相互作用，使所有生物都存在一定数目的突变，这些突变称为自发突变。它是不存在人类干扰而自然发生的突变，其发生概率在不同生物中也不同。突变是稀少的事件，并且多数有害突变在进化过程中已被淘汰。自发突变由很多因素引起，包括 DNA 复制中的错误、DNA 自发的化学改变及转座子的移动等。人工诱变中的基因定点突变(site-specific mutagenesis of gene)是指按照人们的意愿对基因的编码区和表达调控区(包括启动子区)定向进行缺失、插入或碱基替换等过程。基因的定点突变改变了自然状态下诱发突变表现的随机性，根据所要突变的已知基因序列，对其保守的功能结构域、调控区进行定点突变，从而改变该区域的功能。

在当今的分子生物学领域，基因编辑是一项旨在对基因组进行定点修饰的新技术，目前主要有人工核酸酶介导的锌指核酸酶(zinc-finger nuclease，ZFN)技术、转录激活因子样效应物核酸酶(transcription activator-like effector nuclease，TALEN)技术和RNA引导的CRISPR-Cas核酸酶(CRISPR-Cas RGN)技术。它们都能特异性地识别靶位点，对其单链或双链进行精准切割后，由细胞内源性的修复机制来完成对靶标基因的敲除和替换。此过程既模拟了基因的自然突变，又修改并编辑了原有的基因组，真正达成了"编辑基因"。例如，CRISPR-Cas9技术被认为能够在活细胞中最有效、最便捷地"编辑"任何基因。2015年，通过回输基因编辑免疫细胞治疗白血病的小女孩Layla体内已经检测不到白血病的迹象。尽管现在这还只是个例，但是相信不久的将来，基因编辑技术将会拯救许多生命。

根据功能元件的不同，CRISPR-Cas系统可以分为Ⅰ类系统、Ⅱ类系统和Ⅲ类系统，目前使用最为广泛的是Ⅱ类CRISPR-Cas9系统。该系统能利用RNA介导的DNA靶向功能对多种生物基因组的任意区域进行编辑。在Ⅱ类CRISPR-Cas9系统中，由单一蛋白(Cas9)、crRNA和tracrRNA形成的RNA蛋白复合体能够对外源DNA执行有效的识别和特定位点的切割作用。将Cas9的两个位点(D10A和H840A)突变，会使Cas9蛋白失去对DNA的切割活性，但不影响其与DNA结合的能力。这种失去DNA切割活性的Cas9蛋白被命名为dead Cas9(dCas9)，dCas9与靶向特定基因gRNA在细胞中共表达，则gRNA可以介导dCas9蛋白与DNA结合。如果dCas9蛋白结合到靶基因的阅读框内，可阻断RNA聚合酶的延伸作用；如果结合到靶基因的启动子区域则可以阻断基因转录的起始，如图2-14所示。

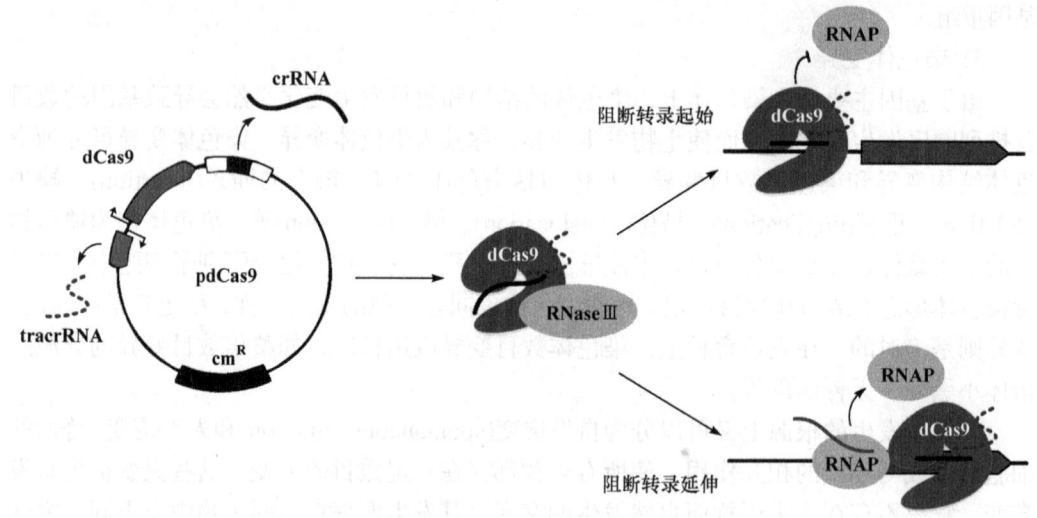

图2-14 CRISPR-Cas基因编辑

另外，在体外人工合成双链DNA分子的技术也较为成熟。2014年基因编辑领域著名人物杰夫·伯克赫成功合成了酵母基因组中一条染色体。将来如果能够合成整个酵母基因组，其将是科学界首次人工合成的一种真核生物的基因组，这将是人造生命体研究向前迈出的一大步。以此为基础，未来也许可以实现完全的"按需设计"基因。

二、生物调控

(一) 动物生理功能调控

细胞新陈代谢所需的养料由细胞外液提供，细胞的代谢产物也排到细胞外液中，然后通过细胞外液与外环境发生物质交换。由于细胞不断进行着新陈代谢，新陈代谢本身又不断扰乱内环境的稳态，外环境的强烈变动也可影响内环境的稳态，而细胞的生存对内环境条件的要求很严格。为此，机体的血液循环、呼吸、消化、排泄等生理功能必须不断地进行调节，以纠正内环境的过分变动，使被扰乱的内环境重新得到恢复，这一过程称为生理功能调节。机体对各种功能活动进行调节的方式主要有三种，即神经调节(neuroregulation)、体液调节(humoral regulation)和自身调节(autoregulation)。

1) 神经调节

机体的许多生理功能是由神经系统的活动来进行调节的。神经调节是指通过神经系统的活动对机体各组织、器官和系统的生理功能所发挥的调节作用。神经调节的基本过程是反射。反射是指在中枢神经系统的参与下，机体对内外环境变化产生的有规律的适应性反应。反射的结构基础是反射弧，包括感受器、传入神经、神经中枢、传出神经和效应器5个基本环节。感受器感受体内某部位或外界环境的变化，并将这种变化转变成一定的神经信号(电活动)，通过传入神经传导至相应神经中枢，神经中枢对传入信号进行分析，做出反应，通过传出神经改变效应器(如肌肉、腺体)的活动。反射弧的各组成部分都很重要，其中任何一个部分被破坏，都会导致反射活动消失。反射性调节是机体重要的调节机制，神经系统功能不健全时，调节将发生紊乱。人类和高等动物的反射可分为非条件反射和条件反射两类。非条件反射是先天遗传的同类动物都具有的反射活动，是一种初级的神经活动；条件反射是后天获得的，是大脑的高级神经活动。一般来说，神经调节的特点是：反应迅速、反应准确、作用部位局限和作用时间短暂。

2) 体液调节

体液调节是指体内的一些细胞能合成并分泌某些特殊的化学物质，由体液运输到达全身的组织细胞或某些特殊的组织细胞，通过作用于细胞上相应的受体(receptor)，对这些细胞的活动进行调节。体内有多种内分泌腺细胞，能分泌各种激素(hormone)。激素是一些能在细胞与细胞之间传递信息的化学物质，由血液或组织液携带，作用于具有相应受体的细胞，调节这些细胞的活动。接受某种激素调节的细胞，称为该种激素的靶细胞(target cell)。例如，胰岛B细胞分泌的胰岛素，是一种调节全身组织细胞糖代谢的激素，能促进细胞对葡萄糖的摄取和利用，在维持血浆葡萄糖浓度的稳定中起重要的作用。有一些激素可以在组织液中扩散至邻近的细胞，调节邻近细胞的活动。这种调节是局部性的体液调节，也称旁分泌(paracrine)调节。

3) 自身调节

许多组织、细胞自身也能对周围环境变化发生适应性的反应，这种反应是组织、细胞本身的生理特性，并不依赖于外来的神经或体液因素的作用，所以称为自身调节。例如，血管平滑肌在受到牵拉刺激时，会发生收缩反应。当小动脉的灌注压力升高时，对血管壁的牵张刺激增强，小动脉的血管平滑肌就发生收缩，使小动脉的口径缩小，因此当小动脉的灌注压力升高时，其血流量不致增大。这种自身调节对于维持局部组织血流量的稳态起一定的作用。肾脏小动脉有明显的自身调节能力，因此当动脉血压在一定范围内变动时，肾血流量能保持相对稳定。在血浆中碘浓度发生改变时，甲状腺具有自身调节对碘摄取及合成和释放甲状腺激素的能力。

(二) 植物生长调控

1) 植物生长物质

植物在整个生长发育过程中，除需要大量的水分、矿质元素和有机物质作为细胞生命的结构物质和营养物质外，还需要一类微量的生长物质来调节与控制植物体内的各种代谢过程，以适应外界环境条件的变化。植物生长物质是指具有调节植物生长发育功能的一些生理活性物质，包括植物激素和植物生长调节剂。植物激素(plant hormone 或 phytohormone)是指在植物体内合成的可移动并对生长发育产生显著作用的微量(1 μmol/L 以下)有机物质。植物激素的合成通常不是某个单独的器官完成的，而更多地表现出分散性。植物激素不仅能够运输到靶部位发挥作用，还表现出直接作用于其合成的组织或细胞。另外，植物激素的作用不仅依赖其浓度变化的方式，也依赖于靶细胞对激素的敏感性。目前，在植物体内已发现的植物激素有生长素类、赤霉素类、细胞分裂素类、脱落酸和乙烯，称为经典的五大类植物激素。近二十年来还发现油菜素甾体类、多胺、茉莉酸类和水杨酸类等天然物质对植物的生长发育发挥着多方面的调节作用。此外，植物体内还含有一些天然的抑制物质，如酚类化合物。

2) 植物激素对生长的调控

吲哚乙酸(indole-3-acetic acid，IAA)是高等植物体内最主要的生长素(auxin，AUX)。IAA 可以诱导离体胚芽鞘或幼茎伸长。IAA 的浓度达到某个合适的水平之前，组织的响应随着浓度的增加而递增。浓度超过最适值时，生长开始减缓。如果 IAA 的浓度太高，生长会被抑制。燕麦胚芽鞘在 IAA 处理后的 10 min 内便开始伸长生长，其生长速率可增加到 10 倍以上。IAA 通过增加壁的伸展性来刺激细胞的伸长生长。IAA 诱导细胞伸长的假说主要有两个。其一为"基因激活"假说，即 IAA 激活了某些基因，这些基因编码了细胞生长所需要的蛋白质。其二为"酸生长"假说，即细胞伸长是由 IAA 诱导细胞中的 H^+ 外泌所引起的。目前已有足够的证据证明以上两种假说的合理性。"酸生长"假说认为 IAA 刺激细胞向外分泌 H^+，引起细胞壁环境的酸化，进而激活了一种乃至多种适宜低 pH 的壁水解酶。IAA 还通过激活质膜 H^+-ATPase 而引起细胞内的 H^+ 外泌，从而促进细胞生长。

(三) 基因的表达调控

在细胞生长、分化、发育、增殖、衰老和凋亡等重要过程中，都需要极其精密和有序的调控方式，从而保证各种基因在时间和空间上的正确表达。在特定的时间和空间条件下，基因的选择性表达使细胞的形态结构和生理功能产生差异，并完成细胞分化和生物体的个体发育。基因的激活或抑制及基因表达量的多少都影响细胞的功能和生命体的健康。在一个特定的生物体中，尽管个体的各个细胞都含有相同的基因组，但是特定基因的表达是根据机体的需要随环境或生理条件的变化而有规律地表达。例如，在雌性山羊个体的每个细胞的基因组中都含有β-酪蛋白基因，但是这些基因只有在成年雌性山羊体内的乳腺组织细胞中才会表达，说明该基因的表达在某种意义上讲具有时序性和空间性。一般来说，基因表达调控主要是指转录前调控、转录水平的调控及翻译水平的调控。

转录前调控包括基因丢失、基因修饰、基因重排、基因扩增、染色体结构变化等。转录水平调控为主要调控方式，转录起始、延伸、终止均影响调控过程。原核生物借助于操纵子、真核生物通过顺式作用元件和反式作用因子相互作用进行调控。真核生物原初转录产物经过加工成为成熟的 mRNA，包括加帽、加尾、甲基化修饰等转录后调控。翻译水平调控包括 mRNA 稳定性的调控、反义 RNA 对翻译水平的调控及蛋白质的剪切、化学修饰(磷酸化、乙酰化、糖基化等)、转运等翻译后调控。

1) 原核生物的基因表达调节

原核生物的基因表达主要以环境条件和营养状况为调节信号，对环境适应快，这是因为它们的转录和翻译过程是偶联的，其调控主要发生在转录水平，其次是翻译水平。原核生物基因在转录水平调控的一个例证是对β-半乳糖苷酶基因的研究所提供的。此外操纵子是细菌的主要调控单位，即转录单位。大肠杆菌(*E. coli*)的乳糖操纵子是第一个被发现的操纵子，操纵子包括依次排列着的启动基因(promoter, *lac P*)、操纵基因(operator, *lac O*)和 3 个受同一个抑制基因和同一个操纵基因调节的结构基因 *lac Z*、*lac Y* 和 *lac A*，称为 *lac*(乳糖)操纵子(图 2-15)。所以把操纵子定义为一组机能上有联系的结构基因，在染色体遗传图上互相接近，并通过同一个调节基因协调关和开。操纵基因控制、协调、诱导基因转录，以形成单个多顺反子 mRNA。

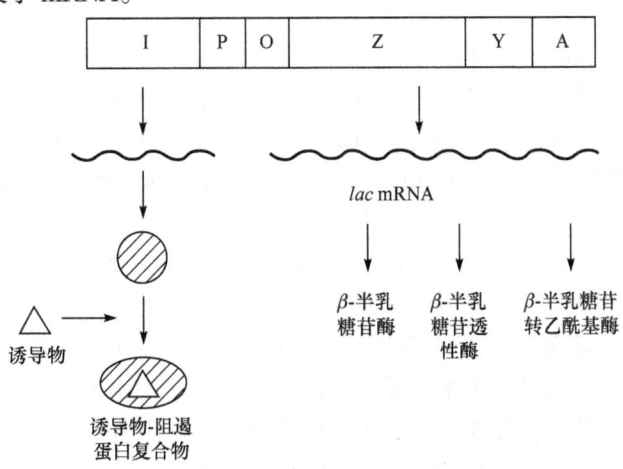

图 2-15　*lac*(乳糖)操纵子模式

2) 真核生物的基因调控

真核生物的基因表达分为两大类：一类与维持细胞的普遍功能有关，在所有细胞中都可找到；另一类与特定细胞功能表达有关，要求细胞根据其在生物体内所处的位置有选择地表达特有的功能。此外在真核生物中转录不与翻译偶联，所以 mRNA 的利用可受到细胞质的控制。这些控制无疑都需要有特定蛋白质参与,它们都作用在 DNA 或 RNA 的调节部位上。

在 DNA 水平上的调控主要包括基因丢失、扩增、重排、甲基化等。研究发现,真核生物 DNA 中胞嘧啶的 2%～7%是甲基化的,绝大多数 DNA 的甲基化发生在 CG 核苷酸对上,它们聚簇成不小于 1 kb 的序列,常出现于基因调节区的 5′端附近。一般认为 DNA 甲基化的程度与基因的表达成反比,即甲基化是真核基因表达在 DNA 水平上的一种调控方式,真核细胞通过对基因特定位置的甲基化或者去甲基化而影响基因的表达。在转录水平的调控是真核生物基因表达调控的主要水平,主要通过反式作用因子与顺式作用元件(如 RNA 聚合酶)相互作用完成。反式作用因子通过顺式作用影响转录起始复合物的形成,从而调节基因的表达。

单细胞生物通过基因调控改变代谢方式以适应环境的变化,这类基因调控一般是短暂的和可逆的;通过基因调控,微生物可以避免过多地合成氨基酸、核苷酸等物质。如果调节基因发生突变,就可以得到大量合成这些物质的菌种,将这些菌种用在发酵工业上,使产量大幅度增长。在遗传工程研究中应用基因调控的方法可使外源基因得到表达,因此基因调控具有十分重要的生产实践意义。多细胞生物的基因调控是细胞分化、形态发生和个体发育的基础,这类调控一般是长期的,而且往往是不可逆的。基因调控的研究有重要的生物学意义,是发生遗传学和分子遗传学的重要研究领域。

第四节 生物组学

一、组学的定义

组学(omics)是随着系统生物学(systems biology)这一新兴学科的产生和发展应运而生的,它通常是指生物学中对各类研究对象(一般为生物分子)的集合所进行的系统性研究,主要包括基因组学(genomics)、转录组学(transcriptomics)、蛋白质组学(proteomics)、代谢组学(metabonomics)、免疫组学(immunomics)、糖组学(glycomics)、脂质组学(lipidomics)和表型组学(phenomics)等。

组学技术是近 20 年来生物学研究发展最为迅速的领域。2003 年,人类基因组计划的完成及随后爆发式发展起来的各种组学技术将生物学带入了新的时代,如何利用海量的数据反映生命的本质已成为生物学研究的热点。这些数据主要分成 3 类:成员、相互作用和功能状态数据。成员数据描述细胞分子的属性,相互作用数据记录分子成员之间的作用关系,功能状态数据指整体的细胞表型,揭示所有组学数据作用的整体表现。图 2-16 追溯了细胞中从基因组到代谢组的生物信号流,已有的组学数据类型描述了中间变化过程。首先,DNA(基因组)被转录为 mRNA(转录组),然后 mRNA 翻译(翻译组)为蛋白质(蛋白质组),蛋白质催化反应生成代谢物(代谢组)、糖蛋白和寡糖(糖组)及不同的脂类(脂质组)。其中大部分成员可以在细胞中标记和定位,产生和改变这些细胞成分的过程通常取决于分子相互作用,如转录过程中的蛋白质-DNA 相互作用、翻译后的蛋白质相互作用及酶相互作用等。最后,由代谢通路组成整合的网络或流量图,决定细胞动作或表型(表型组)。

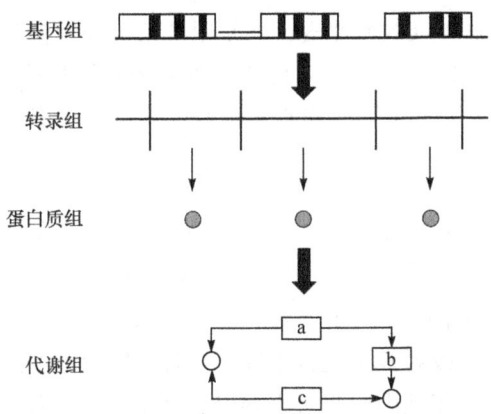

图 2-16 不同组学之间的生物信号流关系

二、基因组学

基因组学于 1986 年首次提出,是概括涉及基因作图、测序和整个基因组功能分析的遗传学学科分支。随着人类基因组计划的实施,基因组学形成了一个全新的生命科学的研究领域。解读基因组序列中生物遗传信息是基因组学研究的根本目标,定位、注释基因组序列中功能元件是解读基因组序列的重要内容。多数功能元件可以通过对其序列特征的查找比对和同源分析来实现定位和功能注释,也可以用基于转录的高通量测序分析达到目的。

(一) 测序技术的发展

DNA 测序技术是基因组学的核心技术。近年来测序技术突飞猛进的发展带来了基因组学的繁荣。毛细管电泳技术(Sanger 测序法)的应用使得人类基因组计划在 21 世纪初提前完成。此后,测序技术的发展日新月异。2005 年,Life Sciences 公司(2007 年被 Roche 公司正式收购)推出了革命性的、基于焦磷酸测序法的超高通量基因组测序系统(454 焦磷酸测序平台)。2006 年,美国 Illumina 公司推出了基于"边合成边测序"(sequencing by synthesis,SBS)的 Solexa 基因组测序平台,随后 ABI 公司推出的基于"边连接边测序"(sequencing by ligation,SBL)的 SOLiD 测序技术也发展起来,并通过不断改进化学和光学技术以提高测序通量。以上三种技术可对几百万个 DNA 序列同时进行测序,并且测序成本较为低廉,使得对一个物种的基因组或转录组进行全面分析成为可能,因此以以上三种高通量测序为代表的二代测序(next generation sequencing,NGS)技术成为测序技术发展历程上的一个里程碑。

直到今天,测序技术仍然处于迅速发展之中,新的测序技术不断涌现,虽然有的还没有实现商业化的推广,但也为基因组学的发展提供了强有力的支持。新的测序技术的代表主要有 HeliScope 测序技术、杂交测序(sequencing by hybridization,SBH)技术、单分子实时测序(single molecule real time sequencing,SMRT)技术和纳米孔(nanopore)测序技术等。HeliScope 测序仪在上机测序前不需要对文库进行扩增,是一台真正意义上的单分子测序仪。杂交测序技术的实现方式主要是利用高通量的芯片(单张芯片可达到上亿通量)在芯片表面纳米球上扩增 DNA 片段，并使用"组合探针锚定连接"的方法对片段两端的 35 个碱基进行双向测序。测序技术已成为近年来发展最快、最热门的领域。基因组学技术的飞速发展彻底改变了生物学的研究领域，并且将会引起生命科学的巨变。

(二) 全基因组测序

全基因组测序(whole genome sequencing, WGS)是对未知基因组序列的物种进行个体的基因组测序，要求一次测出一个物种或者个体的基因组的所有序列，也包括线粒体 DNA 和叶绿体 DNA。全基因组测序只需少量 DNA、唾液、表皮细胞、骨髓、发丝(含有发囊)、种子、植物叶片或者其他包含 DNA 的细胞都能作为测序的材料。由于测序产生的数据量巨大(人体二倍体基因组含有近 60 亿个碱基对)，需要强大的计算能力和存储空间用于数据计算和中间数据的存储。这在计算机普及及信息时代到来之前，基本是无法实现的。

1977 年，Sanger 和同事对噬菌体φX174 的序列进行了测定。这是第一个进行基因组序列测定的病毒，该病毒含有 5386 个碱基对，共编码 11 个基因。而第一个完成测序的独立生存的生物体基因组是流感杆菌 H. influenzae Rd 的基因组，大小为 1830138 bp。1986 年，Renato Dulbecco 最早提出了人类基因组测序，他认为如果能够知道所有人类基因的序列，对癌症的研究将会很有帮助。在人类基因组计划的实施过程中，参与的塞雷拉基因组公司使用的是鸟枪法测序(shotgun sequencing)，这种方法较为迅速，但是仍然是以传统的 Sanger 测序方法来分析。随着高通量测序技术的发展和成熟，全基因组测序被应用到各个领域，已覆盖了细菌、真菌、植物、动物等。一个物种基因组序列图谱的完成意味着这个物种学科的新开端，也将带动这个物种下游一系列研究的开展。

全基因组测序的主要评价指标有测序深度和测序覆盖度。测序深度(sequencing depth)是指测序得到的碱基(bp)总量与基因组大小的比值，它是评价测序量的指标之一。测序覆盖度是指基因组测序得到的碱基覆盖的比例，它是反映测序随机性的指标之一。测序深度与测序覆盖度之间是正相关的关系，测序带来的错误率或假阳性结果会随着测序深度的提升而下降。测序深度与覆盖度之间的关系可以通过 Lander-Waterman 模型来确定。当测序深度达到 5 倍时，测序覆盖度在 99.4%以上。

三、转录组学和蛋白质组学

(一) 转录组学

转录组是某个物种或者特定细胞产生的所有转录本的集合，与基因组不同，转录组的定义中对时间和空间进行了限定。同一细胞在不同生长期或者环境条件下，其基因的表达情况是有差异的。转录组学也是基因组学的新兴学科，主要研究细胞在某一状态下所含 RNA 的序列、类型、拷贝数和转录过程。转录组学可以从整体水平研究基因功能及基因结构，提供在不同条件下各种基因表达的信息，并据此推断出相应未知基因所具有的功能，揭示特定调节基因的作用机制、生物学过程及其分子机理。转录组学最初的技术是表达序列标签(expressed sequence tag, EST)，即将 mRNA 逆转录成 cDNA，再随机地从 cDNA 文库中挑选克隆进行测序，每个克隆可获得 100~500 bp 长度的一段序列。EST 已经被广泛地运用于基因识别，通过基于基因表达谱的分子标签，不仅可以识别细胞的表型归属，还可用于疾病的诊断。之后出现的用于转录组数据获得和分析的方法主要是 cDNA 芯片检测技术。随着高通量测序技术的出现，RNA 测序(RNA-Seq)和数字基因表达谱(digital gene expression profiling, DGEP)已经成为转录组学研究的主流技术。

RNA-Seq 是指将高通量测序技术应用到由 mRNA、small RNA 及非编码 RNA 等转录本逆转录生成的 cDNA 上，从而获得来自不同基因的 RNA 片段在特定样本中的信息。将高通量测序应用于转录组分析能够更为详细地了解哪些基因发生了转录、每个发生转录的基因其表达水平如何。将 RNA-Seq 应用到单细胞分析中，成功分析并得到了取自细胞胚胎和卵母细胞的单个老鼠细胞的转录组，该方法能够让研究者深入研究单个细胞中全部的基因表达情况和复杂组织中的细胞异质性，并从单细胞水平上分析疾病的发展。高通量测序技术还能在单核苷酸水平对任意物种的整体转录活动进行检测，在分析转录本的结构和表达水平的同时，还能发现未知转录本和稀有转录本，精确识别可变剪切位点及编码序列单核苷酸多态性，提供全面的转录组信息。RNA-Seq 技术产生的海量数据为生物信息学带来了新的机遇和挑战，有效地对测序数据进行针对性的生物信息学分析成为该技术在科学探索中发挥重要作用的关键。

数字基因表达谱是一种全面、快速地检测某一物种特定组织在特定状态下基因表达情况的高通量测序技术。数字基因表达谱技术的基本原理是利用对 mRNA 经逆转录所得 cDNA 进行双酶切，使得一条 mRNA 得到一条对应的标签，然后经过高通量测序和分析流程，比较不同样本间各种标签的数量，找出差异表达标签。与基因芯片相比，数字基因表达谱是一种以新一代高通量测序为基础，对标签直接进行测序的技术，更适用于检测基因低丰度转录及基因细微变化，因此已被广泛应用于基础科学研究、医学研究和药物研发等领域。

(二) 蛋白质组学

基因组表达的最终结果是形成一系列的蛋白质，即蛋白质组，它是活细胞中所有蛋白质的集合，也是生命活动的最终决定者。蛋白质组学以蛋白质组为研究对象，是研究细胞、组织或生物体蛋白质组成及其变化规律的科学。蛋白质组学的研究不仅能为生命活动规律提供物质基础，也能为众多疾病机理的阐明及攻克提供理论根据和解决途径。因此，蛋白质组学的研究不仅是探索生命奥秘的必需工作，也能为人类健康事业带来巨大的利益。蛋白质组学的研究标志着生命科学进入后基因时代。

蛋白质组学的研究范畴包括蛋白质表达水平、氨基酸序列、翻译后加工和蛋白质相互作用，从而在蛋白质水平上了解细胞的各项功能、各种生理和生化过程及疾病的病理过程等。但要对"全部蛋白质"进行研究是非常困难的，实际研究中获得的蛋白质组分通常只是总蛋白质组的一部分。新的研究理念——功能蛋白质组学(functional proteomics)的提出解决了这一难题，其研究对象是功能蛋白质组，即细胞在某一阶段或某一生理或病理现象相关的所有蛋白质，它是介于个别蛋白质的传统蛋白质化学研究和以全部蛋白质为研究对象的蛋白质组学研究之间的层次，对特定时间、特定空间或特定条件下的基因组所表达的蛋白质群体进行研究，从局部入手研究蛋白质的各个功能亚群体，以便将来把多个群体组合起来，逐步描绘出接近于生命细胞的"全部蛋白质"的蛋白质图谱。

蛋白质组学的发展既是技术所推动的，也受技术限制。目前，二维色谱(2D-LC)、二维毛细管电泳(2D-CE)、液相色谱-毛细管电泳(LC-CE)等新型分离技术都有补充和取代双向凝胶电泳之势。此外，以质谱技术为核心，开发质谱鸟枪法(shot gun)、毛细管电泳-质谱联用(CE-MS)等可以直接鉴定全蛋白质组混合酶解产物。随着对大规模蛋白质相互作用研究的重视，发展高通量和高精度的蛋白质相互作用检测技术也被科学家所关注。此外，蛋白质芯片的发展也十分迅速，并已经在临床诊断中得到应用。

基因工程的基本操作过程与方法

基因工程(genetic engineering)是20世纪70年代在微生物遗传学和分子生物学发展的基础上形成的一门生物技术的相关学科，是在分子水平上进行的遗传操作，是指将一种或多种生物体(供体)的基因或基因组提取出来，或人工合成基因，作为目的基因，按照人们的愿望，进行严密的设计，经过体外加工重组，转移到另一种生物体(受体)的细胞内，使其扩增表达(图2-17)，并能在受体细胞遗传且获得新的遗传性状的技术。

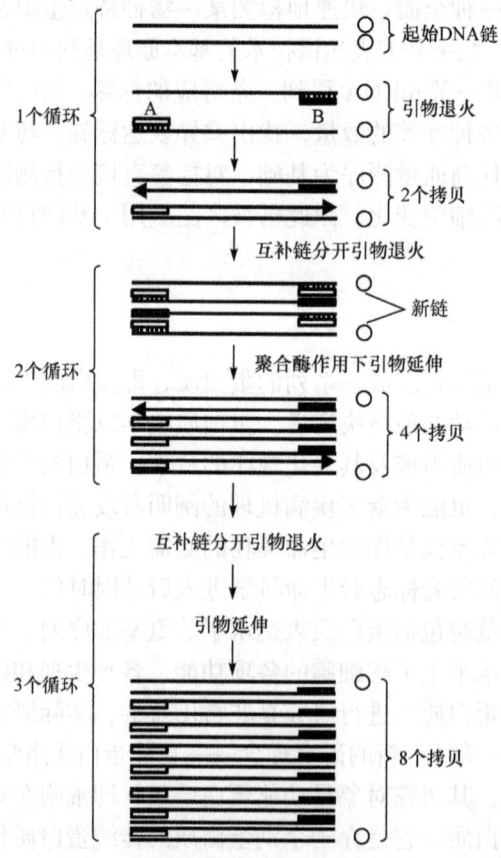

图 2-17　PCR 扩增 DNA 的过程示意图

依据基因工程研究的内容，基因工程的基本操作过程与方法归纳见图 2-18。

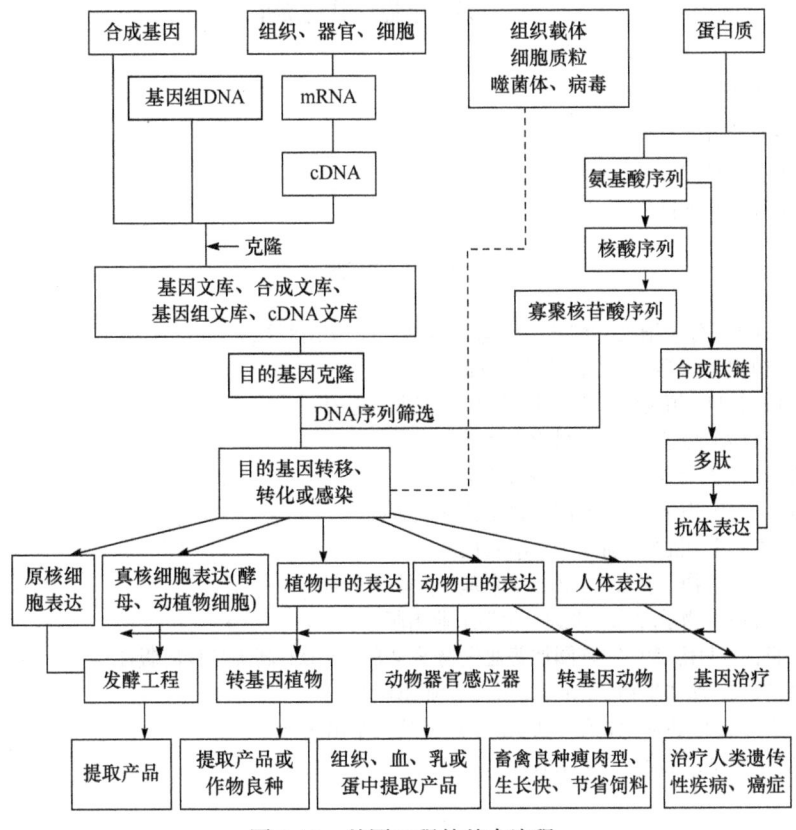

图 2-18　基因工程的基本流程

(1) DNA 的制备包括从供体生物的基因组中分离或人工合成，以获得带有目的基因的 DNA 片段。

(2) 在体外通过限制性核酸内切酶分别将分离(或合成)得到的外源 DNA 和载体分子进行定点切割，使之片段化或线性化。

(3) 在体外将含有外源基因的不同来源的 DNA 片段通过 DNA 连接酶连接到载体分子上，构建重组 DNA 分子。

(4) 将重组 DNA 分子通过一定的方法引入受体细胞进行扩增和表达，进行细胞培养扩增，获得大量的细胞繁殖群体。

(5) 筛选和鉴定转化细胞，获得引入的外源基因稳定高效表达的基因工程菌或细胞，即将所需要的阳性克隆挑选出来。

(6) 将选出的细胞克隆的基因进一步分析研究，并设法使之实现功能蛋白的表达。

基因工程技术在农业、林业、医药、食品、环保等行业和领域的研究和应用都取得了很大的进展，既为工农业生产和医药卫生等领域的发展开拓了新途径，又给高等生物的细胞分化、生长发育、肿瘤发生等基础研究提供了有效的实验手段。自 1983 年世界上成功获得第一株转基因烟草以来，植物基因工程技术在作物品种改良、抗虫、抗病、抗除草剂、杂种优势利用等方面得到了广泛的应用。

思考题和习题

1. 简述细胞的结构和功能。
2. 生物生殖的方式有哪些?
3. 简述生物变异的种类及原因。
4. 基因工程的基本操作过程与方法是什么?

参 考 文 献

郭凌晨, 殷明. 2009. 分子细胞生物学. 上海: 上海交通大学出版社
贺学礼. 2010. 植物学. 2 版. 北京: 高等教育出版社
胡宝忠, 张友民. 2011. 植物学. 2 版. 北京: 中国农业出版社
李连芳. 2013. 普通生物学. 北京: 科学出版社
刘庆昌. 2010. 遗传学. 2 版. 北京: 科学出版社
刘艳平. 2010. 细胞生物学. 长沙: 湖南科学技术出版社
闵航. 2011. 微生物学. 杭州: 浙江大学出版社
王善利. 2014. 发育生物学基础. 上海: 华东理工大学出版社
王元秀. 2016. 普通生物学. 2 版. 北京: 化学工业出版社
吴相钰, 陈守良, 葛明德. 2014. 陈阅增普通生物学. 4 版. 北京: 高等教育出版社
徐润林, 项辉. 2012. 动物生物学. 北京: 化学工业出版社
杨玉红, 王锋尖. 2012. 普通生物学. 武汉: 华中科技大学出版社
赵桂仿. 2009. 植物学. 北京: 科学出版社

第三章

环境生态学基础

本章导读

在第二章论述生物学基础知识后,本章介绍生态学基础知识,包括生态系统的概念、生态系统类型、生态系统功能,最后介绍了生物多样性。

第一节 生态系统的概念

生态系统(ecosystem)是指在一定空间内生物和非生物的成分,通过物质循环和能量流动而相互作用、相互依存所形成的生态学功能单位。生态系统由动物、植物、微生物等多种生物组成,生物群落加上它们赖以生存的环境就构成整个生态系统。物质循环、能量流动和信息传递将生物群落与环境联系起来,形成一个完整的生态学功能单位。

在自然生态系统中,生物群落不可能单独存在,总是与环境密切相关、相互作用。气候和土壤等因子决定着一定区域范围内生物群落的基本性质,而群落对气候和土壤也具有明显的影响。例如,森林对当地气候和土壤可产生强烈的影响,森林遭到破坏性乱砍滥伐会导致气候改变、水土流失甚至导致土壤贫瘠。随着物质和能量的不断输入,生物群落的功能能够维持正常运转,物质和能量沿着食物链和食物网不断流动和传递,对维持生态系统的平衡和稳定具有重要的作用。

地球上有无数不同类型的生态系统,如森林生态系统、草原生态系统、海洋生态系统、淡水生态系统、湿地生态系统、农田生态系统、城市生态系统等。各种类型的生态系统之间有着密切的联系,共同构成地球上最大的生态系统,即生物圈。

一、生态系统基本组成

自然界中任何一个生态系统都是由生物系统和非生物环境系统共同组成,其中生物系统包括生产者(producer)、消费者(consumer)和分解者((decomposer),还原者),非生物环境系统包括生物赖以生存的各种有机和无机成分,以及各种生态因子。组成生态系统的各种成分,通过能流、物流和信息流,彼此联系,形成一个具有独立功能单位的生态系统(图 3-1)。

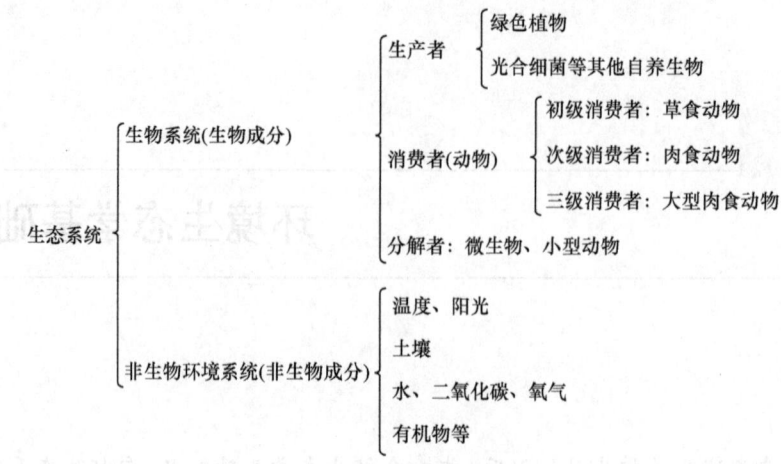

图 3-1　生态系统的组成

(一) 生物系统

1) 生产者

生产者主要是绿色植物，还包括进行光能和化能自养的某些细菌。它们组成生态系统中的自养成分，能够进行光合作用，固定太阳能，以简单的无机物为原料制造各种有机物，不仅供给自身生长发育，也是其他生物类群及人类食物和能量的来源，决定着生态系统初级生产力的高低。生产者在生态系统中处于最基础的地位。

2) 消费者

生态系统中的消费者由各种动物组成，它们不能利用太阳能生产有机物，只能直接或间接从植物所制造的现成有机物中获得营养和能量。消费者虽然不是有机物的最初生产者，但它们可以将初级产品作为原料，制造各种次级产品，因此它们也是生态系统生产力构成中的重要环节。

3) 分解者

分解者又称还原者，主要为细菌、真菌和某些营腐生生活的原生动物及其他小型有机体。它们可以将动植物残体、排泄物等复杂的有机物分解、还原成较为简单的化合物和单质，释放到环境中去，供生产者再次利用。分解者在生态系统中的作用是极为重要的，如果没有分解者的作用，动植物将会堆积成灾，生态系统的物质循环也无法进行，整个生态系统也将不复存在。

(二) 非生物环境系统

生态系统的非生物环境系统包括能源、气候、基质和各种介质(如岩石、土壤、水、空气等)，以及参加物质循环的无机物(如 C、N、CO_2、O_2、Ca、P 和 K 等)，还有联系生物和非生物成分的有机物质(如蛋白质、糖类、脂类和腐殖质等)。

二、生态系统的食物链与食物网

生态系统中，由食性关系所建立的各种生物之间的营养联系，形成一系列捕食者与猎物的锁链，称为食物链(food chain)。而自然界中很少有一种生物完全依赖另一种生物而生存，通常是一种动物以多种生物为食，同一种动物可以占据几个营养层次，如杂食动物。而且动物的食性又因环境、年龄、季节的变化而有所不同，因此各条多元的食物链可以联结为错综复杂的食物网。

食物链的复杂程度常因生态系统的类型不同而异。例如，森林生态系统为多层结构，生物的种类也比较丰富，因而相互间的营养关系也就比较复杂。而草原生态系统的组成和结构则比较简单，其食物链的结构也相对简单。按照生物之间的关系可将食物链分为4种类型。

(一) 捕食食物链

捕食食物链以生产者为基础，继之以植食性动物和肉食性动物。后者与前者之间是捕食关系。其构成方式为植物→植食性动物→肉食性动物。这种食物链在水生或陆生环境中都存在。例如，在水体中的食物链为藻类等浮游植物→甲壳类等浮游动物→草食性鱼类→肉食性鱼类；在草原上的食物链构成为草→野兔→狞猫→蛇(图3-2)。

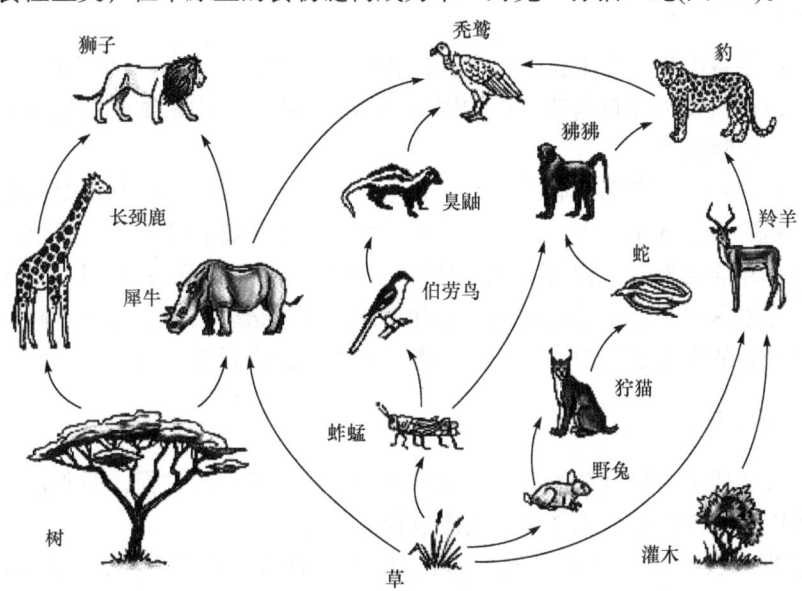

图 3-2 草原上的食物链构成

(二) 碎食食物链

碎食食物链是以碎食为基础，碎食是指高等植物以枯枝落叶等形式被其他生物所利用，分解成碎屑，然后被多种动物所食的过程。碎食食物链的构成方式为碎食物→碎食消费者→小型肉食性动物→大型肉食性动物。在森林中，90%的净生产是以食物碎食方式被消耗的。

(三）寄生食物链

寄生食物链由宿主和寄生物构成，以大型动物为基础，继之以小型动物、微型动物、细菌和病毒，后者与前者是寄生关系。例如，哺乳动物或鸟类→跳蚤→原生动物→细菌→病毒。

（四）腐食食物链

腐食食物链以动植物的遗体、残体为基础，腐烂的动植物残体被土壤或水体中的微生物分解利用，后者与前者是腐生性关系。

三、生态系统中生产和分解过程

一个完整和持续发展的自然生态系统一般都包含生产者、消费者和分解者，它们可以根据彼此间的食物关系形成不同类型的食物链。生产者利用光能将简单的无机物合成为复杂的有机物，消费者利用生产者合成的有机物，通过分解进行再生产，因此生态系统中最基本的两个过程就是生产过程和分解过程。

（一）生产过程

生态系统中各类生物在生长过程中都包含生物量的生产过程，这里主要讨论生产者，即自养生物以无机物为原料制造有机物固定能量的过程，其中最重要的是绿色植物光合作用进行的有机物生产。

高等绿色植物及藻类都具有叶绿素或其他光合色素，可以吸收利用太阳能，将水和CO_2合成有机物并释放出氧气。此外，自养生物除高等植物和藻类外，还包含一些类群的光合细菌和化能自养微生物，光合细菌因供氧体不同又可以分为自养和异养两种类型。一些学者在考察深海生态系统时发现，在深海阳光无法透射的水层之下，同样生活有蛤和蠕虫，在这样的生态系统中，第一生产者主要为化能自养微生物。

（二）分解过程

分解过程实质上是将复杂的有机物分解成简单的无机物的过程，即矿化过程，同时在这一过程中释放出能量，也称异化代谢过程。

分解过程一般可划分为以下三个阶段：① 在物理或生物作用下，动物和植物遗体、残体及粪便等被分解为颗粒状碎屑；② 在腐生生物作用下，形成腐殖酸和其他可溶性有机物；③ 腐殖酸缓慢矿化，供给生产者营养。这个复杂的分解过程包含两种不同的食物链(食物网)，即碎食食物链和腐食食物链，是在许多类群的细菌、真菌、无脊椎动物甚至植物参与之下才完成的。

第二节 生态系统类型

一、陆地生态系统

地球表面有陆地和水体之分，因此生态系统可分为陆地生态系统和水域生态系统。

根据植被类型的不同，陆地生态系统包括森林生态系统、草原生态系统、荒漠生态系统等不同类型。水域生态系统则包括陆地上的各种水体生态系统及海洋。水陆生态系统连接地带为过渡型的湿地生态系统。

(一) 陆地生态系统的带状分布

陆地面积不到地球总面积的 1/3，但陆地生物群落的现存生物量占全球总生物量的 99%以上，陆地生态系统与人类关系最为密切，在整个生物圈中起着至关重要的作用。陆地生态系统的外貌主要取决于植物类型，其植物类型分布与生态系统类型分布及生物群落类型分布相一致。地球上的气候随经度、纬度和高度而改变，植被也沿着这三个方向出现交替分布。受纬度和经度的影响而形成水平地带性，随高度的变化构成垂直地带性。

1) 纬度地带性

纬度地带性分布是指太阳高度角及季节变化因纬度不同而不同，太阳辐射量也因纬度不同而有所差异，进而引起热量的纬度差异，因此呈现出生态系统的纬度分布，即纬度地带性。从赤道到两极出现一系列有规律的生态系统类型更替，依次为热带雨林、常绿阔叶林、落叶阔叶林、北方针叶林和冻原。例如，我国自南向北随着热量递减依次分布有热带雨林和季雨林、亚热带常绿阔叶林、暖温带常绿落叶阔叶混交林、温带落叶林、寒温带针阔叶混交林、寒温带针叶林，呈现出明显的纬度地带性。

2) 经度地带性

纬度地带性和经度地带性这两个规律在任何地点都是同时存在的，但主次程度有所不同。有一些地区纬度地带性规律很明显，而另外一些地区则经度地带性规律明显。在同一热量带范围内，陆地上的降水量从沿海到大陆深部逐渐降低，相应的植被组成也依次更替，出现湿润的森林、半干旱的草原和干旱的荒漠。例如，我国在沿淮河—秦岭—昆仑山一线的温带和暖温带地区，从东南到西北植被依次分布有森林—森林草原—典型草原—荒漠草原—草原化荒漠—典型荒漠，具有明显的经度地带性分布特征。

3) 垂直地带性

地球上生态系统的带状分布也出现于山地。从山麓到山顶，随着海拔的升高，气温逐渐降低，风速和太阳辐射逐渐加强，降水量一般先是逐渐增加，随后又趋于减少。在这些因素的综合作用下，生物群落和土壤类型从下而上也逐渐发生变化，出现生态系统随海拔升高而呈带状依次更替的分布规律，称为垂直地带性，但山地垂直地带性规律受水平地带性制约。

(二) 森林生态系统

森林生态系统是陆地生态系统中最重要的类型之一。森林生态系统的功能主要体现在两个方面：其一是维护和改善人类赖以生存的生态环境，保护水土、涵养水源、调节陆地水分循环和小气候，增加区域性降水，能够防风固沙，改善空气质量、土壤温湿度，改良土壤，保障农牧业增产；其二是不断为人类提供木材、能源材料、各种林产品和动植物副产品等。地球上的森林类型依据气候带不同主要划分为：热带雨林、亚热带常绿阔叶林、温带落叶阔叶林和北方针叶林。

1) 热带雨林

热带雨林分布在赤道和热带地区，常年温暖，无霜冻，降水丰富(年降水量大于1800 mm)。世界上热带雨林主要分布在中、南美洲亚马孙河流域及非洲刚果盆地、南亚等地区。中国的云南、台湾、海南及澳大利亚局部地区也有分布。热带雨林具有独特的外貌和结构特征，树木高大茂密，一般高度在30 m以上，从林冠到林下树木分为多个层次。热带雨林的种类组成极为丰富，包含的植物物种数占世界总数的一半。其中乔木具有多层结构，多为典型的热带常绿树和落叶阔叶树，树基常有板状根，老枝上常长有茎花。木质大藤本和附生植物发达，林下有木本蕨类和大叶草本。

在热带雨林的某些区域，由于受强烈季风影响，旱季、雨季交替出现，形成热带季雨林，又称季风林或热带季节林，与热带雨林相比，其群落结构简化，乔木层减至上下两层，有部分种类旱季无叶，板状根、茎花、木质藤本和附生植物远不及热带雨林发达，林下灌木稠密，种类丰富。热带季雨林与热带雨林两类植被之间缺乏严格的界限，呈现逐渐过渡的连续性特征。

2) 亚热带常绿阔叶林

亚热带常绿阔叶林是亚热带湿润地区典型的地带性森林植被类型，分布在南北纬25°~35°的大陆东部，如我国的长江流域、日本的南部、美国的东南部、澳大利亚的东南部、非洲东南部及南美洲的东南部，气候属于亚热带季风气候，主要植被为常绿阔叶林，又称照叶林，发育着亚热带的黄壤和红壤。亚热带常绿阔叶林的群落外貌终年常绿，一般呈暗绿色，林相整齐，树冠浑圆。树叶表面有光泽，被覆蜡层，群落成层现象明显。中国是常绿阔叶林的集中分布区，面积最大，类型最多，南自南岭，北抵秦岭，西至青藏高原东缘，东到东南沿海岛屿，可分为北亚热带常绿、落叶阔叶混交林，中亚热带典型常绿阔叶林和南亚热带季风常绿阔叶林3个植被型，若干个植被亚型。

亚热带常绿阔叶林内动物种类较为丰富，主要的哺乳动物是猴类和鹿类，猴类有金丝猴、日本猴等；鹿类有白唇鹿、毛冠鹿、白尾鹿等。中国西南地区分布的熊猫是世界上濒危的珍稀动物之一，被称为活化石。

3) 温带落叶阔叶林

温带落叶阔叶林分布在北纬30°~50°的温带地区，以落叶乔木为主。该分布区内由于冬季落叶，夏季绿叶，所以又称"夏绿林"。在温带落叶阔叶林分布区，气候四季分明，夏季炎热多雨，冬季寒冷干燥。构成温带落叶阔叶林的树种主要有栎、山毛榉、槭、梣、椴和桦等。群落的垂直结构一般具有四个非常清楚的层次，即乔木层、灌木层、草本层和苔藓地衣层。藤本和附生植物极少。各层植物冬枯夏荣，季相变化十分鲜明。夏绿林中的消费者动物有鼠、松鼠、鹿、鸟类，以及狐、狼和熊等。

4) 北方针叶林

北方针叶林又称泰加林，是寒温地带性植被，多为单优势种森林，在我国主要分布于大兴安岭和阿尔泰山。北方针叶林地区的特点是夏季温凉、冬季严寒。最暖的7月平均气温为10~19℃，有时气温可达30℃以上。一年里平均气温低于4℃的时间长达6个月，欧亚大陆西部最冷月份的气温为3℃，在西伯利亚，1月平均气温低到-43℃；

一年中温度超过10℃的只有1~4个月，年平均降水量低于50 mm，十分干燥。泰加林区植物生长期较短，以松柏类占优势，叶呈针状，具有各种抗旱耐寒的结构，是对生长季短和低温的生理性适应。群落内树木纤直，高15~20 m，多长成密林，在高地上成片分布，其间低洼处，则交织着沼泽。林下土壤是酸性贫瘠的灰土。偏北和地势偏高的北方针叶林中，土壤表层下还有永久冻土层。群落最明显的特征是外貌特殊，极易和其他森林类型区别。群落结构极其简单，常由一个或两个树种组成，群落外貌往往是由单一树种构成，而且因优势种不同而各具特色。

(三) 草原生态系统

草原生态系统是由草原地区生物环境(植物、动物、微生物)和草原地区非生物环境构成的进行物质循环与能量交换的基本机能单位。草原生态系统在其结构、功能过程等方面与森林生态系统、农田生态系统具有完全不同的特点，它是重要的畜牧业生产基地，也是重要的生态屏障。全球草原的总面积为45亿 hm^2，约占陆地面积的24%，仅次于森林生态系统。在生物圈固定能量的比例中，草原生态系统约为11.6%，居陆地生态系统的第二位。

草原生态系统所处地区的气候大陆性较强、降水量较少，年降水量一般在250~450 mm，而且变化幅度较大，蒸发量往往超过降水量。这些地区的晴朗天气多，太阳辐射总量较多，这种气候条件使得草原生态系统在各组分的构成上表现出了一些与之适应的特点。草原初级生产力在所有陆地生态系统中属于中等或中下等水平，其物种多样性远不如森林生态系统，但食物网的结构也很复杂，对光能的利用率不如森林生态系统高，通常为0.1%~1.4%。初级生产者的组成主体为草本植物，这些草本植物大多具有适应干旱气候的构造，如叶片缩小，有蜡层和毛层，以减少蒸腾，防止水分过度损耗。草原生态系统空间垂直结构通常分为草本层、地面层和根层，各层的结构比较简单，没有形成森林生态系统中那样复杂多样的小生境。

草原生态系统的消费者主要是适宜奔跑的大型草食动物，如野驴和黄羊。小型种类如草兔、蝗虫的数量很多。另外还有许多营洞穴生活的啮齿类动物，如田鼠、黄鼠、旱獭、鼠兔和鼢鼠等。肉食动物有沙狐、鼬和狼。肉食性的鸟类有鹰、隼和鹞等，其他鸟类主要是云雀、百灵、毛腿沙鸡等。

(四) 荒漠生态系统

荒漠生态系统是地球上最耐旱的，以超旱生的小乔木、灌木和半灌木占优势的生物群落与其周围环境所组成的综合体。荒漠有石质、砾质和沙质之分。习惯上称石质和砾质的荒漠为戈壁，沙质的荒漠为沙漠。荒漠生态系统分布在干旱地区，昼夜温差大，年降水量低于250 mm，气候干燥，自然条件极为恶劣，动植物种类十分稀少。生活在荒漠中的生物既要适应缺水状况，又要适应温差大的恶劣条件。仙人掌类的叶退化成刺，茎变得肥厚多汁。荒漠中的许多动物有昼伏夜出的习性。

荒漠中降水极少，而水分蒸发消耗强烈，夏季昼夜温差大，冬季寒冷，因而植被稀疏，结构与营养级较少，生物量极低。在这种恶劣的气候条件下，生产力低下，仅存在一些有特殊适应能力的昆虫、爬行类、啮齿类和鸟类，大型哺乳类物种很少。由于食物网过于简单，因此荒漠生态系统十分脆弱，一旦遭遇自然灾害和人类活动的干扰破坏，生态系统恢复困难且恢复过程十分缓慢，其破坏通常是不可逆的。

二、淡水生态系统

地球上的水域生态系统包括陆地上各种水体生态系统及海洋。在地表上，水域生态系统主要由淡水生态系统中的湖泊、河流及湿地生态系统组成。

淡水生态系统是指在淡水中由生物群落及其环境相互作用所构成的自然系统，是人类文明的重要依托，为人类提供大部分的饮用水以及农业、卫生和工业用水，也是大量水生生物的栖息地。淡水生态系统具有相对不连续性，许多淡水物种的分布不易突破陆地的阻隔，因而被分隔成不连续的单元，使得淡水生物多样性高度特化，在一个被分隔的淡水生境单元里也可能积累了特有的、具有区域进化特征的生物群落(图 3-3)。淡水生态系统可以分为静水生态系统和流水生态系统，前者包括湖泊、池塘和水库等，后者包括江河、溪流和水渠等。

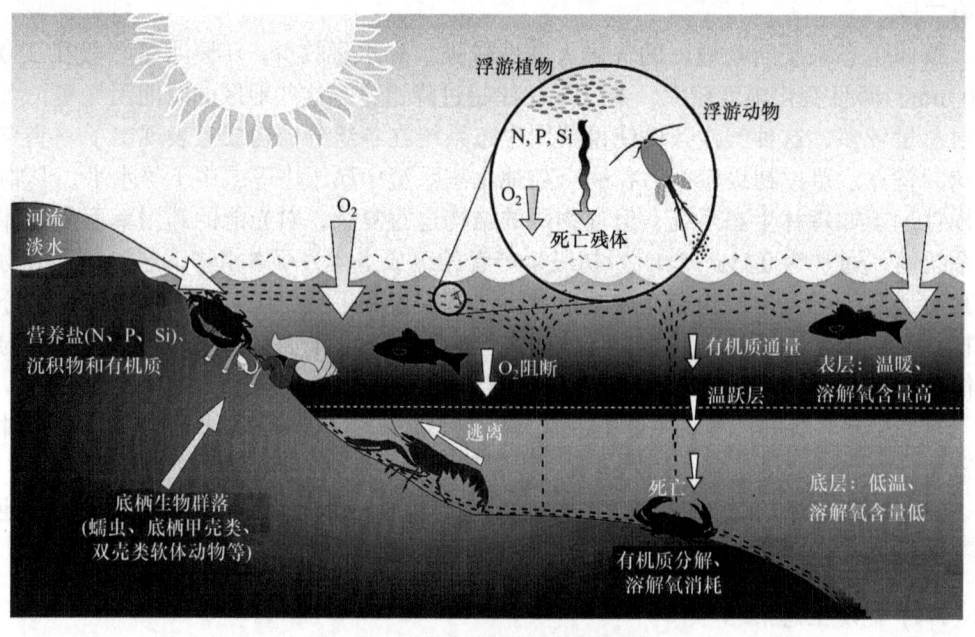

图 3-3　淡水生态系统的结构组成

(一) 湖泊生态系统

湖泊是指陆地表面洼地积水形成的比较宽广的水域，按其成因可分为构造湖、火口湖、冰川湖、堰塞湖、人工湖等。湖泊是静水水体的主要类型，是地球上淡水资源的重要储存地。湖泊是一种相对封闭的水域生态系统，其边界明显，在能量、物质流动过程中处于半封闭状态。深水湖泊水体具有分层现象，可分为湖上层、湖下层和变温层。

湖泊生态系统的生物群落具有成带现象，在光线能透射到的沿岸带浅水区，其生产者为有根植物或底栖植物、浮游或漂浮植物。随着水深加大，一般依次为挺水植物带、浮叶植物带和沉水植物带。其消费者主要为浮游动物和鱼类、两栖类动物及昆虫。在湖面开阔的敞水带，生产者主要是硅藻、绿藻和蓝藻，消费者由浮游动物和鱼类组成，其中鱼类为优势种群。而在深水带，由于基本没有光线，生物主要从沿岸带和湖沼带获得食物，其组成是生活在水和淤泥中的细菌、真菌和无脊椎动物，这些生物都有在缺氧环境下生存的能力。湖泊水体中水的流动性小或不流动，因此底部沉积物较多，水的温度、溶解氧、二氧化碳、营养盐类等分层现象也十分明显，特别是深水湖泊。湖泊生态系统中水生植物丰富，植物上生活着各种水生昆虫及肺螺类等。底泥中生活着各种需氧量少的摇蚊幼虫、螺、蚌类、水蚯蚓及虾、蟹等。水层中生活有各种浮游生物及鱼类等。此外还有各种微生物广泛分布在水体的各部分。各类水生生物群落之间及其与水环境之间维持着特定的物质循环和能量流动，构成一个完整的生态单元。

因湖盆及其流域的地理和地貌特征及湖泊的发育过程的不同，湖泊的化学组成和营养状况存在较大差异。湖泊的生产力取决于外源营养物、地质年龄和深度，大多数湖泊按初级生产力水平划分为贫营养湖泊、贫-中营养湖泊、中营养湖泊、中-富营养湖泊和富营养湖泊及许多中间类型。

世界上著名的湖泊有北美洲中东部的五大湖——苏必利尔湖、密歇根湖、休伦湖、伊利湖和安大略湖；非洲的维多利亚湖、坦噶尼喀湖；俄罗斯的贝加尔湖等。中国的湖泊主要分布在长江中下游平原、淮河下游和山东南部，这一地带的湖泊面积约占中国湖泊总面积的1/3。中国五个面积最大的淡水湖分别是江西省的鄱阳湖、湖南省的洞庭湖、江苏省的太湖和洪泽湖，以及安徽省的巢湖。由于外源性氮、磷等营养物质的排放，目前我国的五大淡水湖均面临着不同程度的富营养化问题。

(二) 河流生态系统

河流是指陆地表面上由相当大水量且常年或季节性流动的天然水流形成的线形天然或人工水道。河流生态系统是流水生态系统的主要类型，是地球上水循环的重要环节，也是陆地与海洋联系的纽带，在生物圈的物质循环中起着重要作用。

河流生态系统组成包括生物和非生物环境两大部分。非生物环境由能源、气候、基质和介质、物质代谢原料等因素组成，如太阳能、水能、光照、温度、降水、岩石、土壤、河床地质、地貌，以及参加物质循环的无机物和有机物等，是河流生态系统中各种生物赖以生存的基础。生物部分则由生产者、消费者和分解者组成，其中生产者主要包括绿色植物(含水草)、藻类和某些细菌，消费者主要包括各类水禽、鱼类、浮游动物等水生或两栖动物，分解者主要由细菌、真菌、放线菌等微生物及原生动物等组成。在河流生态系统中，水是生物的主要栖息环境，水体中许多呈溶解状态的无机物和有机物可被生物直接利用。与湖泊生态系统一样，营养物质排放过多也会引起河流水体富营养化现象的发生。

根据河流生态系统组成特点、结构特征及生态过程，河流生态系统的服务功能具体体现在供水、发电、航运、水产养殖、水生生物栖息、纳污、降解污染物、调节气候、补给地下水、泄洪、防洪、排水、输沙、景观、文化等多个方面。按照功能作用性质的不同，河流生态系统服务功能的类型可划分为淡水供应、水能提供、物质生产、生物多样性的维持、生态支持、环境净化、灾害调节、休闲娱乐和文化孕育等。

世界上著名的河流有发源于非洲维多利亚湖的尼罗河、发源于安第斯山脉的亚马孙河、发源于唐古拉山脉的长江、发源于落基山脉的密西西比河、发源于阿尔泰山的额尔齐斯河、发源于唐古拉山脉的澜沧江、发源于扎伊尔沙巴高原的刚果河等。

（三）湿地生态系统

湿地(wetland)是指常年积水和过湿的土地，水因子在环境和动植物生活中起着主导作用，其地下水通常接近或达到地表，或地表被浅水覆盖。湿地生态系统是水域生态系统的重要组成部分，是介于水生生态系统和陆生生态系统之间的特殊过渡类型，湿地生物群落由水生和陆生种类组成，物质循环、能量流动和物种迁移与演变活跃，具有较高的生态多样性、物种多样性和生物生产力，被称为"地球之肾"。

湿地一词最早出现于1956年美国鱼和野生动物管理局《39号通告》，其将湿地定义为"被间歇的或永久的浅水层覆盖的土地"。为了保护湿地免遭工业化发展的破坏，保护水禽、动植物及人类赖以生存的生态系统，应加强国家政府间合作保护和合理利用湿地。1971年2月在伊朗海滨城市拉姆萨尔通过的《国际湿地公约》将湿地定义为："天然或人工、长久或暂时之沼泽地、湿原、泥炭地或水域地带，带有静止或流动，或为淡水、半咸水或咸水水体者，包括低潮时水深不超过6米的水域。"

湿地是陆地与水体的过渡地带，同时兼具丰富的陆生和水生动植物资源，形成了其他任何单一生态系统都无法比拟的天然基因库和独特的生物环境，特殊的土壤和气候提供了复杂且完备的动植物群落，湿地对于保护物种、维持生物多样性具有难以替代的生态价值(表3-1)。与其他类型的生态系统相比，湿地生态系统具有较高的初级生产力，是世界上生产力最高的环境之一。

表 3-1　湿地生态系统服务功能

供应服务
食物：向人类提供水产品、禽畜产品、谷物等食物资源
药物：原料
耐用品：天然纤维
能源：水能、泥炭、薪柴等能源
工业原料：造纸原料、燃料、香料等
遗传资源：丰富的鸟类、哺乳类、爬行类、两栖类、鱼类和无脊椎物种，也是植物遗传物质的重要储存地

调节服务
循环和净化过程：湿地可作为直接利用的水源或补充地下水，又能有效控制洪水和防止土壤沙化，还能滞留沉积物、有毒物、营养物质，从而改善环境污染
转移过程：水生植物的授粉，种子的传播
稳定过程：以有机质的形式储存碳元素，减少温室效应

续表

文化服务
作为人类的旅游场所，是人类赖以生存和持续发展的重要基础
作为物种研究和教育基地

支持服务
调蓄水源、调节气候、净化水质、保存物种、提供野生动物栖息地等
湿地是生物多样性的摇篮，是众多植物、动物特别是水禽的重要栖息地，无数的动植物物种依靠湿地提供的水和初级生产力而生存
很多珍稀水禽的繁殖和迁徙离不开湿地，因此湿地被称为"鸟类的乐园"

然而，湿地生态系统具有较高的生态脆弱性，而易变性是湿地生态系统脆弱性表现的特殊形态之一。湿地是在当地土壤、气候等多种生态因子的相互作用下形成的，每一因素的改变都会不同程度地导致生态系统的变化，特别是水文条件，当受到自然或人为活动干扰时，湿地生态系统稳定性可能受到一定程度的破坏，进而影响湿地生物群落结构，改变湿地生态系统的功能。

(四) 沼泽生态系统

世界上的沼泽面积约 268.3 万 km^2，集中分布在北半球的寒带森林、森林苔原地带及温带森林草原地带。中国的沼泽面积约 11 万 km^2，分布广泛，从寒温带到热带乃至世界屋脊青藏高原都有沼泽分布，尤其在三江平原、大小兴安岭和长白山地区，分布的沼泽面积大、发育良好、类型众多，其次是在青藏高原，沼泽分布也十分广泛，其余地区为零散分布。

淡水沼泽(fresh water swamp)是淡水湿地生态系统的一种类型，其基本特征是地表常年过湿或有薄层积水，地表及地表下层土壤经常过度湿润，地表生长着湿性植物和沼泽植物。沼泽地表除具有多种形式的积水外，还有小河、小湖等沼泽水体，以及饱含于泥炭层的水分。沼泽水是地表水和地下水的过渡类型，它具有一系列特殊的水文过程。

1) 沼泽的营养类型

沼泽的形成主要取决于地貌条件和水热状况。根据其发展阶段可以分为富营养、中营养和贫营养沼泽(表 3-2)。按地貌条件可分为山地沼泽、高原沼泽和平原沼泽。根据有无泥炭可分为泥炭沼泽和潜育沼泽。

表 3-2 沼泽的营养类型

类型	特征	pH	主要植物种类	分布
富营养沼泽(低位沼泽)	沼泽发育的最初阶段。沼泽表面低洼，经常成为地表径流和地下水汇集的所在。水源补给主要靠地下水，随着水流携带大量矿物质，营养较为丰富，灰分含量较高	水和泥炭的 pH 呈酸性至中性，有的受土壤底部基岩影响呈碱性	苔草、芦苇、嵩草、木贼、桤木、柳、桦、落叶松、落羽杉、水松等	中国川西北若尔盖沼泽

续表

类型	特征	pH	主要植物种类	分布
贫营养沼泽 (高位沼泽)	沼泽发育的最后阶段。随着沼泽的发展，泥炭藓增长，泥炭层增厚，沼泽中部隆起，高于周围，所以称为高位沼泽或隆起沼泽。水源补给仅靠大气降水。灰分含量低，营养贫乏	水和泥炭呈强酸性，pH 为 3～4.5	苔藓植物和小灌木杜香、越橘及草本植物莎草，尤其以泥炭藓为优势，形成高大藓丘，还有少数的草本、矮小灌木及乔木能生活在泥炭藓沼泽中，如羊胡子草、越橘、落叶松等，所以贫营养沼泽又称泥炭藓沼泽	北方针叶林带的多水、寒冷和贫营养的生境中
中营养沼泽 (中位沼泽)	上述两者之间的过渡类型，地表形态平坦，由雨水与地表水混合补给，营养状态中等	pH 为 4.5～5.5，呈酸性	中营养沼泽中分布的植物有富营养沼泽植物，也有贫营养沼泽植物，其中以苔藓植物较多，但尚未形成藓丘	大、小兴安岭和长白山地区的局部沟谷、湖滩、河漫滩上

2) 沼泽的生态系统组成

沼泽植物是沼泽生态系统的主要组成部分，能综合反映沼泽的生境，是沼泽的指示特征。由于各地的自然条件和植物区系的历史不同，沼泽中的植物有不同的分布，因此从总体上看，沼泽中的植物种类较多。植物中最多的科为莎草科、禾本科，其次为毛茛科、灯心草科、杜鹃花科、伞形科、木贼科、蓼科、玄参科、黄眼草科、天南星科、水麦冬科、茅膏菜科、狸藻科、菊科、蔷薇科及泽泻科等，其中以莎草科、禾本科、毛茛科、狸藻科、伞形科、天南星科、蓼科及水麦冬科等为广布科，如禾本科的芦苇，从东北的三江平原到西南的云贵高原，从东海之滨至西北的北疆山地，分布非常广泛。一般纬度较低地区的沼泽植物较高，纬度较高地区的沼泽植物较矮，甚至很大部分是苔藓。

不同类型的沼泽栖居着不同的动物。富营养沼泽，尤其是湖滨附近的沼泽，动物种类丰富，有哺乳类、鸟类、爬行类、两栖类、鱼类和无脊椎动物昆虫等。哺乳类以水獭、水田鼠、水駒为代表。鸟类最多，有多种鹬类、涉禽类的鹤和鹭、游禽类的鸭和雁、猛禽类的沼泽鹞等。两栖类有蟾蜍和青蛙，爬行类有蛇，还有多种鱼类。在水中有双翅类的幼虫等。草本沼泽中通常动物较多，如田鼠和麝鼠，土壤中有寡毛类、蜘蛛和线虫。线虫在嫌气条件下从植物的通气组织获得氧，甚至在无氧条件下也能生存。木本沼泽的动物主要是鸟类和过境的哺乳类，如熊、鹿、狼等。森林沼泽的土壤动物有寡毛类、双翅类的幼虫及线虫等。泥炭藓沼泽无掩体，土壤呈强酸性，营养贫乏，动物分布较少，但可见到无脊椎动物的弹尾类、蜘蛛和蜱螨等。

3) 沼泽植物的生活型

沼泽植物生长在地表过湿和土壤厌氧的生境条件下，其基本生活型以地面芽植物和地上芽植物为主。密丛型的莎草科植物如苔草属、棉花莎草属、嵩草属等占优势，用地面芽分蘖的方式来适应水多氧少的环境，并形成点状、团块状、垄岗状、田埂状等不同形状的草丘，后三种草丘的形成除与组成植物的生物学特征有关外，还与冻土的融蚀有关，它们是形成泥炭的主要物质来源。此外，一般沼泽植物的茎的通气组织发达，这也是对氧少的适应。在森林沼泽中分布有高位芽和地上芽的乔木和灌木。贫营养沼泽中乔木发育不良，孤立散生，矮曲、枯梢、生长慢，形成小老树。例如，中国兴安岭的沼泽中树龄150年的兴安落叶松树高只有4.5 m；北美的北美落叶松，树龄150年，树高仅为30 cm。森林沼泽中的灌木有桦属、柳属，小灌木有杜香属、越橘属、地桂属、酸果蔓属等。在贫营养沼泽中，它们往往形成优势层片，种类多，盖度大。在中营养和贫营养沼泽中，地面芽苔藓植物种类多，盖度大，常形成致密的地被层和藓丘，其中以泥炭藓最发达。泥炭藓丘高度不一，中国和日本的藓丘一般较矮，小于0.5 m，欧洲和北美的稍高。

三、海洋生态系统

全球海洋是一个大生态系统，其中包含许多不同等级的次级生态系统。每个次级生态系统占据一定的空间，由相互作用的生物和非生物通过能量流和物质流形成具有一定结构和功能的统一体。海洋生态系统(marine ecosystem)的分类目前无统一标准，按区域划分，可分为海岸带与滨海湿地生态系统、河口生态系统、浅海生态系统、大洋生态系统等；按生物群落划分，可分为红树林生态系统、珊瑚礁生态系统、海草床生态系统等。

海洋生态系统由海洋生物群落和海洋环境两大部分组成，根据在海洋生态系统中的功能，海洋生物可分为以下几种类型：①自养生物，为生产者，主要是具有叶绿素的能进行光合作用的植物，包括浮游藻类、底栖藻类和海洋种子植物，以及能进行光合作用的细菌；②消费者，为异养生物，包括各类海洋动物；③分解者，包括海洋细菌和海洋真菌；④非生物环境，其主体为海水和底质，包含各种有机碎屑物质和无机物，如生物死亡后分解产生的有机碎屑、陆地输入的有机碎屑、大量溶解性有机物及其聚集物，以及碳、氮、硫、磷等无机物，在海流等各种海洋生态因子的作用下，共同参与物质循环(图3-4)。

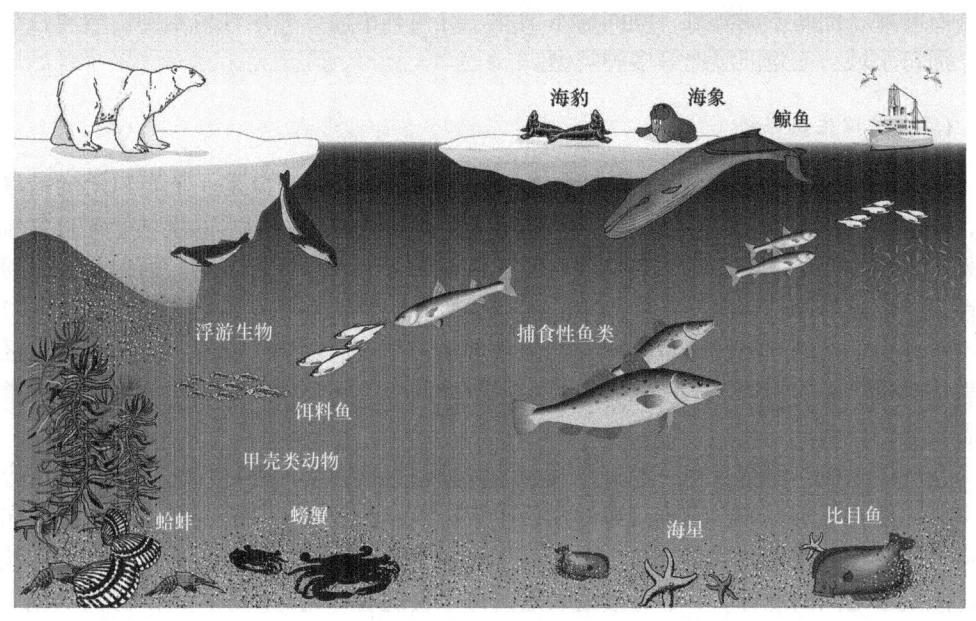

图3-4 海洋生态系统组成

(一) 海岸带与滨海湿地生态系统

海岸带是海洋与陆地交界的狭窄过渡带，生态学上所指的海岸带包括潮上带、潮间带和潮下带三部分。潮上带是指平均高潮线以上的沿岸陆地部分，也就是通常所称的海岸，潮上带在特大潮或大风暴时才被海水淹没；潮间带是介于平均高潮线与平均低潮线之间的区域，每天有海水淹没和干露的周期，潮差大的潮间带又分为高潮带、中潮带和低潮带；潮下带是低潮线下方完全被海水淹没的海区，其下限位于 10~20 m 水深处。

滨海湿地是陆地生态系统与海洋生态系统的交错过渡地带，是指低潮时水深不超过 6 m 的海域及沿岸浸湿地带与生活在其中的各种动植物和微生物共同组成的有机整体。根据《国际湿地公约》的定义，滨海湿地的下限为海平面以下 6 m 处，习惯上常将这一下限定在大型海藻的生长区外缘，上限为大潮线之上与内河流域相连的淡水或半咸水湖沼，以及海水上溯未能抵达的入海河的河段。滨海湿地又称海滨湿地、海岸带湿地或沿海湿地等。在地形上包括河口、浅海、海滩、盐滩、潮滩、潮沟、泥炭沼泽、沙坝、沙洲、潟湖、海湾、海堤和海岛等多种类型。

滨海湿地可以分为滩涂湿地、浅海湿地和岛屿湿地等，其中滩涂湿地包括低潮线以上到高潮线之间、向陆地延伸可达 10 km 的海岸带湿地，包括潮上带湿地和潮间带湿地；浅海湿地主要指浅海湾及海峡低潮时水深在 6 m 以内的水域，该区域海水温度适中、盐度较高、营养物丰富，适于鱼、虾、贝、藻类生长繁殖；岛屿湿地林木多、滩涂广阔，是鸟类的迁徙栖息地。

中国的滨海湿地主要分布于沿海地区，以杭州湾为界，杭州湾以北除山东半岛、辽东半岛的部分地区为岩石性海滩外，其余多为沙质和淤泥质海滩，杭州湾以南以岩石性海滩为主。中国的滨海湿地主要包括浅海水域、潮下水生层、珊瑚礁、岩石性海岸、潮间沙石海滩、潮间淤泥海滩、潮间盐水沼泽、红树林沼泽、海岸性咸水湖、海岸性淡水湖、河口水域、三角洲湿地等多种类型。

(二) 河口生态系统

河口(estuary)是入海河流与海洋水体的结合地段，入海河口是一个半封闭的沿岸水体，同海洋自由连通，在此处河水与海水交混。潮汐的涨落和河水的洪枯使河口水流经常处于剧烈的变化之中，而河口特性对河流终段和近海水域也有影响。河口包括以河流特性为主的近口段、以海洋特性为主的前河口段和两种特性相互影响的河口段。河口水体中水动力、盐度、泥沙含量等特点给河口生物带来较大影响。同时，人类在河口区的频繁活动也会影响河口生态环境。河水中汇集的陆源性污染物对河口生物的生存和繁殖有着重要的影响。

在河口水域，河流入海的水流量及潮汐的强弱直接影响河口区域海水与淡水混合的程度，一般在丰水季节，河流入海的水量较大，而潮汐较弱，较轻的河水沿着表层向外流动，而较重的海水则在深部向内流动，形成盐水楔。在咸淡水交界面上则产生闪波，促进咸淡水之间的混合。一部分接近表层的海水会随着外流的淡水向海的方向反流。当河口处河床窄而深时，这种高度分层的现象更易发生。而在枯水期，由于河水排放量小而潮汐强，则咸淡水的混合大大增加，表层及深层水的流量远大于河水排放量，向内流的深层水不断与上方的淡水混合，进入表层再向外流出，形成部分分层现象。

入海的淡水河流挟带有大量的泥沙，在河口区域与含电解质的海水交汇后，易发生絮凝现象，黏结成团，并沿着河水交界的扰动带产生强烈的下沉，因沉积作用而形成河口浅滩沙洲。在靠近河流一侧的近口段，常常会形成由团块状粉砂构成的稠密细泥类物质的沉积；而在靠近海洋一侧的河口段，则因较粗的泥沙沉积而形成浅滩和沙洲；在河口外海滨，沉积物常由细变粗，形成与海岸相平行的条带状分布区域。

河口环境对生活在其中的生物产生重大影响，由于河口水域温度、盐度等生态因子变化较为剧烈，河口生物一般都具有较强的耐受范围。由于对温度的耐受程度不同，一些生物类群表现出季节性更替现象。河口生物一般能耐受温度的剧烈变化，但是在盐度适应方面存在较大差异，这影响它们在河口区的分布。根据耐盐性的不同，河口生物划分见表 3-3。河口水的流动很急，在红树林区，植株的果实直接插入泥中，以减少被漂浮带走的危险。一些甲壳类的卵常具卵囊，以适应变化剧烈的环境。

表 3-3 河口生物类型

类型	盐度	分布和种类
贫盐性种类	在 5.0 的盐度以下生活	在河口内段接近正常淡水环境的区域内分布
低盐性种类	在 15~32.0 的盐度下生活	盐沼红树林、浅水海草群落、偏顶蛤、蓝蛤、大腿伪镖水蚤等软体动物和甲壳动物
广盐性海洋种	在 26~34.0 的盐度下生活	适应幅度较大，可分布在河口，也可见于外海
狭盐性海洋种	在 33.0~34.5 的盐度下生活	随着外海高盐水的入侵，偶见于河口区或季节性地分布在河口水域

河口生物群落的主要特点是物种的多样性程度低，单个种群或数个种群的丰度大。虽然河口拥有大量营养盐类，但由于透明度低、浮游植物光合作用的效能受影响，河口营养物质未能充分利用，因此浮游植物高产量区常出现在河口外区。河口含有大量有机碎屑，为食碎屑的动物或滤食动物提供了丰富的食源。在河口，种间竞争不激烈，但滤食性或草食性动物大量增加，具有相当高的次级产量。

由于河流携带有城市工业废水和生活污水排放的污染物，包括各种无机和有机物质，如磷、氮、硅等植物生长所必需的营养物质，大量的有机碳、重碳酸盐、钙或钠，还有各种农药、油污、重金属离子等污染物，这些物质一部分随泥沙沉积在河口，一部分入海扩散，对河口水体造成污染，严重时可能对河口生物造成较大损害。例如，氮的过量排放可导致河口水体富营养化，促使一些鞭毛虫类和硅藻大量繁殖，导致河口赤潮现象的发生，直接危害河口水体中的贝类和鱼类等。一些重金属离子和农药也会在河口养殖生物体内富集，进而通过食物链放大危害人类健康。

(三) 浅海生态系统

浅海生态系统又称大陆架生态系统，位于离陆地 100~200 m 的海洋内，水深在 200 m 左右，在海滨与外洋之间，占据大陆架大部分的海域范围。由于浅海带始终处于海水面以下，水动力条件较弱，波浪对该海域的影响主要是在大陆架上部。潮流和洋流可影响整个大陆架，但流速较低，主要起搬运作用。由于有大量经由河流等外动力搬运来的沉积物质和海蚀作用剥蚀下来的物质，浅海带沉积物来源十分丰富，成了最重要的沉积场所。而且浅海海域接受来自河流的大量有机物，加之这一海域水深较浅，光线充足，温度适宜，适合海洋生物生长，因而栖息着大量的海洋生物，其种类十分丰富，是海洋生命最活跃的地带。

浅海海域最主要的生产者是大量的单细胞浮游藻类，如各种绿藻、硅藻等。初级消费者是草食性的浮游动物。浮游植物和草食性浮游动物为其他更高营养级的动物提供了充足的食物。在漂泳区的上半部，喜光性浮游植物光合作用活跃，在它的下半部和底部只生长着暗光性的植物。在浅海区生产者之中，浮游生物所占的比率较海滨区高得多，由于可以接受从陆地输送来的营养盐的补给，其初级生产速率比外洋海域高数倍。温暖、清洁、盐度正常的浅水环境适合珊瑚礁的发育。

(四) 大洋生态系统

大洋生态系统是指从沿岸带至开阔大洋的海洋生态系统。大洋是指海洋的中心部分，是海洋的主体，大洋生态系统面积很大，全球大洋的总面积约占海洋面积的89%。大洋的水深一般在3000 m以上，最深处可超过1万m。大洋离陆地遥远，不受陆地的影响，其水温和盐度的变化不大，水环境条件相当一致。全球海域可划分为4个大洋，即太平洋、印度洋、大西洋和北冰洋，每个大洋都有自己独特的洋流和潮汐系统。大洋的生产者主要为浮游植物，以及从浅海带漂来的生物碎屑，消费者种类繁多，且具有分层现象。

第三节 生态系统功能

不同类型的生态系统具有不同特点的生态功能，但是其基本的功能是相同的，物质循环、能量流动和信息传递是生态系统的三大基本功能。

一、物质循环

(一) 物质循环的基本形式

生态系统的物质循环可分为生态系统内部的循环和生态系统之间的循环，两者密切相关，共同完成物质的生物地球化学循环过程。生态系统内部的物质循环是指环境中的元素或物质经初级生产者吸收，在生态系统内沿着食物链传递，被各营养级的生物所利用，经过分解者的矿化分解作用回到环境中，再被生产者吸收合成，循环往复，实现其生态系统内部的循环，这一循环过程需要在大气、水体、土壤和生物之间进行。而生态系统之间的物质循环主要由地质、气象和生物学作用引起，如火山爆发喷出的物质进入大气，经长距离转移进入生态系统被植物利用；岩石风化后可溶性磷酸盐溶于雨水，经地表径流流入水体或进入土壤，然后被植物吸收；以动植物残体或排泄物形式进入环境中的物质经过大气圈、水圈、岩石圈、土壤圈和生物圈循环后再被生物利用，这些都是生态系统之间的物质循环形式。生态系统内部的主要通过食物链进行的物质循环周期短，范围小，物质转移距离短，而生态系统之间的循环周期时间长，范围大，物质运输距离长。化合物和元素等物质的循环需要经历这两种循环模式，实现其生物地球化学循环过程。

(二) 物质循环的主要类型

根据物质循环过程中是否有气相存在，物质循环可以分为气相循环和沉积型循环。由于水循环是一切物质循环的基础，缺少了水循环也就无法实现其他物质的生物地球化学循环，因此将水循环作为独立的一种循环方式进行阐述。

气相循环包括氧、碳、氮等物质的循环，它们可以分别以 O_2、CO_2、N_2 等气体形式完成物质循环，其储存库主要是大气和海洋，具有明显的全球性特征，水循环也具有与气相循环相似的特点，这种具有全球性影响的物质循环与温室效应、酸雨、臭氧层破坏等全球性环境问题密切相关。气相循环的速度相对较快，物质来源充沛，不易枯竭。

沉积型循环包括磷、钙、铁、铜、硅等物质，其储存库主要为水体的沉积物、岩石和土壤圈，这些物质主要通过岩石的风化和沉积物的分解而转变为可被生物利用的营养物质。沉积型循环一般不产生气相物质，因此不产生全球性影响。参与沉积型循环的物质主要通过岩石的风化和沉积物的溶解而转变为可生物利用的营养物质，而海洋等水体沉积物转化为岩石成分是一个相当漫长的过程，时间甚至以千年计。与气相循环相比，沉积型循环的速度缓慢，其全球性影响不及气相循环。

硫的循环具有一定特殊性，硫可以 SO_2 的气体形式存在于大气中，过多的 SO_2 可能导致酸雨这一重大污染问题的出现，且具有全球性特征。而硫又可以硫矿石的固体形式储存于地壳中，参与沉积型循环，因此硫的循环兼具气相循环和沉积型循环这两种循环模式的特点。

1. 水循环

水是地球上一切生命的重要组分，是生物组织中含量最多的一种物质，又是生态系统中物质循环和能量流动的最基础的介质。地球上的水分布在海洋、湖泊、沼泽、河流、冰川、雪山等中，在大气、生物体、土壤和地层中也有一些水分的储存。地球上水的总量约为 $1.4×10^9$ km^3，其中96.5%储存在海洋中，约覆盖地球总面积的70%。陆地上、大气和生物体中的水只占很少的一部分。

水循环是指地球上某一地方的水，通过吸收太阳能量而改变状态，转移到地球上的另外一个地方，如地面的水分在阳光照射下蒸发为空气中的水蒸气。水在地球上存在的状态包括固态、液态和气态，多数存在于大气层、地面、地底、湖泊、河流和海洋中。水会通过蒸发、降水、渗透、表面的流动和地底的流动等物理作用由一个地方移动到另一个地方，如降雨、河流入海等。地球上的水圈是一个永不停息的动态系统。在太阳辐射和地球引力的推动下，水在水圈各组成部分之间不停地运动，构成全球范围的海陆间循环，即水的大循环，并将各种水体连接起来，使得各种水体能够长期存在。海洋和陆地之间的水交换是这一循环的主线，对于水循环起着最为重要的作用。

水循环的主要过程如图 3-5 所示。在太阳辐射作用下，海洋、湖泊、河流和地表水分不断蒸发，形成水蒸气，进入大气，同时植物吸收到体内的大部分水分通过表面的蒸腾作用也进入大气，水汽随大气环流运动，一部分进入陆地上空，在一定条件下形成雨雪等降水，一部分降水直接降落到海洋、湖泊、河流等水域中，一部分降水重新返回地面，或被植物吸收并截留，或汇集成地表径流，或渗入土壤中，或转化为地下水储存，经人类利用后最终汇入海洋，完成淡水的动态循环。能够被人类利用的水即为水资源，它具有重要的经济、社会和环境价值。

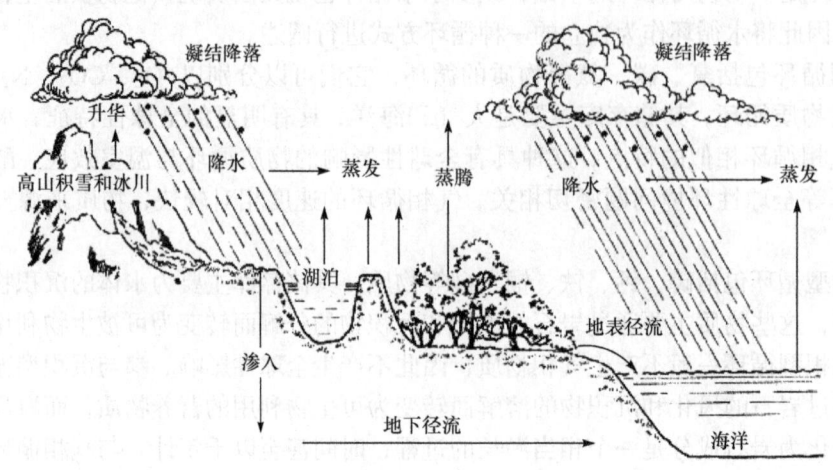

图 3-5　全球水循环主要过程

水循环是联结地球各圈和各种水体的纽带，调节地球各圈层之间的能量，对冷暖气候变化具有重要的作用。水循环也可以通过侵蚀、搬运和堆积作用，塑造丰富多彩的地表形象。水循环还是重要的传输带，是地表物质迁移的强大动力和主要载体。更重要的是，通过水循环，海洋不断向陆地输送淡水，补充和更新陆地上的淡水资源，从而使得水成为可再生利用的重要资源。总体来看，由于地球上的总降水量与总蒸发量相对平衡，因此水循环处于相对稳定的状态，但不同地区的降水量和蒸发量存在很大差异。海洋的蒸发量大于陆地，低纬度地区的蒸发量大于高纬度地区。陆地的降水量大于蒸发量，海洋的降水量小于蒸发量，因此海洋的过量蒸发必须通过陆地的地表径流的汇入而不断得到补充。

2. 碳循环

地球上的碳存在于生命有机体和无机环境中。地球上最大的两个碳库是岩石圈和化石燃料，含碳量约占地球总碳量的 99.9%，这两个库中碳活动缓慢，是重要的碳储存库。另外，在大气圈、水圈和生物体中也有丰富的碳储存，这些碳在生物和无机环境之间交换迅速，容量虽小但十分活跃，起着碳交换的作用。

碳在岩石圈中主要以碳酸盐的形式存在，总量达 2.7×10^{16} t，少部分以碳氢化合物和碳水化合物的形式存在。在大气圈中，碳以二氧化碳和一氧化碳的形式存在，总量有 2×10^{12} t，大气中的 CO_2 是碳的主要气体形态，也是碳参与物质循环的主要形式。在水圈中，碳以二氧化碳、碳酸氢盐等多种形式存在，海洋的含碳量是大气的 50 倍。而在生物库中，碳则以几百种被生物合成的有机碳的形式存在，生物有机体干重的 45% 以上是碳。生物库中的森林是碳的主要吸收者，其固定的碳相当于其他植被类型的 2 倍，森林也是生物库中碳的主要储存体，储存量约为 4.82×10^{11} t，相当于大气中碳含量的 2/3。

碳的循环过程如图 3-6 所示。碳主要以 CO_2 的形式储存于大气中，火山爆发、岩石风化、化石能源燃烧等过程都产生 CO_2，所有的生物呼吸作用也产生 CO_2。植物通过光合作用将 CO_2 转化为有机碳，合成糖、脂肪和蛋白质等有机物，储存于植物体内，先供草食动物摄食，再供食物链不同营养级的其他动物摄食。经动物体内消化吸收后，部分以 CO_2 的形式被呼吸耗散而返回大气，部分以有机碳的形式储存为生物量，还有一部分以排泄物、动植物残体的形式排放入环境，由分解者矿化分解为 CO_2 后返回大气中。此外，也有一部分动植物残体埋入水底或地下，最终形成煤、石油、泥炭等化石燃料，经燃烧后产生 CO_2 回到大气中。海洋中以 CO_2 和碳酸盐形式存在的碳也可能在一定的条件下转化为石灰石等碳酸盐岩石而储存，经过地质年代变迁后裸露于地表，与岩石圈中的碳一样，经风化和溶解，以碳酸盐的形式进入水体和土壤，供植物吸收利用，或以火山爆发的形式产生 CO_2 而重返大气圈。这就是碳循环的主要过程。

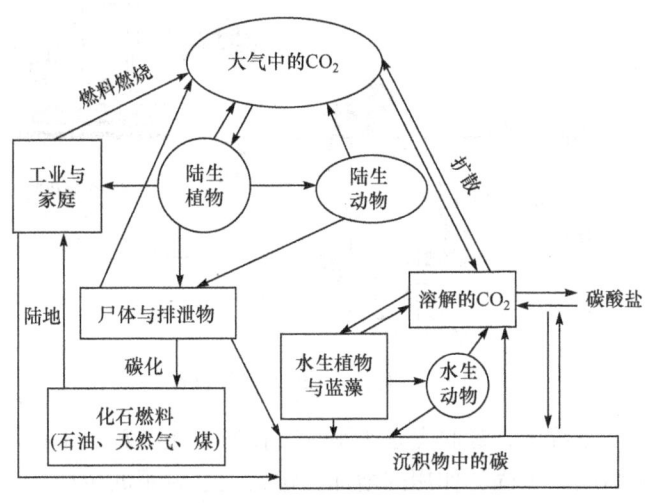

图 3-6 全球碳循环示意图

由于植物、光能自养微生物通过光合作用从大气中吸收碳的速率与通过生物的呼吸作用将碳释放到大气中的速率大体相等，因此在没有人类活动干扰的情况下，大气中 CO_2 的含量是相当稳定的。但随着工业社会的快速发展，人类使用的石油、煤炭等化石燃料越来越多，消耗过多的有机物质导致 CO_2 排放量增加，最终导致温室效应的发生，这已成为全球性重大环境问题之一。

3. 氮循环

氮循环(nitrogen cycle)是指自然界中氮气和含氮化合物之间相互转换过程的生态系统的物质循环类型，是生物圈内基本的物质循环之一。氮是自然界中丰富元素，自然界的氮主要存在于大气、生物、水体和沉积物的矿物质中。氮在大气中以 N_2 的形式存在，占大气的 78%，总量约为 3.9×10^{15} t，形成巨大的氮库。但除少数原核生物外，其他生物都不能直接利用氮气。生物体也是氮的重要储存库，氮是构成蛋白质和核酸的主要元素，目前陆地上生物体内储存的有机氮的总量达 $1.1\times10^{10}\sim1.4\times10^{10}$ t，形成重要的有机氮库，这部分氮虽然数量不多，但能够迅速地再循环，可以反复供给植物吸收利用。氮还以硝态氮、氨态氮、铵盐和有机氮等形式存在于水体、沉积物和土壤中，存在于土壤中的有机氮总量约为 $3.0×10^{11}$ t，这部分氮可以逐年分解成无机氮供植物吸收利用，海洋中有机氮约为 $5.0×10^{11}$ t，可以被海洋生物循环利用。

大气中的氮气通过以微生物为主的生物固氮作用以及闪电、高温放电等非生物固氮作用进入土壤、水体，为动植物所利用，最终又在微生物的参与下返回大气中，如此反复循环，完成氮循环的整个过程。氮循环的主要环节包括固氮作用、生物体内有机氮的合成、氨化作用、硝化作用和反硝化作用，微生物在氮循环的多个环节中起着重要的作用。生态系统的氮循环过程见图 3-7。

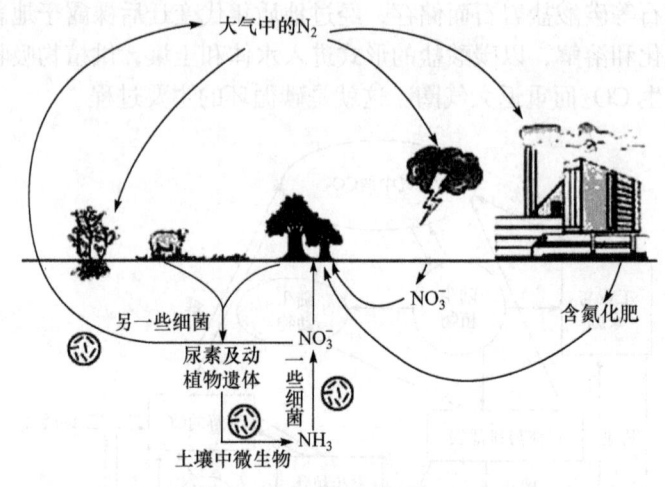

图 3-7　生态系统的氮循环过程

在自然界的循环系统中，氮收支是否平衡直接影响人类赖以生存的自然生态系统的健康。人类活动可引起人工固氮作用的增加，包括化学氮肥的生产和应用，大规模种植豆科植物等有生物固氮能力的作物，以及燃烧矿物燃料生成一氧化氮和二氧化氮。这些活动造成的固氮量很大，估计占全球年总固氮量的 20%~30%。随着世界人口的增加，这一比例还将继续上升。全球人工固氮所产生活化氮数量的增加，有助于农产品产量的提高，但同时也会给全球生态环境带来压力，氮的过量活化，使得自然界原有的固氮作用和脱氮作用失去平衡，氮循环被严重扰乱，越来越多的活化氮开始向大气和水体过量迁移，导致与氮循环有关的温室效应、水体富营养化和酸雨等环境问题进一步加剧。

农田大量施用氮肥，使排入大气的 N_2O 不断增多。在没有人为干预的自然条件下，反硝化作用产生并排入大气的氮气与生物固氮作用吸收的氮气和平流层中被破坏的 N_2O 相平衡。N_2O 是一种温室气体，具有温室效应，加剧全球变暖。矿物燃料燃烧时，空气中和燃料中的氮在高温下与氧反应生成氮氧化物(NO 和 NO_2)。大气受到氮氧化物的污染，是发生光化学烟雾和酸雨的一个重要原因。

人类活动导致的活化氮的增加已对我国和世界环境造成了多方面的负面影响，采用科学的政策和措施遏制其对自然生态系统的破坏已成为当务之急。我国耕地面积仅占世界总耕地面积的 7%，而氮肥的消耗量却占世界氮肥总消耗量的 1/3。我国是农业大国，

70%的活化氮来自于农业生产,最根本的控制方法是合理施肥,提高氮肥利用效率。因此,改革现有耕作制度、推广精确施肥、加强农业技术推广体系建设是关键。在工业生产过程中,提高能源利用率或减少含氮物的生成量,也可对固定排放源采用催化还原、吸收、吸附等技术,控制、回收或利用废物中的氮氧化物,使其达到无害化排放。对于工业废水排放,应减少总氮浓度并减少铵对水生生物的毒性效应。此外,还应对规模化养殖场加强监测,禁止其随意向湖泊、河道中排放氮污染物等。

4. 磷循环

1) 生态系统中磷库

在自然生态系统中,磷灰石构成了磷的巨大储备库,而含磷岩石的风化,又将大量磷酸盐传输到陆地上的生态系统。随着生态系统中水循环的进行,大量的磷酸盐被淋洗并被带入河流、湖泊并最终进入海洋,一部分被水生生物吸收利用,对水域生态系统光合生产力产生直接影响,另一部分磷酸盐储存在沉积物中,长期留在海洋中,最终沉积为磷矿石。磷也是构成生物有机体的重要元素,是核酸、细胞膜和骨骼的主要成分,生物的代谢过程都需要磷的参与,磷酸腺苷是生物体内能量的主要来源。

2) 磷循环的过程

自然界磷循环的基本过程如图3-8所示。生态系统磷循环的最初来源为磷酸盐类岩石和含磷的沉积物(如鸟粪等),它们通过风化和采矿进入水循环,其中可溶性磷酸盐被植物吸收利用,进入食物链。进入食物链的磷将随该食物链上的生物尸体沉入海洋深处,其中一部分将沉积在不深的泥沙中,被分解者微生物所分解,将其中的有机磷转化为无机形式的可溶性磷酸盐,再次被植物吸收利用,回到食物链进行循环。另一部分埋藏于深处沉积岩中的磷酸盐,其中很大一部分将形成磷酸盐结核,保存在深水之中。一些磷酸盐还可能与 SiO_2 结合在一起而转变成硅藻的结皮沉积层,组成巨大的磷酸盐矿床保留在海底深处,直到地质活动使它们暴露于水面再次参与循环,这一循环需要几万年才能

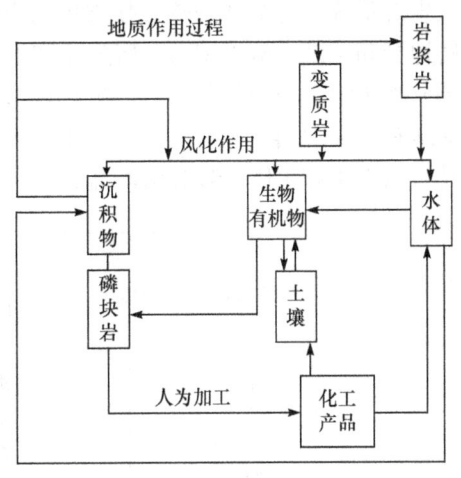

图3-8 全球磷循环过程

完成。磷循环中还能形成微量的磷化氢,但是其形成量非常微小,因此磷是典型的沉积型循环物质。

3) 人类活动对磷循环的影响

随着人类活动的不断加剧,自然生态系统的磷循环受到影响。人类种植的农作物和牧草可以吸收土壤中的磷。在自然经济的农村中,一方面从土地上收获农作物,另一方面将废物和排泄物送回土壤,维持着磷的平衡。但商品经济发展后,农田中生产的农作物和农牧产品被不断地运入城市,而城市垃圾和人畜排泄物往往不能返回农田,而是排入河道,输往水体并进入海洋,导致农田中的磷含量逐渐减少。为补偿磷的损失,必须

向农田施加磷肥。在大量使用含磷洗涤剂后，城市生活污水含有较多的磷，某些工业废水也含有丰富的磷，这些废水排入河流、湖泊或海湾，使水中含磷量增高。这是湖泊发生富营养化和海湾出现赤潮的主要原因。

5. 硫循环

1) 生态系统中硫的存在形式

硫循环(sulfur cycle)是指硫元素在生态系统和环境中运动、转化和往复的过程。自然界中硫的最大储存库是岩石圈，主要有沉积岩、变质岩和火山岩，含有大量的硫酸盐。硫在水体中的储存量也较大，以硫酸盐的形式存在，但在地下水、地表水、土壤圈、大气圈中的含量均较小。在生态系统的生物体内，硫以有机硫化物的形式存在。有机物分解后释放出的 H_2S 气体或可溶性硫酸盐，以及火山喷发释放出的 H_2S、SO_3 和 SO_2 等气体，使得硫变成可移动的简单化合物，并进入大气、水或土壤中参与循环。硫是生物必需的大量营养元素之一，是蛋白质、酶、维生素 B_1 等物质的构成成分。硫是可变价态的元素，价态变化在-2 价至+6 价之间，可形成多种无机和有机硫化合物，影响生物体内的氧化还原反应过程，并对环境的氧化还原电位和酸碱度产生影响。

2) 硫循环的过程

硫循环过程如图 3-9 所示。岩石库中的硫酸盐主要通过生物分解和自然风化作用进入生态系统，可溶性的硫酸盐被植物吸收利用，并通过食物链传递。陆地上火山爆发，使地壳和岩浆中硫以 H_2S、硫酸盐和 SO_2 的形式排入大气。海底火山爆发排出的硫，一部分溶于海水，一部分以气态硫化物形式逸入大气。化石燃料燃烧向大气中排放 SO_2。陆地和海洋中的一些有机物质由于微生物分解作用，向大气释放 H_2S。陆地和海洋植物既可从土壤和水体中吸收硫酸盐，也可从大气中吸收 SO_2，经生物合成转化为有机硫化

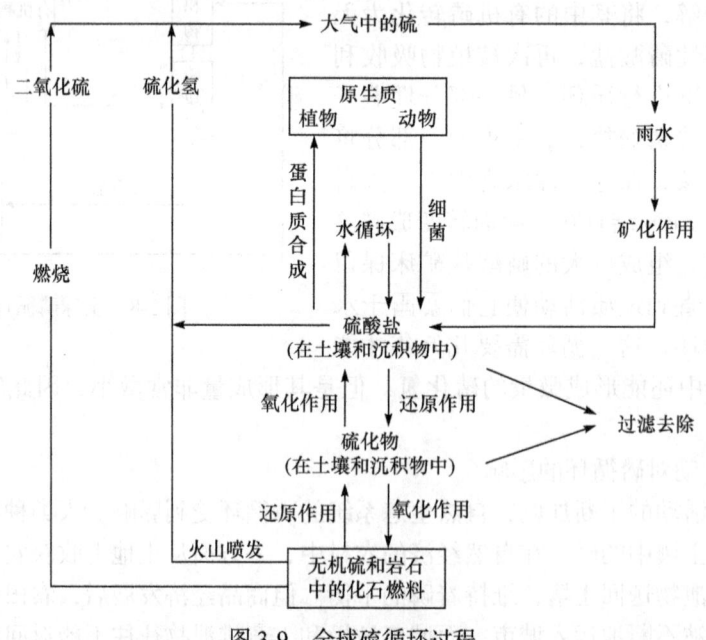

图 3-9　全球硫循环过程

合物，成为植物有机体的构成成分，并沿食物链进行传递。动植物残体经微生物分解，蛋白质中有机硫被转化为硫酸盐释放到土壤中，可被植物再次吸收利用，有机硫也可转化为 H_2S 并逸入大气。大气中 SO_2 由于降水、自然沉降和表面吸收而被土壤和植物或海水吸收。由陆地排入大气的 SO_2 可迁移到海洋上空，沉降到海洋。陆地岩石风化释放出的硫酸盐可经河流输送入海洋，经各种还原菌的反硫化作用转化为硫化物并沉积于海底。在缺氧条件下，硫酸盐被转化为 H_2S 逸入大气。硫还可随着酸性矿水的排放而进入水体或土壤。

3) 人类活动对硫循环的影响

人类燃烧含硫矿物燃料，冶炼含硫矿石，向大气中释放大量的 SO_2，石油炼制释放的 H_2S 在大气中很快被氧化为 SO_2，导致城市和工矿区的局部地区大气中 SO_2 浓度升高，形成酸雨，对人体和动植物造成损伤。随着人类活动的不断加剧，SO_2 排放过多而导致的大气污染越来越严重，雾霾现象频发，危害日益凸显，已引起人类社会的高度关注，亟须采取有力措施对大气污染加以控制。

二、能量流动

能量流动是生态系统的另一个重要功能，伴随物质循环过程而进行。生态系统最初的能量来源于太阳能，通过绿色植物的光合作用进入生态系统，然后从绿色植物转移到各种消费者，能量通过食物链和食物网逐级传递。

(一) 能量流动的基本特征

能量流动的起点来源于太阳能，流入生态系统的总能量包括生产者通过光合作用所固定的太阳能的总和，加上一部分化能自养型生物利用化学能生产的能量总和。能量流动通过食物链和食物网进行，流入一个营养级的能量是指被这个营养级的生物所同化的总能量，这些能量一方面用于该营养级生物的呼吸消耗，剩余的能量用于生物的生长、发育和繁殖，即以生物量的形式储存于生物体的有机物中。这些储存在生物体中有机物的能量有一部分是遗体、残落物、排泄物等，被分解者分解，还有一部分通过食物链或食物网流入下一个营养级。生态系统能量流动伴随着物质的循环过程而进行，具有单向流动、逐级递减的规律。常见的生态系统的能量流动模式见图3-10。

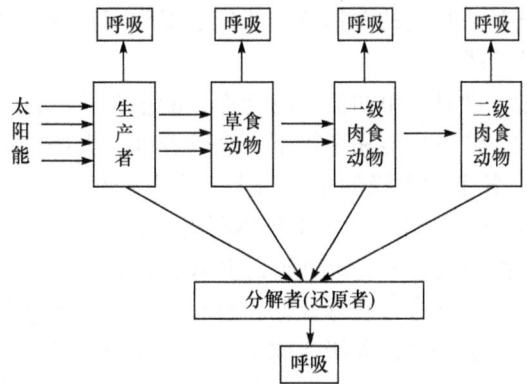

图3-10 生态系统能量流动模式示意图

能量是一切生命活动的基础，是生态系统正常运转的动力。生态系统中的一切生命活动都伴随着能量的变化，没有能量的转化，也就没有生命和生态系统。生态系统的重要功能之一就是能量流动，能量在生态系统内的传递和转化规律遵循热力学的两个基本定律，即热力学第一定律和热力学第二定律。

热力学第一定律是指：在自然界发生的所有现象中，能量既不能消失也不能凭空产生，它只能以严格的当量比例由一种形式转变为另一种形式。因此，热力学第一定律又称能量守恒定律。例如，对于生态系统而言，位于第一营养级的植物通过光合作用所增加的能量等于环境中太阳所减少的能量，总能量不变，所不同的是太阳能转化为化学能输入了生态系统，表现为生态系统对太阳能的固定。

热力学第二定律表达有关能量传递方向和转换效率的规律，是对能量传递和转化的一个重要概括，通俗地说就是：在能量的传递和转化过程中，除一部分可以继续传递和做功的能量(自由能)外，总有一部分不能继续传递和做功而以热的形式耗散的能量，这部分能量使熵和无序性增加。在一个生态系统内，当能量以食物的形式在生物之间传递时，食物中相当一部分能量被转化为热能而耗散掉，其余能量用于合成新的生物组织，以生物能的形式储存起来。也就是说，动物在利用食物中生物能时，通常是将大部分能量转化成了热能，只将一小部分转化为新的生物能，因此能量在生物之间每传递一次，大部分的能量就被转化为热能而损失掉。

(二) 生态系统的营养级

生态系统的各种生物因捕食关系而构成复杂的食物链和食物网，各生物类群都属于某个营养级位，处于食物链某一环节上的所有生物的总和称为一个营养级。绿色植物占第一营养级位，即生产者级位；食植者为第二营养级位，即第一消费者级位；吃植食动物的肉食动物为第三营养级位，即第二消费者级位；此外还可能存在第四营养级位甚至更高级位。当然，生态系统中的营养级位不可能无限增加。生态系统中对生物进行营养级位划分，是按其在食物链和食物网中的功能进行营养分类，而非按种属划分。根据实际同化的能量来源，一个种群可以占据一个营养级位，也可以占据一个以上营养级位。例如，一些杂食性涉禽既以水草为食，又以鱼类、螺和虾类等水生物为食，在进行生态学能流分析时需要根据其在特定的食物链上的位置来确定其营养级，一般可以根据动物的主要食性来决定其营养级。

生态系统中的能量流动具有单向流动的特点，能量在通过各个营养级时逐级减少，这是因为每个营养级的生物不可能完全被下一个营养级的生物所利用，总有一部分自然死亡后被分解者分解；各个营养级的生物对上一个营养级生物的同化效率不可能达到100%，其摄食的食物中有一部分不能被生物体利用，如难以消化的植物纤维、动物毛发和骨骼等残渣，这部分食物残渣被重新释放到生态系统中，由分解者进一步分解；此外，生物为维持自身生命活动不断进行新陈代谢，有相当一部分能量被转化为热量消耗掉。因此，生态系统的能量在由一个营养级流向下一个营养级时呈逐级减少的趋势，生态系统要维持正常的功能，需要依靠太阳能的不断输入，以平衡各营养级消耗的能量。如果中断了太阳能的输入，生态系统的能量流动就会因不断损耗而逐渐趋于停止，导致生态系统基本功能受损与丧失。

生态系统利用能量的效率很低，虽然生态学家对于能量在生态系统中传递的实际效率存在多种说法，但能够观测到的最大值是30%，一般为5%~20%，这就使得生态系统中能量的传递次数受到了限制，反映在生态系统结构上，也影响到如食物链的环节数和营养级的级数，因此食物链一般只由4~5个环节构成，很少超过6个环节。由于能量通过各营养级时逐级递减，如果将通过各营养级的能流量由低到高画成图，就成为一个金字塔形，称为能量锥体或能量金字塔。

(三) 生态效率与能量参数

在关于生态系统生产力的研究中，通常需要对沿食物链各个环节的能量传递效率进行估算，表征能量的传递效率，也称生态效率，即指生态系统中各营养级生物对太阳能或其前一营养级生物所含能量的利用、转化效率，以能流线上不同点之间的比值来表示。生态效率一般分为两类，一类是本营养级与前一级相比，另一类是同一营养级内不同阶段间相比。

计算生态效率的能量参数有很多种，最为重要的有摄取量(I)、同化量(A)、呼吸量(R)和生产量(P)。

摄取量(I)：表示一个生物所摄取的能量，对植物是指光合作用所吸收的日光能；对动物是指动物食用的食物的能量。

同化量(A)：对动物是指消化后被吸收的能量，对分解者是指细胞外的吸收能量；对植物是指在光合作用中所固定的日光能，即总初级生产量(GP)。

呼吸量(R)：指生物在呼吸等新陈代谢和各种活动中所消耗的全部能量。

生产量(P)：指生物在呼吸消耗后净剩的同化能量值，它以有机物质的形式累积在生物体内或生态系统中。对植物是指净初级生产量(NP)；对动物是指同化量扣除维持呼吸量以后的能量值，即 $P = A - R$。

在生态效率的相关计算中，可利用以上参数估算生态系统中能流的各种效率，应用较多的有以下3类。①同化效率：指植物吸收的日光能中被光合作用所固定的能量比例，或被动物摄食的能量中被同化了的能量比例；②生产效率：指形成新生物量的生产能量占同化能量的百分比；③消费效率：指 $n+1$ 营养级消费的能量占 n 营养级净生产能量的比例。通常情况下，大型动物的生长效率要低于小型动物，老年动物的生长效率要低于幼年动物，肉食动物的同化效率高于植食动物。但随着营养级的增加，呼吸消耗所占的比例也相应增加，因而导致肉食动物营养级净生产量相应下降。从利用效率的大小可以看出一个营养级对下一个营养级的相对压力。

在生态学研究中，生态效率概念存在多种表述方式，较为经典的是林德曼效率(Lindeman's efficiency)。在每一个生态系统中，从绿色植物开始，能量沿着捕食食物链或营养级转移流动时，每经过一个环节或营养级数量都要大大减少，最后只有少部分能量留存下来用于生长和繁殖，形成动物的组织。美国学者林德曼在研究淡水湖泊生态系统的能量流动时发现，在次级生产过程中，后一营养级所获得的能量大约只有前一营养级能量的10%，大约90%的能量损失掉了，这就是著名的百分之十定律。林德曼效率是指 $n+1$ 营养级所获得的能量占 n 营养级获得能量之比，它相当于同化效率、生产效率和消费效率的乘积，

即林德曼效率 $=(n+1)$营养级摄取的食物能量$/n$营养级摄取的食物能量，通常为10%。

三、信息传递

生态系统的基本功能包括物质循环、能量流动和信息传递，其中信息传递对于维持生态系统的稳定具有重要的作用。生命活动的正常进行离不开信息传递，生物种群的繁衍也离不开信息的传递。信息还可以调节生物的种间关系，以维持生态系统的稳定。信息传递过程中有一定的物质和能量消耗，信息传递通常是双向进行的，存在输入到输出的传递，以及输出到输入的信息反馈。生态系统的信息分为物理信息、化学信息和行为信息等多种类型。

(一) 物理信息

生态系统中光、声、温度、湿度和磁力等因子，通过物理过程传递的信息，称为物理信息。动物的眼、耳、皮肤，植物的叶、芽及细胞中的光敏色素等，可以感受到多样化的物理信息。物理信息可以来源于无机环境，也可以来源于生物。例如，光强、光质、光照时间长短都可以对植物的生长和繁殖起到调节作用。光强影响生物的生长发育和形态，植物因对光强具有不同的适应性而被分为喜阳植物和喜阴植物。莴苣、茄、烟草等植物的种子必须接受某种波长光的信息，才能萌发生长。昆虫通常对紫外光具有趋光性，而草履虫具有避光性。植物开花需要光信息刺激，当日照时间达到一定长度时，植物才能够开花。

(二) 化学信息

生物在生命活动过程中可以产生一些特殊物质，如植物的生物碱、有机酸等代谢产物，以及动物的性外激素等，这些化学物质具有传递信息的特点，称为化学信息。有研究表明，昆虫、鱼类及哺乳类等生物体中都存在传递信息的化学物质，即信息素。

在生物个体内，激素是维持机体正常生长的重要的信息素，协调各器官的活动，以及生长、发育和繁殖。生物种群内也可以通过种内信息素，即外激素的作用协调个体之间的活动，动物在繁殖季节可以通过性激素的释放来寻找配偶、完成交配并繁衍后代。生物群落内可以通过种间信息素，即异种外激素来协调种群之间的活动。植物在代谢过程中可以产生并释放酚类、醌类、香豆素类、黄酮类、生物碱等具有化感作用的化学物质，对其他植物产生直接或间接的影响，表现为抑制或者促进作用。

(三) 行为信息

生态系统中动物的某些特殊行为对于同种和异种也能传递某种信息，即生物的行为特征可以表现为行为信息。动物的行为信息十分丰富，一些动物在求偶时具有独特的行为，如雄性孔雀向雌性展示美丽的羽毛吸引雌性交配，雄鸟发出动听的鸣叫寻找雌性伴侣。一些雄鸟在遇到危险时会通过扇动翅膀、急速飞起等动作向正在孵卵的雌鸟发出危险信息。蜜蜂发现蜜源后可以通过类似舞蹈动作的行为向同伴传递有关蜜源方向和距离的信息。

第四节　生物多样性

20世纪以来，随着全球人口的持续增长及人类活动对自然生态影响的不断加剧，人类社会遭遇到一系列前所未有的环境问题，面临着人口、资源、环境、粮食和能源5大危机。这些问题的解决都与生态环境的保护及自然资源的合理利用密切相关。

20世纪80年代以后，人们在开展自然保护的实践中逐渐认识到，自然界中各个物种之间、生物与周围环境之间都存在十分密切的联系，因此自然保护仅仅着眼于对物种本身进行保护远远不够，往往难以取得理想的效果。要拯救珍稀濒危物种，不仅要对所涉及物种的野生种群进行重点保护，还要保护好它们的栖息地。也就是说，需要对物种所在的整个生态系统进行有效的保护。在这一背景下，生物多样性这一概念逐渐在学术研究和自然保护实践中传播开来。

1992年6月5日，由各国首脑参加的联合国环境与发展大会在巴西里约热内卢召开，此次峰会正式签署了《生物多样性公约》，在获得各国政府广泛接纳之后，该公约于1993年12月29日起生效。中国也于1992年签署加入该公约。《生物多样性公约》是国际社会所达成的有关自然保护方面的最重要公约之一，随着该公约的签署生效，生物多样性保护意识也在世界各国不断提升。《生物多样性公约》的目标是：①保护生物多样性及对资源的持续利用；②促进公平合理地分享由自然资源而产生的利益。

2021年10月8日，国务院新闻办公室发布《中国的生物多样性保护》白皮书。2021年10月12日，国家主席习近平以视频方式出席在昆明举行的《生物多样性公约》第十五次缔约方大会(COP15)领导人峰会并发表主旨讲话。2022年12月7日，《生物多样性公约》第十五次缔约方大会(COP15)第二阶段会议在加拿大蒙特利尔开幕。中国作为COP15主席国，尽最大努力推动和协调各方达成最大共识，在第二阶段会议上通过"2020年后全球生物多样性框架"。

生物多样性(biodiversity 或 biological diversity)是描述自然界多样性程度的一个内容广泛的概念，是指在一定时间和一定地区所有生物(动物、植物、微生物)物种及其遗传变异和生态系统的复杂性的总称，不同学者对于生物多样性给出过不同的定义，普遍认可的定义是：生物多样性是生物及其环境形成的生态复合体及与此相关的各种生态过程的综合，包括动物、植物、微生物和它们所拥有的基因及它们与其生存环境形成的复杂的生态系统。生物多样性的含义通常包括遗传多样性、物种多样性及生态系统与景观多样性三个层次。

一、遗传多样性

遗传多样性是生物多样性的重要组成部分。广义的遗传多样性是指地球上生物所携带的各种遗传信息的总和，这些遗传信息储存在生物个体的基因之中，因此遗传多样性也就是生物的遗传基因的多样性。任何一个物种或生物个体都保存着大量的遗传基因，因此可被看作一个基因库。一个物种所包含的基因越丰富，它对环境的适应能力越强。基因的多样性是生命进化和物种分化的基础。

狭义的遗传多样性主要是指生物种内基因的变化，包括种内显著不同的种群之间及同一种群内的遗传变异。此外，遗传多样性可以在分子、细胞、个体等多个层次上体现。在自然界中，对于绝大多数有性生殖的物种而言，种群内的个体之间往往没有完全一致的基因型，而种群就是由这些具有不同遗传结构的多个个体组成。

在生物的长期演化过程中，遗传物质的改变(或突变)是产生遗传多样性的根本原因。遗传物质的突变主要有两种类型，即染色体数目和结构的变化及基因位点内部核苷酸的变化，前者称为染色体的畸变，后者称为基因突变(或点突变)。此外，基因重组也可以导致生物产生遗传变异。

二、物种多样性

物种多样性是生物多样性的核心。物种是生物分类的基本单位，作为一个物种，必须同时具备如下条件：①具有相对稳定且一致的形态学特征，与其他物种存在区别；②以种群的形式生活在一定的空间内，占据着一定的地理分布区，并在该区域内生存和繁衍后代；③每个物种具有特定的遗传基因库，同种的不同个体之间可以互相配对和繁殖后代，不同种的个体之间存在生殖隔离，即使杂交也不能产生有繁殖能力的后代。

物种多样性是指地球上动物、植物、微生物(图 3-11)等生物种类的丰富程度，其在分布上具有明显的时间格局和空间格局。物种多样性包括两个方面，其一是指一定区域内的物种丰富程度，可称为区域物种多样性；其二是指生态学方面的物种分布的均匀程度，可称为生态多样性或群落物种多样性。物种多样性是衡量一定地区生物资源丰富程度的一个客观指标。

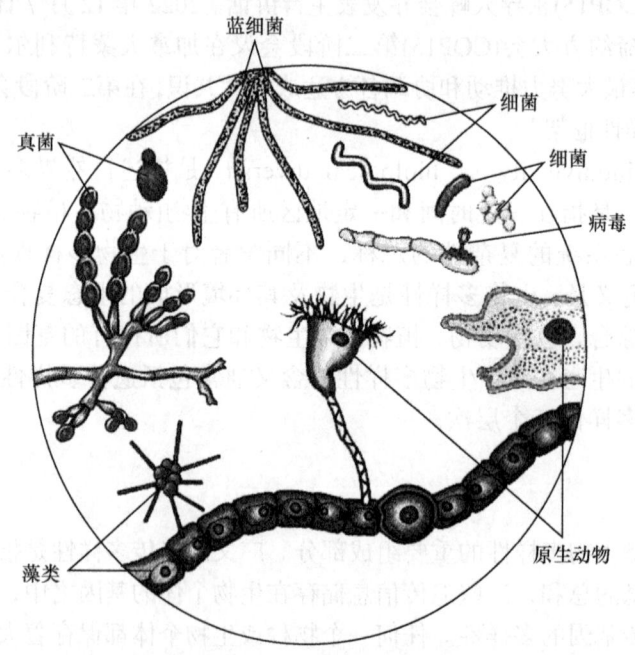

图 3-11 微生物世界的多样性

在阐述一个国家或地区生物多样性丰富程度时，最常用的指标是区域物种多样性。

区域物种多样性的测量有以下三个指标：①物种总数，即特定区域内所拥有的特定类群的物种数目；②物种密度，指单位面积内的特定类群的物种数目；③特有种比例，指在一定区域内某个特定类群特有种占该地区物种总数的比例。

三、生态系统与景观多样性

生态系统是各种生物与其周围环境所构成的自然综合体，所有的物种都是生态系统的组成部分。在生态系统之中，不仅各个物种之间相互依赖，彼此制约，而且生物与其周围的各种环境因子也存在相互作用。从结构上看，生态系统主要由生产维持能量在各组分之间的正常流动。生态系统的多样性主要是指地球上生态系统组成、功能的多样性及各种生态过程的多样性，包括生境的多样性、生物群落和生态过程的多样化等多个方面。其中，生境的多样性是生态系统多样性形成的基础，生物群落的多样化可以反映生态系统类型的多样性。

有些学者还提出了景观多样性的概念。景观是比生态系统更高层次上的概念，是在一个相当大的区域内由不同类型的生态系统组成的整体。景观多样性主要研究组成景观的斑块、景观的类型及其分布格局的多样性，是指由不同类型的景观要素或生态系统构成的景观在空间结构、功能机制和时间动态方面的多样化程度。景观多样性的特征对于生态系统的物质循环、能量流动、信息交换等各项功能有着重要的影响。

从全球范围来看，生物多样性分布呈现出明显的纬度地带性、海拔地带性等特点。例如，低纬度的热带地区集中了大部分的生物种类，而高纬度的南北两极则是生物多样性最少的区域。气候变化可能对物种的分布、种群动态以及生态系统结构与功能产生显著影响，许多无法适应气候快速变化的物种可能面临更大威胁。土地用途改变、生物资源过度利用可能使一些物种面临灭绝的风险。人类活动导致的环境污染不仅直接影响生态系统的群落结构，还可能通过污染生境而对生物多样性产生更为深远的不利影响。

滇池水生态系统状况和演替

滇池属长江流域，位于云贵高原中部，地理坐标为 24°29'～25°28' N，102°29'～103°01' E，流域面积为 2920 km^2，湖岸线长 163 km，在 1887.4 m 高水位运行时，平均水深为 5.3 m，库容为 15.6×10^8 m^3。滇池湖体北部有一湖堤(海埂)，将其分隔为南北两湖区，中间有一航道相通。北部湖区称为草海，面积为 10.67 km^2；南部湖区为滇池的主体部分，称为外海，面积为 287.1 km^2。滇池流域属北亚热带湿润季风气候区，气候变化主要受西南季风和热带大陆气团交替控制。年≥10 ℃积温为 4200～4500℃；年均温为 14.7℃；多年平均降雨量为 797～1007 mm；主导风向为西南风，平均风速为 2.2～3.0 m/s；全年无霜期 227 天，具有低纬度高海拔季风气候特征。

1) 浮游植物

滇池鉴定出浮游植物共计 7 门 71 属 149 种。其中绿藻门最多达 34 属 76 种，蓝藻门次之，共 16 属 33 种，其余各门类依次是硅藻门(13 属 28 种)、隐藻门(2 属 5 种)、裸藻门(3 属 4 种)、甲藻门(2 属 2 种)、黄藻门(1 属 1 种)。滇池浮游植物的优势种基本为蓝藻、绿藻和硅藻，群落结构属蓝藻-绿藻型。

2) 浮游动物

2008年10月~2009年9月对滇池和草海的浮游生物水样进行定性定量分析，共鉴定浮游动物176种，隶属于3门101属，其中原生动物最多，有73种，占浮游动物总种类数的41.5%，其次分别为轮虫种类58种，约占33%；枝角类21种，占11.9%；桡足类20种，约占11.4%；其他类群共4种，合占2.3%。水体内出现的浮游动物种类均属于淡水水体广布性种类。浮游动物总平均密度为4261个/L，周年内浮游动物平均数量的高峰值出现在9月，达到10040个/L，最低在1月，仅有212个/L。

3) 底栖动物

滇池采集到大型底栖动物26种，隶属3门3纲6科23属。其中，寡毛纲10种、摇蚊科13种、软体动物2种和蛭纲1种。外海的物种数比草海多。在外海，霍甫水丝蚓平均相对丰度为74.1%，正颤蚓为9.3%，苏氏尾鳃蚓为4.2%，羽摇蚊为2.7%，巨毛水丝蚓为2.3%；在草海，平均相对丰度中霍甫水丝蚓占53.8%，苏氏尾鳃蚓占5.7%，羽摇蚊占14.2%，细长摇蚊占17.8%。

4) 大型水生植物

滇池的水生植被在20世纪60年代至80年代初期发生了急剧变化，主要表现为种类数量和多样性减少，一些不耐污染的种类甚至完全消失；分布的面积迅速减少，生物量下降，建群种类趋于单一，耐污染、抗风浪的高体型沉水植物篦齿眼子菜成为优势种群(图3-12)。

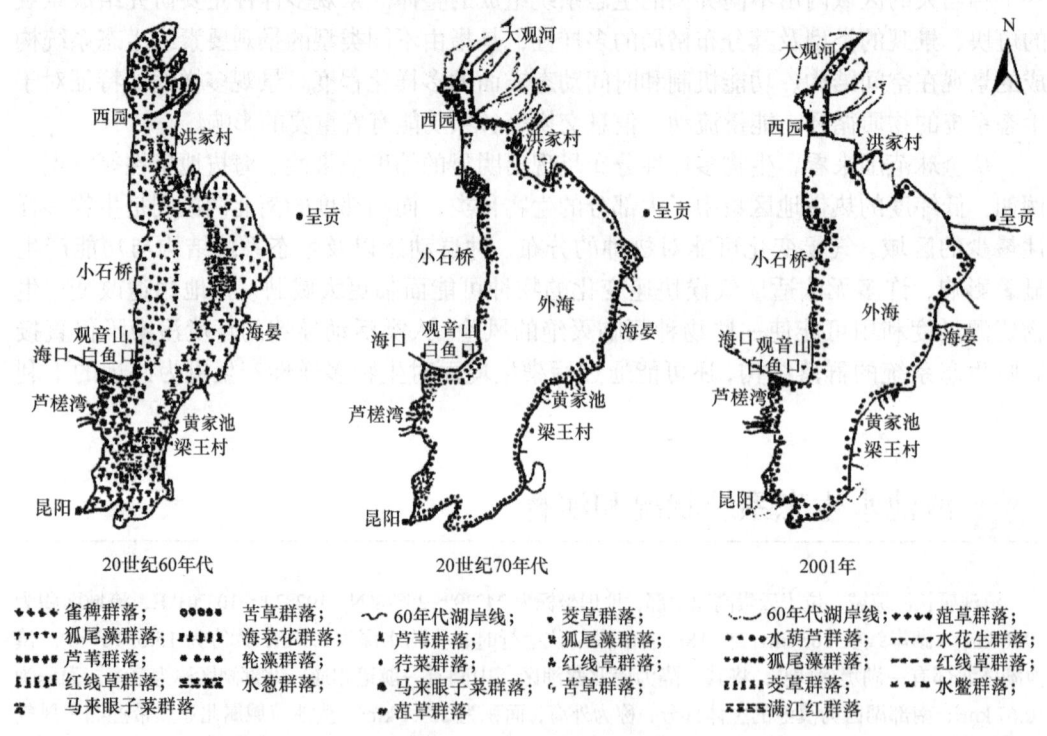

图3-12 滇池大型水生植物群落分布演变

自20世纪90年代以来，滇池的水生植被尤其是沉水植被在经历了大幅度衰减后已经趋于相对稳定，变化不大。目前，滇池绝大多数水域已经没有沉水植物分布，仅在海埂及外海南部浅水区域发现少量沉水植物。沉水植物仅存篦齿眼子菜(红线草)群落，虽然有少量穗花狐尾藻、竹叶眼子菜等物种出现，但未形成群落。外海北部区域植被盖度普遍较低，但南部部分浅水区域的植被盖度相对较高，有些区域盖度能达到40%以上。水生植被生物量普遍小于0.5 kg/m^2，在盖度较高的南部个别区域，沉水植物生物量能够达到6 kg/m^{2}以上。

5) 鱼类

调查发现滇池鱼类 31 种，其中 6 种以前未报道过，如马口鱼、贝氏䱗、黄颡鱼、光泽黄颡鱼、大鳞副泥鳅和罗非鱼等。原有的 25 种土著鱼类中的 17 种未见到，如杞麓鲤、多鳞白鱼、云南鲴、云南光唇鱼、长身鳜、滇池金线鲃、黑斑云南鳅、昆明鲇、侧纹云南鳅、滇池球鳔鳅、红尾副鳅、昆明高原鳅、黑尾鱊、金氏鱊、昆明裂腹鱼和中华倒刺鲃等。从滇池渔获物分析来看(图 3-13)，滇池渔获物主要以虾、银鱼和白鱼为主。鲤鱼、鲫鱼和鲢鱼、鳙鱼在渔获物中也占有一定比例。对比历史资料看，滇池鱼类中外来鱼类有所增加，而土著鱼类资源继续减少。鱼类资源趋向小型化、低质化，并逐渐与长江中下游湖泊的鱼类区系相近似。因此，随着人们对湖泊生态系统扰动不断加强，加上渔业捕捞等方式的改变，湖泊生态系统发生剧烈演替。

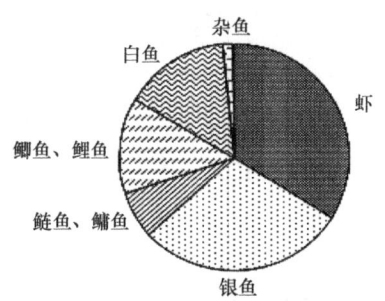

图 3-13　滇池渔获物分析

思考题和习题

1. 生态系统的结构组成与基本功能是什么？
2. 什么是食物链？食物链有哪些类型？
3. 地球上不同类型生态系统的分布受哪些因素的影响？
4. 简述生态系统水循环、碳循环、氮循环和磷循环的主要过程。
5. 生态系统的能量流动如何进行？具有哪些特点？
6. 简述生物多样性的概念及其内涵。

参 考 文 献

李永祺, 唐学玺, 周斌, 等. 2016. 海洋恢复生态学. 青岛: 中国海洋大学出版社
梁士楚, 李铭红. 2015. 生态学. 武汉: 华中科技大学出版社
牛翠娟, 娄安如, 孙儒泳. 2015. 基础生态学. 3 版. 北京: 高等教育出版社
舒展. 2017. 环境生态学. 哈尔滨: 东北林业大学出版社
杨持. 2014. 生态学. 3 版. 北京: 高等教育出版社
杨柳燕, 胡志新, 何连生. 2013. 中国湖泊水生态系统迁移差异性. 北京: 科学出版社
周长发, 屈彦福, 李宏, 等. 2017. 生态学精要. 2 版. 北京: 科学出版社
S. E. 约恩森. 2017. 生态系统生态学. 曹建军, 赵斌, 张剑, 等译. 北京: 科学出版社

第四章

污染物环境过程、行为与生物运移

本章导读

本章首先介绍环境污染物的种类、性质、特点及对环境污染的途径、影响因素和产生的后果等。然后阐述了污染物在环境中的分布、迁移、扩散、转化等行为。最后详细介绍了污染物进入生物体的途径、在体内的生物转化、生物积累、生物放大及相关机理，阐明了生物对污染物环境行为的影响。

第一节 环境与污染物

一、污染环境

(一) 大气污染

大气是包围在地球周围的一层气体，也称大气圈或大气层。它提供地球上一切生命赖以生存的气体环境。人类活动的主要范围限于近地球表面的 20 km 以下的大气层，风、云、雨、雪等天气现象多发生在该大气层中。由于人类活动或者自然过程产生的对人类及人类生存环境产生污染的物质(如粉尘、硫化物、氮氧化物、有机物等)进入大气，这些污染物或由它转化成的二次污染物达到足够高的浓度，持续了足够的时间，并因此危害了人体健康或生态环境，这种现象称为大气污染(air pollution)。按照大气污染的范围，可将大气污染大致分为四类：①局部污染，局限于小范围的大气污染，如受到某些烟囱排气的直接影响；②地区性污染，涉及一个地区的大气污染，如工业区及其附近地区或整个城市大气受到污染；③广域污染，涉及比一个地区或大城市更广泛地区的大气污染；④全球性污染，涉及全球范围的大气污染。

我国大气污染是由于我国能源以煤炭为主，且大部分直接燃烧，能源利用方式落后，利用率低，能耗高，排污大，烟气净化水平不高等造成的。此外，南方气候湿润，土质偏酸，大气中碱性物质少，对酸的缓冲能力弱，加上大气中 SO_2 浓度高，有利于酸雨的形成。随着机动车数量的剧增和城市发展，机动车尾气已成为北京、上海、广州等城市中大气污染物的重要来源，我国特大城市的空气污染正由煤烟型向混合型转变。据《2023年中国环境状况公报》报道，全国 339 个地级及以上城市中，203 个城市环境空气质量达标，占 59.9%；136 个城市环境空气质量超标，占 40.1%。339 个城市中，105 个城市细颗粒物($PM_{2.5}$)超标，占 31.0%；58 个城市可吸入颗粒物(PM_{10})超标，占 17.1%；79 个城市臭氧(O_3)超标，占 23.3%；1 个城市二氧化氮(NO_2)超标，占 0.3%；无一氧化碳(CO)和二氧化硫(SO_2)超标城市。339 个城市环境空气质量优良天数比例在 16.7%~100%，平均为 85.5%；平均超标天数比例为 14.5%，以 $PM_{2.5}$、O_3、PM_{10} 和 NO_2 为首要污染物的超标天数分别占总超标天数的 35.5%、40.1%、24.3%和 0.2%。因此，我国大气污染呈现复合污染的特征。

1) 概述

大气污染物(air pollutants)指由于人类活动或自然过程排入大气并对人和环境产生有害影响的物质。大气污染物的种类很多，按其存在状态可概括为两大类：气溶胶状态污染物、气体状态污染物。在大气污染中，气溶胶指沉降速度可以忽略的小固体粒子、液体粒子或它们在气体介质中的悬浮体系。按照气溶胶的来源和物理性质，可将其分为粉尘、烟、飞灰、黑烟和雾。气体状态污染物是以分子状态存在的污染物，简称气态污染物。气态污染物的种类很多，总体上可以分为五大类：以二氧化硫为主的含硫化合物、以氧化氮和二氧化氮为主的含氮化合物、碳氧化物、有机化合物及卤素化合物等。气态污染物又可分为一次污染物和二次污染物。一次污染物是指直接从污染源排到大气中的原始污染物质；二次污染物是指由一次污染物与大气中已有组分或几种一次污染物之间经过一系列化学或光化学反应而生成的与一次污染物性质不同的新污染物质。在大气污染控制中，受到普遍重视的一次污染物主要有硫氧化物(SO_x)、氮氧化物(NO_x)、碳氧化物(CO、CO_2)及有机化合物(C_1~C_{10} 化合物)等；二次污染物主要有硫酸烟雾(sulfurous smog)和光化学烟雾(photochemical smog)。

2) 大气污染物的来源及危害

大气污染物的来源可分为自然污染源和人为污染源两类。自然污染源是指自然原因向环境释放的污染物，如火山喷发、森林火灾、飓风、海啸、土壤和岩石的风化及生物腐烂等自然现象形成的污染源。人为污染源是指人类生活和生产活动形成的污染源。人为污染源有多种分类方法。按污染源的空间分布可分为：点源，即污染物集中于一点或相当于一点的小范围排放源，如工厂的烟囱排放源；面源，即在相当大的面积范围内有许多个污染物排放源，如一个居住区或商业区内许多大小不同的污染物排放源。按照人们的社会活动功能不同，可将人为污染源分为生活污染源、工业污染源和交通运输污染源三类。根据对主要大气污染物的分类统计分析，大气污染源又可概括为三大方面：燃料燃烧、工业生产和交通运输。

大气污染造成很多方面的危害，其程度取决于大气污染物的性质、数量和滞留时间。这些大气污染物不仅污染下层大气，而且能对上层大气产生危害，包括危害人体健康、居民生活费用增加、物质材料破坏、农林水产损失和影响全球大气环境等。

(二) 水污染

1. 水污染及其种类

人类活动会将大量的工业、农业和生活废弃物排入水中，使水体受到污染。《中华人民共和国水污染防治法》对水污染(water pollution)定义为：水体因某种物质的介入，而导致其化学、物理、生物或者放射性等方面特性的改变，从而影响水的有效利用，危害人体健康或者破坏生态环境，造成水质恶化的现象。水的污染有两类：自然污染与人为污染。当前对水体危害较大的是人为污染。水污染又可根据污染物的不同分为化学性污染、物理性污染和生物性污染三大类。

1) 化学性污染

化学性污染是指由化学物品造成的水体污染。根据污染物的特性，可分为无机有毒物质、有机有毒物质、需氧污染物质、植物营养物质和油类污染物质等五类。

(1) 无机有毒物质。污染水体的无机污染物质有酸、碱和一些无机盐类。酸碱污染具有较强腐蚀性，对管道和建筑物造成腐蚀。排入水体后使水体的 pH 发生变化，破坏自然缓冲作用，抑制微生物生长，干扰水体自净，使水质恶化、土壤酸化或盐碱化。对渔业水体影响更大，当 pH 为 5.5 时，一些鱼类不能生存或生殖率下降。

污染水体的无机有毒物质包括金属、非金属及其化合物两类。金属毒物主要是汞、铬、铝、铅、锌、镍、铜、钴等元素的离子或化合物。其中，前四种危害极大。金属毒物不能被微生物降解，只能在不同形态间相互转化，在不同环境介质中发生迁移。其毒性以离子态存在时最为严重，又易被配位体配合或被带负电荷的胶体吸附而四处迁移。非金属毒物主要有砷、硒、氰、硫、亚硝酸根等，如砷中毒时引起中枢神经紊乱，诱发皮肤癌。

(2) 有机有毒物质。污染水体的有机有毒物质主要是指酚、苯、硝基物、胺基物、有机农药(DDT、有机氯及有机磷)、多氯联苯、多环芳烃、合成洗涤剂等人工合成有机化合物。以有机氯农药为例，它具有很强的化学稳定性，在自然环境中的半衰期为十几至几十年。此外，它们都可能通过食物链在人体内富集，危害人体健康。

(3) 需氧污染物质。废水中凡是能通过生物化学或化学作用而消耗水中溶解氧的物质，统称为需氧污染物。绝大多数的需氧污染物是有机物质。

(4) 植物营养物质。植物营养物质主要是生活与工业废水中所含的氮、磷等物质，以及农田排水中残余的氮和磷。当废水进入受纳水体，使水中总氮和总磷浓度分别超过 0.2 mg/L 和 0.02 mg/L 时，就会引起受纳水体的富营养化，增进各种水生生物(主要是藻类)的活性，刺激它们的异常增殖，从而造成一系列的危害。

(5) 油类污染物质。油类污染物质包括石油类和动植物油两种。油类污染物能在水面上形成油膜，隔绝大气与水面，破坏水体的复氧条件。它还能附着于土壤颗粒表面和动植物体表，影响养分的吸收和废物的排出。

2) 物理性污染

物理性污染是指固体物质、温度等造成的水体污染，此外还包括放射性污染。

(1) 固体物质污染。固体污染物的存在不但使水质浑浊，而且使管道及设备阻塞、磨损，干扰废水处理及回收设备的工作。由于大多数废水中都有悬浮物，因此去除悬浮物是废水处理的一项基本任务。

(2) 热污染。温度超过 60℃的工业废水(如直接冷却水)排入水体后，会引起水体水温升高，形成热污染效应。热污染的危害如下：由于水温升高，水体中氧饱和度降低，相应的亏氧量(一定温度下水中饱和溶解氧与实际溶解氧浓度差值)随之减少，因此大气中氧向水体传递的速率也减慢。由于水温升高，水生生物耗氧速度加快，促使水体中溶解氧更快地被消耗殆尽，水质迅速恶化，造成鱼类和水生生物因缺氧而窒息死亡；可以加速藻类的繁殖，从而加快富营养化的进程。

(3) 放射性污染。放射性污染是指放射性核素通过自身衰变放出 X、α、β、γ 射线及质子束等造成的污染。废水中放射性污染主要来自铀、镭等放射性物质和稀土的提纯生产与使用过程，如核电厂、稀土冶炼厂、矿物冶炼厂等都会产生一定量的放射性废水。放射性物质进入人体后会危害机体，诱发癌症和贫血，还对孕妇和婴儿产生遗传性伤害。

3) 生物性污染

生活污水，特别是医院污水和某些工业废水污染水体后，往往会带入一些病原微生物。例如，某些原来存在于人畜肠道中的病原细菌(伤寒杆菌、副伤寒杆菌、霍乱弧菌等)都可以通过人畜粪便的污染进入水体，随水流动而传播。一些病毒(如肝炎病毒、腺病毒等)也常在被污染的水中发现。某些寄生虫病(如阿米巴痢疾、血吸虫病、钩端螺旋体病等)也可通过水体进行传播。防止病原微生物对水体的污染也是保护环境、保障人体健康的一大课题。

2. 水污染现状

20 世纪 60 年代以来，世界上水体污染已经达到了极为严重的程度。据统计，全世界每年至少有 $4.2×10^{11}$ m^3 以上的工业废水排入水体，致使 1/3 的淡水受到不同程度的污染。随着工农业生产发展，我国水环境质量不容乐观，局部水体黑臭现象严重。据《2023 年中国环境状况公报》报道，长江、黄河、珠江、松花江、淮河、海河、辽河七大流域和浙闽片河流、西北诸河、西南诸河的 3119 个国控断面中，Ⅰ类占 9.6%，Ⅱ类占 53.0%，Ⅲ类占 29.2%，Ⅳ类占 7.0%，Ⅴ类占 0.9%，劣Ⅴ类占 0.4%。长江流域、黄河流域、珠江流域、浙闽片河流、西北诸河和西南诸河水质为优，淮河流域、海河流域和辽河流域水质良好，松花江流域为轻度污染。2023 年，209 个重要湖泊(水库)中，Ⅰ～Ⅲ类水质湖泊(水库)占 74.6%；劣Ⅴ类水质湖泊(水库)占 4.8%。主要污染指标为总磷、化学需氧量和高锰酸盐指数。开展营养状态监测的 205 个重要湖泊(水库)中，贫营养状态的占 8.3%，中营养状态的占 64.4%，轻度富营养状态的占 23.4%，中度富营养状态的占 3.9%。其中，太湖、巢湖、滇池为轻度污染，丹江口水库水质为优，洱海、白洋淀水质良好。

3. 海洋污染

海洋面积辽阔，储水量巨大，是地球上最为稳定的生态系统。但近几十年，随着世界工业的发展，海洋污染日趋加重，使局部海域环境发生了很大变化，并有继续扩展的趋势。海洋污染主要发生在靠近大陆的海湾。在工业发达的人口密集地区，大量的废水和固体废物倾入海洋，加上海岸曲折造成水流交换不畅，使得海水温度、pH、含盐量、透明度、生物种类和数量等性状发生改变，对海洋的生态平衡造成危害。海洋污染突出表现为石油污染、赤潮、有毒物质累积、塑料污染和核污染等多个方面。全球海洋污染最为严重的海域有东京湾、纽约湾、墨西哥湾等。我国的渤海湾、黄海、东海和南海的污染状况也相当严重，汞、镉、铅等重金属的浓度已在局部超标；石油和 COD 在各海域中也有超标现象。其中污染最严重的渤海，因污染已造成渔场外迁、赤潮泛滥，有些滩涂养殖场荒废，一些珍贵的海洋资源正在消失。

(三) 土壤污染

土壤污染是指人类活动致使土壤中的污染物质过多，超过土壤的自净能力，并在土壤中大量累积，引起土壤结构和功能发生变化，土壤质量恶化，自然功能缺失，使土壤微生物活动受到抑制，对植物和动物造成伤害。目前制约我国社会经济可持续发展的重要因素之一就是土壤污染。伴随着我国工业化和城市化的进程加快，受污染土壤面积不断扩大。土壤污染的总体形势严峻，已对生态环境、食品安全、人民身体健康和农业可持续发展构成威胁。

目前我国土地污染存在多种形式，20世纪80年代之前，我国土地污染主要表现为重金属污染，近些年随着我国工业的迅速发展，土壤污染产生新的问题。土壤中积聚有机、无机污染物的同时，也接受着病原微生物、放射性元素等污染。根据污染物的种类，土壤污染分类见表4-1。

表4-1 土壤污染类型

序号	种类	特征
1	有机污染	有机污染是土壤污染最严重的一种，主要来自于农药化肥不合理的施用、化工企业的违规排放
2	重金属污染	重金属污染具有不可逆性，微生物也不能降解重金属，人工治理和自然净化治理重金属污染都不能达到很好的效果
3	放射性元素污染	原子能应用中产生的废气、废水、废渣
4	病原微生物污染	病原微生物主要是医院排出的污物，以及人畜排泄的粪便，当污物用于农田施肥，便造成了土壤污染

人类的生存与土壤休戚相关，人类生存所需的食物，离不开土壤，人类的居住环境、工业化进程所需要的场地和资源，同样也离不开土壤。因此，土壤如果受到污染，就会引发多方面的问题和非常严重的后果。污染物进入耕地后，种植在污染土壤中的各种农作物在生长过程中，从土壤吸收各类有害物质，不仅造成粮食减产，而且污染物在农产品中残留也相当惊人。2013年2月的湖南镉大米事件便是直接的体现，此次事件的曝光直接导致全国市场都开始拒收产自湖南的大米，因此土壤污染不仅影响耕地质量，更会影响我国的粮食安全。

二、污染物种类

污染物(pollutant)是指进入环境后使环境正常组成发生变化，直接或者间接有害于生物生长、发育和繁殖的物质。这类物质有自然排放的，也有人类活动产生的。环境科学研究的主要是人类生产和生活排放的污染物。污染物的作用对象是包括人在内的所有生物。在特定环境中，污染物达到一定浓度或数量并持续一定时间，将会对某些环境造成损害作用。

(一) 常规污染物

1. 重金属

重金属通常指密度大于 5 g/cm³ 的金属元素，包括镉、汞、铜、铅、锌、铬等。而在环境领域中，重金属则被认为是对人类和其他生物的健康有危害的某些元素。根据这个定义，有些类金属(如砷)和密度小于 5 g/cm³ 的金属元素(如铍)也称为重金属。也有人认为，重金属主要指过渡元素，因为这些元素很大程度上与人类环境污染有关。下面介绍三种常见的重金属：汞、镉和砷。

1) 汞

汞(Hg)俗称水银，是唯一在常温下呈液态且能挥发的金属，是地壳中相当稀少的一种元素。汞元素可以通过火山爆发及地壳风化被自然释放。汞的分布很广，但在自然界中的浓度不大。而人类活动，尤其是工业的发展，使汞的生产量急剧增加，其中绝大部分最终以"三废"的形式进入环境。大气中汞的污染主要来自含汞金属的冶炼废气及化石燃料燃烧过程中排放出的含汞废气和颗粒态的汞尘。氯碱、塑料、电子、炼金和雷汞生产排放的废水是水体中汞的主要来源。土壤汞的污染主要来自燃煤、有色金属冶炼等。

大气是汞全球循环的重要介质。大气中汞依据物理、化学形态主要分为气态单质汞(Hg^0)、活性气态汞[$Hg(OH)_2$、$HgCl_2$、$HgBr_2$ 和有机汞(MMHg)等]和颗粒态汞。Hg^0 的半衰期较长，约为数天甚至超过一年，因此比较容易发生长距离传输，可使 Hg 在全球范围内分布；Hg^{2+} 的半衰期较短，约为数小时至数月，易通过干湿沉降过程沉降到地球表面，对 Hg 的局部和地区性循环有重要意义。我国城市地区各类气态汞含量明显高于偏远地区。而我国各类气态汞浓度均远高于欧美同类型地区。

汞是环境中毒性最强的重金属元素之一。其中，一般植物汞中毒后也会表现出生长缓慢、叶子枯黄的症状。汞会随着食物链进入动物和人体体内，汞化合物侵入人体，被血液吸收后可迅速弥散到全身各器官，其中约 15% 进入脑细胞。脂溶性的甲基汞容易蓄积在细胞中，主要部位为大脑皮层和小脑，会出现手脚麻木、战栗、乏力、耳聋，视力范围变小、听力困难、语言表达不清、动作迟缓等常见的症状。同时，甲基汞能改变细胞通透性，破坏细胞离子平衡，抑制营养物质进入。长期与汞接触的人有牙齿松弛、脱落，口水增多，呕吐等症状，重者消化系统和神经系统机能被严重破坏，引起各种不良后果。1953 年日本九州水俣湾发现的一种怪病就是甲基汞中毒造成的，称为水俣病。患者精神失常、痛苦万状，甚至连镇上的猫也纷纷跳海自杀，这种病迄今无有效的治疗方法。

2) 镉

镉(Cd)在地壳中的元素丰度为 $0.2×10^{-6}$，在重金属中是仅次于汞丰度的元素之一，在自然界中主要存在于锌矿内。镉是一种剧毒元素，在工业生产和利用过程中对整个生态环境产生了较大的影响，容易对土壤、水体等环境造成污染。

大气中镉主要来自工业生产，如有色金属的冶炼、煅烧，矿石的烧结，含镉废弃物的熔炼，从汽车散热器回收铜，塑料制品的焚化等。进入大气的镉的化学形态有硫酸镉、硒硫化镉、硫化镉和氧化镉等，主要存在于固体颗粒物中，也有少量的氯化镉能以细微气溶胶的状态在大气中长期悬浮。在天然淡水中，镉的含量为 0.01~3 μg/L，与有机物易生成配合物。海水中镉平均含量为 0.11 μg/L，主要以氯化镉胶体状态存在。此外，还有镉的胶体有机配合物类腐殖酸盐与铜、汞、铅、锑和锌类腐殖酸盐共存。在水中，镉易与配体发生配位反应，如 Cd^{2+} 与 OH^- 生成 $CdOH^+$、$Cd(OH)_2$、$Cd(OH)_3^-$ 等配合物。镉也能与腐殖质等有机配体结合。河流底泥与悬浮物对镉有很强的吸附作用，而腐殖质对 Cd^{2+} 的富集能力更强。这种吸附作用及其后可能发生的解吸作用是镉在水体中迁移转化的主要途径。土壤中镉的存在形态可大致分为水溶性镉和非水溶性镉。镉在土壤溶液中以简单离子或简单配离子的形式存在，如 Cd^{2+}、$CdCl^+$、$CdSO_4$、$CdOH^+$、$CdCl_2$、$Cd(NH_3)^{2+}$、$Cd(NH_3)_2^{2+}$ 等。土壤中呈吸附交换态的镉所占比例较大，这是因为土壤对镉的吸附能力很强。但土壤胶体吸附的镉一般随 pH 的下降其溶出率增加。累积于土壤表层的镉由于降水作用，其可溶态部分随水流动可能发生水平迁移，因而进入界面土壤和附近的河流或湖泊，造成次生污染。

3) 砷

砷(As)是一种广泛存在于自然界的类金属元素，也是五大剧毒元素之一。从它引起的环境污染效应来看，常将它作为重金属来研究。砷元素在地壳中的含量不大，主要以硫化物形式存在。砷污染是指由砷或其化合物所引起的环境污染。其污染主要来自化工、冶金、炼焦、火力发电、造纸、玻璃、皮革及电子业等工业排放的"三废"，以及利用砷化物所生产的毒鼠剂、杀虫剂、消毒液、杀菌剂和除草剂及磷肥、家畜粪便等肥料的施用。大气中砷含量平均为 1.5~53 μg/m³。砷的污染除岩石风化、火山爆发等自然原因外，主要来自工业生产。砷从水体和土壤向大气中的挥发是砷迁移的重要过程。一旦砷化合物进入环境，它们可以被微生物转化为无机砷和挥发性胂。这些砷化合物的形成导致砷通过挥发转移到大气中。

在天然水体中砷多以氧化物及其含氧酸形式存在，如 As_2O_3、H_3AsO_3、$HAsO_2$。在微酸介质(pH=5~7)中，地下水中的砷主要以带负电荷的 AsO_2^-、$H_2AsO_4^-$、$HAsO_4^{2-}$ 等形式存在，容易被表面带正电荷的物质，如胶体和黏土矿物、氢氧化铁吸附而发生共沉淀。水体中溶解态砷的浓度受两方面因素制约：含砷矿物的溶解性和砷在矿物和其他固体、颗粒相中的吸附。吸附/脱附是控制水环境中砷迁移和归趋的重要过程。天然环境中含高浓度砷的土壤很少，一般每千克土壤含砷约为 6 mg。我国土壤中砷的平均含量为 9.29 mg/kg。在土壤中形成的无机态砷有 AsH_3(胂)、As_2O_3(砒霜)、As_2O_5、H_3AsO_4、$HAsO_3$ 及砷的硫化物(As_2S_2 和 As_2S_3)，有机态砷有甲基胂(MMA)、二甲基胂(DMA)、三甲基胂(TMA)等。在一般 pH 及 Eh 值范围内，砷主要以 As^{3+} 和 As^{5+} 存在于土壤环境中。其存在形式可分为水溶性砷、吸附态砷和难溶性砷。土壤中水溶性、难溶性及吸附态砷的相对含量在特定条件下可以相互转化。

砷是可以被植物强烈吸收并积累的元素。植物在生长过程中从土壤中吸收砷，会引起植物叶面蒸腾下降，阻碍作物中水分输送。砷还能使植物的叶绿素含量下降，使光合作用受抑制，营养转化失调，生长不良，根茎叶的质量随之下降。作物受砷毒害时，体内的过氧化氢酶(CAT)活性、超氧化物歧化酶(SOD)活性下降，丙二醛(MDA)含量增加，质膜结构遭到破坏，相对透性增大。长期接触无机砷会对人和动物体内的许多器官产生影响，如造成肝功能异常等。体内与体外两方面的研究都表明，无机砷影响人的染色体，已发现接触砷(主要是三价砷)的人群染色体畸变率增加。可靠的流行病学证据表明，在含砷杀虫剂的生产工业中，呼吸系统的癌症主要与接触无机砷有关。

2. 有机污染物

1) 农药

农药是指用于预防、消灭或者控制危害农业、林业的病、虫、草和其他有害生物及调节植物生长的化学品，包括无机物(氯化汞、硫酸铜)、天然有机物(如抗生素类、除虫菊酯类)、合成有机物。

(1) 有机氯农药。

有机氯农药(OCPs)大部分是含有一个或几个苯环的氯的取代物(表 4-2)，其化学性质稳定，易溶于脂肪，并在其中积累。

表 4-2　几种主要有机氯农药

商品名称	化学名称	分子式
滴滴涕	p,p'-二氯二苯基三氯乙烷	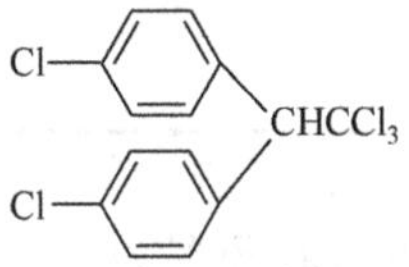
γ-六六六(林丹)	六氯环己烷	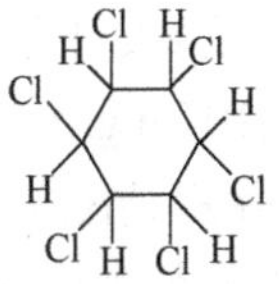
氯丹	八氯六氢化甲基茚	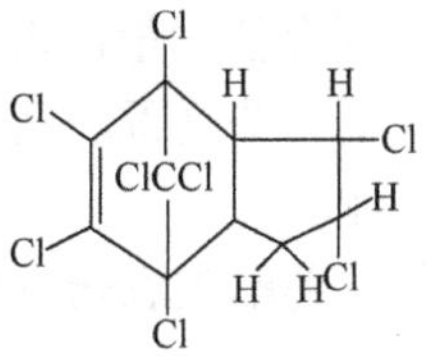
毒杀芬	八氯莰烯	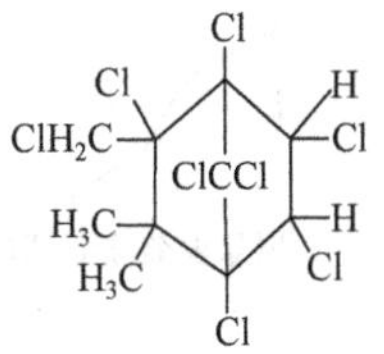

(2) 有机磷农药。

有机磷农药大部分是磷酸的酯或酰胺类化合物。按结构可分为磷酸酯、硫代磷酸酯、膦酸酯和二硫代磷酸酯等(表 4-3)。

表 4-3 几种常用有机磷农药的分子结构

分类	商品名称	化学名称	分子结构
磷酸酯	敌敌畏	*O,O*-二甲基-*O*-(2,2-二氯乙烯基)磷酸酯	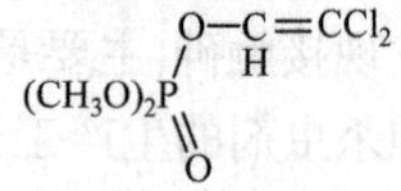
硫代磷酸酯	甲基对硫磷	*O,O*-二甲基-*O*-对硝基苯基硫代磷酸酯	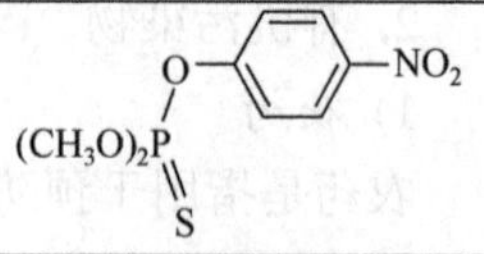
二硫代磷酸酯	马拉硫磷	*O,O*-二甲基-*S*-(二乙氧酰基乙基)二硫代磷酸酯	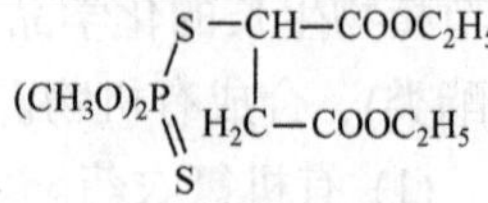
	乐果	*O,O*-二甲基-*S*-(*N*-甲氨甲酰甲基乙基)二硫代磷酸酯	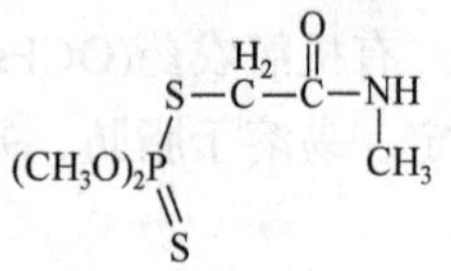
膦酸酯	敌百虫	*O,O*-二甲基-(2,2,2-三氯-1-羟基乙基)膦酸酯	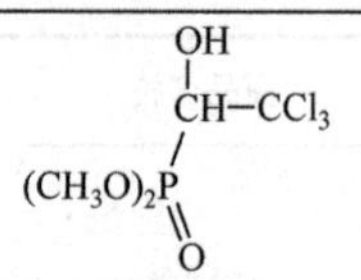

有机磷农药多为液体，一般难溶于水，易溶于乙醇、丙酮、氯仿等有机溶剂。不同的有机磷农药挥发性差别很大，如在 20℃时，敌敌畏在大气中蒸气质量浓度是 145 mg/m^3，乐果则为 0.107 mg/m^3。

(3) 拟除虫菊酯类农药。

拟除虫菊酯类(pyrethroid)农药是一类相对较新的农药品种，20 世纪 80 年代开始广泛应用，现在使用量已占整个农药总量的 25%以上。它对昆虫高毒而对哺乳动物低毒，逐渐替代了一些高毒农药。随着拟除虫菊酯类使用量的增长，其带来的环境问题也引起广泛的关注。

拟除虫菊酯类农药母体及代表产品结构见图 4-1。

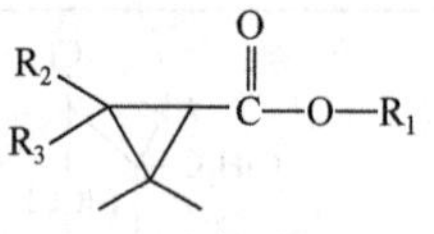

拟除虫菊酯农药母体结构

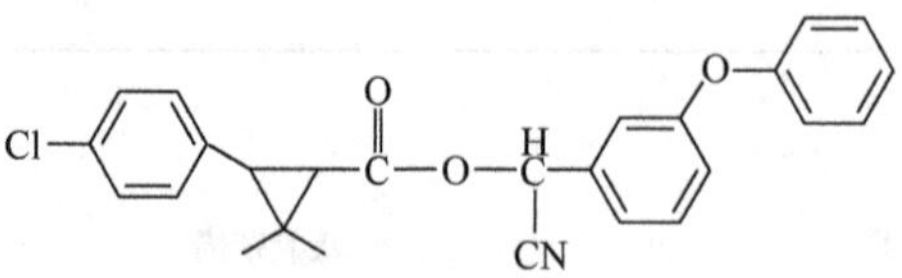

杀灭菊酯

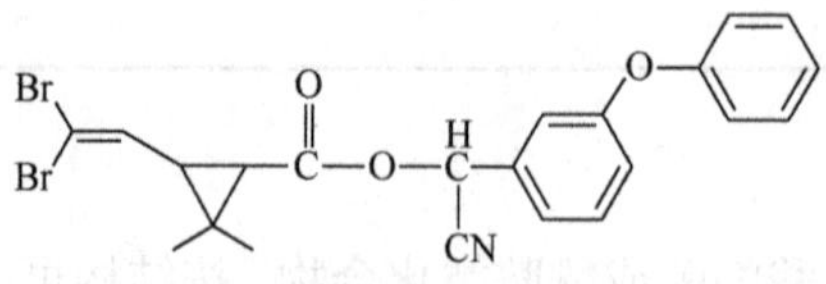

溴氰菊酯

图 4-1 拟除虫菊酯类农药母体及代表产品结构

2) 多环芳烃

多环芳烃(polycyclic aromatic hydrocarbons，PAHs)是指两个或两个以上苯环以线状、角状或簇状排列组合而成的一类稠环化合物。图 4-2 给出了美国国家环保局优先控制的 16 种 PAH 的结构。

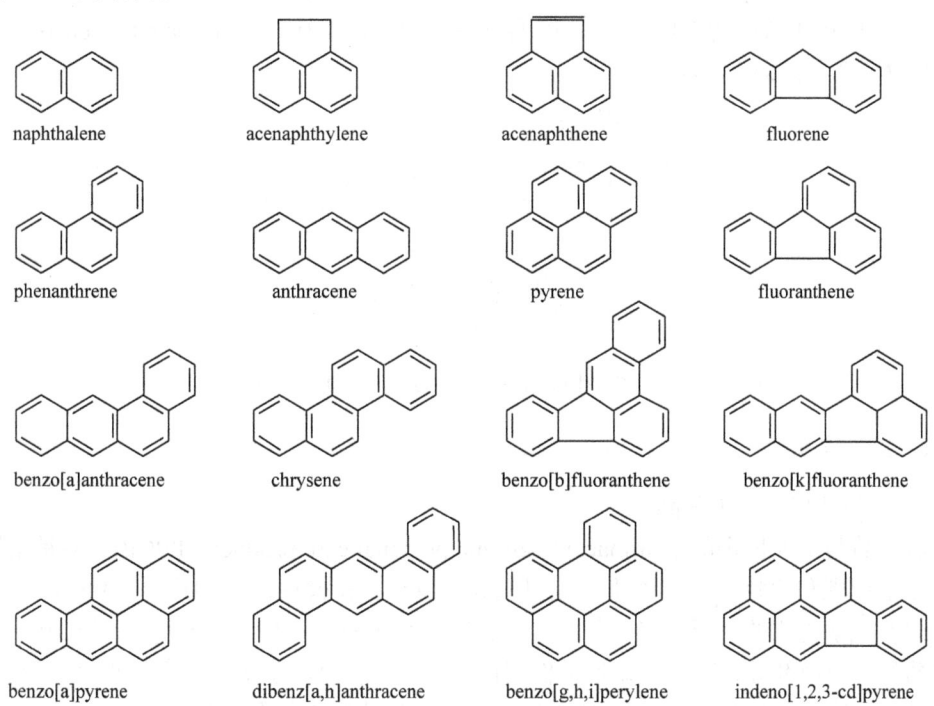

图 4-2 美国国家环保局优先控制的 16 种 PAHs 的化学结构图

naphthalene，萘；acenaphthylene，苊烯；acenaphthene，二氢苊；fluorene，芴；phenanthrene，菲；anthracene，蒽；pyrene，芘；fluoranthene，荧蒽；benzo[a]anthracene，苯并[a]蒽；chrysene，䓛；benzo[b]fluoranthene，苯并[b]荧蒽；benzo[k]fluoranthene，苯并[k]荧蒽；benzo[a]pyrene，苯并[a]芘；dibenz[a,h]anthracene，二苯并[a,h]蒽；benzo[g,h,i]perylene，苯并[g,h,i]苝；indeno[1,2,3-cd]pyrene，茚并[1,2,3-cd]芘；

3) 多氯联苯

多氯联苯(polychlorinated biphenyls，PCBs)是联苯上的氢不同程度地被氯原子人工取代后生成的氯代芳烃类化合物的总称，结构式如图 4-3 所示。PCBs 具有亲脂性和持久性，一旦进入环境就会长时间地存在于环境中，在食物网中呈现出很高的生物富集特性，可以快速地在动物体内发生富集，主要是在动物肝脏内积累，通过食物链逐渐浓缩。

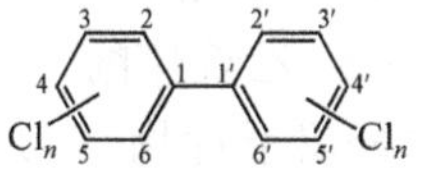

图 4-3 多氯联苯结构式

4) 二噁英

二噁英(dioxin)指的是多氯二苯并二噁英(polychlorinated dibenzo-p-dioxins, PCDDs，图 4-4)，是一类有机多卤代化合物，共 75 种，2,3,7,8-四氯二苯并-p-二噁英(2,3,7,8-tetrachlorodibenzo-p-dioxin, TCDD)就是其中的一种。由于每种 PCDD 分子的中心都是一个 1,4-二氧杂环己二烯，即 dioxin 环，因此现在一般将 PCDDs 不准确地简称为 dioxin。

"dioxin"一词也经常用于指代 PCDDs 和 DLCs 组成的复杂混合物、某些源头排放的或环境基质及生物样本中发现的 PCDDs 和 DLCs，也可用于指代样品中的总 TCDD 当量。一个化合物如果满足以下要求：结构与 PCDD/Fs 相似，能与 AHR(芳香烃受体)结合，能够引起 AHR 介导的生化与毒理反应，是持久性污染物并能通过食物链积累，即可被列为 DLCs。目前被正式归为 DLCs 的有 10 种多氯二苯并呋喃(polychlorinated dibenzofurans, PCDFs)及 12 种共面 PCBs。

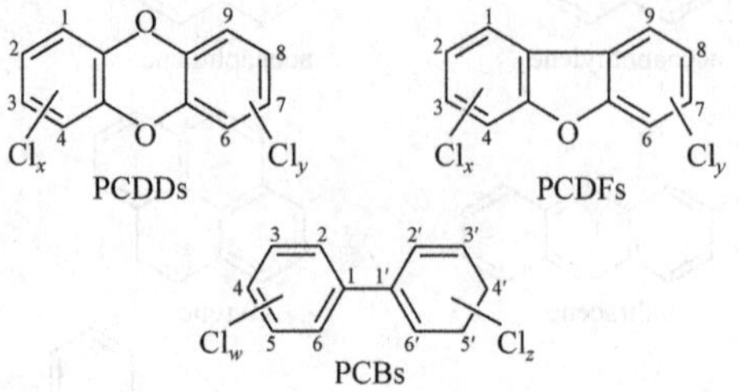

图 4-4 二噁英类物质化学结构($x \geq 0$, $y \leq 4$, $w \geq 0$, $z \leq 5$)

(二) 新污染物

1. 医药品与个人护理品

医药品与个人护理品(pharmaceuticals and personal care product，PPCP)一般是指用于个人健康护理和化妆，或是用于农业以提高产量或牲畜健康的任何产品。PPCP 是一大类不同的化学物质的广泛定义，主要包括：处方及非处方药物，如抗生素、抗抑郁药物、抗癌药物、镇静剂等；兽药，如各类兽用抗生素、人工雌激素等；个人护理品，如香水、化妆品、防晒霜、洗护产品、防腐剂等；还有营养保健品和诊断剂等。随着人类医学的进步和个人护理品市场的发展，新的 PPCP 也不断产生。

绝大部分 PPCP 在常温常压下易于溶解且难以挥发，所以地表水体是 PPCP 在环境中主要的汇。由于 PPCP 包含一大类应用广泛、功能众多、种类繁多的化学物质，不同 PPCP 理化结构、生物效应差异巨大。根据不同 PPCP 的结构和功能等可以将 PPCP 分为以下几类。第一类是抗生素类，抗生素是一类可通过干扰细菌生长所必需的生理过程或细胞结构实现抑菌、杀菌效果的抗菌药物。第二类是雌激素，雌激素是一类有广泛生物活性的类固醇化合物，口服避孕药和家畜饲料中均含有大量的人工合成雌激素，如己烯雌酚、乙烷雌酚、炔雌醇、炔雌醚等。雌激素不仅是 PPCP 中的一员，也是典型的环境内分泌干扰物。第三类是消炎镇痛药，消炎镇痛药是人类使用最多的一大类药物。由于其巨大的生产和使用量，其在环境中的残留尤为突出。第四类是人工合成麝香，合成麝香作为天然麝香的替代品已广泛应用于人用化工行业，如作为香料添加到化妆品和洗涤剂中。目前还没有文献明确显示人工合成麝香对环境的危害，但很多文献指出人工合成麝香物质在海水和淡水中广泛存在，并容易在软体动物和鱼类体内富集。第五类，杀菌消毒剂，杀菌消毒剂广泛应用于医院、食品加工、个人护理品生产等行业。季铵化合物是一种应用非常广泛的阳离子杀菌剂。季铵化合物在市政污水处理厂中检出浓度为 0.05~0.1 mg/L。杀菌剂三氯生在各国污水处理厂的进水和出水中普遍被检出。

由于 PPCP 的生产目的是用于个人健康护理，或是用于农业以提高产量或牲畜健康，因此绝大部分 PPCP 都是具有生物效应的化学物质。但是由于用途不同、理化结构差异巨大、种类众多、环境浓度较低，其对环境的危害也各有不同。一些 PPCP 属于环境持久性有机污染物，如抗生素，有些则具有内分泌干扰活性，如雌激素，有些容易在生物体内富集，如人工合成麝香。

2. 内分泌干扰物

美国国立环境卫生研究所(NIEHS)将内分泌干扰物(endocrine disrupting chemicals, EDCs)定义为能模拟或干扰体内激素功能的天然或人工合成的物质，会对人类和动物的发育、生殖、神经和免疫系统产生不利效应。内分泌干扰物种类繁多，主要种类见表4-4。EDCs 也可分为外源性和内源性两大类。外源性干扰物由人工合成，内源性干扰物则是由生物体产生，以分泌物、排泄物等形式进入环境。

表 4-4 内分泌干扰物的种类

序号	类型	种类
1	农用化学品类	除草剂、杀虫剂、杀真菌剂和熏蒸剂
2	工业化学品类	树脂原料、绝缘材料、阻燃剂、洗涤剂、防腐剂和重金属，如双酚A(BPA)、多氯联苯(PCBs)、三丁基锡、镉、铅、汞等
3	药用环境激素	雌酮(E1)、17β-雌二醇(E2)、雌三醇(E3)等天然雌激素和17α-乙炔雌二醇(EE2)、炔雌醇、炔雌醚等人工合成的雌激素药物
4	植物性和真菌性雌激素	香豆雌酚和玉米赤霉烯酮等
5	焚烧或焦化过程的有害副产品	苯并[a]芘、二噁英等

环境内分泌干扰物主要是亲脂性的有机物，而重金属镉、汞、铅作为筛选出的内分泌干扰物的重要组成部分，具有相当高的稳定性和难降解性，因此易在生物体内富集，并造成毒性。环境内分泌干扰物首先影响的是生物体的内分泌系统，主要影响体内维持动态平衡和调节生长发育的激素的产生、释放、转运、代谢、结合、活化或灭活。其作用机理包括：与细胞核酸上的特异受体位点结合；与动物体内非性激素受体结合；改变激素受体生理活性及体内激素的合成与分解。而内分泌系统与神经系统、免疫系统、生殖系统等各个系统相互影响、相互制约。环境激素通过直接作用于激素受体，引起体内分泌系统紊乱，从而使其他系统也受到伤害。

3. 抗生素及抗生素抗性基因

抗生素是一类可通过干扰细菌生长所必需的生理过程或细胞结构实现抑菌、杀菌效果的抗菌药物。抗生素不仅被广泛用于人和动物的感染性疾病治疗，同时由于其具有促进动物生长的功效，被大量用于畜牧和水产养殖业中。人畜服用的抗生素类药物大多不能被充分吸收利用而随排泄物进入污水或直接排入环境，而各种污水处理过程对抗生素类药物基本不起作用；同时在抗生素生产过程中，排放的废水和废弃物中含高浓度抗生素，可进入水和土壤环境；此外，抗生素类药物的直接丢弃也是环境中抗生素的来源之一。

目前抗生素在污水处理厂、地表水、污泥、沉积物、土壤和生物样品等多种环境介质中都有检出，四环素类、磺胺类、大环内酯类和喹诺酮类是检出率较高的几类抗生素，β内酰胺类抗生素虽然使用量较大，但在环境中极易水解，因此检出较少。污水处理厂进出水、医院废水、养殖废水和制药废水中已经检测到大量抗生素，浓度在 μg/L～mg/L 级别；地表水和地下水中抗生素污染以磺胺类为主，浓度在几到几百 ng/L 级别；饮用水中抗生素浓度稍低，一般在几个 ng/L 级别。污泥、土壤和沉积物中则是以喹诺酮类和四环素类抗生素为主，这主要是由于喹诺酮类和四环素类抗生素容易吸附在固体颗粒上，污泥中抗生素浓度可达到几个 mg/kg 级别，土壤中稍低，浓度在几十到几百 μg/kg 级别，沉积物中抗生素浓度在几到几十 μg/kg 级别。环境样品中的抗生素浓度水平呈现一定的季节变化规律。

环境中抗生素抗性基因(antibiotic resistance genes, ARGs)的来源主要有两条途径：一是环境中细菌的"内在抗性"(intrinsic resistance)；二是外源输入。内在抗性是指存在于细菌的基因组上的抗性基因的原型、准抗性基因或平时没有表达的抗性基因。这类抗生素的抗性基因早就存在于自然界中，并非由现代临床治疗过程中抗生素的使用而造成，而是环境中抗性基因的重要来源。外源输入是指在医疗和动物养殖过程中，抗生素刺激了人和动物体内抗性细菌的生长，人和动物的粪便内含有丰富的抗性细菌和抗性基因，并随着粪便排泄出体外，随污水或粪便施肥进入水体和土壤环境中。目前，已经在污水处理厂、河水、沉积物、土壤和空气等多种环境介质中检测到抗生素抗性基因。抗生素对耐药菌株抗性基因的诱导具有专一性，因此抗性基因的环境行为在理论上应该与抗生素本身在环境中的迁移、转化及归趋等环境行为具有很大的相似性和一致性，一些研究也证实了抗性基因的存在与抗生素的使用之间存在良好的正相关性。

目前，关于抗生素的毒性效应研究主要集中在抗生素对水生生物和土壤生物急性毒性效应上。但抗生素的最低效应浓度很高，环境中的抗生素水平几乎没有环境毒性风险，其最大的风险就是对抗性细菌的选择。还有一些研究报道了代谢产物的毒性效应。大部分抗生素代谢产物的毒性要小于其母体，但仍然具有毒性效应。

抗生素抗性基因不同于传统的化学污染物，由于其固有的生物学特性可表现出独特的环境行为，携带抗性基因的致病菌如果在全球范围内传播，可能导致大范围的生态危机，对人类健康和社会经济造成不利影响。研究表明，土壤中的抗生素抗性基因可以通过水平基因转移从土壤微生物转移到植物体内，再通过植物性食用产品随食物链迁移到人体内；水中的抗生素抗性基因也可能通过水生细菌的水平基因转移进入鱼、贝类等生物体，还可以通过食物链传递给高营养级的生物；耐药性肠球菌还可以直接通过饮水或水上娱乐活动返回人体。无处不在的抗性基因的污染，会使致病菌产生抗药性，导致治疗疾病时抗生素使用剂量越来越高，疗效越来越差，对人类健康产生严重威胁。

4. 纳米材料

纳米材料是指在三维空间中至少有一维处于纳米尺度范围(1～100 nm)或由它们作为基本单元构成的材料，这相当于 10～100 个原子紧密排列在一起的尺度。由于纳米材料的尺寸处于原子簇和宏观物体交界的过渡区域，从通常的关于微观和宏观的观点看，这样的系统既非典型的微观系统，也非典型的宏观系统，而是一种典型的介观系统。因此，纳米材料显示出许多奇异的特性，如量子尺寸效应、小尺寸效应、表面效应、宏观量子隧道效应等，这些与众不同的性质使纳米材料具有了广阔的应用前景和发展空间。当今时代，种类繁多的纳米材料和纳米元件的爆炸性快速发展引领着它们在不同前沿技术领域的应用，如光学、电子、化妆品、能源、药品、涂料和催化剂。纳米污染物是制造或使用纳米材料过程中产生的所有废物的统称。这类污染物可能非常危险，它能飘浮在空中，容易渗入动物和植物细胞，引起未知效应。

纳米材料主要通过呼吸系统、皮肤接触、食用和注射及在生产、使用、处置过程中向环境释放等途径对生物体产生威胁。首先，纳米颗粒通过呼吸系统被生物体吸收。例如，研究人员和工厂的工人容易暴露在纳米颗粒浓度高的空气中，由于其粒径非常小，所以布朗运动速度很快，其主要附着于肺泡和较大的支气管内。附着在肺泡表面的难溶颗粒，有的被滞留，从而引起病变；有的可到达淋巴结或随淋巴液到达血液，可能具有较高毒性。近来多项研究发现，纳米材料可以在动物的呼吸道各段和肺泡内沉积，导致明显的肺泡巨噬细胞损伤。其次，皮肤是人类阻挡外源污染物质的重要屏障系统，污染物主要通过表皮脂质屏障经皮肤吸收，如使用含 TiO_2 或 ZnO 纳米颗粒的化妆品。最后，食用和注射难溶性药物的消化道吸收率和药效与药物的粒径呈负相关关系。然而，科学家发现，药物制剂的粒径变小，而其毒副作用却得到不同程度的增大。常规药物被纳米颗粒物装载后，急性毒性、骨髓毒性、细胞毒性、心脏毒性和肾毒性明显增强。

5. 溴代阻燃剂

溴代阻燃剂(brominated flame retardants, BFRs)是指含溴阻燃剂，包括脂肪族、脂环族、芳香族及芳香-脂肪族的含溴化合物。根据工业中的使用方式，BFRs 主要分为三种类型：添加型(additive)、反应型(reactive)和溴单体(brominated monomer)型阻燃剂。其中添加型溴代阻燃剂如多溴联苯醚是和聚合物简单混合使用，因此更容易从产品中释放。反应型溴代阻燃剂如四溴双酚 A 是通过化学反应而结合在聚合物或塑料上。溴单体型阻燃剂如溴代苯乙烯则用于生产溴代聚合物，然后和非卤代聚合物混合使用。目前有报道称至少有 75 种溴代阻燃剂被投入商业使用。大多数对溴代阻燃剂的研究是关于以下三种：多溴联苯醚、四溴双酚 A 和六溴环十二烷，因为这三类阻燃剂已经被证实能在环境中持久存在并产生积累效应。

1) 多溴联苯醚

多溴联苯醚(polybrominated diphenyl ethers, PBDEs)属于添加型溴代阻燃剂类化合物，PBDEs 的化学通式为 $C_{12}H_{(0\sim9)}Br_{(1\sim10)}O$，结构如图 4-5 所示。依溴原子数量和位置不同，分为 10 个同系组，共 209 种同系物，相对分子质量从 249 到 959 不等。

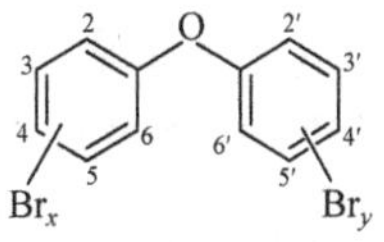

PBDEs 属于半挥发性物质，沸点在 310～425℃，在室温下具有蒸气压低、憎水性和亲脂性强等特点。不同同系物在水中的溶解度、挥发性及蒸气压均随溴原子数增加而降低，而正辛醇-水分配系数(K_{ow})随溴原子数量的增加而增加。PBDEs 具有相当稳定的化学结构，极难通过物理、化学或生物方法降解。

图 4-5 PBDEs 的结构式

2) 四溴双酚 A

四溴双酚 A (tetrabromobisphenol A, TBBPA)是一种使用最广泛的溴代阻燃剂,大约占溴代阻燃剂市场的 60%,其结构式见图 4-6。TBBPA 主要作为反应性阻燃剂,其酚羟基参与聚合物共价反应后可以形成稳定的结构。大约 90%的 TBBPA 用于环氧树脂的生产,这些环形树脂主要应用于电路板的生产。其余 10%的 TBBPA 用作添加型溴代阻燃剂使用在工业中或者合成其衍生物,这些用作添加型阻燃剂的 TBBPA 及其衍生物并没有和聚合材料结合,因而更容易释放到环境中。TBBPA 的释放程度取决于它是作为添加型还是反应型阻燃剂。

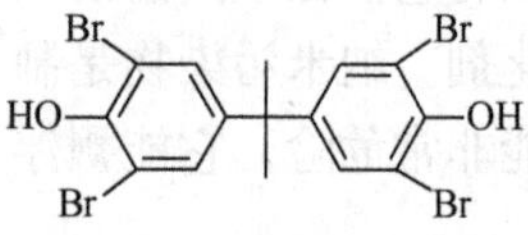

图 4-6　TBBPA 的结构式

TBBPA 对于哺乳动物的急性毒性相对较低,但是对于水生生物尤其是鱼类的急性毒性较高。

3) 六溴环十二烷

六溴环十二烷(1, 2, 5, 6, 9, 10-hexabromocyclododecan, HBCD)的分子式为 $C_{12}H_{18}Br_6$,结构如图 4-7 所示,常温下为白色结晶粉末。HBCD 的立体结构非常复杂,共包含 16 个异构体。环境中报道的物理化学性质主要是针对 t-HBCD 和含量最高的三种异构体(α-HBCD、β-HBCD 和 γ-HBCD)。

HBCD 在生物体内会产生毒性,威胁生物体正常生理代谢。HBCD 能改变蛋壳的厚度,降低美洲隼的繁殖能力。HBCD 对稀有鮈鲫有一定的神经毒性。HBCD 染毒大鼠试验中,在

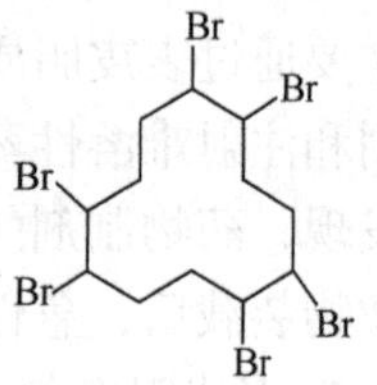

图 4-7　HBCD 的结构式

对照组和剂量组中生物标志物的含量差异较为明显。HBCD 能减少血清中游离甲状腺素(FT4),增加游离三碘甲状腺原氨酸(FT3),又能增加甲状腺上皮细胞的质量,T4 外环脱碘酶(T4-outer-ring deiodinase, T4ORD)活性在 HBCD 暴露 56 天后明显降低。HBCD 能促进活性氧(ROS)的生成,且 HBCD 的不同对映体和异构体具有不同程度的毒性。α-HBCD 改变了葡萄糖酸转移酶的活性和甲状腺上皮细胞的质量,β-HBCD 改变了 FT4、FT3 和葡糖醛转移酶的活性,总之,α-HBCD、β-HBCD 和 γ-HBCD 三种异构体都能不同程度地干扰甲状腺的体内平衡。NADPH 会促进 β-HBCD、γ-HBCD 的代谢,而对 α-HBCD 无影响,P450 酶系统导致海豚生物体内 α-HBCD 的富集。异构体的细胞毒性顺序为 γ-HBCD $\geq$ β-HBCD > α-HBCD。

4) 几种新型溴代阻燃剂

近十几年来,人类对环保和健康的要求不断提升,给溴代阻燃剂的发展造成了非常大的影响。2009 年,四溴联苯醚、五溴联苯醚、六溴联苯醚及八溴联苯醚均被列入联合国关于控制持久性有机污染物(persistent organic pollutants, POPs)的《斯德哥尔摩公约》,HBCD 在 2013 年也被列入该条约。新型溴代阻燃剂(novel brominated flame retardants, NBFRs)的概念因此产生,这些阻燃剂作为禁用的传统阻燃剂的替代品被大力研发并投入市场。新型溴代阻燃剂主要包含以下几种:十溴二苯乙烷(deca-bromodiphenyl ethane, DBDPE)、1,2-二(2,4,6-三溴苯氧基)乙烷[1,2- bis(2,4,6-tribromophenoxy)ethane, BTBPE]、2-乙基己基-

2,3,4,5-四溴苯甲酸(2-ethylhexyl-2,3,4,5- tetrabromobenzoate, TBB)、3,4,5,6-四溴-苯二羧酸双(2-乙基己基)酯[bis(2-ethylhexyl)3,4,5,6- tetrabromophthalate, TBPH]、四溴双酚 A 双(二溴丙基)醚[tetrabromobisphenol A-bis(2,3- dibromopropylether), TBBPA-DBPE]和六氯二溴辛烷(hexachlorocyclopentadienyldibromo- cyclooctane, HCDBCO)。2006 年，deca-BDEs(十溴联苯醚)、DBDPE、HBCD 和 TBBPA-DBPE 的国内生产量分别为 20000 t、12000 t、4500 t 和 4000 t，其中 DBDPE 的产量以每年 80%的速率增长。

6. 全氟和多氟化合物

全氟及多氟烷基化合物(per-and polyfluoroalkyl substances, PFASs)简称全氟化合物，即被定义为化合物分子中与碳原子连接的氢原子，完全或多个被氟原子所取代的一类有机化合物。PFASs 由离子型的全氟烷基酸类化合物(perfluoroalkyl acids, PFAAs)和非离子型全氟化合物(non-ionic PFASs)等全氟有机化合物组成。由于全氟化合物分子中含有已知最强的高能共价化学键之一——碳氟(C—F)键，并且该键的键能随着同一个碳上替代的氟原子数量增加而增强，所以对 PFASs 而言，氟原子的取代数越高，其稳定性越强。其中稳定性最强的全氟化合物，对酸、碱、氧化、还原、光解、生物代谢、热能和生物降解都不敏感，因此在环境中也不易被降解，具有很强的积累效应，是 POPs 的一种。全氟烷基酸类化合物按照不同的末端亲水基团定义为不同种类的全氟化合物，如磺酸基团作为末端的全氟磺酸类化合物(perfluorosulfonic acids, PFSAs)和羧酸基团作为末端的全氟羧酸类化合物(perfluorocarboxylic acids, PFCAs)，如图 4-8 所示，其代表化合物分别为碳链长度为 8 的全氟辛烷磺酸(perfluorooctanesulfonic acid, PFOSA)和全氟辛酸(perflurooctanoic acid, PFOA)。

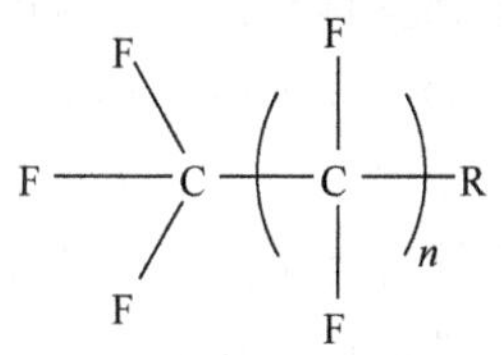

R=COOH, PFCA, SO$_3$H, PFSA

图 4-8　不同类别全氟烷基酸类化合物的分子结构

PFASs 有独特的理化特性，其生物蓄积机制不同于其他持久性有机污染物在脂肪中蓄积的经典模式，而是通过与蛋白质结合进行累积，血浆中白蛋白和脂蛋白及肝脏中脂肪酸结合蛋白(L-FABP)等是易与 PFASs 结合的主要蛋白质类型。

PFASs 具有较复杂的代谢动力学特征，其在体内的半衰期主要与碳链长度有关，PFHxS(6C)在人体的清除时间达 8.5 年，远远长于 PFOS 和 PFOA(分别为 3.8 年和 5.4 年)。PFASs 在动物体内的代谢速度存在明显的种属差异，如 PFOA 在以下物种中的清除速度依次为：雌大鼠(小时) > 雄大鼠(天) > 小鼠(天) > 猴子(周) > 人(年)。另外，同一物种的不同性别间也有差异。这种种属和性别差异可能与体内激素水平和肾脏中有机阴离子转运蛋白的表达量差异有关。

长碳链的 PFSAs 和 PFCAs(碳链长度大于 8)具有生物蓄积性，即食物链向上游高位营养级生物体内富集的效应。毒理学研究还发现，PFOSA 和 PFOA 还具有生殖和发育毒性、肝毒性、免疫毒性和神经毒性等，并已于 2006 年被美国国家环保局列为具有潜在致癌性的化合物，因而引起了广泛关注。研究显示，较长碳链的 PFASs(C > 7)主要在肝脏累积，因此很多研究探讨了 PFASs 对肝脏的毒性效应和机制。最近，有科学家将小鼠转入人源 PPARα来研究孕期暴露 PFOA 对生殖和仔鼠发育的影响，发现由 PFOA 暴露引发的生殖和发育效应在小鼠和人源 PPARα 动物间存在明显差别，因此在啮齿类动物中证实的 PPARα 依赖的肝毒性机制不能简单外推用来评价人类健康风险。

7. 酞酸酯类

酞酸酯(phthalic acid esters, PAEs)，又名邻苯二甲酸酯，是邻苯二甲酸或酐与醇类酯化反应生成的化合物。目前 PAEs 被广泛地应用于塑料制品的增塑剂，用于增大塑料的可塑性和提高塑料的强度，是塑料中不可缺少的一种改性添加剂。但这些酞酸酯并未聚合到塑料的基质中，进入环境后，会逐渐释放出来造成污染，并给人体带来危害。在我国的大气、湖泊、河流和土壤中都已检出了酞酸酯。据统计，全球每年 PAEs 的使用量在 820 万 t 以上，其中使用最多的是二异辛酯，年产量在 1 万～400 万 t，其次是二丁酯。

由于塑料制品在工农业生产和日常生活中的广泛使用，其产量不断增加，目前 PAEs 已成为全球最普遍存在的环境污染物。PAEs 的结构简式如图 4-9 所示，其中 R_1 和 R_2 是烷基，可以相同，也可以不同。

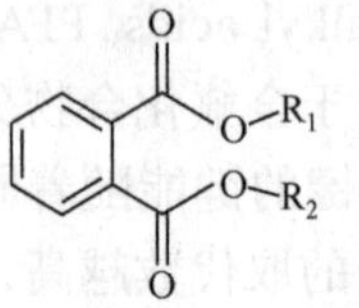

图 4-9　PAEs 的结构简式

PAEs 作为一种环境激素，对人体的危害主要体现在对生殖和发育的影响上，并且具有致癌作用、致突变作用，对神经系统具有毒性及对免疫系统有影响，尤其以其对生殖系统的影响最为显著。人体吸收 PAEs 主要是通过摄入含有 PAEs 的食物与饮水，PAEs 被吸收后，以蛋白结合体形式通过血液分布到全身各器官。PAEs 可降低果蝇的平均寿命，且影响程度与果蝇性别有关。当用含有酞酸二烯丙酯(DAP)的饲料喂养已怀孕的大鼠时，发现 DAP 不仅会对母鼠的体重、肝脏产生影响，而且对幼鼠的体重及骨骼发育方面的影响也很显著。有资料表明，PAEs 的急性毒性不高，小鼠口服 LD_{50} 值为 800～1600 mg/kg 时，其 Ames 试验(鼠伤寒沙门氏菌哺乳动物微粒体酶试验法)呈阴性反应。慢性毒性试验表明，PAEs 对小鼠器官质量、肝功能、肾脏功能及血液质量均有不良影响。此外，研究发现，PAEs 对雄性成年小鼠的生殖器官有不利影响，而对雌性小鼠影响较小。同时，对水生生物毒性的研究表明，PAEs 不但对底泥中生物群落有急性毒性，而且可能引起微生物群落平衡失调，以致影响整个水生生态系统。

8. 微塑料

微塑料(microplastics)指长度或粒径小于 5 mm 的塑料颗粒、碎片或纤维；粒径小于 1 μm 的微塑料也称为纳米塑料或纳塑料(nanoplastics)，微米和纳米级塑料常称为微纳塑料(micro-/nanoplastics)。1972 年，Carpenter & Smith 在 *Science* 杂志上首次报道了表层海水中存在微塑料。目前，微塑料已在大气、土壤、湖泊、河流和海洋等自然生态系统、城市污水处理系统以及食盐、饮用水、食品和生物(包括人体)样品中被广泛检出，其对生态环境和人体健康的潜在风险引起了广泛关注。

环境中微塑料根据来源可分为原生微塑料和次生微塑料。原生微塑料指通过各种途径直接释放到环境中的微塑料，主要包括人造纺织品微纤维、个人护理产品内添加的塑料微珠以及轮胎磨损颗粒等；次生微塑料是由环境中较大的塑料废弃物在物理、化学和生物等作用下破碎和分解形成，是环境介质中微塑料的主要来源。环境中常见的微塑料主要是热塑性材料，主要类型包括聚乙烯(polyethylene, PE)、聚氯乙烯(polyvinyl chloride,

PVC)、聚丙烯(polypropylene, PP)、聚苯乙烯(polystyrene, PS)、聚酰胺(polyamide, PA)、聚乳酸(polylactic acid, PLA)等，聚合物单体来源主要包括石化基和生物基；根据能否被生物降解，分为可生物降解微塑料和不可生物降解微塑料，可生物降解微塑料是指能够在自然环境、堆肥、厌氧发酵等条件下通过微生物的分解作用逐渐转化为无害物质(如水、二氧化碳、甲烷和生物质等)，不可生物降解微塑料指无法或者很难通过微生物降解。常见热塑性微塑料类型及其聚合物单体来源和生物可降解性类型如表 4-5 所示。此外，热固性弹性体聚合物的颗粒物，如轮胎磨损颗粒物和硅橡胶颗粒物等也是环境中重要微塑料污染类型。

表 4-5　常见热塑性微塑料类型及其聚合物单体来源和生物可降解性类型

名称	缩写	结构式	单体来源	能否生物降解
聚乙烯	PE		石油基和生物基	否
聚苯乙烯	PS		石油基	否(能够被一些昆虫的肠道微生物降解)
聚对苯二甲酸乙二酯	PET		石油基和生物基	否
聚氯乙烯	PVC		石油基	否
聚丙烯	PP		石油基	否
尼龙塑料聚酰胺6	PA6		生物基	否
聚乳酸	PLA		生物基	能(堆肥和厌氧发酵)
聚丁二酸丁二醇酯	PBS		生物基	能(堆肥)
聚-β-羟丁酸	PHB		生物基	能(自然环境、堆肥、厌氧发酵)

微塑料是一类具有独特性质的环境新污染物，有别于环境中的其他颗粒。环境微塑料的密度差异大、持久性强、尺寸范围广(跨越五个数量级)、形状多变、化学成分复杂(含有增塑剂、阻燃剂和稳定剂等化学添加剂)、表面基团多样并能附着生态冠等。微塑料能够通过动物摄食及呼吸作用进入生物体内，引起胃肠道及其他组织和器官的毒性效应，还会通过食物链向更高级消费者传递并积累。微塑料能延迟种子萌发、抑制光合作用，从而阻碍植物生长，也可被植物根部吸收后(尤其是纳米塑料)向茎叶迁移。纳米塑料甚至能够进入动植物细胞内，引起氧化损伤，产生细胞毒性。微塑料中的添加剂会在环境或生物体中释放，造成二次污染。微塑料可以通过增加土壤、淡水、海洋环境中碳库(尤其是可生物降解的微塑料)直接影响土壤、淡水和海洋等环境中碳循环，也能通过改变土壤的理化性质、影响微塑料际的微生物群落组成间接地影响碳、氮、磷、硫等元素循环过程，造成温室气体排放和养分损失等生态风险。例如，微塑料表面生物膜的形成能刺激河口和稻田的反硝化过程，增加温室气体氧化亚氮的排放。相较于其他新污染物，需进一步开发更精确的真实环境中微塑料定性和定量分析方法，加强环境相关浓度微塑料的毒代-毒效动力学过程机制、生态毒性和人体健康效应等研究。

第二节 污染物在环境中迁移转化

一、污染物的环境过程

(一) 污染物在环境中迁移

污染物的迁移是指污染物在环境中发生的空间位置移动及其引起的富集、分散和削减的过程。实际上，污染物可以通过各种途径离开初始的污染源进入相邻环境中，不同的环境过程决定着污染物在环境中的蓄积、转化和最终形态。总体来说，环境中污染物通过扩散进入邻近的水体和空气进行短距离的迁移，也可以通过大气运动、河流或者海洋的运输及迁徙动物的吸收、排泄进行长距离的迁移。一般来说，污染物会通过以下方式在大气、水、沉积物、土壤和动植物之间迁移扩散。

1. 吸附

有机污染物在环境中的吸附/解吸过程不仅影响其在水体和土壤中的迁移、分布，同时也是污染物进行光解、水解、挥发和生物降解等其他环境过程的重要影响因素。有机污染物通过线性分配和非线性表面吸附等方式，不同程度地吸附在土壤/沉积物上。其中在污染物浓度较高时分配作用占主导地位，而在污染物浓度较低时表面吸附占主导地位。

2. 挥发和大气转运

污染物进入大气的方式有以下三种：①蒸发；②风力对地表固体的侵蚀所释放出的污染物；③通过农业、工业活动直接挥发进入大气，如石油类污染物。蒸气压是影响污染物进入大气的一个重要因素，与其他环境要素中的污染物相比，大气污染物具有随时间、空间变化大的特点。随着大气湍流，进入大气的一些污染物则可以在局部甚至全球范围内移动。大气中的化合物可以通过光降解得到去除，对于环境持久性强的污染物，一部分则会通过物理沉降的方式，随着大雾、雨或者雪回到地面。沉降后的化合物会再次通过上述方式进入大气，如此反复。

3. 渗滤及河流转运

水的重力使得土壤中污染物不断地进行向下迁移，从而可能污染地下水。对于有机污染物来说，水溶性和吸附到土壤颗粒上的能力是影响污染物在土壤中纵向迁移的主要因素。不同的有机污染物及其代谢产物在土壤中的迁移能力会差别很大。

4. 生物迁移

污染物通过生物的吸收、代谢、生长和死亡等过程所实现的迁移，是一种非常复杂的迁移形式，与各种生物种属的生理、生化和遗传、变异作用有关。某些生物体对环境污染物有选择吸收和积累作用，某些生物体对环境污染物有降解能力。生物通过食物链对某些污染物(如重金属和持久性的有毒物质)的放大积累作用是生物迁移的一种表现形式，包括生物积累、生物浓缩和生物放大等。

(二) 污染物在环境中的转化

污染物通过物理的、化学的及生物的方式在环境中进行多步降解，改变形态或者变成另外的物质的过程称为污染物的转化。物理转化是指通过蒸发、渗透、凝聚和吸附及放射性元素的蜕变等一种或者几种过程来实现的转化。化学转化在环境中则更普遍，如氧化还原反应、水解反应、配位反应和光化学反应等。生物转化是指通过生物的吸收和代谢产生的各种转化。污染物在环境中的转化形式多样，包括彻底降解形成最终转化产物 CO_2 的矿化过程及通过不同的降解方式形成各种代谢产物。环境中常见的转化方式有以下几种。

1. 化学转化

1) 光降解

具有紫外线吸收峰的化合物，吸收短波长的太阳光后被光分解，如 DDT 可被光分解为 DDD 和 DDE。这种在环境介质表面接受太阳辐射和紫外线灯照射引起有机污染物的直接和间接分解作用称为光降解。

2) 氧化还原作用

天然水体是一个氧化还原体系，含有许多无机及有机氧化剂和还原剂，如溶解氧、Fe^{3+}、Mn^{4+}、Fe^{2+}、S^{2-}、有机化合物等，对污染物的转化起着重要作用。水体中氧化还原的类型、速率和平衡，在很大程度上决定了水中重要溶质物质和污染物的性质。

3) 配位作用

天然水体中存在许多无机配体和有机配体，如氨基酸、腐殖酸及生活废水中洗涤剂、清洁剂、农药和大分子环状化合物等。水体中各种配体可以和水中各种污染物，特别是重金属进行配位反应，改变其性质和存在状态，影响污染物在水体中的产生、迁移、反应和生物效应等。

2. 生物转化

1) 生物降解

生物降解是指由于生物的作用，将污染物大分子转化成小分子，实现污染物的分解或降解。污染物在环境中生物可利用性很大程度上影响着污染物的生物降解程度，因为无论这些污染物及它们的转化产物表现的是具有生物毒性还是作为一种营养物质，它们都需要与微生物进行充分的接触。对于生物可利用性低的化学物质，其毒性并不能对环境中的生物产生影响。

2) 重金属的转化

微生物具有适应金属化合物而生长并代谢这些物质的能力。微生物的代谢活动可改变环境中金属的状态，从而改变它们的行为，包括生物效应。质粒携带的抗性因子与金属的微生物转化有关。

二、土壤环境中污染物迁移转化

(一) 土壤中重金属迁移转化

重金属在土壤中迁移转化受金属的化学特性、土壤的物理特性、生物特性和环境条件等因素影响。土壤环境中重金属的迁移转化过程分为物理迁移、化学迁移、物理化学迁移和生物迁移，包括吸附-解吸、沉淀-溶解、配位-解离、同化-矿化等过程。在真实的土壤-植物体系中，重金属的迁移转化行为及其作用机理非常复杂，影响因素很多。

1. 土壤对重金属的吸附固定

吸附-解吸作用是重金属在土壤中重要的环境化学行为之一，进入土壤中的重金属大部分被土壤颗粒吸附。土壤柱淋溶实验发现，淋溶液中的 Hg、Cd、As 和 Pb 95%以上被土壤吸附。在土壤剖面中，重金属无论是其总量还是存在形态，均表现出明显的垂直分布规律，其中可耕层成为重金属的富集层。土壤胶体对金属离子的吸附能力与金属离子的性质及胶体的种类有关。同一类型的土壤胶体对阳离子的吸附与阳离子的价态及离子半径有关。阳离子的价态越高，电荷越多，土壤胶体与阳离子之间的静电作用越大，吸附力也越大。具有相同价态的阳离子，离子半径越大，其水合半径相对越小，较易被土壤胶体吸附。吸附量随着不同的土壤矿物组成和有机质含量而不同。

2. 植物对重金属的富集

从农作物对重金属吸收富集的总趋势来看，土壤中重金属含量越高，农作物体内的重金属含量也越高，土壤中的有效态重金属含量越大，作物籽实中的重金属含量越高。不同植物对重金属吸收能力具有差异。此外，重金属在土壤环境中还存在复合污染。重金属复合污染的机制十分复杂。在复合污染状况下，影响重金属迁移转化的因素涉及污染物因素(包括污染物的种类、性质、浓度、比例和时序性)、环境因素(包括光、温度、pH、氧化还原条件等)和生物的种类、发育阶段等(图 4-10)。研究表明，添加铅可增强黑麦草根系对营养液中镉的吸收，同时铁的吸收量也上升。拮抗作用可导致重金属活性下降和生物有效性减弱，如镍和锌互相降低对方在超富集植物体内的吸收量。

(二) 土壤中有机污染物迁移转化

1. 土壤对有机污染物的吸附作用

土壤对有机污染物的吸附实际上是土壤中的矿物组分和有机质两部分共同作用的结果。由于矿物质表面具有极性，在水环境中发生偶极作用，极性水分子与矿物质表面结

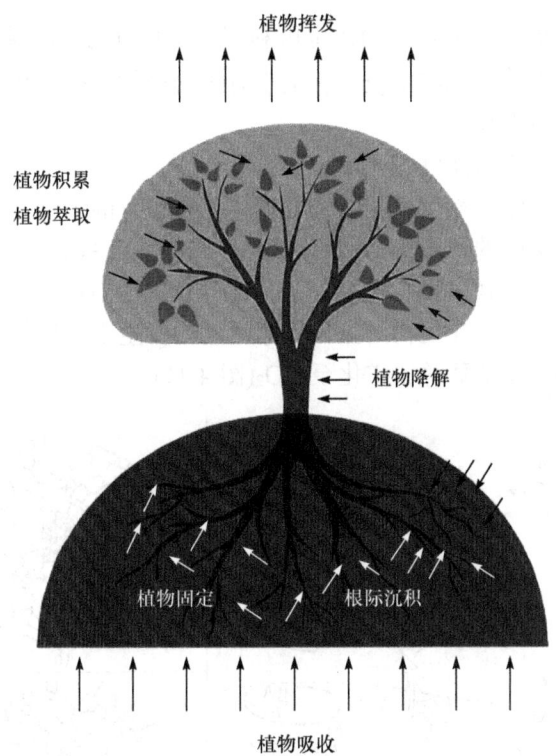

图 4-10　植物吸收重金属的机制

合，占据矿物质表层的吸附位，非极性的有机物较难与矿物质结合，因此矿物组分对有机污染物的吸附是次要的，对吸附起作用的主要物质是有机质。进入土壤的有机污染物可通过不同吸附机制与土壤各组分发生相互作用，形成不同的赋存状态，显著改变其生物有效性和脱附动力学行为，进而影响土壤污染控制和修复方法的有效性。研究发现，土壤黏土矿物、有机质、黑炭、纳米颗粒是有机污染物非线性吸附的贡献源，其中有机质是非线性吸附的主导源，土壤中纳米颗粒的团聚重组及其选择性结合有机质可导致有机污染物脱附的滞后性，从而影响有机污染物的非线性界面行为。

有机污染物与土壤有机质、矿物等组分发生作用的时间越长，有机污染物越不容易脱附，其生物可利用性越低，逐渐出现"老化"(ageing)现象。土壤中有机污染物的老化是由土壤介质的锁定作用(sequestration)引起的。土壤中有机污染物的锁定是土壤中有机污染物与降解生物发生隔离或者转化为不能被利用状态的限速过程，是相对于生物作用而言的。影响老化作用的因素包括土壤有机质含量、土壤组成和性质、土壤孔隙结构和大小、污染物性质和浓度、共存有机物的组成和性质、土壤湿-干循环过程等环境条件、不可逆吸附及介质的反应性等。

2. 土壤对有机污染物的生物降解转化

1) 微生物对土壤有机污染物的降解转化

由于微生物降解有机污染物受到环境条件和微生物种类的影响，目前难以预测某种有机污染物在土壤中的生物降解途径。土壤有机污染物能够在微生物的直接作用下或在共代谢作用下分解为低毒或无毒产物,也可利用微生物分泌的酶(胞内酶和胞外酶)作用对有机污染物进行分解等。总的来说,土壤中有机污染物的微生物降解有氧化、还原、水解和合成等几种反应途径。

2) 植物对土壤有机污染物的迁移转化

在土壤-植物体系中,自然生长的植物或遗传工程培育的植物及其环境共存体系能够影响有机污染物在土壤中的环境行为,可以降解、转化、去除有机污染物。有机污染物会在植物根部富集或迁移到植物其他部分;一部分有机污染物通过植物蒸腾作用挥发到大气中,大多数有机污染物在植物的生长代谢活动中发生不同程度的转化或降解,存留在植物组织中,有些被完全降解、矿化至 CO_2(图 4-11)。

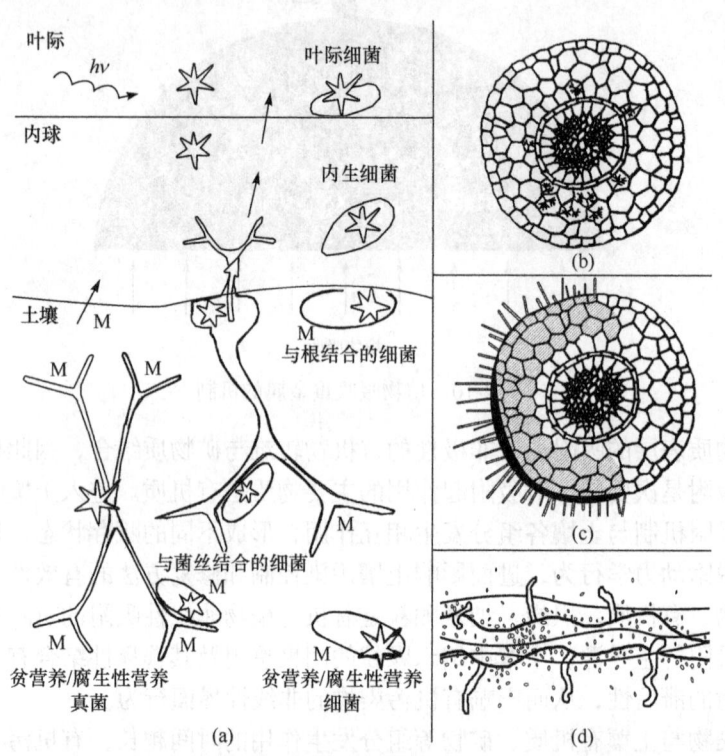

图 4-11 植物根系及相关微生物对土壤中有机污染物的迁移和降解示意图

(a) 箭头表示有机污染物的重要迁移途径,"M"表示有机污染物的吸附点,星形表示有机污染物的转化;(b) 丛枝菌根真菌在单个根皮层细胞中的根截面图;(c) 外生菌根真菌在细胞间隙生长(根尖截面图);(d) 在根际生长的微生物

3) 土壤大型动物对土壤有机污染物的迁移转化

蚯蚓是土壤大型动物的典型代表,广泛存在于除沙漠和极地以外的陆地生态系统中,占据许多陆地生态系统生物量的主要部分。蚯蚓对土壤中传统有机污染物(如农药、石油烃、PAHs 和多氯联苯等)和新型有机污染物(如苯酚类内分泌干扰物)降解转化的研究已有报道。在食土蚯蚓对苯酚类有机污染物的降解转化研究中发现,氯代苯酚在不同老化时间蚓粪和母体土壤上的吸附符合线性等温线模型,氯代苯酚在不同老化时间蚓粪和母体土壤上的吸附容量大小顺序为:五氯苯酚 > 2,4-二氯苯酚 > 2,4,6-三氯苯酚。

三、水环境中污染物迁移转化

(一) 水中污染物的迁移转化方式

污染物在水环境中主要有三种迁移转化方式。

1. 机械迁移

机械迁移即污染物以溶解态或颗粒态的形式在水体中扩散和被水流搬运。

2. 物理-化学迁移转化

物理-化学迁移转化即污染物在水体中通过一系列物理、化学作用而导致的迁移和转化过程，包括挥发作用、吸附作用、溶解沉淀作用、氧化还原作用、水解作用、配位作用、光化学降解作用等。这是污染物在环境中迁移转化的最重要形式，它对污染物在水环境中的存在形式、富集状况及潜在危害起决定作用。

1) 挥发作用

挥发是污染物特别是易挥发污染物从水体进入大气的一种重要迁移过程，通常可以用亨利定律描述。亨利定律是指一定温度下，物质在气、液两相间达到平衡时，溶解于液(水)相的浓度与气相中浓度(或分压)成正比，线性关系的斜率定义为亨利常数，其表达式为

$$K_H = \frac{p_g}{c_w}$$

式中：p_g 为污染物在水面大气中的平衡分压，Pa；c_w 为污染物在气相和水相中的平衡浓度，mol/m^3；K_H 为亨利常数，$Pa \cdot m^3/mol$。

亨利常数是初步判断环境中污染物挥发性大小的主要参数。通常情况下，$K_H > 10^2 \, Pa \cdot m^3/mol$ 的化合物属于高挥发性化合物，而 $K_H < 1 \, Pa \cdot m^3/mol$ 的化合物属于低挥发性化合物。

2) 吸附作用

天然水体中的沉积物和悬浮颗粒物包括黏土矿物、水合氧化物等无机高分子化合物和腐殖质等有机高分子化合物，不仅是天然水体中天然存在的胶体物质，还是水体中的天然吸附剂。由于它们具有巨大的比表面积、表面能和表面电荷，能够吸附富集各种无机、有机分子和离子，对各类无机、有机污染物在水体中的迁移转化及生物生态效应有重大影响。

重金属离子易被黏土矿物、腐殖质及水合金属氧化物吸附。腐殖质对重金属离子的吸附，主要是通过它对重金属离子的螯合作用和离子交换作用来实现的。

3) 溶解沉淀作用

除了胶体颗粒的聚沉，污染物在水体中直接沉淀也是其从水相转移到沉积物相的重要途径。胶体颗粒的聚沉和污染物的直接沉淀都是水体沉积物形成的重要来源。污染物的迁移能力与溶解度密切相关，通常溶解度大迁移能力强，相反，溶解度小迁移能力弱。而当水体的一些条件如 pH 改变时，污染物的溶解度会随之改变，从而使水体中存在溶解沉淀平衡。

4) 氧化还原作用

氧化还原反应是一个广泛存在于水体各相中涉及电子转移的电化学反应，对污染物在水体中的存在形态及迁移转化有着重要的影响。水体中的氧化还原能力大小常用氧化还原电位来描述，它取决于体系中氧化剂和还原剂的浓度及pH。

5) 水解作用

水解作用主要分为重金属离子的水解和有机物的水解。重金属离子的水解反应实际上是羟基对重金属的配位作用，这种水解反应能在较低的pH下进行，且随着pH的升高而增强。在水解过程中，H^+离开水合重金属离子的配体水分子。

有机物的水解作用是有机物与水之间最重要的反应。在反应中，有机物的官能团X^-和水体中的OH^-发生交换，整个反应可表示为

$$R\text{—}X + H_2O \longrightarrow ROH + HX$$

在环境条件下，一般酯类物质容易水解，饱和卤代烃也能在碱催化下水解，不饱和卤代烃和芳烃则不易发生水解。

6) 配位作用

污染物特别是重金属污染物，大部分以配合物形式存在于水体中。天然水体中存在着各种各样的无机阴离子和有机阴离子，它们可作为配体对与某些阳离子配合物中心体(如重金属离子)形成各种配合物或螯合物，对水体中污染物特别是重金属迁移转化及生物效应有很大的影响。

7) 光化学降解作用

光化学反应就是在光的作用下进行的化学反应。光化学反应需要分子吸收特定波长的电磁辐射，受激产生激发态分子或者变成引发热反应的中间化学产物后发生化学变化。

3. 生物迁移转化

生物迁移转化即污染物通过生物的吸收、代谢、生长、死亡等过程实现的迁移转化。生物迁移包括吸收、分布和排泄。生物转化主要有氧化、还原、水解和结合四种反应类型。

(二) 影响污染物迁移转化的因素

影响污染物迁移转化的因素包括污染物特性和环境因素。污染物特性，即污染物自身的物理、化学性质，包括组成污染物的原子的电负性、离子半径、电价、离子电位及化合物的键性和溶解度等影响污染物迁移转化。影响污染物迁移转化的环境因素主要有环境的酸碱度、氧化还原状况、胶体的种类和数量、配体的数量和性质及自然地理状况等。

四、大气环境中污染物迁移转化

污染物在大气中的迁移是指由污染源排放出来的污染物因空气的运动发生传输和分散的过程。污染物在大气中的迁移只是污染物的空间分布有了变化，而污染物的转化是污染物在大气中发生了反应，如光解、氧化还原、酸碱中和及聚合等反应，有些会转化成为无毒化合物，从而去除了污染物，有些可能会成为毒性更大的二次污染物，加重了

污染。污染物在大气中的迁移与转化常常是同时发生的。

(一) 大气环境中污染物迁移

1. 风力扩散

风力是水平气压梯度力、摩擦力、由地球自转产生的偏向力、空气的惯性离心力四种水平方向力的合力。

风对污染物的扩散迁移作用：对污染物的稀释作用，稀释程度主要取决于风速；对污染物的整体输送作用，使污染物向下风向扩散。总之，风越大，污染物沿下风向扩散稀释得越快。

2. 气流扩散

气流是指垂直方向流动的空气。它关系到污染物在垂直方向的扩散迁移。气流的发生和强弱与大气稳定度有关。稳定大气不产生对流；大气稳定度越差，对流越剧烈，则污染物在纵向的扩散稀释越快。大气除整体水平运动外，还存在极不规则的三维小尺度的次生运动和旋涡运动，称为大气湍流。当污染物排入大气后，高浓度部分污染物由于湍流混合，不断与清洁空气混合，同时又无规则地分散到其他方向上去，使污染物不断稀释。当大气处于稳定状态时，湍流受到限制，大气不易产生对流，大气对污染物的扩散能力弱，逆温条件时就极难扩散；而不稳定大气，空气对流阻碍小，湍流强度大，对污染物扩散稀释能力就强。

(二) 大气环境中污染物转化

在大气中，污染物的转化以光化学氧化、催化氧化反应为主。大气的碳氢化合物和氮氧化物等气态污染物在太阳光(紫外线)的作用下发生光化学反应生成臭氧(O_3)、过氧乙酰硝酸酯(PAN)及其他类似的氧化性物质。具体的反应过程如下。

1. 光化学反应

光化学反应指由分子、原子、自由基或离子吸收光子而发生的化学反应。化学物种吸收光量子后可产生光化学反应的初级过程和次级过程。初级过程指化学物种吸收光量子形成激发态物种，次级过程指在初级过程中反应物、生成物之间进一步发生反应。以大气中 HCl 的光化学反应过程为例：

$$HCl + h\nu \longrightarrow H\cdot + Cl\cdot \tag{4-1}$$

$$H\cdot + HCl \longrightarrow H_2 + Cl\cdot \tag{4-2}$$

$$Cl\cdot + Cl\cdot \longrightarrow Cl_2 \tag{4-3}$$

其中，反应(4-1)为初级过程，反应(4-2)、反应(4-3)为次级过程。

2. 大气中重要吸光物质的光解

(1) O_2、N_2 的光解。

$$O_2 + h\nu \longrightarrow O\cdot + O\cdot \tag{4-4}$$

$$N_2 + h\nu \longrightarrow N\cdot + N\cdot \tag{4-5}$$

(2) O_3 的光解。

$$O_3 + h\nu \longrightarrow O_2 + O\cdot \tag{4-6}$$

O_3 的离解能很低，在紫外光和可见光范围内有吸收带，主要吸收波长小于 290 nm 的紫外光。

(3) NO_2 的光解。在大气中 NO_2 活泼，易参与许多光化学反应，是城市大气中重要的吸光物质。在低层大气中可以吸收全部来自太阳的紫外光和部分可见光。污染大气中的基本光化学链如下。

$$NO_2 + h\nu \longrightarrow NO + O\cdot \quad \lambda < 420 \text{ nm} \tag{4-7}$$

$$O_2 + O\cdot \longrightarrow O_3 \tag{4-8}$$

$$O_3 + NO \longrightarrow NO_2 + O_2 \tag{4-9}$$

(4) HNO_2、HNO_3 的光解。HNO_2 可以通过吸收 300 nm 以上的光而解离，因而可认为 HNO_2 的光解是污染大气中 $HO\cdot$ 的重要来源之一。HNO_3 的 $HO—NO_2$ 对 120~135 nm 的辐射有不同程度的吸收，其光解产生过氧自由基和过氧化氢。

(5) 甲醛的光解。$HCHO$ 中 $H—CHO$ 的键能为 356.5 kJ/mol，它对 240~360 nm 范围的光有吸收，醛类光解是过氧自由基的主要来源。

(6) 卤代烃的光解。卤代甲烷的光解最具有代表性，对大气污染的化学作用最大，在近紫外光的照射下 CH_3X 光解的初级过程如下：

$$CH_3X + h\nu \longrightarrow CH_3\cdot + X\cdot \tag{4-10}$$

以上光化学过程可以在大气层中不断自发进行，产生严重的光化学烟雾，对人体健康形成巨大危害。

五、环境因子对污染物环境过程的影响

(一) 全球气候变化的影响

气候变暖是当今全球性的环境问题，大气中 CO_2 浓度的不断增加对全球气候变化起着极其重要的作用。全球气候不断变暖将改变各地的温度场、蒸发量和降水量，而这些变化又影响着环境中污染物的降解、迁移和转化。土壤温度影响土壤微生物和酶活性及土壤中溶质的运移，还影响土壤反应的速率和土壤呼吸速率，最终影响土壤中有机污染物的降解转化。在一定温度范围内，温度升高会促进土壤有机污染物的分解，但随着温度的进一步升高，土壤有机污染物对温度的响应程度降低。

气候变化影响水文循环的各个要素和循环方式，而水作为污染物的主要运输载体和溶剂，气候变化对水量的影响将直接影响水环境中污染物的来源和迁移转化行为。此外，温度的升降、风速和风型的改变、光照时间长短及辐射强度等的变化也会影响水体中污染物的迁移转化方式、生化反应速率和生态效应。另外，化合物的蒸气压随温度的升高呈幂指数升高，随着温度的升高，有机污染物在大气-土壤和大气-水体之间的分配加速，导致其向大气环境的二次排放增加。

(二) 环境介质的影响

1) 腐殖质

腐殖质是一种具有羧基结构高相对分子质量芳香族聚合物，随着其取代基的不同其功能有相应的变化。腐殖质上大量的官能团结构使其具有容易结合疏水和亲水物质的能力，因此它们在转化重金属离子和降解疏水性环境污染物的过程中有着非常重要的作用。腐殖质是氧化还原活性很强的化合物，它可以还原氧化还原电位在 $0.5\sim0.7$ eV 的金属。腐殖质将电子从还原态的化合物转移到不同的重金属、硝基取代芳香化合物、卤代芳香化合物，这是有毒化合物降解的主要途径之一。在厌氧条件下，某些微生物可以利用腐殖质作为唯一电子受体，氧化生态圈中的不同污染物质。

2) 生物质炭

生物质炭是生物质热解的固体产物，自然环境中的生物质炭主要来源于森林大火及秸秆焚烧。生物质炭表面的物理化学性质使其成为一种良好的吸附材料。首先，生物质炭具有疏松多孔的结构，比表面积巨大。其次，生物质炭表面带有大量负电荷和较高的电荷密度，并且富含一系列含氧、含氮、含硫官能团，具有很大的阳离子交换量(CEC)，理论上能够吸附大量可交换态阳离子。生物质炭添加到土壤中可以固持土壤中氮、磷等农业面源污染物，减少土壤渗漏和地表流失，降低水体的富营养化风险。生物质炭比其他土壤有机质对阳离子的吸附能力更强，生物质炭的施用能够显著影响土壤中重金属的形态和迁移行为。在土壤中，生物质炭对疏水性有机污染物具有比土壤有机质高几个数量级的吸附亲和性。生物质炭能强烈吸附疏水性有机污染物(如 PAHs、PCBs、PCDDs 和农药等)。

3) 畜禽粪肥

有机肥的施用，一方面可以增加土壤有机质，改善土壤物理、化学和生物学性状，提高土壤肥力；另一方面能够为作物提供渐进、持续、全面的养分供应，增加作物产量，是近年来开始积极倡导的畜禽废弃物资源化方式，也是改善当前由大量化学肥料施用导致的土壤质量退化现象的根本途径。然而，当前规模化养殖过程中为了减少死亡和降低成本，抗生素的违规滥用现象普遍，导致其在养殖废水、粪便中大量残留，同时由于追求经济价值和满足防病的需要，常使用含 Zn、Cu、As 等金属元素的饲料添加剂，使得粪便中重金属含量也相当高。现有的养殖废弃物处理工艺，并不能完全去除粪便中的上述污染物，导致其在畜禽养殖粪肥中残留。

4) 纳米材料

纳米材料由于其优良的力学、电学和化学性能，近年来已经被广泛应用于材料、生物医学和化工等诸多领域。纳米材料的大量生产和使用将不可避免地造成这些材料向环境中的释放，而工程纳米材料潜在的生态风险已引起了学术界的广泛关注。一方面，纳米材料本身具有环境毒性，即由于处于纳米尺度，纳米材料能够进入细胞，直接对动植物和人体造成损伤；另一方面，碳纳米材料具有较强的吸附能力，会富集环境中有毒有害污染物，从而在很大程度上改变污染物的迁移、转化和归趋等环境行为(表 4-6)。

表 4-6 石墨烯基材料对有机污染物的吸附容量

吸附剂	污染物	温度/K	吸附容量/(mg/L)
GN	苯酚	285.00	28.26
	双酚 A	302.15	182.00
GO	微囊藻毒素-LR	303.15	1.70
	微囊藻毒素-RR	303.15	1.878
	四环素	298.15	313.00
	双酚 A	298.15	87.80
	吖啶橙	RT	1400.00
	对甲苯磺酸	303.15	1430.00
	1-萘磺酸	303.15	1460.00
	甲基蓝	303.15	1520.00
	亚甲基蓝	298.15	714.00
	四溴双酚 A	298.00	115.77
MGO	四溴双酚 A	313.00	27.26
	亚甲基蓝	—	64.23
	橙黄 G	—	20.85
BBGO	荧蒽	298.15	339.00
	蒽	298.15	460.70
GO-SO$_3$H	1-萘酚	293.15	331.60
GNS/Fe$_3$O$_4$	亚甲基蓝	298.15	43.82
GO-MPs	四环素	RT	39.10
GO/CA	环丙沙星	RT	66.25
RGO-M	环丙沙星	298.00	18.22
	诺氟沙星	298.00	22.20

5) 微塑料

微塑料，特别是纳米塑料，粒径小、比表面积大、吸附亲和力强，可以通过分配和表面吸附等作用机制吸附周围环境中的共存有机污染物，如多环芳烃、多氯联苯、多溴联苯醚、内分泌干扰物、抗生素等，成为有机污染物的载体。微塑料对污染物的载体作用与微塑料自身性质(包括表面疏水性、颗粒大小、官能团、结晶度、老化程度等)、有机污染物的性质(包括官能团、极性和疏水性等)，以及多种环境因素(光照、pH、溶解性有机质、盐度、温度等)密切相关。微塑料的载体作用会影响到有机污染物的生物富集、迁移和生物降解。微塑料既可增强也能减弱有机污染物的生物富集；一方面吸附了有机污染物的微塑料可能被生物体摄食并在生物体肠道环境中解吸，增强生物富集和毒性效应，另一方面微塑料与环境中或者生物体内的有机污染物结合，表现出稀释作用，降低有机污染物的生物富集。纳米塑料因其比表面积大、吸附能力强，在多介质体系(如土壤)中易于迁移，对有机污染物在土壤中迁移作用大于微米级塑料，而且老化的纳米塑料会增加其对极性疏水性有机污染物(如壬基酚)的迁移作用。此外，微塑料表面还容易附着病原微生物和抗性基因，促进病原体和抗生素抗性的传播，对生态环境和人体健康产生潜在风险。

第三节　污染物在生物体中运移

一、生物运移

生物运移(biotransport)是指环境污染物经各种途径和方式与生物机体相接触而被吸收、分布和排泄等过程的总称。环境污染物被生物机体吸收、分布和排泄的每一个过程都需要通过细胞的膜结构。许多环境污染物的毒作用往往与生物膜结构有直接关系。有些环境污染物的专一性受体就是生物膜上的某些特殊蛋白质，如有机磷化合物的专一性受体是生物膜表面的乙酰胆碱酯酶。

(一) 过膜方式

接触生物机体的环境污染物通过生物膜的生物运移过程，分为简单扩散、被动运输(又称协助扩散)、主动运输和胞吞作用。

1) 简单扩散

小分子物质以热自由运动的方式顺着电化学梯度或浓度梯度直接通过膜脂双分子层进出细胞，不需要细胞提供能量，也无须膜转运蛋白的协助，称为简单扩散(simple diffusion)。在简单扩散的跨膜运动中，膜脂双分子层对溶质的通透性大小主要取决于分子大小和分子极性。小分子比大分子更容易穿膜，非极性分子比极性分子更容易穿膜，而带电荷的离子跨膜运动则需要更高的自由能，所以没有膜转运蛋白的人工膜脂双分子层对带电荷的离子是高度不透过的。

2) 被动运输

被动运输(passive transport)是指溶质顺着电化学梯度或浓度梯度，在膜转运蛋白的协助下的跨膜转运，又称协助扩散(facilitated diffusion)。被动转运不需要细胞提供代谢能量，转运的动力来自物质的电化学梯度或浓度梯度。

3) 主动运输

与被动运输不同，主动运输(active transport)是载体蛋白所介导的物质逆着电化学梯度或浓度梯度进行跨膜转运的方式。主动运输普遍存在于动植物细胞和微生物细胞。环境污染物由生物膜低浓度一侧逆浓度梯度向高浓度一侧转运，这种转运需要消耗细胞代谢能量，是水溶性大分子化合物的主要转运形式。

4) 胞吞作用

胞吞时质膜内陷脱落形成囊泡，称为胞吞泡(endocytic vesicle)。根据胞吞泡形成的分子机制不同和胞吞泡的大小差异，胞吞作用(endocytosis)可分为两种类型：吞噬作用(phagocytosis)和胞饮作用(pinocytosis)。吞噬作用形成的吞噬泡直径往往大于250 nm，而胞饮作用形成的胞饮泡直径一般小于150 nm。此外，所有真核细胞都能通过胞饮作用连续摄入溶液及可溶性分子，而吞噬作用往往发生于一些特化的吞噬细胞，如巨噬细胞(macrophage)。

(二) 吸收

吸收(assimilation)是环境中的污染物进入生物有机体的过程。

1. 动物的吸收

对大多数动物而言，主要通过呼吸系统、消化系统和皮肤三条途径吸收。

1) 呼吸系统吸收

不同形态的气态污染物经呼吸系统吸收的机制不一，如以气体和蒸气存在的化合物，到达肺泡后主要经过被动扩散，通过呼吸膜吸收进入血液。其吸收速度与肺泡和血液中毒物的浓度(分压)差成正比。由于肺泡与外环境直接相通，当呼吸膜两侧分压达到动态平衡时，吸收即停止。同时，血液中污染物还要不断地分布到全身器官及组织，致使血液中浓度逐渐下降，其结果是呼吸膜两侧原来的动态平衡被破坏，随后达到一种新的平衡，即血液与组织器官中污染浓度的平衡。气溶胶(aerosol)和颗粒状物质以被动扩散方式通过细胞膜吸收，吸收情况随颗粒大小有明显差异。较大颗粒一般不进入呼吸系统，即使进入也往往停留在鼻腔中，通过擦拭、喘气、打喷嚏等过程而被排出。颗粒直径为 $1\sim5\ \mu m$ 的微粒，粒子越小，到达支气管树的外周分支就越深；直径 $\leq 1\mu m$ 的微粒，常附着在肺泡内。但是对于极小的微粒($0.01\sim0.03\ \mu m$)，则由于其布朗运动速度极快，主要附着于较大的支气管内。附着在呼吸道内表面的微粒有下列几种去向：①被吸收入血液；②随黏膜咳出或被咽入胃肠道；③附着在肺泡表面的难溶颗粒，有的被滞留，有的可到达淋巴结或随淋巴液到达血液；④有些微粒可滞留在肺泡内，引起病变。

2) 消化系统吸收

消化系统也是环境污染物的主要吸收途径。饮水和由大气、水、土壤进入食物链中的环境污染物均可经消化系统吸收。此外，经呼吸系统吸收的污染物仍有一部分进入胃肠道。消化系统吸收的主要部位是胃和小肠。肠道黏膜上有微绒毛(可增加小肠表面积约600倍)，其是吸收环境污染物的一个主要部位。大多数污染物在消化系统中以简单扩散方式通过细胞膜而被吸收。污染物在消化系统吸收的多少与其浓度和性质有关，浓度越高吸收越多，脂溶性物质较易吸收，水溶性物质易解离或难溶于水的物质则不易吸收。

3) 皮肤吸收

一般来说，环境污染物主要经呼吸系统和胃肠道吸收而影响生物机体。但也有一些污染物可通过皮肤吸收而引起全身作用，如多数有机磷农药，可透过完整皮肤引起中毒或死亡；CCl_4 经皮肤吸收而引起肝损伤等。经皮肤吸收是指污染物透过皮肤进入血液的过程。污染物经皮肤吸收有两条途径：一是通过表皮脂质屏障，这是主要的吸收途径，即污染物→角质层→透明层→颗粒层→生发层和基膜(最薄的表皮只有角质层和生发层)→真皮。在这一吸收过程中，污染物需要通过许多细胞层，最后进入血液；二是通过汗腺、皮脂腺和毛囊等皮肤的附属器，绕过表皮屏障直接进入真皮。由于附属器的表面积仅占表皮面积的 0.1%～1%，所以此途径不占主要地位，但有些电解质和某些金属能经此途径被少量吸收。

污染物经皮肤吸收有两个阶段，第一阶段：穿透相，污染物透过表皮进入真皮。几乎所有污染物都是通过简单扩散透过表皮角质层。污染物穿透的速度与脂溶性有关，脂溶性越大穿透性越强。非脂溶性物质应以滤过方式进入，但由于角质层细胞所能提供的通道极为有限，而且皮脂腺分泌物具有疏水性，它覆盖在皮肤表面，进一步阻止亲水性物质通过，所以非脂溶性物质不易通过表皮，特别是相对分子质量大于 300 的更不易通过。第二阶段：吸收相，污染物由真皮进入乳头层毛细血管。由于真皮组织疏松，且毛细血管壁细胞具有较大的膜孔，血流的主要成分是水，所以毒物在这一阶段的扩散速度取决于本身的水溶性。总之，经完整皮肤吸收，污染物必须既有脂溶性，又有水溶性。油/水分配系数接近 1 的化合物最容易经皮肤吸收。

2. 植物的吸收

对于陆生植物来说，叶和根是吸收营养元素的主要器官，它们也是植物吸收污染物质的主要途径。水生植物的全身组织和器官都可以吸收污染物。环境污染物进入植物体内主要分为以下三条途径。

(1) 根部吸收及随后随蒸腾流而输送到植物各部分。根部吸收污染物主要有两种方式：主动吸收过程和被动吸收过程，前者需消耗能量，后者包括吸收、扩散和质量流动。

(2) 暴露在空气中的植物地上部分，主要通过植物叶片上的气孔从周围空气中吸收污染物。该途径是植物对大气污染物吸收的主要方式，如 SO_2、NO_x 和 O_3 等。

(3) 有机化合物蒸气经过植物地上表皮渗透而摄入体内。

3. 微生物的吸收

大多数微生物为单细胞生物，没有组织和器官的分化，它们对污染物的吸收具有不同于高等动植物的特点。

1) 表面吸附

表面吸附位点主要在细胞壁上，微生物细胞壁结构复杂多样。革兰阳性(G^+)细菌的细胞壁主要由肽聚糖、磷壁酸等组成。但革兰阴性(G^-)细菌的细胞壁没有磷壁酸，而是具有类脂质和蛋白质。有些种类的细胞壁外还有大量的多糖类物质，构成糖被。真菌的细胞壁主要成分也是多糖类物质，如纤维素、葡萄糖和几丁质等，同时含有少量蛋白质和脂类物质。微生物可以通过这些物质带电荷基团非特异性地吸附可溶性重金属离子，也可用物理捕捉的方式絮凝不溶于水的金属微粒。

2) 胞内转移

污染物吸附到细胞表面后，由于细胞的能量转移系统在物质转运过程中不能区分电荷相同的代谢必需物和污染物，因此可通过摄取必要的营养元素主动吸收重金属离子。除微生物自身的结构差异外，外界环境如培养液的 pH、培养时间、污染物的浓度、培养温度等都能影响微生物对污染物的吸收。例如，Yang 等最近的研究发现，当实验溶液中只有 Cd^{2+} 存在时，四膜虫短期吸收 Cd^{2+} 的量随着暴露时间延长呈线性增加，拟合所得的斜率是 Cd^{2+} 的吸收速率，截距为胞壁吸附量。当溶液中加入 TiO_2 后，Cd^{2+} 进入细胞的途径发生了变化，除了一部分以 Cd^{2+} 自身进入细胞，还有一部分 Cd^{2+} 被 TiO_2 携带进入细胞。进入细胞的途中及进入后，部分 Cd^{2+} 从 TiO_2 表面解吸，改变了 Cd^{2+} 的亚细胞分布，使得更多的 Cd^{2+} 结合在细胞器上而非游离在细胞中。另外，关于纳米颗粒的富集，Wang 等利用激光扫描共聚焦显微镜进行活细胞拍照，直接证明了量子点 TAG-CdTe-QD 在 *Dchromonas danica* 藻细胞中发生了富集。并且暴露初始(5 min)纳米颗粒似乎主要富集在一系列靠近细胞膜内侧的内吞小泡中，之后这些内吞小泡消失，慢慢融合到稍大一些的液泡当中，随之完成了量子点纳米颗粒在细胞内的转运。

(三) 分布与储存

污染物的体内分布是指污染物进入体液后或其代谢转化后，经循环系统、输导组织和其他途径分散到机体各组织细胞的过程。污染物进入血液后，一部分与血浆蛋白结合不易透过生物膜，另一部分呈游离状态，可以到达一定的组织细胞。污染物与血浆蛋白的结合是可逆的，这种结合状态和游离状态呈动态平衡，两种状态的毒理学作用也是不同的。

被吸收的污染物进入不同组织的细胞后，在各种酶作用下与细胞中各物质发生氧化、还原、水解、结合等作用，并在体内各部位蓄积起来，蓄积方式与各组织的细胞通透性和亲和力及代谢物本身等相关，有些可在脂肪组织或骨组织中蓄积和沉积。生物体内存在一些阻止或减缓污染物由体液向组织分布的屏障，如体内存在的血脑屏障和胎盘屏障，可以阻止或减缓污染物由血液进入中枢神经系统和由母体进入胎儿体内。这是人体的一种防御功能。动物出生时，血脑屏障尚未完全建立，因此有许多环境污染物对初生动物的毒性比成年动物高。例如，铅对初生大鼠引起的一些脑病变，在成年动物的脑中并不出现。

对于植物，污染物进入植物根、茎、叶后，除一部分停留在原处，另一部分靠维管系统完成远距离运输。从根表面吸收的污染物能横穿根的中柱送入导管，靠蒸腾拉力向地上部分移动，叶片吸收的污染物也可从地上部分向根部运输。在不同环境条件下，植物的不同物种和不同组织中污染物的分布差别很大。

(四) 排泄

污染物的排泄是指进入生物机体的环境污染物及其代谢转化产物被机体清除的过程。排泄的途径因生物类群不同而有较大差异。

1. 动物排泄途径

1) 经肾脏排泄

肾脏排泄外来化合物及其代谢产物的效率极高，是重要的排泄器官，其排泄机制主要有肾小球滤过和肾小管主动转运。肾小球滤过是一种被动转运。肾小球毛细血管壁有较大的孔道，直径约为 4 nm，除了相对分子质量在 70000 以上的大分子物质外，其他物质皆可滤过，这一范围包括了常见的外来化合物及其代谢物。但与血浆蛋白质结合的化合物因分子过大而不易通过上述孔道。污染物及其代谢产物可通过肾小管的主动转运进入尿液,这一过程也可称为主动排泄或肾小管分泌作用。这种主动转运可通过两种不同的系统,一种供有机阴离子化合物(如苯甲酸、磺酸、尿酸等有机酸)转运,另一种供有机阳离子化合物(如胺类等有机碱)转运。这两种转运系统都位于肾小管的近曲小管,与蛋白质结合的外来化合物也可通过这种主动转运进入尿液。

2) 随同胆肝排泄

肝胆系统也是污染物质排泄的主要途径之一。经胃肠道吸收的污染物先随血液进入肝脏,在肝脏进行生物转化。其代谢产物可被肝细胞直接排泄入胆汁,不再进入血液循环。污染物及其代谢产物被肝细胞排入胆汁并进入小肠后,有两种可能的去路。若化合物易被吸收,则可能在小肠中被重新吸收,并经门静脉系统返回肝脏,随后随同胆汁进入小肠,形成肠肝循环。肠肝循环具有重要的生理学和毒理学意义,在生理学上,该循环可使内源性分泌产物重新利用。在毒理学上,若有毒污染物进入肠肝循环,则其在体内停留时间延长,对肝脏的生物学作用也将增加。另一条去路常见于不易被吸收的外来化合物及其代谢产物,它们不能被重新吸收进入肠肝循环,而是随同胆汁混于粪便排出体外。有些外来化合物虽然以不能被吸收的结合形态出现在胆汁中,但是它们可能被肠道菌群及葡萄糖苷酸酶水解,变为可吸收的形态,进而被小肠吸收进入肠肝循环。

3) 经呼吸道排泄

由呼吸道进入人体内的气态、挥发性液态及不溶解的颗粒状污染物质均可由呼吸道排出体外,其排出的方式各不相同。气态和易挥发液态污染物主要通过简单扩散方式排出,尚未发现特殊转运系统。这些污染物质的排泄速度与呼吸速度、血流速度和污染物质在血液中的溶解度都有关系。一般而言,呼吸速度和血流速度快,则污染物质的排泄速度也快。颗粒物的排泄主要通过支气管分泌的液体,在肺细胞分泌的脂蛋白表面活性剂层及巨噬细胞的作用下,受气管表面纤毛的推动而排出。这些物质吸入后 1 h,一般就可从肺部排到咽部,然后随痰咳出。

4) 其他排泄途径

除了以上几种排泄途径外,污染物还有其他几种排泄途径。①经胃肠道分泌液排泄,人的胃肠每天各分泌约 3 L 液体,有些污染物可能随粪便排出。②随乳汁排泄,乳汁是脂质和蛋白质的乳浊液,凡是溶于母体水分中的物质、吸附于母体血液蛋白质的物质和溶于血脂中的物质皆可透过乳腺组织的膜结构。极性较强的化合物和在体内迅速进行生物转化的亲脂性化合物随同乳汁排泄的比例较少,因为这些物质主要经肝脏和肾脏排泄。但是,如果母体反复接触此类化合物,则随乳汁排泄的量将增加。③随汗液和唾液排泄,外来化合物也可通过汗液和唾液排泄,但数量极少,且主要是未电离的脂溶性外来化合物通过简单扩散方式排出。有些外来化合物经汗腺随同汗液排泄时可引起皮炎。唾液常被吞咽,排入唾液的外来化合物可能在胃肠道被重新吸收。④毛发和指甲并非机体的排泄物,但有些重金属,如铅、汞、锰、砷等可蓄积于此。随着毛发和指甲的生长、脱落而离开生物体。

2. 植物的排泄

植物不像动物有专门的排泄系统,植物从环境中吸收大量外来物质(如污染物)之后,经体内运输,会分布到某些组织器官。这些外来物质的含量超过一定的限度,就会对该组织器官产生毒性作用,进而使其长期发育异常甚至死亡。如果这些组织器官是可再生的,植物体可以离弃那些含有大量外来物质的组织器官,以重新长出新器官的方式排出这些外来物质。这种"弃车保帅"的排泄方式虽非一种正常的排泄途径,但却是一种很有效的方式。

(五) 母子代传递

污染物的母子代传递即母体在孕育子代过程中,污染物从母体进入子代体内的过程。其途径与生物种类、污染物种类有关。对于哺乳类,能够通过胎盘屏障的污染物都有可能对胎儿造成影响。这方面的研究首先开始于人类孕妇的禁用药。

胎盘屏障(placenta barrier)是胎盘绒毛组织与子宫血窦间的屏障,胎盘是由母体和胎儿双方的组织构成的,由绒毛膜、绒毛间隙和基蜕膜形成,具有多层细胞。绒毛膜内含有脐血管分支,从绒毛膜发出很多大小不同的绒毛,这些绒毛分散在母体血液中,并吸收母血中的氧和营养成分,排泄胎儿产生的代谢产物。

胎盘不仅向胎儿转运营养物质,同时也作为一道屏障保护胎儿免受有害物质作用,否则这些有害物质能直接从母血进入胎儿体内。胎盘屏障有类似于血脑屏障的性质,非离子型的、脂溶性高的化学物质易于通过,而脂溶性低、易解离的化学物质则难以通过。对高分子化合物(相对分子质量 > 1000)可起屏障作用,与血清蛋白结合的化学物质也易于通过屏障。小分子的水溶性物质,如水、葡萄糖、氨基酸、维生素等则以扩散的形式进入胎儿体内。

已证实能够通过胎盘屏障的有毒有害物质包括有机汞、一氧化碳、铅、多氯联苯、苯并[a]芘、病毒(如风疹病毒、巨细胞病毒、水痘带状疱疹病毒等)、X 类药物(如口服避孕药、尼古丁、乙醇、苯妥英等)、D 类药物(如四环素、链霉素、苯巴比妥、丙戊酸、锂等)、碘化钾、可卡因、海洛因、鼠弓形虫、苍白球密螺旋体等。

母体的暴露史可能会显著影响新生儿体内的污染物浓度,从而造成不同程度的毒性影响。有研究证实,将亲代大型溞暴露于氨氮和微囊藻毒素混合溶液中 10 天后,其子代的存活率显著降低,且存活的子代的生殖功能受到影响。同时,一种污染物在母体内和胎儿体内可能有不同的积累方式,其通过胎盘屏障进入胎儿的速度和胎儿将其排出的速度可能不同。生物监测结果表明,人类胎儿体内的汞浓度可以达到母亲体内的 3 倍。另外,胎儿体内酶启动存在正常的延迟,这可能导致进入胎儿体内的化学品半衰期延长。医学研究表明,一些母亲赖以生存的药物,如口服抗糖尿病药物,在胎儿体内的半衰期(40 h)是母亲体内(1~2 h)的 20 倍以上。

二、生物富集与放大

(一) 生物富集

生物富集(bioconcentration)是指生物机体或处于同一营养级上的许多生物种群从周围环境中蓄积某种元素或难降解的物质,使生物体内该物质浓度超过环境中浓度的现象,又称生物浓缩。生物富集用生物浓缩系数(bioconcentration factor, K_{BCF})表示,即生物机体内某种物质浓度和环境中该物质的比值。

$$K_{BCF} = \frac{c_b}{c_c}$$

式中:K_{BCF}为生物浓缩系数;c_b为某种元素或难降解物质在机体中浓度;c_c为某种元素或难降解物质在环境中浓度。

K_{BCF}是表征生物富集化学物质能力的一个量度,是描述化学物质在生物体内累积趋势的重要指标,该值越高,表示化合物的生物浓缩的风险越高。生物浓缩系数可以从个位到万位级,甚至更高。一般来说,同种生物对不同物质的富集程度差别很大,不同种生物对同种物质也会有很大差别。此外,生物的不同器官对污染物的富集量也有差异,这是因为各类器官的结构和功能不同,与污染物接触时间的长短、接触面积的大小等也都存在很大差异。污染物自身性质对生物富集也有较大的影响。富集还与某些元素的代谢有关。

影响生物富集程度的因素主要可归纳为以下三个方面:一是污染物性质,包括污染物的降解性、脂溶性和水溶性。一般来说,降解性低、脂溶性高、水溶性低的物质,其K_{BCF}高;反之,则低。二是生物自身特性,生物种类、大小、性别、器官、生物发育阶段等影响生物富集程度。三是环境因素,如温度、盐度、水硬度、pH、含氧量和光照等也影响生物富集程度。

为了探讨生物富集的机理,常用模型来模拟生物富集的自然过程,如单一组合模型、食物链组合模型等。下面以水生生物对有机物及重金属的生物富集为例加以讨论。

1. 水生生物对水中有机污染物的生物富集动力学模型

如图4-12所示,根据热力学原理,假定K为污染物在生物内和水中的分配系数,则水生生物从水体中摄取污染物的最大浓度就为Kc_w,生物从水体中摄取污染物的浓度为$K_1(Kc_w - c_b)$,将污染物从生物体中的释放考虑在内,则该化合物在生物体内的浓度变化速度为

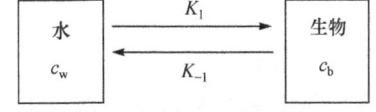

图4-12 有机化合物在水生生物和水中的分配

$$\frac{dc_b}{dt} = K_1(Kc_w - c_b) - K_{-1}c_b \tag{4-11}$$

若污染物在生物中降解,则

$$\frac{dc_b}{dt} = K_1(Kc_w - c_b) - (K_{-1} + K_2)c_b \tag{4-12}$$

式中:K_2为化合物降解速率常数。

当水体足够大时,水体中污染物的浓度c_w可视为恒定,将式(4-12)积分,得

$$c_b = \frac{K_1 Kc_w}{(K_1 + K_{-1}) \cdot [1 - e^{-(K_1 + K_{-1})t}]} \tag{4-13}$$

式(4-13)为生物中污染物浓度随时间变化的关系。

$$\frac{c_\mathrm{b}}{c_\mathrm{w}} = \frac{K_1 K}{(K_1+K_{-1})\cdot[1-\mathrm{e}^{-(K_1+K_{-1})t}]} \tag{4-14}$$

当 $t\to\infty$ 时：

$$K_\mathrm{BCF} = \frac{c_\mathrm{b}}{c_\mathrm{w}} = \frac{K_1 K}{K_1+K_{-1}} \tag{4-15}$$

式(4-15)为由分配系数 K 和速率常数组合而成的生物富集动力学公式。具体可分为 3 种情况讨论。

(1) $K_1 \gg K_{-1}$，则 K_{-1} 可被忽略，式(4-14)简化为

$$\frac{c_\mathrm{b}}{c_\mathrm{w}} = \frac{K}{(1-\mathrm{e}^{-K_1 t})} \tag{4-16}$$

当 $t\to\infty$ 时，$c_\mathrm{b}/c_\mathrm{w} = K$，此时生物浓缩系数即为热力学分配系数。

(2) $K_1 \approx K_{-1}$，则式(4-14)变为

$$\frac{c_\mathrm{b}}{c_\mathrm{w}} = \frac{K}{2\cdot(1-\mathrm{e}^{-2K_1 t})} \tag{4-17}$$

当 $t\to\infty$ 时，$c_\mathrm{b}/c_\mathrm{w} = K/2$，此时生物浓缩系数是热力学分配系数的 1/2。

(3) $K_1 \ll K_{-1}$，则 K_1 可被忽略，式(4-14)变为

$$\frac{c_\mathrm{b}}{c_\mathrm{w}} = \frac{K_1 K}{K_{-1}\cdot(1-\mathrm{e}^{-K_{-1}t})} \tag{4-18}$$

当 $t\to\infty$ 时，$c_\mathrm{b}/c_\mathrm{w} = K_1 K/K_{-1}$。

由此可见，生物稀释污染物的速度相对增大时，生物浓缩系数减小。将式(4-15)变形如下：

$$\lg K_\mathrm{BCF} = \lg K + C \tag{4-19}$$

式中：C 为常数。

生物浓缩系数 K_BCF 的对数与化合物在水生生物和水中的分配系数 K 的对数呈线性关系，根据这一动力学方程可以进行生物浓缩系数 K_BCF 测定，但生物体的 K 难以测定。对于有较高脂溶性和较低水溶性的、以被动扩散方式通过生物膜的难降解有机物质，水生生物富集过程的机理可简化为该类物质在水和生物脂肪组织两相间的分配作用。这些有机物质在辛醇-水两相分配系数的对数 $\lg K_\mathrm{ow}$ 与其在水生生物体中浓缩系数的对数 $\lg K_\mathrm{BCF}$ 之间有良好的线性关系，为此常以正辛醇作为水生生物脂肪组织代用品，其通式为

$$\lg K_\mathrm{BCF} = a\lg K_\mathrm{ow} + b \tag{4-20}$$

式中：a、b 为回归系数，与有机物质和水生生物的种类及水体条件有关。

2. 水生生物对水中重金属的生物富集动力学模型

生物对金属离子的富集不同于一般简单的吸附、沉积或离子交换，是一个复杂的物化与生化过程，不仅与细胞的化学组成及代谢过程有关，还受许多其他因素的影响，如有生命及无生命的细胞、细胞分泌物或相应衍生物、蛋白质、多糖、色素等。动力学模型用于描述金属在生物体内随时间的积累过程。与平衡分配模型不同，它不受生物平衡

状态的限制。从简单的单一室模型到几室模型，目前已有不同类型的动力学模型被应用于金属生物累积的研究。越复杂的模型所需要的参数越多，应用起来也越复杂。现在以简单的单一室模型为例介绍，如图 4-13 所示。

$$\xrightarrow{k_1} \boxed{浓度} \xrightarrow{k_2}$$

图 4-13　单一室模型

该模型将生物假设为单一的室(compartment)，在这一模型中，金属累积浓度随时间的变化可用式(4-21)表示：

$$\frac{dc}{dt} = k_1 c_w - k_2 c \tag{4-21}$$

式中：k_1 为吸收常数；c_w 为环境相金属浓度；k_2 为排出速率；c 为生物体内金属浓度。

对式(4-21)积分后，某一时间段内金属的累积浓度(c_t)为

$$c_t = \frac{k_1 c_w}{k_2 \cdot (1 - e^{-k_2 t})} \tag{4-22}$$

在稳定状态下，$dc/dt=0$，金属累积浓度(c_b)可以表示为

$$c_b = \frac{k_1 c_w}{k_2} \tag{4-23}$$

当知道生物的 k_1，k_2 和 c_w，通过式(4-23)可计算出 c_b。由于 $K_{BCF} = c_b/c_w$，K_{BCF} 也可表示为

$$K_{BCF} = \frac{k_1}{k_2} \tag{4-24}$$

对于平衡状态不可能达到的较大生物，可以通过动力学测定 k_1 和 k_2 来计算其 K_{BCF}。然而目前许多人还没有真正了解这种方法。

当综合考虑水相和食物相金属时，动力学模型(图 4-14)为

$$\frac{dc}{dt} = k_u c_w + k_f c_f - k_e c \tag{4-25}$$

式中：k_u 为水相吸收常数；c_w 为水相金属浓度；k_f 为食物相吸收常数；c_f 为食物相金属浓度；k_e 为排出速率；c 为生物体内金属浓度。

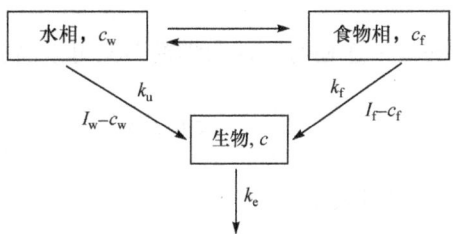

图 4-14　水相和食物相动力学模型

式(4-25)可以转化为式(4-26)用以计算在某一时间内金属的累积浓度(c_t)。

$$c_t = \frac{k_u c_w + k_f c_f}{k_e(1-e^{-k_e t})} \tag{4-26}$$

在稳定状态下，$dc/dt=0$，金属累积浓度(c_b)为

$$c_b = \frac{k_u c_w + k_f c_f}{k_e} \tag{4-27}$$

应该指出的是，动力学模型在早期同位素生态学领域中被广泛应用，但只是在近20年才应用于污染物的生物积累研究。Thomann 于 1981 年第一次将该模型进行修改并提出生物能学的概念，即将等式中的一些参数用生物能学的概念加以表达：

$$k_u = \alpha \cdot FR \tag{4-28}$$

$$k_f = AE \cdot IR \tag{4-29}$$

式中：α 为水相的金属吸收速率；FR 为生物的清滤率；AE 为食物相金属的同化率；IR 为生物的金属摄取量。

所以，c_b 又可以用式(4-30)计算：

$$c_b = \frac{\alpha \cdot FR \cdot c_w + AE \cdot IR \cdot c_f}{k_e} \tag{4-30}$$

生物的生长能够稀释生物体的金属浓度(即生长越快的生物，体内的金属浓度越小)，因此对于一些生长速率快的生物，生长常数(g)必须予以考虑。

$$c_b = \frac{\alpha \cdot FR \cdot c_w + AE \cdot IR \cdot c_f}{k_e + g} \tag{4-31}$$

在满足将生物整体视为一个单独的相，并且不考虑金属在生物体内的重新分布等情况的前提条件下，该动力学等式可以应用于不同的生物。对于某些特殊的生物，如果水相是生物吸收的唯一途径，那么：

$$c_b = \frac{k_u c_w}{k_e + g} \tag{4-32}$$

一旦生长速率远远大于排泄速率，即 $g \gg k_e$，式(4-32)又可以简化为

$$c_b = \frac{k_u c_w}{g} = \frac{I}{g} \tag{4-33}$$

式中：I 为吸收速率。

当食物相是生物积累的唯一途径时，动力学模型又可以简化为

$$c_b = \frac{k_f c_f}{k_e} \quad (g \text{ 被忽略}) \tag{4-34}$$

所以生物浓缩系数 K_{BCF} 又可表示为

$$K_{BCF} = \frac{c_b}{c_c} = \frac{k_f}{k_e} \tag{4-35}$$

(二) 生物放大

生物放大(biomagnification)是指在同一食物链上的高营养级生物,通过摄食低营养级生物,蓄积某种元素或难降解物质,使其在机体内的浓度随营养级提高而增大的现象。生物放大的程度也用生物浓缩系数表示,生物放大的结果是食物链上高营养级生物体体内某种物质的浓度显著地超过环境中的浓度,因此生物放大是针对食物链的关系而言的,如果不存在食物链的关系就不能称为生物放大,而只能称为生物富集。并不是所有物质都存在生物放大的现象。

影响生物放大的因素主要可归纳为以下三个方面:一是生物个体大小,一般而言生物在食物链中的营养级越高,则体内积累的污染物越多。二是食物链长度及结构随着食物链的增长,生物放大系数增大。三是生物所处生境,辛醇-空气的分配系数(octanol-air partition coefficients)K_{oa}和辛醇-水的分配系数(octanol-water partition coefficients)K_{ow}影响POPs在食物链中的积累与放大,但两者在水生和陆生环境中的权重不同。对于水生生物而言,K_{ow}参数更重要,而对于陆生生物而言则是K_{oa}更重要。在水生食物链中,当lgK_{ow}小于5时,POP将在食物链中发生生物积累,但不会发生生物放大;在陆上食物链中,当lgK_{ow}大于2和lgK_{oa}大于5时,都有生物放大现象发生。水生哺乳动物相对于陆生哺乳动物有较大的油脂储备器,易于导致POP积累。

汞沿食物链的传递

汞(尤其是甲基汞)是典型的可经历生物放大作用的化合物。对美国威斯康星湖的观测发现,水中有机质、浮游植物、浮游动物、小型鱼类的甲基汞浓度分别是水体中的甲基汞浓度的23、34、53和485倍,可见甲基汞浓度随着营养级逐渐增加。而且甲基汞占总汞的比例分别为11%、18%、57%和95%,也呈现增加的趋势,这说明甲基汞是汞沿食物链传递的主要形态。同时,甲基汞是汞对生物体产生毒害的主要形态。人类是食物链的最高营养级生物,所以人体内的甲基汞较鱼类更易达到较高浓度。

环境中的汞是食物链中汞的主要来源。尤其是在我国,一些省区(如贵州、山西、浙江、广西等)自然的汞背景浓度相对高,必然导致水生生态系统的汞含量偏高,甚至并不低于污染地区(如千岛湖)。而较新的一项研究发现,大气沉降的甲基汞并不长期在水体中停留,而是优先通过食物链进入鱼体内。污染地区排放的甲基汞直接经过大气传输和沉降过程后就可能直接进入食物链,并增大生态系统安全的风险。所以,即使是污染并不严重的地区,食物链中的汞浓度仍可能保持比较高的水平。

通常不同水体鱼中汞的浓度顺序为:海鱼>湖鱼>河鱼。有数据显示,海洋中鲨鱼、箭鱼、金枪鱼的汞含量(0.93~2.7 mg/kg)高于陆地水生生态系统中的肉食性鱼类(0.006~0.062 mg/kg)。同时,鱼在生态系统中的营养级也会影响其体内的汞浓度。例如,在海洋中处于较高营养级的鲨鱼是公认汞含量较高的鱼类。鱼的年龄(长度)也会影响鱼汞含量,对西南大西洋中箭鱼的总汞含量研究发现,体重大于100 kg的鱼体内总汞浓度达到0.94 mg/kg,而小于100 kg的鱼体内平均汞浓度只有0.53 mg/kg。陆地水生生态系统的研究也发现,鱼体内总汞或甲基汞浓度往往与鱼的年龄和长度呈现显著的正相关关系。也就是说,越大、生长时间越长的鱼,其体内的汞浓度越高,从食用者的角度看,对健康的危害风险越大。

水中溶解性有机物(DOM)的浓度往往与鱼体内汞呈现显著正相关的关系。一方面,这是因为DOM可以螯合无机汞,使其悬浮在水中,而鱼类主要通过进食的方式摄取汞,悬浮在水中的汞更易被鱼类摄取；另一方面，DOM 可以促进无机汞向甲基汞的转化，从而使汞更利于被鱼类吸收。因此，生物量丰富的水体中鱼类对汞的吸收效率更高。而水的 pH 也与鱼体内汞有显著相关的关系，其主要通过调节 DOM 对汞的螯合作用控制鱼对汞的吸收。

思考题和习题

1. 水污染的种类有哪些？
2. 环境中新污染物包括哪些？
3. 论述水环境中污染物迁移转化的主要方式。
4. 简述污染物在生物体内运移的类型。
5. 什么是生物富集？
6. 生物放大的定义是什么？

参 考 文 献

陈景文, 全燮. 2009. 环境化学. 大连: 大连理工大学出版社

戴树桂. 2006. 环境化学. 2 版. 北京: 高等教育出版社

王文雄. 2011. 微量金属生态毒理学和生物地球化学. 北京: 科学出版社

王秀玲, 崔迎. 2013. 环境化学. 上海: 华东理工大学出版社

展惠英. 2015. 环境化学. 大连: 大连理工大学出版社

张庆芳, 贾小宁, 谢刚. 2017. 环境化学. 北京: 中国石化出版社

朱泮民, 陈寒玉. 2011. 环境生物学. 徐州: 中国矿业大学出版社

Kelly B C, Ikonomou M G, Blair J D, et al. 2007. Food webspecific biomagnification of persistent organic pollutants. Science, 317(5835): 236-239

Manahan S E. 2013. 环境化学. 9 版. 孙红文, 主译. 北京: 高等教育出版社

Wang Y, Miao A J, Luo J, et al. 2013. Bioaccumulation of CdTe quantum dots in a freshwater alga *Ochromonas danica*: A kinetics study. Environmental Science & Technology, 47(18): 10601-10610

Yanamala N, Kagan V E, Shvedova A A. 2013. Molecular modeling in structural nano-toxicology: Interactions of nano-particles with nano-machinery of cells. Advanced Drug Delivery Reviews, 65(15): 2070-2077

Yang W W, Wang Y, Huang B, et al. 2014. TiO_2 nanoparticles act as a carrier of Cd bioaccumulation in the ciliate *Tetrahymena thermophila*. Environmental Science & Technology, 48(13): 7568-7575

Zhu X, Wang Q, Zhang L, et al. 2014. Offspring performance of *Daphnia magna* after short-term maternal exposure to mixtures of microcystin and ammonia. Environmental Science and Pollution Research International, 22: 2800-2807

第五章

污染物的生物效应

本章导读

污染物能否对生物个体产生危害及危害程度，主要取决于污染物进入生物体的剂量。环境有毒污染物进入机体内，可与生物靶分子相互作用，损害其组织，破坏其代谢功能，产生有害生物效应，引起病变甚至危及生命。污染物进入生态系统产生的生物毒性效应，往往综合了多种物理、化学和生物学的过程，且往往是多种污染物共同作用，形成复合污染效应。对环境污染物的毒性进行测试及评估，除了常规的急、慢性毒性外，还有遗传毒性和其他毒性测试方法。除此之外，本章最后还介绍了环境污染风险评估，对个人或群体的健康状况及未来患病和(或)死亡危险性的量化评估，可以有效分析环境污染对健康的潜在风险。

第一节 污染物对生物的个体效应

一、污染物与营养性污染物

(一) 污染物特征

在一定的环境条件下，污染物对人体或环境产生危害，具体体现在以下两方面。

(1) 污染物在特定环境中达到一定数量或浓度，并持续一定时间。

生产中的有用物质或生物体必需的营养元素，如果超过一定浓度，就会转变成污染物。生物体的组成反映了环境中的物质特点和各元素的组成，由于长期适应的结果，生物对环境中各元素形成依赖和共存的关系。因此，环境中化学元素及其比例和生物体内所含元素及其比例具有相似性。一般而言，污染物的数量或浓度低于某个水平或短暂存在时，不会产生毒害作用，甚至还有促进作用。例如，极低剂量的X射线可使水蚤生命延长1~2倍；低浓度DDT能延长雄性大鼠生命；硒是抗氧化剂，铬可以减缓动脉硬化过程，协助胰岛素改善糖类和脂肪的代谢。但是如果这些物质排放量过大，超过环境容量就会转变成污染物。

(2) 污染物会在环境中发生转化，即具有易变性。

污染物进入环境后并非一成不变，会在一定条件下发生复杂的物理、化学或生物反应生成其他物质。常见的转化过程包括化学转化、生物转化、吸附和解吸附、光解和光化学反应等。生成的新物质可能危害更大，但也可能毒性减轻或者变为无害。例如，人体吸收的硝酸盐会转变成毒性更大的强致癌物——亚硝酸盐，汞转变成甲基汞或亚甲基汞后毒性增强，一些污染物(如农药)通过生物体降解后毒性降低。不同污染物共存时，相互间也会发生加和、协同、拮抗等联合作用使毒性增大或降低。易变性过程对于污染物治理和管理至关重要，通过了解污染物转化过程有助于制订有效的环保策略，以减少对生态系统和人体健康的潜在风险。

(二) 营养性污染物

营养性污染物(nutrient pollutant)是指水体中过量存在的营养物质，主要指氮、磷等元素，其他还有钾、硫等，它们可能在过度富营养的情况下引发不良的生态和环境效应。此外，可生化降解的有机物、维生素类物质、热污染等也能触发或促进富营养化过程。

营养性污染物主要来源于农业排放、城市污水、工业废水和大气沉降。农业活动中的化肥和农药、城市排水中的人类废物以及工业排放中的氮氧化物都是主要的营养性污染物源。从农作物生长的角度看，植物营养物质是宝贵的肥料，但过多的营养物质进入天然水体后将使水质恶化，影响渔业发展和危害人体健康。施入农田的化肥只有一部分为农作物所吸收，其余的绝大部分被农田排水和地表径流携带至地下水和河、湖中。还有一部分营养物质来自于人、畜、禽的粪便及含磷洗涤剂。此外，企业如食品厂、印染厂、化肥厂等排放的废水中均含有大量氮、磷等营养元素，它们也是引起水体富营养化的重要原因。

营养性污染物的增加会产生不良影响并引发连锁性反应。例如，水中氮和磷的浓度分别超过 0.2 mg/L 和 0.02 mg/L 时能使藻类过量生长，特别是在水温较高的夏秋季节，在流动缓慢的水域聚集而形成大片的水华(湖泊、水库)或赤潮(海洋)，严重影响水体透明度，阻碍光合作用。同时，藻类过度生长后死亡，细菌在分解过程中消耗大量氧气，导致水体中氧气含量下降，形成死亡区域，进而威胁其他水生生物的生存。

因此，在应对营养性污染物发生时，需要采用合理的农业实践，减少化肥和农药的过量使用，防止养分流失到水体中，同时加强城市和工业废水处理，降低氮、磷等物质的排放，并采用生态修复措施，如湿地恢复和植被带建设等，帮助吸附和减少营养物质的流入。

二、污染物与毒物

(一) 毒物

在一定条件下，较小剂量即能对生物体产生损害作用或使生物体出现异常反应的外源化学物称为毒物(toxicant)。毒物可以是固体、液体和气体，与机体接触或进入机体后，能与机体相互作用，发生物理化学或生物化学反应，引起机体功能或器质性的损害，严重时甚至危及生命。毒物的概念是相对的，毒物与非毒物没有绝对的界限，关键在于摄入剂量。

任何外源化学物只要剂量足够，均可成为毒物。例如，正常情况下氟是人体所必需的微量元素，但当过量的氟化物进入机体后，可使机体的钙、磷代谢紊乱，导致低血钙、氟骨症和氟斑牙等一系列病理性变化。即便是人们赖以生存的氧和水，如果进入体内的量超过正常需要，如纯氧输入过多或饮水过量过快时，即会发生氧中毒或水中毒。食盐一次摄入 60 g 左右即会引起体内电解质紊乱，若一次摄入超过 200 g，则可因电解质严重紊乱而死亡。盐的摄入量和血压成正比，如长期食盐过多，除了易导致高血压外，中风发生率和死亡率都高于低盐摄入者，同时可加重肾小球负担而使肾功能损害率增高、增加支气管平滑肌的反应性而加剧哮喘的发生。

绝对的非毒物是不存在的，所有药物均可是毒物，只是根据剂量大小来区分是毒物还是药物。通常按人们日常接触的方式，较小接触剂量就可引起生物体产生有害作用的化学物是毒物。例如，葡萄糖是生命活动中不可缺少的物质，在机体内能够直接参与新陈代谢过程。在消化道中，葡萄糖比任何其他单糖都容易被吸收，且被吸收后能直接为人体组织利用。然而过多地摄入葡萄糖，将可能导致糖尿病，而且糖尿病患者摄入一定量的葡萄糖甚至可直接导致死亡。因此，确定物质是否为毒物或毒物衍生物必须考虑接触剂量、途径、时间及其他可能的影响因素。污染物能否对生物个体产生危害及危害程度，主要取决于污染物进入生物体的"剂量"。以化学污染物为例，剂量和反应的关系存在以下几种情况。

1) 非必需元素、有毒元素或生物体内尚未检出的某些元素

由于环境污染而进入生物个体的剂量达到一定程度，即可引起异常反应，甚至进一步发展成疾病，对于这一类元素主要是研究制订其最高容许限量(环境中的最高容许浓度、人体的最高容许负荷量等)。图 5-1 反映了甲基汞中毒症状发生率与进入人体总负荷量的关系，甲基汞总负荷量增加到一定数量，对人体生理就产生不利影响。

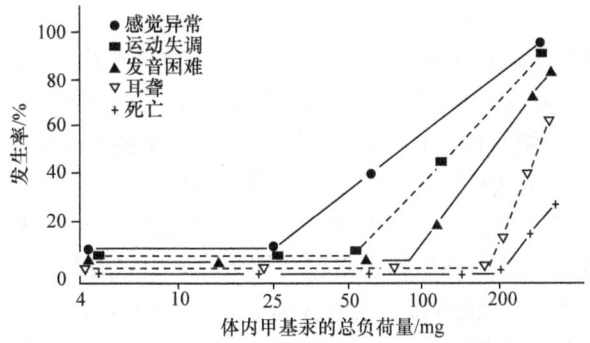

图 5-1　甲基汞中毒症状发生率与进入人体总负荷量的关系

2) 生物体必需元素

人体必需元素的剂量与反应的关系则较为复杂。一方面，环境中这种必需元素含量过少，不能满足人体的生理需要时，可使人体的某些功能发生障碍，形成一系列病理变化；另一方面，环境中这类元素的含量增加过多，其也会作用于人体，引起程度不同的中毒性病变。以氟为例说明这种关系：饮水中含氟量如在 2 mg/L 以上，则氟斑牙的发病率升高，若含氟量达 8 mg/L，则可造成地方性氟病(慢性氟中毒)的流行；但饮水中含氟量在 0.5 mg/L 以下，则龋齿的发病率显著升高(图 5-2)。因此，对这类元素不仅要研究环境中最高容许浓度，还要研究最低供应量的问题。

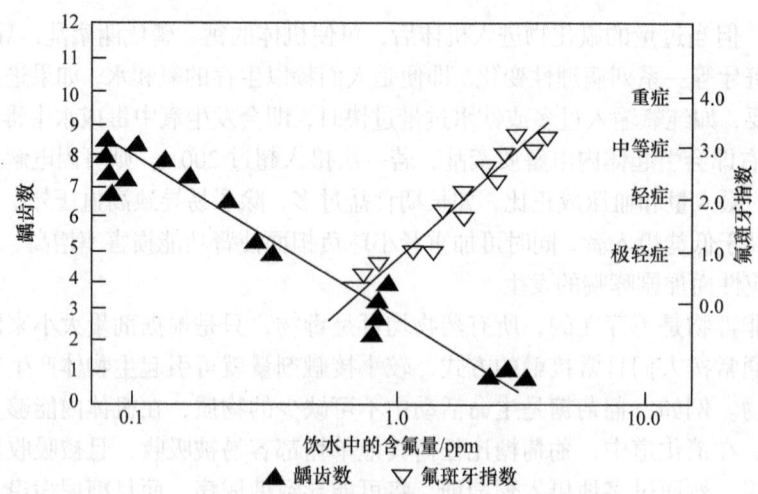

图 5-2　饮用水中含氟量和龋齿数、氟斑牙指数的关系

ppm 为 10^{-6}

总体而言，毒物具有以下基本特征：①对机体具有不同水平的有害性，但具备有害性特征的物质并不是毒物，如单纯性粉尘；②经过毒理学研究之后确定；③必须能够进入机体，与机体发生有害的相互作用。具备上述三个特征的物质才能称为毒物。绝大多数毒物就其性质来说是化学物质，如天然的或合成的、无机的或有机的、单质或化合物，但也可能是动植物、细菌、真菌等产生的生物毒素。毒物种类很多，如药物、食物、动植物、工农业中的化学物品、生活中使用的消毒防腐剂、化妆品和杀虫剂等。

(二) 生物毒素

天然存在于动物、植物和微生物体内的某些特定物质或某些分泌物是有毒的，通常称为生物毒素(biological toxin)。常见的带毒生物有苦杏仁(苦杏仁苷)、大麻籽(大麻酚)、蓖麻油(蓖麻毒蛋白)、棉籽(棉酚)、花生、大豆、玉米(黄曲霉素)、河豚(河豚毒素)、贝类(贝类毒素)和金枪鱼(组胺)等。一般而言，这些生物体所产生的极少量即可引起动物中毒的物质通常是一些会干扰生物体中其他大分子作用的蛋白质。按来源可分为动物毒素、植物毒素和微生物毒素，其中微生物毒素包括细菌毒素、霉菌毒素和单细胞藻类(如真核的甲藻)毒素等。此外蛇毒、银杏毒、肉毒杆菌等生物体内含有的毒素，还经人为加工成毒品或生化武器。第二次世界大战后，美国和苏联对生物毒素研究都很重视，资料显示，美国储有葡萄球菌肠毒素、肉毒杆菌毒素、牡蛎毒素、白环蛇毒素、绿脓毒素和马钱子毒素等 6 种；苏联储有蛇毒素、河豚毒素、肉毒杆菌毒素和真菌毒素等。有些生物毒素的毒性极大，如肉毒杆菌毒素，致病菌释出的毒素往往是致病原，但有的也可作为生物科学的研究药剂。在正常情况下，人体有能力对上述毒素加以降解和排除，维持身体健康。但是如果体内毒素得不到及时清除而不断累积，人体则进入亚健康状态，进而引发多种疾病。

生物体除天生含有生物毒素外，还会从环境摄入毒物，并通过食物链发生生物放大作用，最终危害人类，如鱼、蛇等动物体内的有机汞蓄积可高达 0.45 mg Hg/kg 体重。

(三) 有毒污染物的致毒机理

环境有毒污染物进入机体内，与生物靶分子相互作用，损害其组织，破坏其代谢功能，产生有害生物效应，引起病变直至危及生命的生物化学和生物物理学过程称为致毒机理(mechanism of toxication)。近年来，各种毒作用的致毒机理学说层出不穷，分别从亚细胞水平、细胞水平、器官水平及整体水平上进行了多层次研究。从20世纪后期开始，对致毒机理的研究更是进入了亚分子、分子水平，从更深的层次研究不同环境有毒污染物致毒机理。

已经过试验验证的致毒机理包括：一氧化碳与血红蛋白的紧密结合，使其失去输氧能力而致毒；氰化物能抑制细胞色素氧化酶，通过和血红素a_3的高铁形式作用，阻止生物氧化过程中IV复合体中的电子传递，从而抑制了细胞呼吸；白磷是单质磷中最活泼的，在人体中会发生一系列较复杂的化学反应，生成了诸如磷化氢之类含低价磷的物质，这些物质会与人体中的一些蛋白质结合导致人体机能障碍而中毒甚至死亡；汞等重金属毒物会与酶活性中心的巯基结合，抑制酶的活性而致毒。另外，一些环境有毒污染物的致癌、致畸和致突变作用与它们能改变或损伤机体的DNA的结构和相应功能有密切关系。例如，亚硝胺改变DNA的结构和转录功能，会造成染色体的突变，从而致癌；多环芳烃、芳香胺和芳香族偶氮化合物会引起DNA损伤，使细胞生长繁殖失控，从而形成肿瘤。自18世纪以来，发现苯并[a]芘与许多癌症有关。苯并[a]芘在体内的代谢物二羟环氧苯并芘是具有致癌性的物质，所以阐明此类物质的致毒机理对预防或治疗毒物引致的疾病十分重要。下面详细介绍目前苯并[a]芘(BaP)致毒机理的三种理论。

1) K区理论

1955年，Pullman等提出PAH致癌活性因子中存在两个活动区域：K区和L区。K区电子密度大，有明显的双键性质，相当于菲的9、10碳碳键，可以催化核酸或蛋白质的酮-烯醇互变过程，这在致癌中起主要作用。而L区则相对K区较不活泼，对K区起到保护作用。K区越活泼，L区越不活泼，则致癌性越强。K区理论虽然能够解释一些PAH分子的致癌性，但是由于它只考虑PAH本身的电子结构，而缺乏PAH在生物体内实际代谢过程的分析，因而具有较大的局限性。

2) 湾区理论

Jerina等为克服K区理论的不足，依据PAH在生物体内代谢提出了PAH(特别是苯并[a]芘)的湾区理论。湾区理论认为，苯并[a]芘代谢过程中形成一种环氧化物——7,8-二醇-9,10-环氧化物。在这一化合物中，以其饱和的苯环为一侧，并以与饱和苯环相对的另一个苯环为另一侧，就构成了一个形如海湾的区域，称为湾区，湾区的角环在代谢活化过程中，对致癌反应起关键作用，其最终致癌物是湾区的环氧化物。

3) 双区理论

在K区理论与湾区理论的基础上，1979年戴乾圜等通过研究计算大量PAH化合物，提出了PAH致癌活性的双区理论。该理论认为，致癌活性必须要以同时存在两个活性区域为前提。两个亲电碳原子的最优致癌距离约为0.28 nm (BaP为0.278 nm)，这与DNA双螺旋股间负性中心的距离相近。

(四) 污染物致毒的分子机理

1) 污染物与生物作用的靶点学说

当污染物达到某一浓度，并足以引发一系列有害生物效应的部位，称为污染物毒作用的靶位点。污染物能选择性作用于某种细胞或某一大分子位点，有的能作用于多个细胞或多个位点，这主要取决于污染物本身的理化性质及靶位点生物大分子的结构及功能。产生有害生物学效应的基础是最终毒物能在靶位点达到某种浓度，并与靶位点结合，导致靶位点分子结构和功能发生改变。

(1) 靶位点的位置和结构。污染物作用的靶位点是指污染物及其代谢产物与生物体接触的部位，如许多污染物对皮肤黏膜和呼吸系统的损伤作用，多发生在与生物体直接接触的部位；或者是生物转运和生物转化过程所发生的部位，如除草剂百草枯在肺部代谢活化，诱发活性氧自由基，造成肺部损伤。

(2) 靶位点的功能。生物体不同的器官不仅具有结构上的明显差别，其功能也各有不同。肝脏是代谢转化的重要部位，其混合功能氧化酶的代谢活化作用可以使外源化合物的毒性大大增加，造成肝细胞损伤。例如，CCl_4、氯仿、氯乙烯等主要在肝细胞代谢活化，其靶位点主要是肝细胞，可使其发生脂肪变性、坏死、突变及肿瘤细胞形成和发展。肾脏是排泄污染物及其代谢产物的重要脏器，对体内生物活性物质也具有高度的重吸收功能，因而许多污染物也可选择性地储存或作用于肾脏组织。例如，有机氟在体内代谢后游离出氟离子，其在到达肾脏时造成肾脏损伤。

靶位点的生理学功能不同，对污染物及其代谢产物的敏感性或耐受性也不同，不同部位酶不同，对污染物代谢转化能力不同。机体各部位对稳定性较强的中间代谢产物的进一步代谢灭活所需酶也存在分布上的差异，当缺乏此类酶时，这一部位就会出现损伤现象。例如，甲醇通常代谢转化为毒性和稳定性较大的甲醛和甲酸，由于人的眼组织缺乏代谢降解中间代谢产物的酶，因此眼组织成为甲醇的靶位点。

2) 受体学说

受体是存在于细胞膜上对特定生物活性物质具有识别能力并可选择性地与其结合的大分子蛋白质。生物活性物质是指能引起生物效应的各种物质，分为内源性活性物质和外源性活性物质两类。前者包括神经递质、激素、抗体等，后者包括食物、药物和毒物。配体是指对受体具有选择性结合能力的生物活性物质。受体与配体结合后引发机体中某一特定结构产生初始生物效应，这种受体-配体结构称为反应体。各种受体具有高度立体特异性，而且受体蛋白也有合成或降解的作用。

受体在识别相应配体(毒物)并与之结合后需要细胞内第二信使将获得的信息增强、分化、整合并传递给效应机制才能发挥其特定的生物学效应。细胞表面受体接收细胞外信号后转换而来的细胞内信号称为第二信使，如环磷腺苷(c-AMP，又称环腺苷酸)和钙离子。毒物作用使腺苷环化酶(c-AMPase)活化，催化 ATP 形成 c-AMP，c-AMP 进一步催化蛋白质磷酸化，使膜透性等发生改变，进而产生相应的生物效应(图 5-3)。

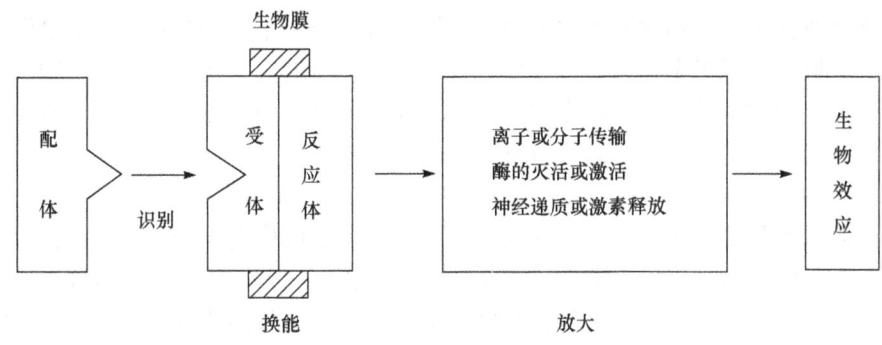

图 5-3 受体与配体相互结合模式

3) 共价结合学说

在生物体内,污染物或其代谢产物可以与生物大分子发生共价结合,从而改变生物大分子的结构与功能,引起一系列有害生物效应。该学说认为,机体重要的生物大分子,如 DNA、RNA、酶和其他多种生物活性物质,都可与污染物或其代谢产物发生不可逆的共价结合。

(1) 与蛋白质(酶)的共价结合。各种污染物或其代谢产物通常可与结构蛋白或酶活性中心的配位体如巯基、羟基、胍基、氨基等部位发生共价结合,最终抑制这些蛋白质的功能。①与结构蛋白结合:如醌类、醛类、羟胺化合物和环氧化物等污染物,可与脂蛋白、糖蛋白发生共价结合,引起细胞膜通透性改变和细胞内营养物质合成障碍,最终导致细胞或组织坏死。污染物或其代谢产物还可与胞质蛋白发生共价结合,使胞质蛋白变性,可作用于细胞核内的 DNA、RNA 等遗传物质,引起畸变、癌变和突变。某些具有抗原或半抗原作用的污染物与机体组织蛋白(如载体、抗体、补体等)也可形成共价结合,所形成的复合物可以引起特殊的变态反应。②与酶结合:污染物或其代谢产物可与酶的活性中心、辅酶、辅基或底物发生共价结合,导致酶活性受到抑制,从而引起一系列的有害生物效应。污染物中最典型的例子是有机磷农药与乙酰胆碱酯酶竞争性地共价结合,导致乙酰胆碱酯酶的磷酰化,胆碱酯酶活性受到抑制(不能起分解乙酰胆碱的作用),使组织中乙酰胆碱过量蓄积,胆碱能使人神经过度兴奋,产生中枢神经系统症状。同时许多酶的辅基具有重要的催化作用,砷类化合物、有机锡化合物可与丙酮酸脱氢酶的辅酶硫辛酸结合,使丙酮酸形成乙酰辅酶 A 进入三羧酸循环的路径中断。另外,许多与酶底物结构类似的污染物或其代谢产物,在酶的催化作用下参与生物合成或其他代谢途径,形成无功能的中间代谢产物,引起致死性合成,扰乱正常的代谢过程;另一些污染物如 CO、CN^-、叠氮化物、亚硝酸盐、硫化物等,与细胞色素氧化酶中的 Fe 和许多金属辅酶中的 Cu、Zn 等元素结合,能阻断电子传递过程,引起细胞窒息;同时多种重金属(Cd、Hg、Pb 和 As 等),与含有—SH 的酶在巯基部位结合,可导致酶活性抑制。

(2) 与核酸的共价结合。污染物不仅可与核酸物质发生共价结合,还可与核酸的氢键进行氢键结合,或者嵌入碱基对之间,造成遗传信息的错误表达。

(3) 与脂质的共价结合。能直接与脂质共价结合的化合物不多,如部分有机卤化物。

共价结合学说还有一些事实不能解释,毒作用程度与共价结合能力不符合。例如,某些污染物或其代谢产物在靶器官内的共价结合量反而低于非靶器官，有大量污染物以非共价键的形式作用于生物大分子，导致各种有害生物效应。常常发现污染物与生物大分子共价结合的部位并未产生毒作用。因此，深入探讨污染物或其代谢产物对各种特殊蛋白质毒作用的分子机理是当前环境毒理学研究重要方向。

4) 自由基作用学说

大多数自由基都很活泼，反应性极强，容易氧化生成稳定分子。自由基很容易与其他物质发生反应，结合成稳定的分子或不断再生而使反应像链锁一样持续进行。自由基对机体损伤的原因可能与脂质过氧化而破坏生物膜，导致膜的通透性和流动性改变而引起细胞损伤和死亡有关；或者与蛋白质氨基酸残基或巯基反应，导致蛋白质功能或酶活性丧失，引起蛋白质分子聚合和交联；也可以破坏核酸的结构、攻击嘌呤与嘧啶基，导致变异的出现与蓄积。细胞的90%以上为膜性结构，细胞膜上含有大量多不饱和脂肪酸(PUFA)，是最易受到活性氧攻击的生物大分子，使其发生脂质过氧化作用。脂质过氧化作用主要是指在PUFA中发生的一种自由基链式反应，它主要由活性氧引发产生。PUFA在活性氧的作用下，可在不饱和双键上不断发生过氧化作用。脂质过氧化作用一旦被引发，就可以较持续地进行，或形成环氧化物，当环氧化物断裂后，产生许多种醛类和烃类的物质，使连锁反应终止。

三、污染物的毒性效应指标

(一) 污染物对生物的毒性效应

毒性效应(toxicity effect)指毒物或药物对机体所致有害的生物学变化，如痉挛、致畸、致癌或致死等效应，也称毒性作用。

1) 按作用时间分类

根据毒性效应发生的时间可将其分为急性毒性、亚慢性毒性和慢性毒性。

(1) 急性毒性。急性毒性(acute toxicity)是指机体(人或实验动物)在较短时间内(小于24 h)一次或多次接触外来化合物之后所引起的中毒效应，甚至引起死亡。

(2) 亚慢性毒性。亚慢性毒性(subchronic toxicity)也称亚急性毒性，是指染毒期不长(一般为3个月)，或接触毒物时间不长(数十天乃至数月)对机体引起功能和/或结构的损害。常以毒性反应、毒性剂量、受损靶器官、无作用水平及病理组织学变化等描述亚慢性毒性。

(3) 慢性毒性。慢性毒性(chronic toxicity)是指化学物对生物体长期低剂量作用后所产生的毒性，染毒期限为1~2年。慢性毒性可以测定化学物的致畸性、致突变性和致癌性。慢性毒性是衡量蓄积毒性的重要指标，也是制定卫生标准的重要内容。常涉及毒作用剂量、作用性质、靶器官、病损程度(可逆性或不可逆性病变)及无害作用剂量等。它是预测人类在生活环境和生产环境中过量接触有害物质可能引起慢性危害的主要依据。

2) 按作用特点分类

毒物的毒性效应可发生在生物的不同组织结构水平，如器官、组织和细胞等。根据生物体的功能层次划分，毒物对机体的直接毒性效应可大致分为致死效应、生长抑制效应、生殖毒害效应、形态结构效应、行为异常效应和致突变效应等(表 5-1)。虽然毒物对机体的毒性效应可分为上述几种类型，但同一毒物作用于机体时并不一定只产生一种毒效应，多数情况下一些毒物产生多种毒性效应。

表 5-1 毒物的毒性效应类型

序号	种类	特征	举例
1	致死效应	毒物导致细胞或生物个体的死亡	有机磷农药在一定浓度下可以杀死大量害虫
2	生长抑制效应	毒物抑制机体的质量和体积，使生物量下降、长度或高度变小等	2,6-二硝基甲苯和4-硝基甲苯两种硝基芳烃对虹鳟鱼的毒性效应，在40d内对试验动物的生长有不同程度的影响
3	生殖毒害效应	毒物对生物的生殖过程所产生的损伤作用。毒物的生殖效应很复杂，当将生殖效应看作一种对生物体生产后代能力的损伤，毒物对生物生活史的各个阶段产生的损伤作用都可影响生物的生殖能力	重金属会导致鱼类胚胎孵化率降低5%~10%
4	形态结构效应	在毒物作用下，机体器官或组织的外形和解剖构造发生损伤性改变	SO_2 对阔叶植物叶片伤害的典型症状是叶脉间呈现不规则的点状或块状坏死斑
5	行为异常效应	在毒物作用下，动物的可观察、可记录或可测量的活动的异常改变	鱼类对水体中的污染物具有明显的回避反应，其可回避浓度一般低于致死浓度
6	致突变效应	在毒物作用下，生物体细胞遗传信息发生突然的、可遗传的改变	苯并[a]芘可以导致小鼠遗传表型变化、妊娠大鼠胎儿畸形

(二) 污染物的毒性效应指标

1) 最高允许浓度

生物在整个生长发育周期内，或者是对污染物最敏感的时期内，该污染物对生物的生命活动能力和生产力没有产生明显影响的最高浓度，称为最高允许浓度(maximum allow concentration, MAC)。例如，饮用水重金属元素最高允许浓度(水质标准)为：砷，0.04 mg/L；铅，0.1 mg/L；汞，0.001 mg/L；铬(六价)，0.05 mg/L；镉，0.01 mg/L。居民区大气中有害物质最高允许浓度(日平均值)为：砷，0.003 mg/m^3；汞，0.0003 mg/m^3；铅及其化合物，0.0017 mg/m^3；二氧化硫，0.05 mg/m^3。

2) 效应浓度

超过最高允许浓度，生物开始出现受害症状，接触毒物时间越长，受害越重。这种使生物开始出现受害症状的浓度称为效应浓度(effective concentration)，可以用 EC_{50}、EC_{70}、EC_{90} 分别代表在该浓度下有 50%、70%、90%的个体出现毒性效应，即开始出现受害症状。其中，EC_{50} 是在生态毒理学研究中经常使用的指标。

3) 致死浓度

当污染物浓度继续上升到一定浓度，生物开始死亡，这时的浓度称为致死浓度(lethal concentration)，也称致死阈值。可以用 LC_{50}、LC_{70}、LC_{90}、LC_{100} 分别代表毒害致死 50%、70%、90%和 100%个体的阈值。有人将一周内甲基汞的致死阈值定在 0.2 mg/人(按

0.0033 mg/kg 计）；总汞量周致死阈值是 0.3 mg/人(按 0.005 mg/kg 计）；镉的周致死阈值是 0.4～0.5 mg/人(按 0.0067～0.0083 mg/kg 计）；铅的周致死阈值是 3 mg/人(按 0.05 mg/kg 计）。

4) 半数致死量

半数致死量可以简单定义为引起一群受试对象 50%个体死亡所需的剂量(median lethal dose，LD_{50})。由于 LD_{50} 并不是实验测得的某一剂量，而是根据不同剂量组结果而求得的数据，因此精确的定义是指统计学上获得的，预计引起动物半数死亡的单一剂量。LD_{50} 的单位为 mg/kg、mg/L 或者 mg/m^3。LD_{50} 的数值越小，表示毒物的毒性越强；反之，LD_{50} 数值越大，表示毒物毒性越低。毒理学最早用于评价急性毒性的指标即死亡，死亡是各种化学物共同的、最严重的效应，易于观察，无需特殊的检测设备。长期以来，急性致死毒性是比较、衡量毒性大小的公认方法。LD_{50} 在毒理学中是最常用于表示化学物毒性分级的指标，因为剂量-反应关系的"S"形曲线在中段趋于直线，直线中点为 50%，所以 LD_{50} 值最具有代表性。

5) 最小有作用剂量

最小有作用剂量(minimal effect level, MEL)，又称阈剂量或阈浓度，是指在一定时间内，一种毒物按一定方式或途径与机体接触，能使某项灵敏的观察指标开始出现异常变化或使机体开始出现损害作用所需的最低剂量(threshold level)，也称中毒阈剂量(minimum effective dose)。

6) 最大无作用剂量

最大无作用剂量指在一定时间内，一种外源化学物按一定方式或途径与机体接触，用最灵敏的实验方法和观察指标，未能观察到任何对机体的损害作用的最高剂量，也称未观察到损害作用的剂量(maximal no-effective dose)。从理论上讲，最大无作用剂量与最小有作用剂量应该相差甚微，但是由于实际中对损害效应观察指标和检测方法灵敏度的限制，二者存在一定的剂量差距。最大无作用剂量是根据亚慢性试验的结果确定的，是评定毒物对机体损害作用的主要依据。

第二节 复合污染对生物的联合效应

一、复合污染

迄今，国内外尚未对复合污染(combined pollution)给出明确的概念与分类。Bliss 于 1939 年在《毒物联合使用时的毒性》(*The Toxicity of Poisons Applied Jointly*)一文中最早提到"拮抗作用"、"独立作用"、"加和作用"和"协同作用"这些术语，为日后复合污染概念的明确提出奠定了理论基础。研究初期，人们将复合污染称为交互效应(interactive effect)。1982 年，任继凯最早使用了"复合污染"一词。1985 年，Macnical 在污染生态效应的研究中，使用了"联合毒性效应"(joint toxic effect)和"复合毒性效应"(combined toxic effect)的概念。

1989 年以来，周启星从重金属 Cd-Zn 和 Cd-As 复合污染着手，在我国系统地开展了土壤-植物系统复合污染的研究，对复合污染的特点、指标体系、生态学效应及有关研究方法进行了探讨，同时对复合污染的概念和类型进行了较为系统的分类并给出了较为准确的定义。何勇田在总结国内外复合污染研究现状的基础上，提出了复合污染的概念与分类：复合污染是指两种或两种以上不同种类、不同性质的污染物，或同种污染物的不同来源，或两种及两种以上不同类型的污染物在同一环境中同时存在所形成的环境污染现象。以往普遍认为，环境系统中有一种以上化学污染物或毒物存在，即为复合污染。其实，这种复合污染的概念在认识上有较大的片面性。在内涵上，复合污染应该同时满足以下4个基本条件。

(1) 一种以上的化学污染物同时或先后进入同一环境介质或生态系统同一分系统。
(2) 化学污染物之间、化学污染物与生物体之间发生交互作用。
(3) 经历化学、物理过程，生理生化过程，生物体发生中毒过程或解毒适应过程三个阶段。
(4) 产生抑制、促进或独立效应。

因此，复合污染是指存在于同一环境介质或生态系统同一分系统的两种或两种以上的不同性质的环境污染物之间发生联合作用的现象。复合污染目前是指多元素或多种化学品，即多种污染物同时存在，并共同对大气、水体、土壤、生物和人体产生综合性效应的污染现象。在自然界中，所发生的污染可能是以某一种元素或者某一种化学品为主，但在多数情况下，也有其他污染物。复合污染中元素或化合物之间对生物效应的综合影响是一个十分复杂的问题。例如，硫氧化物、氮氧化物、碳氢化合物、氧化剂、一氧化碳、颗粒物等大气污染物，以二氧化硫为主的各种污染物分别对人体、动植物、材料、建筑物等产生危害(即产生环境效应和生态效应)。同时污染物以各种化学状态存在或相互作用，从而造成对环境与生态的综合影响(如光化学烟雾)，使大气污染更为复杂而加重其危害程度。实际环境污染多数属此类污染。

关于复合污染的分类，通常根据污染物来源、类型和污染效应分为以下几种。

(一) 按污染物来源分类

1) 同源复合污染

同源复合污染类型是目前复合污染研究的重点。它是由处于同一环境介质(大气、水体或土壤)中的多种污染物所形成的复合污染。根据所处的环境介质的不同可进一步分为大气复合污染型、水体复合污染型和土壤复合污染型。

2) 异源复合污染

由不同环境介质来源的同一污染物或不同污染物所形成的复合污染现象。它可进一步分为大气-土壤复合污染型、大气-水体复合污染型、土壤-水体复合污染型和大气-土壤-水体复合污染型。

(二) 按污染物类型分类

1) 无机污染物之间的复合污染

无机污染物之间的复合污染是指两种或两种以上无机污染物同时作用所形成的环境污染现象。重金属元素之间的复合污染是当前无机复合污染研究的重点。重金属在复合污染条件下对生物的毒害及其在土壤中的迁移转化，要比单一元素的污染复杂得多，重金属元素之间的交互作用各类型的表现与各种重金属在环境中的浓度及其组合关系、生物的种类、生物的部位和暴露方式等因素密切相关，但有关的生态过程及其微观生态机理并不清楚。

2) 有机污染物之间的复合污染

有机污染物之间的复合污染指两种或两种以上有机污染物共存所形成的污染。目前研究较多的是两种农药之间的复合污染。有机污染物的毒性效应往往是非单一性的行为，如各种杀虫剂、除草剂、石油烃、多环芳烃、多氯联苯、有机染料等之间的相互作用，由于能够形成毒性更大的降解产物或中间体，因此要比无机污染物之间的相互作用更为复杂，其结果也更难以预测。

3) 有机-无机复合污染

有机-无机复合污染指有机污染物和无机污染物在同一环境中同时存在所形成的环境污染现象。目前研究较多的是重金属与农药、石油烃、洗涤剂之间的复合污染。

4) 有机污染物与病原微生物复合污染

有机污染物与病原微生物复合污染是现在比较重要的一类复合污染类型。随着工农业的发展，一些带有病原微生物的农业废水和工业废水随着地下水进入土壤环境中，它们与土壤中的有机污染物结合，形成复合污染，如农业生产中，未经处理的生活或工业污水和有机农药的残留污染物，随着灌溉农田一起进入土壤环境中，同时土壤历来作为废物的堆放、处置和处理的场所，使大量有机污染物的病原微生物随之进入土壤系统而发生这种类型的复合污染。农业化学物质和有机肥的施用，也会带入某些病原微生物，其与农药本身及其分解残留物或者其他有机污染物也能构成这种类型的复合污染，因此这类污染更为普遍、更为复杂。

(三) 按复合污染效应分类

1) 简单相似作用

简单相似作用(simple similar action)也称相似联合作用、剂量相加作用和相对剂量相加作用。这种作用无相互作用，表现为各单一污染物之间无相互影响，所有污染物作用方式、作用机制均相同，只是强度不同。如果按一定比例，用一种污染物代替另一种污染物，其复合污染效应不改变。

2) 独立联合作用

独立联合作用(independent joint action)也称简单不相似作用、简单独立作用或效应相加作用。这种作用也无相互作用，但污染物的作用方式、机制和部位不同，因而常出现在一种污染物先进入环境，并与生物体发生作用后，导致机体抵抗力下降，从而当后一种污染物进入环境后，并与上述生物体作用时，其污染效应明显增强。

3) 交互作用

交互作用(interaction)指污染物之间存在相互作用，所产生的联合作用效应大于或小于各污染物单一污染所产生的效应之和。联合作用增强的称为协同(synergistic)、加强(potentiating)或超相加(supra-additive)作用，反之为拮抗(antagonism)、抑制(inhibition)或亚相加(sub-additive)作用。正是这种拮抗作用，使得某些严重的汞污染地区因有硒的存在而使汞对人体未能形成严重的影响。同理，在某些严重的氟污染地区没有发生严重的氟中毒现象，其原因可能是铅、硼等元素在该地区与氟共存。

目前也采用相加、超相加和亚相加作用的分类方法。相加是指其效应为两者分别作用时的总和(1+1=2)。超相加，即加强，反映两个相加的因素中有一个是活跃的(0+1>2)，或两个都是活跃的(1+1>2)。亚相加，即拮抗，指复合污染效应小于各污染物单独效应之和(1+1<2)。

总之，不管哪一种联合作用，按其所产生的效应，可以分成三种：相加、协同和拮抗。严格地说，复合污染必然会产生协同或拮抗，绝对的相加作用是不存在的。因此，复合污染中交互作用更具有普遍性，也是目前复合污染研究中的重点。

人类暴露在一个复杂的多元介质中，过去在对单一污染物研究基础上制定的环境标准，可能由于污染物间的拮抗、相加或协同作用，在应用中遇到困难，需要加以修订，因此采用现有的对单一污染物的标准进行复合污染评价当然也是不合理的。当前对复合污染的分类术语通常是描述实际效应与预期效应之间的关系，而效应的性质往往与所暴露的剂量、时间和对象有关。在一个剂量水平上出现的某种联合作用，在另一剂量水平上不一定能见到。因此，在环境污染物复合污染研究中，必须设定发生复合污染效应的具体条件。

二、复合污染联合效应

污染物进入生态系统产生生物毒性效应，往往综合了多种物理、化学和生物学的过程，并且往往是多种污染物共同作用，形成复合污染效应。例如，污水处理后的污泥中通常含有多种重金属，如果处理不当，常常会导致重金属的复合污染；光化学烟雾也是由 NO 和碳氢化合物造成的复合污染。复合污染联合效应发生的形式与作用机制多种多样，主要包括如下几种性质的联合效应(表 5-2)。

表 5-2 复合污染联合效应的类型

序号	类型	特征	例子
1	协同效应 (synergy effect)	一种污染物或者两种以上的污染物的毒性效应因另一种污染物的存在而增加的现象，表示为 $\sum T > T_1+T_2+\cdots+T_n$	异丙醇对肝脏的毒害效应，当与四氯化碳同时作用时，会导致四氯化碳对肝脏的毒害效应增强
2	加和效应 (additive effect)	两种或两种以上的污染物共同作用时，产生的毒性或危害是其单独作用时毒性的总和，表示为 $\sum T = T_1+T_2+\cdots+T_n$	稻瘟净与乐果对水生生物的危害
3	拮抗效应 (antagonism)	生态系统中的污染物因另一种污染物的存在而使其对生物的毒性效应减小，表示为 $\sum T < T_1+T_2+\cdots+T_n$	Cu 和 Zn 对裸藻(Euglena)的生长具有拮抗效应
4	竞争效应 (competitive effect)	两种或多种污染物同时从外界进入生态系统，一种污染物与另一种污染物发生竞争，而使另一种污染物进入生物的数量和概率减少；或者是外界来的污染物和环境中原有的污染物竞争吸附点或结合点的现象	在生物体内血液中，一种物质由于取代了在血浆蛋白结合点上的另一种物质而增加了有效的血浓度
5	保护效应 (protective effect)	生态系统中存在的一种污染物对另一种污染物的掩盖作用，进而改变这些化学污染物的生物学毒性，改变它们对生态系统一般组分的接触程度	表面活性剂可以吸附乳化一些污染物，使其毒性降低

续表

序号	类型	特征	例子
6	抑制效应 (inhibitory effect)	生态系统中一种污染物对另一种污染物的作用，使生物活性下降，不容易进入生物体内进而产生危害的现象	对于 A 和 B 两种污染物，至少有一个的毒性受到抑制
7	独立作用效应 (independent effect)	生态系统中的各种污染物之间不存在相互作用的现象。也就是说，两种物质同时存在时对生物的毒性与这两种污染物各自单独存在时的毒性大小相等，它们各自之间不发生相互影响	对于 A 和 B 两种污染物，只要两者在毒性临界水平以下，不论另一种污染物的浓度如何，它们对生物不产生任何毒性效应
8	非线性效应 (nonlinear effect)	在非线性效应中，污染物的效应不是简单的线性相加关系，可能存在一些阈值或非线性响应。这使得在一定范围内，污染物的联合效应可能会发生较大的变化	低浓度的 A 和 B，各自对生物产生轻微毒性。适度浓度下，产生复合毒性。过度浓度下，这种复合效应可能急剧增加

第三节 污染物毒性测试方法

为了有效评价污染物对生物的毒性效应，需要对污染物进行毒性测试，其测试的方法包括急性和慢性毒性测试方法、遗传毒性测试方法及生物传感器等多种测定方法。

一、急性、慢性毒性测试方法

(一) 急性毒性测试

在毒理学中，研究测定高浓度的污染物时，通常以大剂量或者高浓度毒物一次或在 24 h 内多次给受试动物染毒，研究机体(人或实验动物)一次或 24 h 之内多次接触外源化合物之后，在短期内所发生的毒性效应，包括引起死亡效应的试验称为急性毒性试验(acute toxicity test)。

1. 急性毒性测试方法

根据试验溶液或试验气体的给予方式，急性毒性测试可分为静止式生物测试(static bioassay)和流动式生物测试(flow-through bioassay)两种。静止式生物测试即将受试生物置于不流动的试验溶液或试验气体中，测定污染物浓度与受试生物中毒反应之间的关系，从而确定污染物的毒性。静止式生物测试只适用于测定不易挥发、相对稳定且耗氧量不大的污染物及 BOD 不高的工业废水的急性毒性。流动式生物测试即将受试生物置于连续或间歇流动的试验溶液或试验气体中，测定污染物浓度与受试生物中毒反应之间的关系，从而确定污染物的毒性。流动式生物测试不仅可以使试验溶液保持充足的溶解氧并维持被测物浓度的稳定性，同时还能将生物的代谢产物随着试验溶液的溢流及时排出，因而这种方法既是慢性毒性试验的测试手段，也是不稳定的或易挥发化学物质及 BOD 含量较高的工业废水的急性毒性试验的一种常用测试方法。

急性毒性试验测定一般应包括毒物的半数致死量(LD_{50})或半数致死浓度(LC_{50})、急性阈剂量或浓度，初步阐明受试物的进入途径、中毒表现、经皮吸收能力和有无局部刺激作用等。将试验所得的毒性结果与其他已知其毒性的毒物比较，可得出比较毒性，作为初步评价毒性大小的参考。急性毒性试验的结果也可为进一步进行亚慢性和慢性毒性试验提供重要依据。

2. 急性毒性试验方法

1) 哺乳动物急性毒性试验

毒物的染毒途径应根据毒物的不同性质及不同试验的目的，采用不同的染毒方式，常用的染毒方式有经消化道染毒、经呼吸道染毒、注射染毒和经皮(黏膜)染毒。试验时应根据不同目的、要求选择适合的试验动物。

试验通常采用一种以上啮齿动物。一般经口染毒选用小鼠或大鼠，经皮染毒可用兔或豚鼠。所用小鼠或大鼠应为初成年个体(出生后 2～3 个月)，动物年龄应基本接近，体重相差不超过 10%。一般每组 10 只，至少 6 只，雌雄各半，大鼠体重为 200 g 左右，小鼠体重为 20 g 左右。试验前需查阅相关的参考文献，得到类似污染物的 $LD_{50}(LC_{50})$，通过预实验设置以 3 倍之差的 3 个剂量组，每组 3 只动物，测得动物全部存活和全部死亡剂量，并在这两个剂量间设置 5～6 个剂量组，各组按 1.2～1.5 的等比级数设计间距。在半数致死量测定中，主要观察指标为实验动物死亡数，同时应记录动物开始出现中毒症状的时间、主要中毒症状和死亡时间等。观察期应持续至大多数出现典型中毒症状而未死亡的动物完全恢复健康为止，一般为 24～48 h，记录观察期中动物的死亡数量，经观察后最好仍将动物留养 1 周。若给予受试物 24 h 后才出现中毒症状或死亡，表示有迟发毒性作用，观察期应延长到 2 周或 4 周。常用的 LD_{50} 计算方法有概率单位法、寇氏法和霍恩法。

(1) 概率单位法。将剂量以对数值表示，死亡率以概率单位表示。概率单位法不要求各组动物数目相等和各组剂量呈等比或等差关系，计算较为方便。本法又可分为图解法、直线回归法(最小二乘法)和加权直线回归法。图解法是在特制概率单位纸上绘出剂量与死亡率关系曲线，虽较简便，但目测中有主观因素，不够十分精确；直线回归法或加权直线回归法则可避免目测的主观因素，结果较为精确。

(2) 寇氏法。又称平均剂量法。本法要求各组实验动物数目相等，各组剂量应呈等比级数，计算较简便，结果也较精确。

(3) 霍恩法。又称剂量递增法或流动平均法。所需动物数量较少，一般可用大鼠 5 只，结果计算简便，但误差较大，常于动物数目较少及预试时采用。

作为评价毒物非致死性损害的参数之一，急性阈剂量(浓度)是指一次染毒引起最低程度损害的最小剂量，评价方法选用整体状态和非特异性作用的指标，如活动能力、应激状态和条件反射等，一般可选择毒性作用引起的最敏感反应指标，对刺激性气体或蒸气，可测定其刺激阈浓度或嗅觉阈浓度。对可引起接触的皮肤或黏膜的炎症和烧伤的化学物质，可通过急性皮肤刺激/腐蚀试验或者急性眼睛刺激/腐蚀试验来检测。

2) 水生生物急性毒性试验

水生动物毒性试验是毒理学的一个重要组成部分，包括传统的鱼类、大型溞和藻类急性试验，也包括发光菌和斑马鱼胚胎发育毒性检测方法。

(1) 鱼类急性毒性试验。

鱼类对水环境变化的反应十分灵敏，当水体中的污染物浓度达到一定程度时，就会引起鱼类一系列中毒反应，如行为异常、生理功能紊乱、组织细胞病变，甚至死亡。鱼类急性毒性试验不仅用于测定化学物质毒性强度、水体污染程度、废水处理后有效利用程度，也为制定水质标准、废水排放标准和评价环境质量提供依据。

用于急性毒性试验的鱼类主要有斑马鱼(*Danio rerio*)、白鲢、草鱼、金鱼和鲤鱼等，一次试验过程必须选择同批、同种、同龄、大小均匀、体质健壮、体长约 7 cm、体重不超过 5 g、最大体长不超过最小体长 1.5 倍的鱼群。试验前，通常要将受试鱼置于与试验用水水质、温度和光照相同的水环境中驯养 7 d 以上，去除受伤、体色异常、消瘦、离群游泳等现象的个体。试验中，需将受试个体随机分组，设置 5 个以上不同浓度组及 1 个对照组，每组至少 10 尾。在预实验中确定使鱼体完全死亡和完全不死亡的浓度，在其间按等对数级数确定 5~7 个浓度组。试验至少进行 24 h，最好以 96 h 为一个试验周期，在 24 h、48 h、72 h 和 96 h 时分别记录鱼的死亡率，确定鱼类死亡 50%时的受试物浓度，半数致死浓度用 24h-LC_{50}、48h-LC_{50}、72h-LC_{50} 和 96h-LC_{50} 表示。

斑马鱼作为生态环境部推荐的水质急性毒性试验受试鱼类，其胚胎试验因材料方便易得、操作简单、可重复性好及可靠性较高等优点，近年来得到广泛应用。斑马鱼胚胎技术相比传统鱼类急性试验，成本低、影响因素少、灵敏度高，已被世界经济合作与发展组织(OECD)列入测定单一化学品毒性的标准方法，制定了详细的操作指南。

(2) 枝角类急性毒性试验。

枝角类(Cladocera)属于节肢动物门(Arthropoda)，甲壳纲(Crustacea)、鳃足亚纲(Branchiopoda)、枝角目(Cladocera)，通称溞类，俗称水蚤，广泛分布于淡水、海水和内陆半咸水中，是浮游生物的主要类群之一，为水生生物链的一环。目前国内最常使用大型溞(*Daphnia magna*)、蚤状溞(*Daphnia pulex*)及透明溞(*Daphnia hyaline*)作为试验材料。选用同龄、同性、同一母体的幼体作试验溞。试验前，将溞类培养于水族箱或培养缸中，水温保持在 20℃左右，培养期间，其生物量以不大于 150 个/L 为宜。试验前先用口径大于溞体的吸管将其吸出，放于表面皿中，置解剖镜下观察，去除雄性溞、个体损伤或发育不良的溞体，然后移入试验缸中。试验中通常采用 150 mL 的玻璃容器，试验浓度一般选择为 10.0 mol/L、5.6 mol/L、3.2 mol/L、1.8 mol/L、1.0 mol/L 等。每个浓度设 2~3 个平行组和 1 个对照组，每组 10 个水溞，记录 24 h、48 h 或 96 h 的死亡数据，然后计算 LC_{50}。

(3) 藻类急性毒性试验。

藻类是最简单的能进行光合作用的有机体，种类繁多，分布广泛，是水生生态系统的初级生产者。藻类急性毒性试验常用的测试指标有光密度、细胞数、叶绿素含量及细胞干重等，其中细胞数和光密度应用最为普遍，是藻类毒性试验中最主要的测试指标。

水体中重金属和有机污染物对藻类的毒性表现在可抑制其光合作用、呼吸作用、酶活性和生长等。在急性毒性试验中，常用藻类的生长抑制效应作为测试指标。通过检测 33 种除草剂对蛋白核小球藻(*Chlorella pyrenoidosa*)的生长抑制效应发现，除草剂能明显地抑制藻类的生长，其中毒性最大的是百草枯，其 EC_{50}(96 h)为 $1.0×10^{-4}$ mg/L，与毒性最小的草除灵[EC_{50}(96 h), 37.26 mg/L]相差几十万倍。以藻类生长抑制效应作为测试指标，准确可靠，但是工作量大、测定周期长。以氧电极法的光合率作为藻类毒性测试指标，研究了铜离子对羊角月牙藻光合作用效率的抑制效应，整个测试过程简便、快速，能够随时测定受试毒物对藻类光合作用的影响，与藻类生长抑制作用的急性毒性试验比较，测定时间由 96 h 缩短至 2 h，灵敏度提高了约 1 倍。光合色素含量、抗氧化酶活性、DNA 损伤等检测指标，也可用于研究高浓度氨氮胁迫对纤细裸藻的毒性效应，结果表明氨氮浓度在 500~2000 mg/kg 抑制藻类的生长，浓度越高，抑制越明显，当浓度达到 2000 mg/L 时相对抑制率为 55.7%。

(4) 梨形四膜虫急性毒性试验。

梨形四膜虫(*Tetrahymena pyriformis*)在自然界中广泛分布，是水域食物链系统中能量流动与物质循环的组成部分。其个体小，具有典型的亚细胞结构和完整生命体所有的细胞器，繁殖周期短，在实验室培养简单、便捷、经济，实验结果又相对准确，同时，在水体中对许多毒物的反应比其他高等生物更为敏感、直接，因此作为代表单细胞生物进化的最高形式——纤毛虫的一种，四膜虫越来越受到毒理学与生态毒理学家的关注，并越来越多地被应用到相关领域的研究当中，已成为环境与生态毒理学研究中常用的优良模式生物。大量研究表明，四膜虫是进行药物、有机物、无机物和水污染毒理学评价的一种方便模式生物，美国 EPA 建议将其作为废水标准的参考实验系统。

3) 土壤生物急性毒性试验

蚯蚓是常见的杂食性环节动物，在土壤生态系统中具有极其重要的地位，常被作为土壤污染的指示动物，广泛用于土壤生态毒性研究。根据我国国家标准方法，土壤生物急性毒性试验推荐的蚯蚓品种为赤子爱胜蚓(*Eisenia foetida*)，属于正蚓科，爱胜蚓属。因生活周期短、繁殖力强、易于饲养等特点而被广泛应用，也是国际标准化测试方法中推荐的模式生物。这种蚯蚓虽然不是典型的土壤品种，但它存在于富含有机质的土壤中，对化学物质的敏感性与真正栖息在土壤中的蚯蚓类似。

一般试验选取二月龄以上，体重在 300~600 mg 的健康蚓体。国家标准中，急性试验方法包括滤纸接触毒性试验和人工土壤法试验。通常将滤纸接触毒性试验作为预试验对受试物毒性进行初筛以确定正式试验浓度，将蚯蚓与湿润滤纸上的受试物进行接触，通过测定 24 h 及 48 h 蚯蚓的死亡率，为进一步的毒性试验提供基础数据。人工土壤法将蚯蚓置于含不同浓度受试物的人工土壤中，饲养 7 d 和 14 d，观察蚯蚓死亡率，计算 LC_{50}，可以较为客观地评价受试物对蚯蚓的急性毒性作用。张刘俊等分别用滤纸接触毒性法和人工土壤法对五氯酚钠(PCP-Na)的急性毒性进行研究，48 h LC_{50} 和 14 d LC_{50} 分别为 1.5 $\mu g/cm^2$ 和 71.14 mg/kg。多壁碳纳米管(MWCNT)的急性毒性较低，当与 PCP-Na 联合作用时，滤纸接触毒性法结果表明，吸附前添加和吸附后添加的 48 h LC_{50} 分别为 2.68 $\mu g/cm^2$ 和 3.78 $\mu g/cm^2$，人工土壤法的 14 d LC_{50} 分别为 77.94 mg/kg 和 89.73 mg/kg，这些结果表明，MWCNT 的添加会使 PCP-Na 的毒性降低。然而胡长伟等的回避试验结果表明，PCP-Na 和 MWCNT 吸附前后都显示协同作用，因此复合毒性的作用机制仍需要进行进一步研究。

胡长伟等发现，纳米 TiO_2 和 ZnO 浓度高于 1.0 g/kg 会对蚯蚓的抗氧化防御系统及 DNA 造成损伤，且会积累在生物体内。当 ZnO 浓度高于 5 mg/kg 时纤维素酶的活力显著抑制并会损伤线粒体。郑凯等研究了南京钢铁厂重金属污染对蚯蚓的生化毒性、遗传毒性，结果显示，重金属污染土壤对蚯蚓体内乙酰胆碱酯酶(AChE)、纤维素酶活性有显著影响，彗星试验结果表明，重金属污染土壤对蚯蚓产生明显的遗传毒性，并观察到随着暴露时间延长，蚯蚓体内产生 DNA 修复机制。得克隆是一种高氯代有机阻燃剂，张刘俊和杨扬等分别研究了人工土壤中得克隆对蚯蚓的急性毒性和低浓度慢性毒性，结果表明，暴露 7~28 d 都会对赤子爱胜蚓的抗氧化防御系统产生损伤，并会对蚯蚓神经系统关键酶 AChE 产生一定的抑制作用，长期暴露下 0.1~50 mg/kg 造成蚯蚓体腔细胞 DNA 损伤，并且呈现明显的剂量-效应关系。逆转录基因分析结果表明，氧化损伤和神经毒性是得克隆对蚯蚓毒性效应的主要致毒机制。

4) 发光细菌急性毒性试验

发光细菌是一类在正常生理条件下能够发射可见荧光的微生物，其可见荧光波长在 450~490 nm，在黑暗处肉眼可见，多数为海洋生物。发光细菌检测法是以一种非致病的明亮发光杆菌、费氏弧菌等细菌作为指示生物，当与有毒有害物质接触后，其发光强度会随着毒性浓度的变化而变化，通过灵敏的光电测量系统测定毒物对发光细菌发光强度的影响，最终用发光强度表征毒物所在环境急性毒性的一种监测方法。目前国内常用的 3 种发光细菌为明亮发光杆菌(*Photobacterium phosphoreum*)、费氏弧菌(*Vibrio fischeri*)和青海弧菌(*Vibrio qinghaiensis*)。

一般而言，许多有毒物质可抑制发光细菌的发光强度，且毒物浓度与菌体发光强度呈线性负相关关系，因此通过测定发光强度变化可以实现水质的急性毒性检测。1978 年，美国 Backman 公司首先研制出一种商品名为 Microtox 的生物发光光度计(即生物毒性测定仪)，用发光杆菌的发光强度变化来测定污染物的毒性。此后，许多研究人员利用这种方法研究了工业废水等水样的毒性。

除用于水质检测外，发光细菌还应用于大气污染和土壤污染毒性的检测。早在 20 世纪 40 年代，就有人利用发光细菌监测大气污染。F. S. William 等报道了利用发光细菌研究大气污染，考察大气污染对生物所造成的危害。尽管用发光细菌法检测大气毒性有很多困难，如怎样精确定量气体，并保证用于检测的气体有充分相同的机会接触发光细菌而产生作用，但只要改进气体样品的预处理，应用发光细菌来快速评价大气或工业废气的生物毒性仍然是可行的。检测土壤是否被污染，其样品的预处理也是关系成败的一个重要方面。如何将土壤中的毒性物质抽提出来并溶解于水，成为可供发光细菌检测的样品形态，其方法值得研究。

(二) 慢性毒性测试

慢性毒性试验(chronic toxicity test)是指试验动物长期反复接触低剂量的外来化合物，观察污染物对试验动物产生生物学效应的试验。通过慢性毒性试验确定最大无作用剂量，可为制定人体每日允许摄入量提供毒理学依据。

一般认为工业毒理学慢性试验中试验动物染毒 6 个月或更长时间，而环境毒理学与食品毒理学则要求试验动物染毒 1 年以上或 2 年。有学者主张动物终生接触外来化合物才能全面反映外来化合物的慢性毒性效应，以及求出阈剂量或无作用剂量。但是也有学者认为以大鼠作为慢性毒性试验的动物，接触受试化合物不一定需要 1 年以上。多次试验证明，延长接触时间 1 年以上，大鼠也不再出现新的毒性效应(致癌试验除外)。

慢性毒性试验一般选择年龄较小的动物，大鼠和小鼠应为初断乳的为宜，即小鼠出生后 3 周，体重为 10~12 g，大鼠出生后 3~4 周，体重为 50~70 g，雌雄各半。慢性毒性试验的染毒途径多为经口或经呼吸道接触。如经呼吸道接触，每日接触时间则依试验要求而定，工业毒物的试验通常每日吸入 4~6 h，环境污染物一般要求每日吸入 8 h 或更长。

根据世界卫生组织标准，一般慢性毒性试验设置 3 个染毒剂量组和 1 个对照组。染毒剂量组剂量一般为最高剂量、阈剂量和无作用剂量。若以亚慢性阈剂量为出发点，则以这一阈剂量或其 1/5~1/2 剂量为慢性毒性试验的最高剂量，以该阈剂量的 1/50~1/10 为慢性毒性试验的预计阈剂量，并以其 1/100 为预计的慢性无作用剂量组。若以急性毒性的 LD_{50} 剂量为出发点，则以 LD_{50} 的 1/10 剂量为慢性试验的最高剂量，以 LD_{50} 的 1/100 为预计慢性阈剂量，以 LD_{50} 的 1/1000 为预计的无作用剂量组。各染毒剂量组之间的剂量间距应适当大些，以利于求出剂量-反应关系，也有助于排除实验动物个体敏感性差异。组间剂量差一般以 5~10 倍为宜，最低不小于 2 倍。

观察指标的选择，应以亚慢性毒性试验的观察指标为基础，包括体重、食物利用率、临床症状、行为、血象和血液化学、尿的性状及生化成分，以及重点观察在亚慢性毒性试验中已经显现的阳性指标。一些观察指标变化甚微，为此应注意三点：一是试验前应对一些预计观察指标，尤其是血、尿常规及重点测定的生化指标进行正常值测定，剔除个体差异过大的动物；二是在接触外来化合物期间进行动态观察的各项指标，应与对照组同步测定；三是各化验测定方法应精确、可靠地进行质量控制。慢性毒性试验中应重视病理组织学的检查，凡试验期间死亡的动物，都应做病理组织学检查。

慢性毒性试验可以用于确定外来化合物的毒性下限，即长期接触该化合物可以引起机体危害的阈剂量和无作用剂量，为进行该化合物的危害性评价与制定人体接触该化合物的安全限量标准提供毒理学依据，如最高容许浓度和每日容许摄入量等。

二、遗传毒性测试方法

随着遗传毒理学相关领域特别是分子生物学研究的不断深入，遗传毒性测试评价方法也在不断改进。目前已建立的遗传毒性短期检测技术已超过 200 种，所用的指示生物有病毒、细菌、酵母、昆虫、植物、哺乳动物和体外培养的哺乳动物细胞等。根据其测试的遗传学终点可分为 4 种类型：基因突变测试、染色体畸变测试、染色体组畸变测试和 DNA 原始损伤测试。

(一) 基因突变测试

1) 鼠伤寒沙门氏菌/哺乳动物微粒体酶试验法

鼠伤寒沙门氏菌/哺乳动物微粒体酶试验法简称 Ames 试验，基本原理是利用鼠伤寒沙门氏菌或大肠杆菌营养缺陷型菌株与被检测化合物共培养，如该化学物质具有致突变性，则可使具有突变性的细菌发生回复突变，重新成为野生型菌株。

常规的 Ames 试验选用 4 个测试菌株(TA97、TA98、TA100 和 TA102)，有学者曾提出增加 TA1535 测试菌株，该菌株特别适用于检测混合物的致突变性。目前出现的新生菌株具有更高的敏感性和特异性，如 YG7014、TG7108 菌株，其缺乏编码 O^6-甲基鸟嘌呤 DNA 甲基化转移酶的 *ogtST* 基因，专用于烷化剂引起的 DNA 损伤检测。引入乙酰转移酶基因的 YG1024、YG1029 菌株，对硝基芳烃和芳香胺的敏感性比原菌株高 100 倍以上。测试代谢活化系统一般采用由 Aro-clor1254(PCBs)诱导大鼠肝微粒体酶的 S9；国外也有用人肝 S9 的报道，试验证明其代谢活性明显高于鼠 S9。为了克服 S9 制备上的困难和不稳定性，Josephy 等将沙门氏菌的芳香胺 *N*-乙酰转移酶基因和人类细胞色素 P450 基因 *Cyp1A2* 引入细胞，构建了在无外源 S9 时也可检出芳香胺诱变性的 Ames 测试菌株，如 DJ4501A2。

2) TK 基因突变试验

TK 基因突变试验是一种哺乳动物体细胞基因正向突变试验，具有潜在的应用价值。TK 基因编码胸苷激酶，该酶催化胸苷的磷酸化反应，生成胸苷单磷酸(TMP)。若存在三氟苷(TFT)等嘧啶类似物，则产生异常的 TMP，掺入 DNA 中造成致死性突变，导致细胞死亡。若受检物能引起 TK 基因突变，胸苷激酶则不能合成，细胞则在核苷类似物的存在下能够存活。TK 基因突变试验可检出包括点突变、大的缺失、重组、染色体异倍性和其他较大范围基因组改变在内的多种遗传改变。试验采用的靶细胞系主要有小鼠淋巴瘤细胞 L5178Y 及人类淋巴母细胞 TK6 和 WTK1 等，其基因型均为 $tk^{+/-}$。对于同一阳性受检物，WTK1 细胞的突变频率远高于 TK6 细胞，认为与 WTK1 存在 *p53* 基因突变有关。

3) 转基因小鼠基因突变试验

转基因小鼠基因突变试验可在整体状态下检测基因突变，比较不同组织(包括生殖腺)的突变率，确定靶器官，对诱发的遗传改变做精确分析等。国外已陆续发展了多种用于突变检测的转基因动物，其中 3 种已投入商品化生产：MutaTM 小鼠、Big-BlueTM 小鼠和 Xenomouse 小鼠。它们分别采用大肠杆菌乳糖操纵子的 *LacZ* 和/或 *LacI* 作为诱变的靶基因。陈建泉等已经以穿梭质粒 pESnx 为载体，以 *xy1E* 基因为诱变靶基因建立了携带 *xy1E* 的转基因小鼠，并对转基因小鼠进行了繁殖建系，已证明 *xy1E* 转基因小鼠是一个研究体内基因突变的有效模型，它可望成为一种新的转基因小鼠突变检测系统。

4) 反向限制性酶切位点突变分析法

反向限制性酶切位点突变(inverse restriction site mutation，iRSM)分析法是由英国威尔士大学分子遗传和毒理中心建立并完善的。iRSM 适用于快速检测诱变剂所致体内外 DNA 的突变，但这些突变的特点是使某一酶切位点变为另一酶切位点。该方法的建立者 Jenkins 等首先将 iRSM 应用于化学诱变剂所致动物体内 *p53* 基因的突变检测，取得了良好的结果。结果表明，ENU 诱发肝组织 *p53* 基因突变的发生率为 33%，2-AAF 使肝组织突变的发生率为 25%，这一阳性突变率反映了不同诱变剂对相应组织的致突变强度，进一步验证了其具有灵敏度高、快速、操作简便及突变检测部位明确等优点，是一种较具实用价值和生命力的突变检测手段。但是，iRSM 的不足之处是仅能检测诱发限制性酶切位点 DNA 的反向突变。

(二) 染色体和染色体组畸变测试

1) 微核试验

在有丝分裂或减数分裂末期，由染色体结构变化引起的滞后染色体或染色体片段，包括染色单体或无着丝粒的染色体片段或因纺锤体受损而丢失的整个染色体，在细胞分裂后期仍留在子细胞的胞质内，游离于细胞核之外成为微核。微核一般是圆形或椭圆形小体，其嗜染性与细胞核相似，比主核小，因此称为微核。一切进行分裂的细胞，在辐射或化学物质诱导及染色体断裂剂作用下，均能产生微核，可根据出现的微核细胞率大小来判定化学物质遗传毒性的大小。由于微核试验(micronucleus test)简便、快速、可靠，传统的体内微核试验仍然是检测化学物质染色体损伤的基本方法，如小鼠骨髓细胞微核试验、蚕豆根尖微核试验、紫露草花粉四分体细胞微核试验。作者所在实验室应用蚕豆根尖微核试验研究了新型污染物得克隆的潜在遗传毒性，通过小鼠骨髓细胞微核试验探讨了太湖饮用水源水的潜在毒性效应。目前微核试验方法主要有以下改进。

(1) 体外细胞微核试验。常用细胞有中国仓鼠肺细胞(CHL)、中国仓鼠卵巢细胞(CHO)及中国仓鼠肺细胞(V79)等，也有用 L5178Y 小鼠淋巴瘤细胞和人淋巴细胞 TK6，还有用叙利亚仓鼠胚胎(SHE)细胞和 BALB/c3T3 细胞。体外试验是将受试物直接作用于靶细胞，比体内试验易于操作和控制，缺点是对直接作用的化合物有可能出现假阳性。

(2) 外周血微核试验。该方法的优点是可重复采样，自身对照，减少试验动物数。文献报道刚断乳不久的小鼠(4~6 周龄)用于外周血网织红细胞微核试验比年龄更大的敏感些。

(3) 胞质分裂阻滞法微核试验(CB-MNT)。该方法很好地排除了细胞分裂的影响。由于双核细胞是只分裂了一次的细胞，其结果更加稳定敏感。CB-MNT 可观察到多种遗传学终点，不仅可以观察不同分裂期的细胞比例，计算核分裂指数进而检测诱变物对细胞周期的影响，还可检测切除修复、次黄嘌呤磷酸核糖基转移酶(HPRT)位点变异和凋亡等。一般认为该试验可使计数值提高，达到传统方法的 2 倍或以上，但也偶有小于 2 倍的结果。

2) 染色体畸变试验

染色体畸变是指染色体数目上的增减或染色体的缺失、扩增、移位、环化等结构变化，染色体畸变试验(chromosome aberration test)的原理是受试物作用于有丝分裂末期的细胞，通过评估产生染色体畸变的概率来判定受试物的遗传毒性，这一方法是检测化学物质影响染色体数量和结构的基本方法。染色体畸变分析可在体细胞或生殖细胞中进行，可在体外也可在体内进行。染色体畸变试验适用性广，选材方便，一般植物或动物中处于有丝分裂末期的细胞都可以作为染色体畸变试验的材料。在化学物质安全性评价中，常选择体外细胞模型，如中国仓鼠肺细胞，以进行染色体畸变试验。另外，短期体外人淋巴细胞畸变试验也是一种简便可行的方法。

目前，染色体畸变试验被广泛地应用于水体(包括地表水和工业废水等)遗传毒性的检测。在水体遗传毒性检测中，常用的材料包括洋葱根尖细胞、人外周血单核细胞等。其中洋葱根尖细胞有花费少、易控制、染色体大且数量少等优点，应用最广，需要注意的是染色体畸变试验在大量样品检测中存在一定的局限性,需要人工计数,工作量较大。为了克服这个问题,一些研究可能会考虑寻找自动化或高通量的替代方法。

3) 荧光原位杂交技术

荧光原位杂交(FISH)最早由 Bauman 于 1980 年建立,后由 Lucas 于 1989 年首先应用于染色体畸变分析。其原理是按检测目标准备恰当的单链核酸碱基序列作为探针,并用生物素标记,使其特异性地与待测材料中未知的单链核酸碱基相结合,根据碱基互补原则形成杂交的双链核酸,最后通过杂交位点的荧光情况观察染色体结构或数目的改变。随着技术的发展,FISH 检测的灵敏度和分辨率均得到了提高,特别是在体内检测方面。通过使用特殊染色体和染色体某区域的荧光探针,FISH 技术可检测到 4 种类型的细胞遗传学终点,包括中期细胞染色体畸变、应用亚染色体区域探针检测的间期染色体断裂和非整倍体、应用中心粒探针或抗着丝点抗体检测的微核的形成和哺乳动物精子非整倍体的检测。与传统的放射性标记原位杂交相比,荧光原位杂交优势明显,具有更高的灵敏度和更强的检测信号,并更加安全快速。

Schriever-Schwemmet 等利用 CREST 间接免疫荧光法(着丝粒特异性探针与微核杂交),以及小鼠次要和主要卫星 DNA 探针,在小鼠骨髓细胞中证明了受试物引起微核的形成。徐德祥用双色 FISH 方法对丙烯腈接触工人的精子性染色体数目畸变进行了检测,证明 FISH 技术用于检测精子染色体数目畸变试验结果稳定可靠。

(三) DNA 原始损伤测试

1) 单细胞凝胶电泳技术

单细胞凝胶电泳技术(single cell gel eletrophoresis,SCGE)也称彗星试验(comet assay),是由 Ostling 于 1984 年首创,后经 Singh 和 Olive 等分别加以改进,形成目前的碱性裂解和中性裂解两类方法,是一种建立在单细胞水平上快速检测 DNA 损伤与修复的手段。该方法因简便、快速、灵敏和不需要放射性标记,每 10^9Da 可检出 0.1 个断裂等特点而得到了广泛应用。与经典的染色体畸变、微核、姐妹染色单体互换(SCE)等试验相比,SCGE 不仅可以进行活细胞 DNA 的检测,也能用于死亡细胞 DNA 的分析,因此 SCGE 可用于进行低剂量和高剂量的生物效应研究,而且 SCGE 还可提供 DNA 修复能力的信息,这使得 SCGE 非常适用于评价受试物的遗传毒性。

Kizilian 改进了一些试验条件,使得能够更明显地区分细胞凋亡和细胞坏死的染色体,从而提高了彗星试验的分辨率。Mark S. Rundell 等报道彗星试验测试的损伤主要是由致突变剂引起的。Richard D. Bowden 等研究出了一种新的分析试验结果的彗星尾图谱,可以更加准确地分析彗星的长度及密度。高香玉等作者所在实验室应用彗星实验研究了太湖梅梁湾水体中主要有机污染物对纤细裸藻(*Euglena gracilis*)的毒性效应,显示纤细裸藻细胞 DNA 损伤程度随着太湖水样污染物浓度增加而加重,呈现出明显的剂量-效应关系,提示太湖梅梁湾水样具有潜在致突变性。这些结果显示,纤细裸藻在水环境中的遗传毒性监测方面具有较大的应用价值。

2) 姐妹染色单体互换试验

姐妹染色单体互换(sister chromatid exchange, SCE)是染色体同源位点上复制产物间的相互交换,是同一染色体的两条单体之间发生的一类特殊同源重组,主要在 DNA 合成期形成，可能与 DNA 双链的断裂与复制有关，SCE 的发生频率可反映细胞在 S 期的受损程度。遗传学终点是原发性 DNA 损伤。如果一个个体的 SCE 率明显增高，可表明染色体受到环境中一定因素的影响，或是受到遗传缺陷的内在制约因素影响。

细胞分裂时组成染色体的两条染色单体每条都有一条双链 DNA，作为脱氧胸腺嘧啶核苷类似物的 5-溴脱氧尿嘧啶核苷(5-bromodeoxy-uridine，BrdU)在 DNA 链复制的过程中，可替代胸腺嘧啶。当细胞生存环境中存在 BrdU 时，BrdU 可以在 DNA 复制中取代脱氧胸苷。经两个复制周期后，两条姐妹染色单体中一条 DNA 的双链均有 BrdU 掺入，而另一条 DNA 双链中仅有一条链有 BrdU 掺入。利用特殊的分化染色技术对染色体标本进行处理，可使双链均含有 BrdU 掺入的单体浅染，而只有一条链掺入 BrdU 的单体呈深染色。当姐妹染色体间存在同源片段交换时，可根据每条单体夹杂着深浅不一的着色片段加以区分。由于姐妹染色单体的 DNA 序列相同，SCE 并不改变遗传物质组成，但 SCE 是由于染色体发生断裂和重接而产生的，因此，SCE 显示方法通常用来检测染色体断裂频率，研究药物和环境因素的致畸效应。

3) DNA 修复合成试验

程序 DNA 合成是指正常细胞在有丝分裂过程中，仅在合成期(S 期)进行 DNA 复制合成。当 DNA 受损后，DNA 的修复合成可发生在正常复制合成期以外的其他时期，称为程序外 DNA 合成(unscheduled DNA synthesis, UDS)。化学物质可由各种途径进入机体，与细胞 DNA 结合，引起 DNA 损伤。细胞对其 DNA 损伤具有修复能力，细胞与化学物质接触后，若能诱导 DNA 修复合成，即可推断该化学物质具有损伤 DNA 的潜力。也可将化学物质加入体外培养的细胞体系中，损伤 DNA，然后诱导修复合成。

为测定 DNA 修复合成，细胞首先用缺乏必需氨基酸精氨酸的培养基进行同步培养，将其阻断于 G1 期，随后用药物(常用羟基脲)将正常的 DNA 半保留复制阻断，然后用受试物处理细胞，并在加有 ^{3}H-胸腺嘧啶核苷(^{3}H-TdR)的培养液中进行培养。如果受试物引起 DNA 损伤，并启动 DNA 损伤修复机制，培养液中的 ^{3}H-TdR 就会掺入 DNA 链中。利用液闪或放射自显影技术测定掺入 DNA 的放射活性，即可知道 DNA 修复合成的程度，从而间接反映 DNA 的损伤水平。许多哺乳动物及人类细胞可用于 UDS 的检测，常用的有大鼠原代培养肝细胞、人成纤维细胞和人外周血淋巴细胞等。

三、其他毒性测试方法

(一) 生物传感器

生物传感器由生物识别元件、换能器及电子电路系统组成，具有灵敏、响应快等特点，广泛用于环境监测等领域。目前，用于毒性检测的生物传感器有酶传感器、微生物传感器、DNA 传感器和免疫传感器等。酶、DNA 和抗原/抗体的专一性强，因此，酶传感器、DNA 传感器和免疫传感器能特异地检测某种有毒物质的毒性。微生物传感器是一类用完整细胞作为识别元件的传感器，由于微生物本身是一个复杂的有机体，包含多种酶系，利用其体内的各种酶系及代谢系统来检测和识别相应底物，可以达到测试多种有毒物质综合毒性的目的。因此，微生物传感器是目前具有很好发展前途的毒性检测技术。

田中良春等将硝化细菌固定化菌膜固定在溶解氧电极上组成传感器，以 KCN 为毒性参照物，通过监测硝化细菌的呼吸速率的变化来测定有毒物质的毒性，响应时间能达到 20 min，最低检出限为 0.05 mg/L，微生物膜能够稳定使用 1 个月。严珍用普通滤纸作菌膜组装的发光细菌生物传感器可用于海洋水质监测和蔬菜农药残留的检测，选择脱脂牛奶作为保护剂，采用冷冻干燥并真空包装的方法，使菌膜在一定程度上隔绝水分和氧气而不会过分生长，便于野外或携带至船上进行实时监测，菌膜的使用寿命能达到 1 个月，与标准的发光细菌毒性实验相比，具有操作简单、重现性好、易于携带等优点。

（二）仿生萃取技术

污染物只有很少一部分以自由溶解态的形式存在于环境中，用化学手段模拟检测环境中疏水性有机污染物(HOC)的生物毒性具有快捷、简易、价格相对低廉的特点，因此受到研究人员的关注，游静曾利用仿生萃取技术研究沉积物中有机污染物的毒性。

第四节 环境污染风险评估

一、模式生物

模式生物(model organism)指被广泛用于研究特定生物现象，且其研究成果有利于提升对其他物种类似生物现象的生物物种。模式生物的特点包括：①生理特征能够代表生物界的某一大类群；②容易获得并易于在实验室内饲养繁殖；③容易进行实验操作，特别是遗传学分析。

模式生物最早在医学领域得到应用，近年来在环境科学等领域有着广泛的应用，被用于环境污染物等对于人类的影响的研究中。在医学领域，模式生物的应用可在不损害人类个体(如药物使用带来的健康隐患)的情况下探索疾病(如癌症、糖尿病、高血压等)的致病过程与机理。在模式生物的选择上，通常会选择一些与人类较为接近的种属，以期研究结果有助于人类对疾病机理的认识及治疗方法的开发。虽然模式生物与人类本身存在诸多差异，但许多人类疾病治疗相关的药物、治疗方式等都是基于模式动物实验结果获得。在环境领域，模式生物应用也发挥重要作用，如在环境毒理学领域，模式生物被大量用于测试污染物的生物累积、毒性等生物效应中。

常见模式生物种类如表 5-3 所示。以下将以大型溞这一应用较为广泛的模式生物为例说明模式生物在环境中的应用。

表 5-3 常见模式生物种类

门类	纲	物种
线虫动物门	线虫纲	秀丽隐杆线虫(Caenorhabditis elegans)
棘皮动物门	海胆纲	紫色球海胆(Strongylocentrotus purpuratus)
节肢动物门	甲壳纲	大型溞(Daphnia magna)
	昆虫纲	黑腹果蝇(Drosophila melanogaster)
		家蚕(Bombyx mori)

续表

门类	纲	物种
脊索动物门	文昌鱼纲	文昌鱼(*Branchiostoma lanceolatum*)
	辐鳍鱼纲	斑马鱼(*Danio rerio*)
	硬骨鱼纲	青鳉鱼(*Oryzias latipes*)
	哺乳纲	猴(*Cercopithecidae*)
		猪(*swine*)
		小鼠/大鼠(*Mus musculus*)/(*Rattus norvegicus*)
	鸟纲	鸡(*Gallus domesticus*)
	两栖纲	非洲爪蟾(*Xenopus laevis*)
被子植物门	双子叶植物纲	拟南芥(*Arabidopsis thaliana*)
		烟草(*Nicotiana tabacum*)
		金鱼草(*Antirrhinum majus* L.)
	单子叶植物纲	玉米(*Zea mays*)
		水稻(*Oryza sativa*)
		二穗短柄草(*Brachypodium distachyon*)

大型溞为溞科溞属的甲壳类动物，分布于亚洲、欧洲、北美洲、非洲，在中国主要分布于江苏、安徽、山东、河北、河南、辽宁、吉林、黑龙江、内蒙古、陕西、山西、甘肃、青海、西藏等地，多生活于水草繁茂的富营养型小型水域中，如池塘、水坑、间歇性积水、小型湖泊等，也可生活在海边低盐度的咸水积水中。作为一种水生生物，大型溞具有分布广、对污染物敏感、易于养殖、生长周期短等特点，因而被广泛用于环境监测、生态毒理学、生物地球化学等领域的研究中。范文宏等选择大型溞作为受试生物，以大型溞体内金属积累量、金属硫蛋白含量和死亡率作为测试指标，考察了上覆水体系与水柱-沉积物共存体系中金属镉(Cd)的毒性状况，探讨了水体沉积物中重金属的生物毒性作用机制。结果表明，上覆水中溶解态 Cd 和沉积物中可交换态 Cd 是对水生生物重要的毒性影响形态。任宗明等利用大型溞和日本青鳉作为受试生物，通过在线监测分析两种受试生物行为变化反映水质变化状况的优缺点。结果表明，大型溞对水体污染比日本青鳉更敏感，针对某些污染物的监测水平甚至高于国家地表水标准的限值，而日本青鳉反应水平处于 10 倍以上地表水标准。在连续监测过程中，大型溞行为变化未表现明显的昼夜规律性，而日本青鳉行为变化具有更明显的生物钟现象。在连续在线监测过程中，大型溞持续监测只能维持 7 d 左右，其持续能力明显弱于日本青鳉的 30 d 以上监测周期。汪宁欣运用放射性同位素示踪技术首次系统研究了五价无机砷通过水相暴露与摄食途径在大型溞中的富集动力学过程。研究结果显示，五价无机砷至少通过两种转运体进入大型溞体内。对于食物的吸收，食物浓度的升高会大幅度降低五价无机砷的同化效率。与此同时，五价无机砷的同化效率在食物中磷含量降低时减少，与大型溞自身的磷营养状态无关。此外，大型溞对于砷的排出速率常数介于 0.34~0.44/d，且增加食物浓度会轻微促进砷的排出。对于不同排出途径，有 51.3%~60.6%的砷被大型溞分泌出体外，另外有 24.7%~20.8%的砷通过繁殖行为进行削减，而蜕皮及排泄活动对砷排出

的贡献最小。

二、流行病学调查

环境流行病学是指采用流行病学的理论和方法，研究环境中自然因素和污染因素危害人群健康的规律，尤其是环境因素和人体健康之间的相关关系和因果关系的一门学科。广义上说，环境流行病学研究人体自身以外所有可能影响健康的因素。但随着一些分支学科(如职业流行病学、营养流行病学及毒理学等)的剥离，环境流行病学不再覆盖所有可能影响健康的外在因素，而是重点关注环境中的化学性、物理性及非感染生物性因素。

(一) 流行病学调查研究方法

流行病学调查(epidemiological investigation)是环境流行病学领域的一门关键技术，是指用流行病学的方法进行的调查研究。流行病学调查主要采用三种研究方法：观察性研究、实验性研究及数学模型研究。

(1) 观察性研究是指研究者不对被观察者暴露情况加以限制，通过现场调查分析的方法，进行流行病学研究。在概念上与实验性研究相对立。观察性研究包括描述性研究、分析性研究等。描述性研究通过调查了解疾病和健康状况在时间、空间和人群间的分布情况，为研究和控制疾病提供线索，为制定卫生政策提供参考。分析性研究通过观察和询问对可能的疾病相关因素进行检验。分析性研究主要包括病例-对照研究(case-control study)和世代研究(cohort study，也称定群研究或队列研究)。病例-对照研究选取一组患某病的人(病例，如肺癌)，再选取另一组没有患某病的人(对照)，研究两组人中某一或某几个因素(如吸烟)，再以统计学方法来确定该因素(如吸烟)是否和该疾病(如肺癌)有关及其关联的程度如何。世代研究则是选取一组暴露于某种因素(如吸烟)的人和另一组不暴露于该因素的人，再经过一段时间后以统计学方法比较两组人患某病的情况(如肺癌)，以确定该因素是否和某病有关。一般来说，世代研究比病例-对照研究的结论可靠，但世代研究耗时很长(如研究吸烟和肺癌的关系要数十年的时间)，需要更多的资源。

(2) 实验性研究是指在研究者控制下，对研究对象施加或消除某种因素或措施，以观察此因素或措施对研究对象的影响。具体来说，实验性研究将研究对象分为实验组和对照组，在实验组实施干预措施，在对照组中不采取措施或者应用安慰剂，通过一段时间的随访后，观察各组实验结果的差异，以此评估该干预措施的效果。根据研究对象的不同，该方法分为临床实验(clinical trial)和社区实验(community trial)两种。

(3) 数学模型研究是指通过数学模型的方法来模拟疾病流行的过程，以探讨疾病流行的动力学，从而为疾病的预防和控制、卫生策略的制定服务。

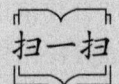 新冠病毒感染：流行病学调查研究

(二) 流行病学调查经典案例

"伦敦霍乱原因调查""吸烟-肺癌关系调查""孟加拉国井水砷中毒事件"是流行病学调查的几个经典案例。

(1) 1854 年，伦敦爆发霍乱，10 天内夺去了 500 多人的生命。根据当时流行的观点，霍乱是经空气传播的。但是约翰·斯诺(John Snow)医生并不相信这种说法，他认为霍乱是经水传播的。斯诺用标点地图的方法研究了当地水井分布和霍乱患者分布之间的关系，发现在宽街(Broad Street，或译作布劳德大街)的一口水井供水范围内霍乱罹患率明显较高(图 5-4)，最终凭此线索找到该次霍乱爆发的原因：一个被污染的水泵。人们将水泵的把手卸掉后不久，霍乱的发病人数明显下降。约翰·斯诺在这次事件中的工作被认为是流行病学的开端。

图 5-4 伦敦霍乱水井分布与霍乱患者分布关系
横线代表死亡人数，星形代表宽街水井；约翰·斯诺医生绘制

(2) 1948～1952 年，理查·多尔(Richard Doll)和布拉德福·希尔(Bradford Hill)合作进行了一项病例-对照研究，通过对癌症患者吸烟史的调查，他们宣布吸烟和肺癌之间有因果联系。其后 20 多年，他们进行的队列研究(cohort study)进一步加强了这一结论。他们的成果为控烟行动提供了科学依据。

(3) 20 世纪 90 年代早期，研究人员发现孟加拉国某些井水中砷浓度极高。而调查发现，当地饮用井水的人群中出现砷中毒典型皮肤病变的比例很高。由于砷暴露后的病变一般在 10 年后才会发生，研究者预期未来将出现更多砷中毒病例。事实证明，皮肤癌、膀胱癌、肺癌等的发病率在随后开始升高。这些经典案例，证明了环境流行病学在解释乃至解决环境引发的健康问题上的作用。

三、健康风险评估

健康风险评估(health risk assessment)是指对个人或群体的健康状况及未来患病和(或)死亡危险性的量化评估。健康风险评估主要包括以下 3 步：个人健康信息的收集(问卷调查、体格检查、实验室检查)、风险评估和评估报告。

(一) 个人健康信息的收集

个人健康信息的收集是进行健康风险评估的基础,包括问卷调查、体格检查、实验室检查。问卷的组成主要包括以下几点。① 一般情况调查:年龄、性别、文化程度、职业、经济收入、婚姻状况等;② 现在健康状况、既往史、家族史调查;③ 生活习惯调查:主要包括吸烟状况、身体活动状况、饮食习惯及营养调查、饮酒状况等;④ 其他危险因素,如精神压力等。体格检查及实验室检查主要包括:身高、体重、腰围、血压、血脂和血糖等。

(二) 风险评估

健康风险评估主要包括一般健康风险评估和疾病风险评估。

1) 一般健康风险评估

一般健康风险评估(health risk appraisal,HRA)主要是对危险因素和可能发生疾病的评估。危险因素评估包括生活方式和/或行为危险因素评估(主要是对吸烟状况、体力活动、膳食状况的评估)、生理指标危险因素评估(主要是对血压、血脂、血糖、体重、身高、腰围等指标的评估)及个体存在危险因素的数量和危险因素严重程度的评估,发现主要问题及可能发生的主要疾病,对危险因素进行分层管理,如高血压危险度分层管理、血脂异常危险度分层管理等。

2) 疾病风险评估

目前,健康风险评估已逐步扩展到以疾病为基础的危险性评价。疾病风险评估(disease specific health assessment,DSHA)指对特定疾病患病风险的评估。主要有以下4个步骤:第一步,选择要预测的疾病(病种);第二步,不断发现并确定与该疾病发生有关的危险因素;第三步,应用适当的预测方法建立疾病风险预测模型;第四步,验证评估模型的正确性和准确性。疾病风险评估的方法主要有两种:第一种是建立在单一危险因素与发病率基础上的单因素加权法,即将这些单一因素与发病率的关系以相对危险性表示其强度,得出的各相关因素的加权分数即为患病的危险性。由于这种方法简单实用,不需要大量的数据分析,是健康管理发展早期的主要危险性评价方法。典型代表是哈佛癌症风险指数。第二种是建立在多因素数理分析基础上的多因素模型法,即采用统计学概率理论的方法得出患病危险性与危险因素之间的关系模型。所采用的数理方法,除常见的多元回归(Logistic 回归和 Cox 回归)外,还有基于模糊数学的神经网络方法等。这类方法的典型代表是 Framingham 的冠心病模型,它是在前瞻性队列研究的基础上建立的。很多国家以 Framingham 模型为基础构建其他模型,并由此演化出适合自己国家、地区的评价模型。

重金属的健康风险评估

重金属的健康风险评估主要包括三个步骤:一是毒性效应评估;二是暴露评估,其中最主要的工作是确定食物的摄入量,但往往由于各国食品类型和居民的消费习惯不一样,各国在采用的方法上会有些差异,目前比较推崇用概率方法(probabilistic method)来进行重金属的暴露评估;三是重金属的风险描述。下面以食物这一暴露源、通过肠胃系统摄入途径所导致的膳食重金属暴露为例进行介绍。

膳食暴露评估的内容主要包括个体消费量(IR)和污染物在食品中的残留量(C)。食品中重金属风险的精确性主要取决于暴露评估的精确性，即重金属的膳食摄入量估测，可以用每日摄入量(estimated daily intake，EDI)来衡量，其评估方法如下：

$$EDI = C \times IR/BW \quad (BW 为人体体重)$$

近年来，对于重金属生物可给性(bioaccessibility)的研究表明，用食物中重金属的总浓度评估膳食暴露可能导致重金属风险的高估，因而将重金属的生物可给性(即食物中重金属有多少比例可能被人体吸收)引入 EDI 的计算之中，能更为准确地评估膳食重金属暴露。例如，烹饪后小龙虾中甲基汞的生物可给性仅为 8%(即仅约 8%可能为人体所吸收)，以小龙虾中甲基汞总浓度评估膳食甲基汞暴露，将会导致甲基汞风险的严重高估。

概率分布评估即将评估信息的可变性和不确定性考虑在评估过程中，通过每个因子的发生概率和可能的响应频率，得到评估结果的概率性分布，该方法的评估结果更具有真实性和代表性。概率分布评估常见模型有简单的经验分布评估、分层抽样、随机抽样等。其中随机抽样模型是最常用的概率评估模型，以蒙特卡罗(Monte Carlo)分析法最为典型。

重金属的暴露风险描述可以分为非致癌风险(non-cancer risk)和致癌风险(cancer risk)。非致癌风险通常用 HQ(hazard quotient)来描述：

$$HQ = EDI/RfD$$

式中：RfD 为推荐参考的剂量，可参考美国 EPA 发布的重金属浓度安全表。

若 HQ > 1，则表明该金属存在潜在的暴露风险，HQ 值越大，表明暴露风险越大。

致癌风险(如无机砷)可以用 ILTR(increased lifetime risk)来描述：

$$ILTR = EDI \times CSF$$

式中：CSF 为致癌风险系数，可以代表人体终身暴露于某种化合物可能造成的癌症风险的最大值(USEPA，1989)。

根据美国 EPA 相关规定，当 $ILCR > 10^{-5}$ 时，表示具有潜在的致癌风险；当 $ILCR > 10^{-4}$ 时，表示风险很高。

对于多种重金属非致癌风险评估而言，HI(hazard index)也经常被使用：

$$HI = \sum HQ_i$$

HI 即对所有重金属的 HQ 进行求和，HI 值可以综合评估多种重金属暴露的总体风险。

彭倩等的一项关于小龙虾中重金属健康风险评估的前沿研究较好地诠释了上述原理。该研究结合全国范围内小龙虾样品的采集与重金属测定、居民小龙虾消费量的社会调研、小龙虾中重金属生物可给性的测定、概率风险评估等，全面揭示了我国居民摄食小龙虾所导致的健康风险。健康风险评估的结果显示：在国家和区域水平下，小龙虾中重金属暴露风险较低。作为长江中下游典型城市南京市居民的小龙虾消费量分析结果表明：对于小龙虾爱好者即日消费量较高的消费者来说，摄食小龙虾存在较高的重金属暴露风险。如在高峰期，约 0.5%的南京市居民因摄食小龙虾导致的重金属暴露风险可达 HI > 6，其中砷暴露是小龙虾中重金属暴露的主要形式，砷的 HQ 值对 HI 的贡献可达 70%，而且小龙虾体内的砷暴露有潜在的癌症风险，可占人体所有砷暴露癌症风险的 1.4%。

思考题和习题

1. 毒物的毒性效应类型有哪些？

2. 复合污染联合效应形式有哪几种？
3. 急性毒性试验方法有哪几种？
4. 遗传毒性测试方法有哪几种？
5. 流行病学调查主要研究方法有哪些？

参 考 文 献

霍奇森 E, 等. 2011. 现代毒理学(原书第 3 版). 江桂斌, 汪海林, 戴家银, 等译. 北京：科学出版社
孔志明. 2017. 环境毒理学. 6 版. 南京：南京大学出版社
刘柳, 张岚, 李琳, 等. 2013. 健康风险评估研究进展. 首都公共卫生, 7(06): 264-268
孟紫强. 2015. 现代环境毒理学. 北京：中国环境科学出版社
曲见松, 袁敬清, 赵艳霞, 等. 2017. 微核试验方法的研究进展. 药学研究, 36(10): 602-604
张立实, 李晓蒙, 吴永宁. 2020. 我国食品安全风险评估及相关研究进展. 现代预防医学, 47(20) 3649-3652
周凤霞. 2021. 生物监测. 3 版. 北京：化学工业出版社
周明亮, 戴万宏, 曹玉红. 2014. 蚯蚓对土壤中重金属化学行为及生物有效性影响的研究进展. 中国农学通报, 30(20): 154-160
Baker D, Nieuwenhuijsen M J. 2012. 环境流行病学研究方法与应用. 张金良, 张衍燊, 刘玲, 译. 北京：中国环境科学出版社

第六章

污染物的生态效应

本章导读

污染物进入自然环境后，上章讲述了对生物个体产生的有害影响，本章介绍对生态系统的物种组成和群落结构产生的不利影响，在阐述农药、类二噁英化合物和重金属危害生态系统的过程与作用机制的基础上，分析了化学污染物对生态系统中种群、群落和生态服务功能产生重要影响的作用模式，评估了环境污染对生态系统服务功能的影响。本章还介绍了污染物生态效应评估的相关知识。

第一节 化学污染物影响生态系统的作用模式

环境中污染物的种类不同，生物个体和生态系统千差万别，使污染物对生物的不利影响多种多样。污染物对动物个体水平上的影响包括死亡、行为改变、繁殖力下降、生长和发育受阻、疾病敏感性增加和代谢速率的变化等，对植物的影响表现为生长减慢、发育受阻、失绿发黄和早衰等。污染物进入生态系统，可干扰生态系统的物质循环，影响生态系统的组分、结构和功能，导致生态系统失衡。环境污染对生态系统不同层次的影响分别表现在生物种群、生物群落和生态系统结构与功能方面。种群是一定时空中同种个体的组合，具有空间、数量和遗传特征。污染物对生物种群的影响包括导致种群密度下降或上升，种群的性别比例、年龄结构和遗传结构发生明显变化。群落是指在一定时间内，居住在一定区域或生境内的各种生物种群相互关联、相互影响的有规律的一种结构单元。污染物对生物群落的影响包括污染物可导致群落组成和结构的改变，如优势种变化、生物量、丰度、物种多样性的变化等。污染物对生态系统水平的影响主要表现在两个方面，即生态系统多样性的丧失和生态系统复杂性的降低。

一、直接作用和间接作用

污染物对生物个体和生态系统的不利影响可分为直接作用和间接作用。直接作用是指污染物进入环境后，通过对敏感物种的毒性作用（如急性毒性、生殖毒性、发育毒性等）而直接导致其在个体和种群水平上的负效应。间接作用是指污染物通过引起生物物种或群落赖以生存的环境的变化,从而间接影响生物物种或种群。例如,水体受到有机物污染,氮、磷、碳等营养物质浓度升高(称为富营养化),引起藻类和其他浮游生物大量增殖并覆盖水面,影响下层生物的呼吸及光合作用,浮游生物残体分解时也消耗大量氧气,造成水体缺氧,再加上某些浮游生物产生毒素,结果造成鱼类及其他生物大量死亡,这些污染物本身并不具有毒性,生物的伤亡是由污染间接造成的;另外,杀虫剂不但能直接改变害虫的种群结构,还对其捕食天敌的群落结构造成不利影响,如吡虫啉、抗蚜威和氧化乐果三种杀虫剂降低了麦田亚蚜虫种群的多样性指数和均匀度,而蚜虫的捕食性天敌(瓢虫类、食蚜蝇、草蛉和蜘蛛等)的多样性指数也相应下降,而以这些昆虫为食的鸟类也会面临无虫可食的危险。新的研究表明,气候变化引起微生物群落的变化,这意味着大型生物的生境也在发生变化,可能引起其种群和群落水平上的负效应。

二、有害结局路径和致毒机制

随着社会经济发展,新的化学物质日渐增多。传统上通过大量的活体模式动物实验评估化学物质的生态毒性类型和多少的做法不仅成本高、耗时长,而且违背动物保护伦理,已不适用于进行大量化学物质或环境污染物对人群和生态系统的危害性评价。因此,有研究者提出需要采用快速高效的测试方法和预测模型来评价化学物质的毒性,而这些方法需要考虑多种胁迫因子并能够进行可信的物种间毒性预测。

有害结局路径(adverse outcome pathway, AOP)作为一个概念性的框架,用以描述已有的关于一个直接的分子启动事件(molecular initiating event, MIE)与生物不同组织结构层次(细胞、器官、组织及个体)和最终有害结局之间的关系及与化合物管理决策相关的有害结局之间的相互联系(图6-1)。分子启动事件是指在开始有害结局路径时,化合物和机体产生生化作用的一个主锚位。AOP将现有的丰富信息整合起来,按关键事件(key event, KE)的排列顺序呈现。关键事件是连接MIE和有害结局的多个层次生物组织上的有因果关系或者某种相关关系的事件,这些数据的获得可能来自体外、体内试验或计算模拟系统。

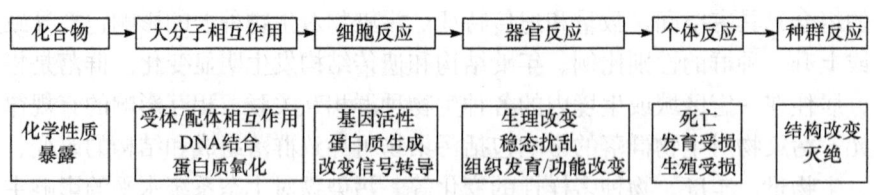

图6-1 有害结局路径结构图

AOP的应用方法通常有两种,一种是"自下而上",即根据化学和毒性机制信息来评价化合物的危害性;另一种是"自上而下",即根据充分研究过的化合物及其相关的毒性作用模式(modes of action, MOA)产生的最终有害结局来对化合物分类。毒性作用模式是指由分子启动事件开始的、由证据权重支撑的、可能导致有害结局的一组关键事件。MOA的概念由美国国家环保局提出,用于致癌物的风险评估,此后在MOA的基础上发展出了AOP。AOP与MOA的区别在于AOP关注的是由分子启动事件到与化合物危害性评价相关的有害结局,而 MOA 通常关注分子启动事件或有害结局中的一种。化合物的 MOA 可能会导致生物个体甚至种群、群落的相关有害结局,对化合物 MOA 的研究和理解能够有助于生态毒理学中化合物毒性预测及对生态系统有害结局的评价。

不同的化合物可能具有不同的 MOA,其毒性行为也会不同。例如,农药杀虫剂二嗪农抑制乙酰胆碱酯酶的活性导致神经毒性,损害生物体的神经发育。农药壬基酚影响生物体雌/雄激素的合成与分泌,导致内分泌干扰效应。杀菌剂三氯生主要通过影响脂质合成使真菌和细菌死亡。工业副产物二噁英通过结合芳烃受体,激活下游系列细胞色素 P450 酶,对生物产生致癌效应。重金属镉诱导氧化应激,使得氧化系统和抗氧化系统失衡,导致组织损伤。

三、典型污染物的生态效应

(一) 农药

农药是指在农业生产中用于防治农作物害虫病、消除杂草、促进或控制植物生长的各种药剂,主要包括杀虫剂、除草剂、杀真菌剂和植物调节剂等。由于人类长期不恰当地使用大量农药,在有效防治病虫害的同时对非靶标生物产生明显的不良反应,并导致生物种群改变。

农药因种类不同,其对生物个体的毒性与致毒模式也不完全相同,且环境风险也不尽相同。目前常用的农药主要包括:有机氯农药、有机磷农药、氨基甲酸酯类农药、拟除虫菊酯类农药。已有的研究发现,有机氯农药对生物个体的影响主要是抑制中枢神经系统。有机磷农药分子中具有亲电性的磷原子和带正电荷的部分,正电荷部分与胆碱酯酶氨基酸残基的侧链羟基相结合,亲电性磷与活性中心丝氨酸残基的羧基相结合,形成磷酰化胆碱酯酶,结合较为稳定,使胆碱酯酶失去分解乙酰胆碱的能力,降低了生物体血液中的胆碱酯酶活性,最终导致神经系统机能失调,使受神经系统支配的心脏、支气管、肠和胃等脏器发生功能异常。氨基甲酸酯类农药杀虫活性和对哺乳动物的毒性作用与有机磷农药相似,是一类胆碱酯酶的抑制剂。一般认为拟除虫菊酯类作用机制是,其作用于神经系统,延迟轴突神经细胞膜钠离子通道的关闭,影响神经传导和突触传递,导致一系列中枢神经和末梢神经反应。

目前关于农药对野生动物影响的研究主要集中在鱼类、两栖动物和鸟类,下面将分别简单概述农药对这三类野生动物个体和种群的不良影响。

农药在水体中的高残留会影响鱼类个体的生长发育、结构、生殖及行为等多个方面。例如,有人研究林丹短期暴露对斑马鱼的影响,结果表明,1.0 μg/L 的林丹暴露使斑马鱼鳃组织出现上皮细胞残损、脱落,鳃小片上皮细胞水肿等变化,肝脏则出现肝细胞肿大、胞质疏松、空泡明显增加等变化。此外有研究发现,长期的有机氯农药(DDTs)暴露会影响鱼类肌肉的生长。绝大多数拟除虫菊酯类属于高亲脂性杀虫剂,在水中能直接进入鱼鳃和血液中,而鱼类对它们的转化能力和排泄能力较低,同时拟除虫菊酯作用于神经膜钠离子通道,干扰神经传导功能,作用于鳃组织引起鳃组织病变,并抑制鳃

组织中 Na^+, K^+-ATPase 的活力。同时，鱼类在水生态系统中属于顶级群落，农药会对鱼类的索饵、生殖及种群组成、数量变动产生不利的影响，甚至影响其他群落的存在和丰度，从而对整个水生态系统的健康造成严重影响。

两栖类是世界动物资源的重要组成部分，它们在农林牧业生产和维护自然生态平衡中起重要作用。当前研究表明，全世界 43%的两栖类物种发生衰退，32.5%的种群遭受威胁，而其中很重要的一个原因是其受到杀虫剂、除草剂等农药的危害，这些污染物通过直接毒性作用杀死两栖类，或者通过导致其出生率降低而影响其繁殖，或者引起免疫抑制，最终影响两栖类的种群数量。Taylor 等的研究显示，在一些施用过大量农药的农田附近，水环境中经常发现畸形蛙。农药对两栖类动物的影响还表现在经农药暴露后会导致两栖类延迟变态和发育，但作用机制有多种可能性。例如，有机磷和氨基甲酸酯类农药通过抑制乙酰胆碱酯酶活性作用于神经系统，或者因为农药暴露抑制了蝌蚪的取食行为，或者是蝌蚪的能量被主要用于解毒，从而抑制了个体生长。例如，除草剂阿拉特津可能会通过增强两栖动物体内芳香酶(在体内可以促使雄性激素转变为雌性激素)的活性，从而影响两栖动物的性别分化，使雄性体内雌激素异常增多，并进一步影响雄性个体的精子发育。农药导致生长发育受阻的另外一个作用机制可能是农药造成的非特异性麻醉途径。大多数农药都是脂溶性化合物，当被水生生物吸收后通过破坏细胞膜结构造成非特异性麻醉，进而影响生长和发育所需的代谢和行为(包括取食、觅食、逃生行为)。同时，由于两栖类动物在生态系统中具有重要的作用，因此环境污染也可以通过两栖动物影响其他营养层次的生物，并阻碍生态系统的能量流动。在农业生产过程中，各种农药及化肥的使用常与两栖动物的繁殖时间重叠，这可能会改变两栖动物种群的性别比例和有效种群大小。

鸟类在全球分布广泛，一方面，它们的体温较高及新陈代谢旺盛，可以频繁地与外界环境进行物质交换，因此容易从环境中累积较高浓度的污染物；另一方面，鸟类在食物网中占据较高的生态位，污染物能够通过食物链的生物富集和生物放大作用在鸟类体内累积并产生毒性效应。现代农业对于杀虫剂及除草剂的大规模使用，给鸟类的生存带来了极大威胁。该类污染物对鸟类个体的影响通常表现在对其行为的改变及繁殖发育等方面。1962 年，美国海洋生物学家蕾切尔·卡森在《寂静的春天》中描述了杀虫剂(尤其是 DDTs)的大量使用造成鸟类种群数量急剧减少。研究表明，当 DDTs 等有机氯杀虫剂进入环境后，通过生物放大作用在游隼、秃头鹰和鱼鹰等鸟类中得到富集，DDTs 阻碍了鸟体内钙向壳腺细胞的运输，致使其鸟壳变薄，降低了繁殖成功率，最终导致这些鸟类种群数量减少，面临物种灭绝的风险。另外，受到有机磷农药污染的欧洲椋鸟，当其脑组织中的乙酰胆碱酯酶活性被抑制 50%时，它休息时一足站立的时间发生明显的改变，这是由于有机磷农药影响了鸟体的神经系统，损害了鸟的平衡和协调性。Bushy 等研究有机磷杀虫剂对加拿大新不伦瑞克地区云杉中的白喉麻雀的影响，发现喷洒农药区的白喉麻雀减少了 1/3，且繁殖期鸟的育雏方式发生改变，导致幼鸟数量只有未喷洒农药区域的 1/4。此外，Saxena 等的研究表明，唑类农药可导致鸟类体内芳香酶的抑制。由于细胞色素 P450(CYP450)芳香酶有催化雄烯二酮和睾酮分别转化为雌酮和雌二醇的能力,进而有调控内分泌系统稳态的功能,因此唑类农药可导致鸟类生殖器官和受精率的变化。另外,Manuel 等的研究表明,有机氯类农药可在雏鸟体内蓄积,引发雏鸟体内的氧化应激,并使其体内维生素 A 和甘油三酯含量下降,导致雏鸟体质变弱。上述农药不仅对鸟类个体造成不良影响,还导致鸟类种群数量和结构的明显变化,甚至威胁到生态系统的平衡。

(二) 类二噁英化合物

持久性有机污染物(persistent organic pollutants,POPs)是一类具有长期残留性、生物蓄积性、半挥发性和高毒性,并能够通过各种环境介质(大气、水、生物等)长距离迁移,对人类健康和环境具有严重危害的天然的或人工合成的有机污染物。《斯德哥尔摩公约》中认为 POPs 存在以下显著特点:持久性、生物蓄积性、长距离迁移性和高毒性。从用途和成因上,目前已被列入《斯德哥尔摩公约》的禁用 POPs 主要分为农药类(有机氯杀虫剂)、工业品(多氯联苯、阻燃剂 PBDE、全氟辛烷磺酸等)及人类无意间生产和排放的 POPs(二噁英和呋喃等)。1976 年,Poland 等首次报道了芳香烃受体(aryl hydrocarbon receptor,AHR)可与 2,3,7,8-四氯二苯并-p-二噁英(2,3,7,8-tetrachlorodibenzo-p-dioxin,TCDD)特异性结合。其后进一步的研究表明,AHR 在哺乳动物几乎所有的细胞中表达,某些内源性和天然物质如前列腺素 PGG2、色氨酸衍生物吲哚-3-甲醇、6-甲酰吲哚[3,2-b]咔唑和犬尿喹啉酸也可以与 AHR 结合并将其激活(图 6-2)。因此,AHR 被认为具有重要的内源生理作用,如生殖、肝脏发育、心血管功能、免疫功能和细胞周期调控等。因此,TCDD 等典型的类二噁英化合物(dioxin-like compounds, DLCs)对 AHR 的激活有可能扰乱这些生理过程。

类二噁英化合物主要包括多氯二苯并二噁英(polychlorinated dibenzo-p-dioxins,PCDDs)、多氯二苯并呋喃(polychlorinated dibenzo-furans,PCDFs)、多氯联苯(polychlorinated biphenyls,PCBs)和多环芳烃(polycyclic aromatic hydrocarbons,PAHs)等 POPs。现有研究表明,该类物质对生物体的主要致毒机理是通过激活芳香烃受体通路来进行调控的,AHR 被配体激活后进入细胞核与 AHR 核转位因子(aryl hydrocarbon receptor nuclear translocator,ARNT)形成二聚体,特异性地识别并结合到二噁英响应元件(dioxin response element,DRE)上,诱导下游基因的表达,从而产生相关毒性。如图 6-2 所示,二噁英及 DLC 等化合物能够激活 AHR,同时激活相关代谢酶,引起各种毒性。二噁英及 DLC 在启动 AHR 关键分子事件后,最关键的一条通路是能诱导持续的 AHR/ARNT 二聚,从而导致细胞形态发育期间的 ARNT 和原来的结合对象分离,最终干扰依赖 ARNT 的细胞功能。例如,HIF-1α 作为 ARNT 的二聚对象,在供氧不足时,与 ARNT 能形成一个转录因子复合体,来结合 DNA 上的缺氧反应增强子,激活相关基因的表达,如激活与血管生成有关的血管内皮生长因子,而二噁英及 DLCs 通过干扰 ARNT 和 HIF-1α 的二聚,从而改变心血管的发育和相关功能。

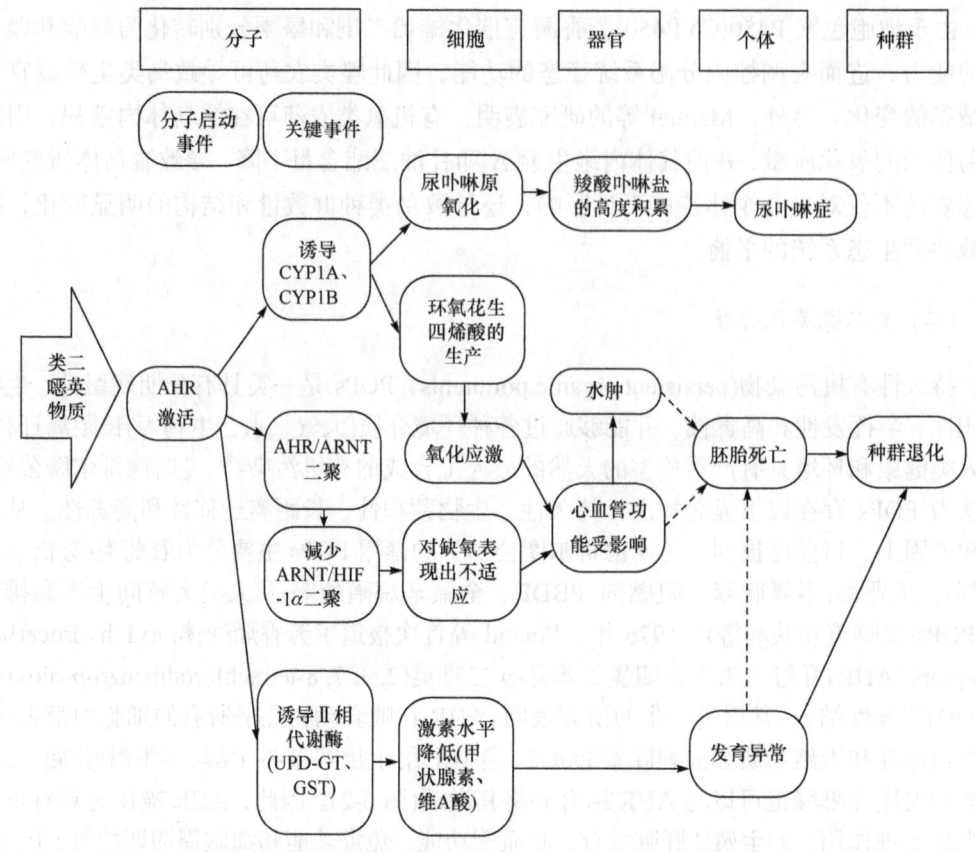

图 6-2 芳香受体(AHR)介导的有害结局通路

DLCs 还能与转录辅助因子相互作用，从而改变大量基因的转录，包括增加细胞色素基因(CYP1A)的转录。现有的研究发现，鸡的 CYP1A 有两个亚型，分别为 CYP1A4 和 CYP1A5。其中 CYP1A4 具有芳香烃酶(aromatic enzyme，AE)和 7-乙氧基异吩噁唑酮脱乙基酶(ethoxy-resorufin-o-deethylase，EROD)的催化特异性。而 CYP1A5 主要负责内源性脂肪酸花生四烯酸代谢和特异性催化尿卟啉原的氧化。其中花生四烯酸能够产生大量活性氧，诱导氧化应激，使得氧化系统和抗氧化系统失衡，导致组织损伤。尿卟啉原氧化会带来羧酸盐卟啉的积累，其对肝脏、肾脏、骨骼和血液等都会带来影响，最终导致尿卟啉症。

AHR 的激活还能导致 Ⅱ 相代谢酶的诱导，如谷胱甘肽硫转移酶(glutathione S-transferase，GST)和半乳糖基转移酶(galactosyl transferase，UDP-GT)。同时，PCBs 可能会加速新陈代谢和在没有 AHR 介导下与一些载体作用(如维生素结合蛋白和转甲状腺素蛋白)，导致维生素 A 减少，而甲状腺素(thyromine, T4)和类维生素 A 减少会直接导致器官、个体发育异常。

二噁英及 DLCs 的毒性效应在个体上表现为发育异常、胚胎致死、增加不孕症及改变父母行为等，进而降低繁殖率，最终引起种群数量和种群密度的下降。在对日本青鳉发育毒性的研究中发现，TCDD、PCB77 和 PCB126 导致胚胎心血管发育和功能异常，并且引起幼鱼颅面畸形,心包及卵黄囊水肿并抑制鱼鳔的形成,并且孵化后 3 天的半数致死浓度(LC_{50})分别是 8.1 pg/mL、0.25 ng/mL 和 0.6 μg/mL。研究 TCDD 暴露对小鼠胚胎毒性时发现,TCDD 可造成着床前胚胎丢失并导致雌性生殖器官的多种生殖激素的紊乱。20 世纪 60 年代,人们发现美国的一个水貂人工养殖农场里,水貂不孕,种群下降,研究发现喂食水貂的饲料里含有 TCDD 和 PCBs。在对二噁英类物质影响北美五大湖区域鸟类群落的研究中发现,与污染相对较轻的地区相比,秃鹰繁殖率降低,小鹰的畸形率升高。大量调查发现,世界各大海洋哺乳动物(如鲸、海豚、海豹等)体内的 PCBs 浓度比较高,这些动物面临着种群数量减少及种群结构变化的风险。

(三) 重金属

重金属是影响生态健康的主要污染物之一,其人为来源主要为采矿、废气排放、污水灌溉和使用重金属超标制品等。与一般有机化合物的污染不同,重金属难以被微生物降解,它在水体、悬浮物及沉积物中存在和迁移,并且通过食物链在生物体内富集,尤其当某些重金属转化为金属有机化合物后,其毒性和富集能力可增强数倍。其中较为熟知的重金属污染事件是 20 世纪 50 年代在日本发生的水俣病和痛痛病,后查明分别是由汞污染和镉污染引起的。在环境研究领域中,重金属元素的概念与范围并不是很严格,一般是指对生物有显著毒性的元素,如汞、镉、铅、铬、锌、铜、钴、镍、锡、钡和锑等。目前,对生物体毒性机理研究较多的重金属有汞、镉、砷和铅等。

甲基汞作为有机金属的代表,除具有高脂溶性外,它还非常容易与多种有机配体基团结合,如羧基、氨基、硫醚基、羟基和巯基等,导致生物体内蛋白质、氨基酸类物质变性,从而引起生物毒性效应。镉的生物半衰期长,易在肾脏、肝脏等部位蓄积,造成损伤,导致输尿管排蛋白尿,此外 Cd^{2+} 半径与 Ca^{2+} 半径非常接近,易发生置换作用,造成骨质变软,引起痛痛病。无机砷的毒性与其价态相关,三价砷毒性较高,除可与蛋白质的巯基反应外,还可减弱线粒体氧化磷酸化反应,从而抑制线粒体的呼吸作用,导致生物毒性效应。2012 年,经济合作与发展组织首次提出研究有害结局路径的项目后,AOPwiki 首次绘制了汞和乙酸铅诱导神经毒性的有害结局路径(图 6-3)。AOP 的形成有时是由表及里,如汞,最初通过体内暴露,观察行为学变化发现,动物出现行为紊乱,肢体失去平衡,从而得出汞具有神经毒性。此后,通过生物体内及体外酶活检测发现,含巯基的酶活均受到抑制,此后研究人员才逐步完善汞的致毒机理及其 AOP。此外,研究中还通过体内暴露与体外暴露相结合的方法得到其 AOP,如二价铅。有学者研究发现,老年猴子得阿尔茨海默病的可能性与其铅暴露风险呈正相关,同时通过体内试验从分子角度验证了二价铅可通过抑制 N-甲基-D-天(门)冬氨酸受体(NMDAR)的表达,从而使神经元细胞退化。又有研究表明,铅离子可通过与 GRP78 蛋白的结合,抑制其活性,从而诱导神经毒性。因此,AOP 是随着毒理学研究的深入而不断发展完善的。综上所述,相比传统的毒性机理研究和描述方式,AOP 能更为清晰地反映制毒机理及过程,并且它会随着研究的深入不断改进。

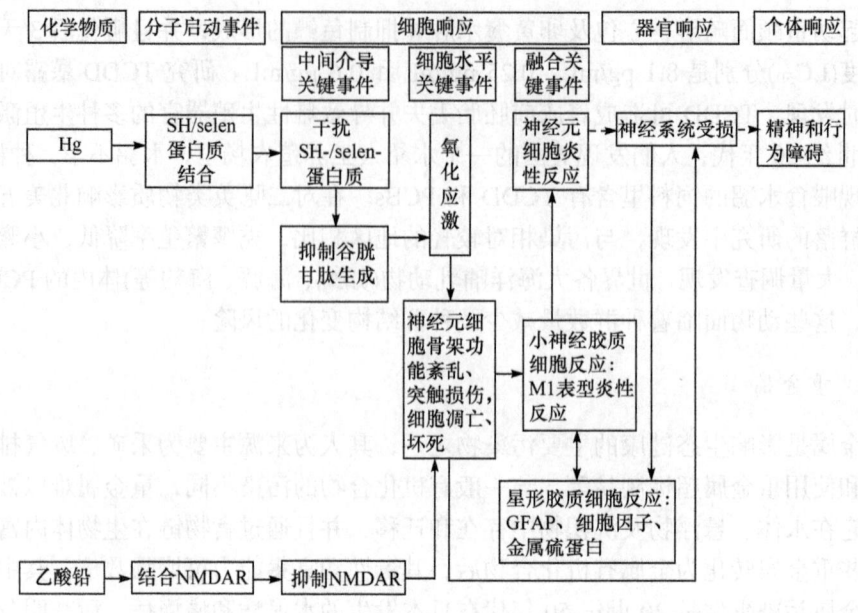

图 6-3 汞和乙酸铅诱导神经毒性有害结局路径

重金属除了可以对生物个体引起直接毒性效应外，还可以对其他生物的种群和群落产生间接影响。例如，重金属对藻类在生化—细胞—种群—群落—生态系统的各层次水平上均产生深远影响。重金属通过各种途径进入水体后，一旦被藻类吸收，将引起藻类生长代谢与生理功能紊乱，如抑制藻类的光合作用，减少 CO_2 的摄入和 O_2 的释放，减少细胞色素，导致细胞畸变和组织坏死，甚至使藻类死亡，最终改变天然环境中藻类的种群丰度和群落多样性。另外，重金属污染会导致土壤微生物群落结构明显改变，不同浓度下重金属铅和镉复合污染都抑制土壤微生物的生长，降低了土壤微生物的数量。因此，在评价重金属对生物的毒性效应时，除考虑重金属的直接毒性效应外，还需考虑重金属对生物的间接毒性效应。

第二节　化学污染物对生态服务功能的影响

一、生态服务功能

评价化学污染物的生态效应离不开分析污染物对生态服务功能的影响。生态系统服务功能是指生态系统及其生物多样性提供的环境和过程支持并满足人类需要的特性(图 6-4)。生态系统服务功能的各个方面相互关联。联合国"千年生态系统评估"(the millennium ecosystem assessment)项目引起了社会广泛的关注，从四个方面解读了人类社会对生态系统的依赖性。首先是供应服务(provision services)，提供了能直接利用的产品，如食物、淡水、木材和纤维等；其次是调节服务(regulation services)，提供了人类适宜生存的生境；再次是文化服务(cultural services)，提供了人类愿意居住的生境；最后是支持服务(supporting services)，创造了人类生存依赖的环境和过程的基础(表 6-1)。所有的这些生态系统服务功能都是通过复杂的化学、物理和生物循环来实现的,太阳能驱动这些循环过程。自然生态系统为人类提供了一系列服务功能,从产品和木材到土壤恢复和个人灵感。这些生态系统服务功能支撑和满足了人类生存和生活的需要。尽管人类通过技术革命,能够用一些技术和工程手段来替代部分生态系统功能,如水净化、防洪等,但是无法替代其所有的功能,也达不到生态系统功能产生利益的规模,因此生态系统是人类社会的核心价值之一,理应得到等同于其他核心价值最低限度的关注。然而,人们对生态系统核心价值的认识程度低,几乎不进行监控,生态系统的很多方面陆续出现了不同程度的退化甚至消失。

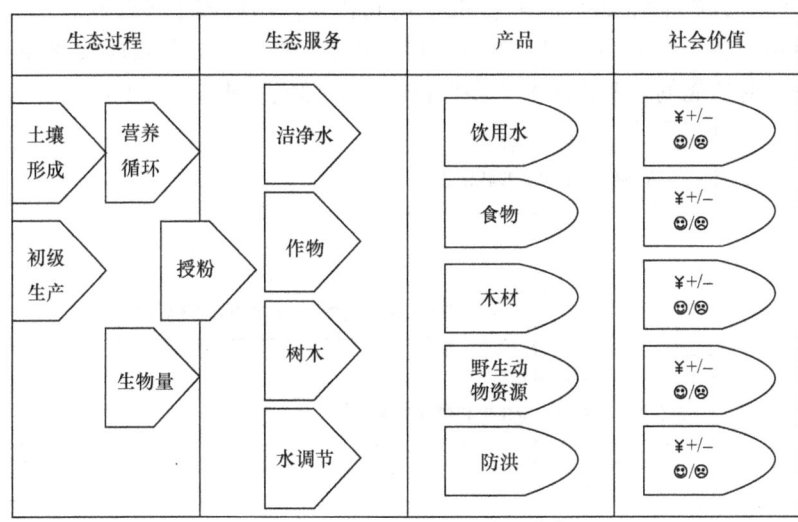

图 6-4　生态过程与服务示意图

¥表示对社会经济影响;表情图表示对社会心理影响

表 6-1　生态系统服务功能分类及示例

分类	示例
供应服务	食物:海产品、农产品、牲畜、调味料 药物:中间产物、前体(母体) 耐用品:天然纤维、木材 能源:生物质燃料、水力发电 工业原料:橡胶、乳胶、石油、燃料、石蜡和香料等 遗传资源:增加其他产品产量的媒介产品
调节服务	循环和过滤过程:废弃物的氧化和降解,土壤肥力的产生和恢复,空气和水的净化 转移过程:作物和植物的授粉、种子的传播(树木和其他植被的维持) 稳定过程:海岸和河道的稳定、主要害虫群落的控制、碳固定、气候的部分稳定、防灾(水循环调节、极端气候调节)
文化服务	美(美学)、静 再创造的机会 文化、智力和灵感
支持服务	生态系统各组分的维持功能 为未来提供产品和服务的系统需求 等待将来被发现的"新"服务

生物多样性对生态系统的功能和服务是至关重要的。生态系统的服务和功能依赖于物种多样性、关键物种属性(元素循环、胁迫耐受等)和群落的结构(均匀度)。生物多样性和生态系统功能的相互作用关系是多样的(图 6-5)。当任一种新物种的加入能够增强生态系统功能时，生态系统功能和物种多样性呈现线性相关关系，而当多种物种对生态功能的贡献相同时，则为冗余关系。对于后者而言，如果新添加物种具有一种在该群落中尚未发现的属性时，新增的物种对生态系统功能的增强可产生正效应。该正效应的累积程度随着物种多样性增加而逐渐降低。物种在增强生态系统功能能力方面的差异，以及可增强(如促进生长)或抑制(如竞争)功能的生物间相互作用形成了多样性和功能的异质关系。当群落中存在一种对功能和群落结构具有极不平衡的正或负效应的物种(关键物种)时，且该物种对功能的重要程度大于多样性时，将形成异质关系(图 6-6)。

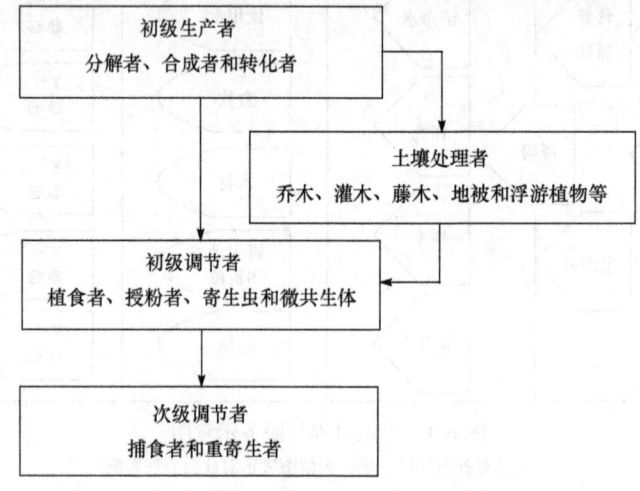

图 6-5 生物群落及其主要生态功能

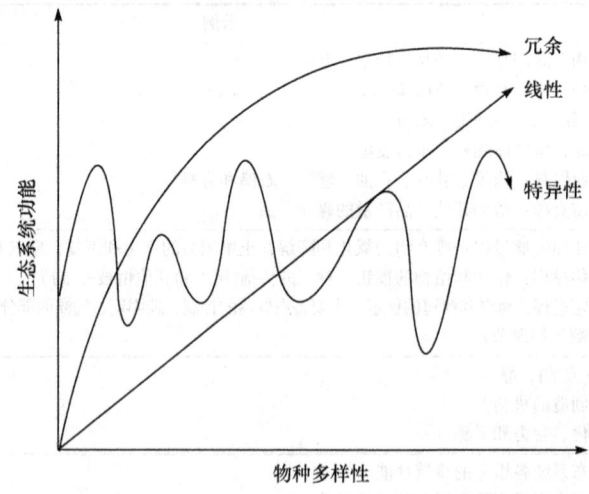

图 6-6 物种多样性和土壤生态系统功能的三种可能的正相关关系模型(Nielsen et al., 2011)

二、环境污染对生态系统服务功能的影响

环境污染往往导致生境的单一化,生态系统多样性的丧失也成必然。例如,英国利物浦工业区在19世纪工业革命发展最为迅速的时期,当地的森林生态系统、草地生态系统几乎全部被单一的"人工荒漠化"的裸地所代替。中国昆明滇池地区,伴随湖泊富营养化的发展,湖滨地带的生物圈层几乎全部丧失殆尽。不仅如此,污染往往引起建群种或群落物种的消亡或更替,从而使原有的生态系统发生严重的逆向演替。比较突出的情形是森林生态系统,如在二氧化硫污染作用下,加拿大北部针叶林大面积地退化为草甸草原,北欧大面积针阔混交林退化为灌木草丛。

污染导致生态系统复杂性降低,主要表现为生态系统的结构趋于简单化、食物网简化及食物链不完整。污染导致生态系统的物质循环路径减少或不畅通,能量供给渠道减少,供给程度减小,信息传递受阻。导致生态系统复杂性降低的原因主要有以下两个方面:一是污染直接影响物种的生存和发展,从根本上影响了生态系统的结构和功能;二是污染大大降低了初级生产力,从而使依托强大初级生产力才能建立起来的各级消费类群没有足够的物质和能量支持,从而使生态系统的结构和功能趋于简单化。

污染导致生态系统的复杂性降低不仅是理论上的推测,而且是一个不争的事实。Peakwell在综合评述相关研究后指出:绝大多数污染物都会显著地降低生态系统的初级生产力;污染物本身往往也降低生物的生活能力;同时,污染物对物质的分解和信息的传递也有很大的影响。北美和北欧的研究者都发现,在污染物的作用下,很多生态系统在其类型发生改变以前,系统内的物种数量就发生了显著降低,部分物种的正常生理功能也会改变,从而对整个系统的结构产生影响,热带森林系统似乎对污染的敏感性远甚于温带森林。例如,杀虫剂通过直接杀伤动物并通过食物链影响生态系统的结构,进而影响生态系统中间服务(如害虫控制、授粉和营养循环等),最终导致作物的产量降低,影响终产品的产量和质量(图6-7)。在此过程中,杀虫剂主要影响了鸟类食物昆虫的生物量,从而影响了鸟类种群数量。而且杀虫剂对土壤中的环节动物和微生物也起到杀灭作用,进一步影响物质循环的速度,同时影响了杀虫剂等其他污染物的降解速率。

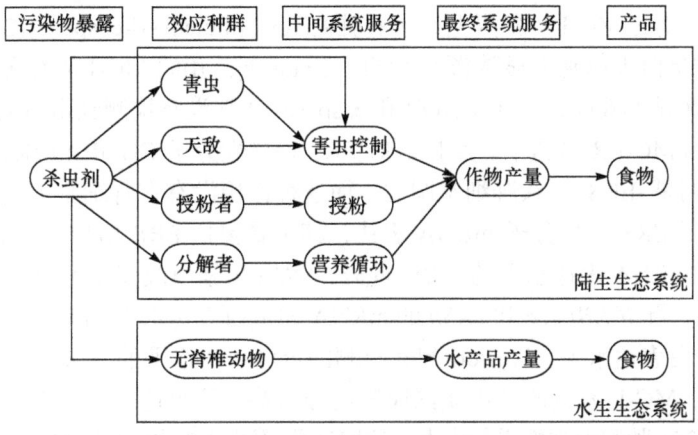

图6-7 杀虫剂对陆生生态系统和水生生态系统服务功能影响示意图

水体富营养化一直以来都是全球性问题，无论在欧洲、非洲、北美洲、南美洲，还是在亚太地区，湖泊均存在不同程度的富营养化现象，尤其是亚太地区，其54%的湖泊处于富营养化状态。水体富营养化是指在人类活动的影响下，生物所需的氮、磷等营养物质大量进入湖泊、河湖、海湾等缓流水体，引起藻类及其他浮游生物大量繁殖，水体溶氧量下降，水质恶化，最终导致鱼类及其他生物大量死亡的现象。1978年，Nature首次报道了动物因饮用含蓝藻的水而死亡的事件，此后人们开始关注蓝藻的次级代谢产物藻毒素，根据其致毒位点及模式的不同，藻毒素主要分为肝毒素(微囊藻毒素，microcystin；节球藻毒素，nodularin)、神经毒素[鱼腥藻毒素(-a, -as), anatoxin(-a, -as)]、细胞毒素(拟柱孢藻毒素，cylindrospermopsin)、皮肤毒素(鞘丝藻毒素，lyngbyatoxin)及刺激性毒素(脂多糖，lipopolysaccharide)等。其中主要以微囊藻毒素MC-LR为代表，在自然水体中，MC-LR具有含量高、毒性大、结构稳定等特点，因此受到人们广泛关注。研究表明，MC-LR可抑制蛋白磷酸酶PP1和PP2A活性，引起磷酸化蛋白增加，从而导致肝脏损伤。此外，人们发现MC-LR不仅会引起水生生物的死亡，导致淡水生态系统失衡，而且它与肝癌发病率密切相关，流行病学调查结果表明，在饮用未经处理的藻污染水源水后，原发肝癌发病率明显升高。目前，WHO规定饮用水中的MC-LR每日最大容许摄入浓度为1 μg/L，已有的研究表明该每日最大容许摄入浓度偏高，会对人体产生长期的潜在危害。

研究结果表明，20 μg/(kg·d)的MC-LR暴露小鼠21d后，引起肝脏细胞CHOP和caspase-12 mRNA表达量显著增加，与对照组相比较，其表达量分别为对照组的2.9倍和1.3倍。但在肝脏和肾脏都没有检测到GRP78表达的显著变化。与对照组相比较，CHOP在肾脏组织的表达轻微下调，而caspase-12则下调近一半。MC-LR暴露引起了Bcl-2在肝脏的显著下调，但在肾脏检测到有轻微的上调。这些结果表明，小鼠暴露于20 μg/(kg·d)的MC-LR 21d后，引起了肝脏的内质网应激，对肾脏却没有显著的影响。因此，MC-LR改变内质网应激UPR-ERS特异性分子表达。为了进一步研究内质网应激是否参与了MC-LR导致的细胞凋亡过程，分析MC-LR暴露条件下内质网应激特异性分子和前凋亡转录因子及内质网特异的caspase的剪切形式的蛋白表达变化。与对照组相比较，20 μg/(kg·d)的MC-LR暴露上调了肝脏CHOP和cleaved-caspase-12的表达，而对肝脏GRP78的蛋白表达则无显著影响。同时20 μg/(kg·d)的MC-LR暴露对肾脏GRP78的蛋白表达也无显著效应，对于CHOP和caspase-12则没有检测到蛋白的表达。因此，20 μg/(kg·d)的MC-LR暴露下，小鼠肝脏ERS特异性分子CHOP和cleaved-caspase-12显著上调，表明是ERS导致肝细胞凋亡，而这种作用没有在肾细胞上观察到。MC-LR暴露显著改变了ERS信号分子mRNA表达，其主要包括ERS信号分子ATF6、IRE1、eIF2α和PERK mRNA表达水平的改变。此外，MC-LR暴露改变了ERS下游靶基因的表达，如MC-LR下调 SREBP-1c 和 FASn 的mRNA和蛋白表达水平，上调 ACACA 和 Gsk-3β 的mRNA和蛋白表达水平，Western blot检测的蛋白表达水平的结果与mRNA表达的结果一致。因此，MC-L暴露改变内质网应激信号通路分子表达。

采用MB435s肿瘤细胞株进行染毒，选取迁移浸润促进效应最明显的MC-LR浓度(25 nmol/L)进行72 h的染毒实验。然后采用基因芯片方法筛选出差异表达基因，在86个被检测的基因中，16个基因的表达显著上调或者下调，其中 *mmp-2*、*mmp-9* 与 *mmp-13* 同属于 MMP 酶系家族蛋白的编码基因，它们的转录表达上调 2 倍以上，其余的几个基因表达的变化均会促进肿瘤的迁移与侵袭。进一步通过 PI3K(磷脂酰肌醇-3 激酶)/Akt(PKB 蛋白激酶B)/NF-κB(家族中的 p65 常见核转录因子)与蛋白磷酸化过程密切相关的信号转导通路来研究 MC-LR 诱导 MMPs 表达的分子机制。Western blot 检测结果表明，MC-LR 暴露导致胞质内 Akt 总量上升。同时，细胞免疫荧光试验结果表明，NF-κB(绿色荧光标记 FITC)在细胞核内(蓝色荧光标记 DAPI)的含量随着藻毒素浓度的升高而增加。通过 EMSA 实验发现，藻毒素暴露提高了进入细胞核的 NF-κB 与 DNA 的结合能力。为了确证 MC-LR 通过该途径影响 MMP 表达和细胞进入，采用 NF-κB 的特异性抑制剂 JSH-23 处理 MC-LR 暴露细胞。结果发现，在加入 NF-κB 的特异性抑制剂 JSH-23 后，藻毒素增强肿瘤细胞侵袭能力的效果被逆转了，说明 MC-LR 是通过 NF-κB 来影响 MMP 的作用，进而影响肿瘤细胞的侵袭性。因此，MC-LR 通过 PI3K/Akt/NF-κB 信号转导通路促进肿瘤细胞浸润与转移。

综上所述，富营养化的起因正是由于氮、磷等营养化物质的进入对生物多样性造成影响，从而诱导后续一系列生态失衡现象的发生。富营养化将使得湖泊生态系统退化，水质下降，饮用水和水产品的产量和质量降低，导致人体健康风险，并且有损于水体的景观生态价值(图 6-8)。

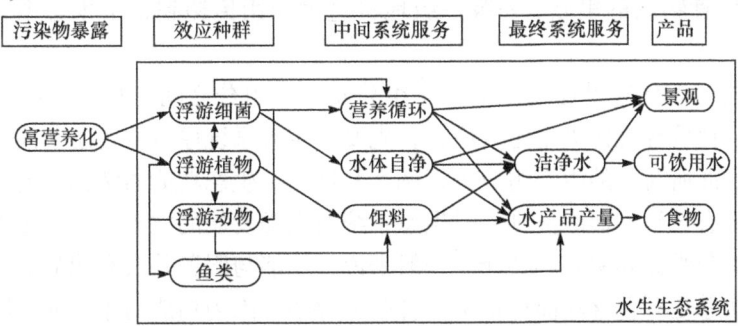

图 6-8　富营养化对水生生态系统和水生生态系统服务功能影响示意图

第三节　环境污染生态效应评估

一、环境污染的生态效应评估

(一) 环境污染生态效应的系统性调查

生态效应(ecological effect)指人类活动造成的环境污染和环境破坏所引起的生态系统结构及功能的改变。生态效应的研究是认识和估计环境质量的现状及其变化趋势的重要依据，是环境质量监测和生物学评价的理论基础，对于防治污染和保护环境有理论的和实际的意义。

进行环境污染生态效应评估的目的是了解环境污染对生态系统的影响程度，从而制定相应的保护目标和措施。要完整地评估环境污染所造成的生态效应，首先要了解为什么环境污染会产生生态效应。污染物进入环境以后，会对生态系统中某些特定的生物个体或者群体产生直接作用和间接作用。生态系统本身是一个很复杂的综合体，系统内部的各个组成(生物组成和化学组成)相互关联，共同服务于物质循环和能量传递。以杀虫剂在农田生态系统为例(图 6-7)，其进入环境后，首先会对其靶向害虫产生直接的毒性作用，减少相应害虫的种群数量，这是有利作用方面。同时，杀虫剂本身也会对一些非靶向的昆虫产生毒性作用，从而导致部分昆虫的种群数量降低，而这些非靶向的昆虫本身就在生态系统中扮演某种重要的角色，如蜜蜂等一些传粉昆虫，其种群数量的下降直接影响农作物的授粉，从而降低农作物及果树的产量。雨水冲刷会导致大量残留杀虫剂进入土壤，进而影响土壤中微生物和无脊椎动物的生存，导致土壤营养物质代谢循环能力降低，土壤动物的死亡和种群数量的下降也会对土壤的供氧和肥力产生不利的影响并最终降低农田的产量。地表径流会将杀虫剂进一步带入邻近水生生态系统中，从而对水生生态系统中的无脊椎动物产生直接的毒性作用，而这些小型的无脊椎动物(轮虫、枝角类和桡足类)是鱼类的重要饵料，其种群数量的降低也会导致鱼类种群数量的下降。由此可见，虽然污染物进入环境后会直接作用于某一类特定的物种，但是由于食物链和食物网的串联，一级一级地将这种作用传递到整个生态系统，最终产生生态效应。

污染物的生态效应是通过影响生态组分及生态组分之间的相互关系最终产生生态效应。因此，评价环境污染生态效应，首先要对生态系统原有的生态功能和服务及行使这些服务和功能所对应的生态组成进行调查和评估。生态功能通常描述的是生态系统中发生的基础生态过程。而服务则特指生态系统对人类发展的贡献。表 6-2 中列举了湿地生态系统的部分服务和主要的功能。一般来说，功能与服务并没有明显的界定，所以目前的评价方法总是既包含功能评价又包含服务评估。因为功能与服务通常随着时间而变化，所以它们的评价方法需要重复测量来量化过程的影响。尽管在理论上很简单，但是在实际操作中污染物的生态效应评价是一个极具挑战性的命题。现有的评价方法存在调查范围的局限性，并且不能全面反映生态系统内部的动态过程。实际情况是，由于生物群落的变化、水文情况的改变及土壤特征随着昼夜、潮汐、季节、年内、年际变化，生态系统处于不断变化之中，并且在空间上存在异质性。这给生态效应评价带来诸多不确定性。许多评价方法以生态系统内的生物群落特征作为评价的指标，如将植物、两栖动物、鱼类、鸟类、无脊椎动物作为指示生物。尽管这些指标可以利用并已在很大范围内取得了成功，但是，不同生态系统中生物多样性的调查表明，没有某一个单一的物种可以代替整个生态系统的群落结构，从而推翻了用指示物种来评价整个生态系统的假设。而且很多在生态系统中发挥关键作用的群落(如微生物群落)很难用传统的方法进行评估。

第六章 污染物的生态效应

表 6-2 湿地生态系统的服务和功能

生态系统的服务	生态系统的功能
供应性服务 　食物生产 　淡水、饮用水储存和保持 　燃料、纤维供给 　遗传物质 　提取生化药物和其他物质	水质改善相关的功能 　去除或者转移营养盐 　去除重金属或者有毒有害物质 　去除悬浮物质
调控性服务 　水质净化和处理后废水滞留 　地表水调控和地下水补充 　调控土壤和沉积物的滞留 　传粉、授粉 　温室气体的源和汇	栖息地相关的功能 　植物群落的生存 　无脊椎动物 　脊椎动物 　野生动物的多样性和数量 　初级生产力的维持
文化服务 　精神象征和文化意义 　旅游观光、娱乐 　教育资源 　美学价值	水文相关的功能 　降低水流 　降低下游的腐蚀，维持沉积物的稳定 　地表水和地下水循环
支持性服务 　土壤成熟、沉积物保育和有机质滞留 　营养物质的储存、循环 　渔业维护	

(二) 环境污染生态效应评估的策略

环境污染生态效应评价的整体框架包括确定生态系统的服务和功能，进一步确定行使生态服务和功能的生物组成，然后确定受到环境污染影响的生态组分，以及确定受影响的生态系统的服务和功能，最终进行总体生态效应评估及制订相应的保护策略。环境污染生态效应评价的流程如图 6-9 所示，流程中各部分具体内容见表 6-3，评估结果如图 6-10 所示。

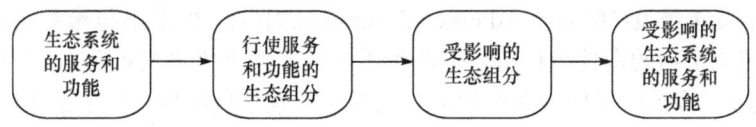

图 6-9 环境污染生态效应评价的流程

表 6-3 环境污染生态效应评价主要内容

生态系统服务	生态系统	行使服务的生态组成	是否受影响 (以农药为例)	受影响的 组分	受影响的生态系统的 服务和功能
食物供给	陆生、水生生态系统	农作物、牲畜、鱼类、鸟类、植物、食用真菌、无脊椎动物	是	根据物种间敏感性差异进一步确定受影响的组分及受影响的程度	根据受影响的生态组分，回归于其行使的生态服务和功能上，最终确定受影响的生态服务和功能
授粉	陆生、水生生态系统	蜜蜂、其他授粉昆虫	是		
害虫和疾病控制	陆生、水生生态系统	无脊椎和脊椎动物的肉食性及杂食性动物、真菌	是		

生态系统服务	生态系统	行使服务的生态组成	是否受影响(以农药为例)	受影响的组分	受影响的生态系统的服务和功能
水质净化	水生生态系统	微生物、植物	是		
灾害防治(洪水、暴风等)	陆生生态系统	绿色植物、植被	是		

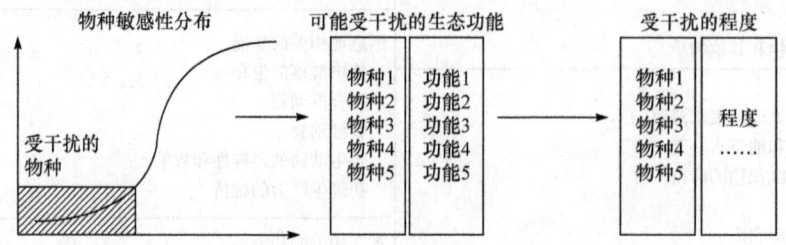

图 6-10　环境污染的生态效应评估结果分析表达方式

(三) 毒性物种敏感性评估化学污染物的生态效应

污染物进入环境以后，并非会对生态系统中的所有生物组成都产生不利的影响，对受影响的生物组成的影响程度也会因物种间的敏感性差异而有所不同。因此，进行环境污染的生态效应评估的核心实际上是评估系统内受污染物影响的生态物种，以及每一个物种受影响的程度。而获得物种间敏感性差异最直接的手段就是在实验室中进行污染物的毒性测试。

对于急性毒性，选择暴露终点为 LC_{50}(所有物种)及 EC_{50}(藻类和溞类)，相应暴露时间(优选藻类 24 h、鱼类 96 h 和溞类 48 h)的所有生物毒理数据。对于慢性毒性，选择暴露终点为无观察效应浓度(no observed effect concentration, NOEC)或最低可观察浓度(lowest observed effect concentration, LOEC)，暴露时间(藻类≥3 d，鱼类≥14 d，大型溞 21 d)的所有生物毒性数据。慢性毒性数据量较少时，采用毒性相对潜力因子(relative potency factor, RPF)表示，它是根据化合物极性数据构建的物种敏感分布(SSD)曲线求出各自的 50%的受害浓度(50% hazardous concentration, HC_{50})，再求出与参考化合物的 RPF，然后通过参照化合物的慢性数据构建的物种敏感性曲线来推导其他化合物的慢性毒性数据的方法。为保守估计，采用的慢性值的终点是无观察效应浓度，当没有可获得的 NOEC 时，最大可接受毒物浓度(maximum acceptable toxicant concentration, MATC)的一半或最低可观察效应浓度的 2/5 或半数效应浓度(median effect concentration，EC_{50})的 1/5 作为 NOEC 的替代。

毒性数据的筛选原则主要包括：①有明确的终点，同一生物不同终点的数据选取敏感终点，同一生物同一终点的多个毒性数据采用几何平均值；②在对物种进行分类时，将全部物种细分为脊椎动物和无脊椎动物，脊椎动物包含鱼类和两栖动物，无脊椎动物包含甲壳类、昆虫、蜘蛛类、软体动物、蠕虫、浮游动物及其他无脊椎动物等。物种敏感性分布对毒理数据量的最小要求没有统一规定，OECD 于 1992 年及澳大利亚于 2000 年发表的水质标准中推荐的最小数量为 5 个，美国要求最少为 8 个，欧盟要求最少为 10 个，数据量太小容易产生较大偏差。图 6-11 为以五氯酚为例的急性毒性与慢性毒性的物种敏感性分布曲线。

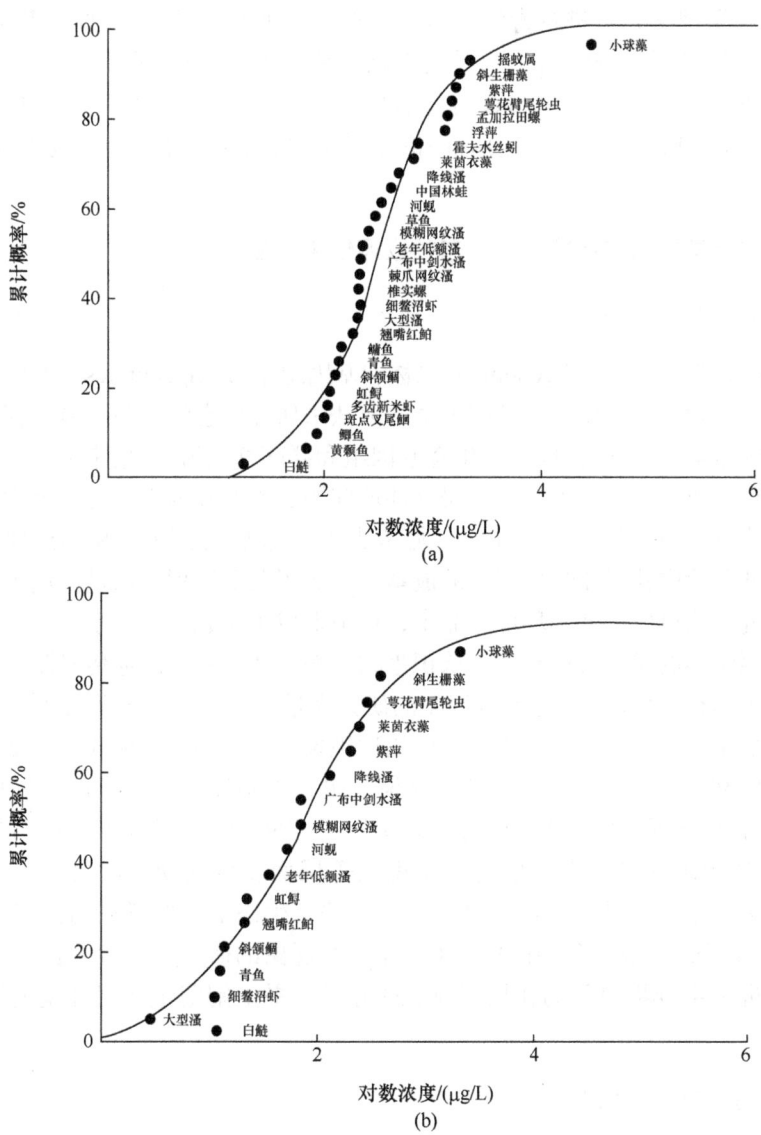

图 6-11　五氯酚物种敏感性分布曲线
(a) 急性毒性；(b) 慢性毒性

目前的生态效应评估多通过实验室内的毒性测试来预测污染物进入环境后会对哪些生态物种组成产生潜在影响。实验室内的毒性测试虽然能够精确地控制实验条件和选择受试物种，但是这种方法也通常被认为无法获得野外的真实环境的毒性数据及缺乏生态层面的测试结果，而且在实验室进行测试的物种，往往是进行过人为挑选的模式生物，或者是关注的物种，并没有真正地考虑其在生态系统中真正的作用和功能，其代表性还有待考证。同时，要想进行全面的生态效应评估，就要对生态系统中行使生态功能的组分进行研究，确定系统中真正受到影响的物种，显然，这一过程难以全部在实验室中进行，因为有很多物种难以在实验室中进行培养，对于微生物，更加难以用传统的生态毒理学方法进行毒性评价。因此，目前基于关键物种(或者关注的物种)的毒性测试结果进行污染物对生态系统影响的评估模式，并没有对生态系统中真正行使生态功能的物种进行测试和调查，虽然这种主流的污染生态效应评估方法在很大范围内取得了一定的成功，但就目前的评价体系来说，很难对整个生态系统效应进行全面的评估。

二、生态基因组学技术在环境污染生态效应评估中的应用

(一) 生态基因组学定义

生态基因组学(ecological genomics)也称宏基因组学(metagenomics)，本质上是直接研究环境中的遗传物质，应用功能基因组学的方法来研究生态组成与环境的相互作用。广义上生态基因组学包括环境基因组、生态基因组和群落基因组。通俗来讲，就是利用DNA所承载的物种组成、功能基因信息来研究环境问题。生态基因组学是由单物种基因组学研究拓展而来的。测序技术不断进步，尤其是第二代测序技术(NGS)的出现和发展，极大地降低了从环境中获得DNA序列的成本，提高了获取序列的通量。这也使得物种基因组学的研究手段可以拓展到环境样品中，逐渐形成了生态基因组学。

生态基因组学的研究可以有助于认识生物体响应环境系统的遗传机制，了解基因组在生态系统中的相互作用。生态基因组学的研究大量采用分子生物学的新方法、新技术，突破了传统的生态学以个体水平为主、以描述现象为目的的研究模式，逐渐深入个体、细胞、亚细胞甚至生物大分子和功能基因等层次，以阐述机理为目的，利用分子遗传学和基因组学的分析结果，结合生态学相关野外或实验室研究成果，使对生物进化和适应的研究从传统的研究表观生理适应现象等层面发展到现代的研究生理适应的内在机制及生物生存、进化、适应意义等层面上来。生态基因组学的特点是强调生态研究中宏观与微观的紧密结合，在适应进化等生态现象的研究中不仅考虑了外界的作用因素，而且进一步分析内部的作用机制，从分子水平上阐明生物对环境的适应与进化的机制。

(二) 生态基因组学优点

传统的生态效应评估很难对整个生态系统(从发挥重要功能的微生物到食物链顶端的大型动物)进行系统的调查。随着技术的发展，集成传统和新型分子生物学工具的生态基因组学提供了令人满意的"下一代环境污染生态效应评价方法"。其主要的优势是能快速全面地获得环境中有关物种的信息及物种间的进化关系，相对于传统的研究手段，生态基因组是基于DNA序列来进行功能判定和物种分类，人为干扰的因素小，便于标准化操作，能够在最基本的基因遗传水平提供大量的证据，并能够全面地反映整个生态系统的状态(从最基本的微生物到处于食物链顶端的高等动物)。随着生物技术发展，生态基因组学的时间成本、经济成本和经验成本会越来越低。

(三) 生态基因组学在污染生态效应评估中的应用

结合第二代测序技术的生态基因组学研究能够从大量环境样品中获得数以万计的 DNA 序列，这些 DNA 序列中包含了大量的信息，如环境中存在的或者曾经存在过的物种信息、这些物种间的进化关系、生态系统中的基因功能信息甚至生态系统的健康状态。这些信息都是环境污染生态效应评价过程中要用到的，而且很多信息是传统的评价方法很难或根本无法获得的数据。这些数据在环境污染生态效应评价中的应用，能极大地提高生态效应评价的全面性和准确性。

生态基因组学通过对不同营养级水平的物种信息和功能基因进行全面有效的评估，为生态系统评价开辟了新的道路。生态基因组学评估应用包括以下几点。

(1) 通过对从初级生产者到顶端消费者生物群落的重构，评估营养级的复杂度和食物网的能量流动。

(2) 通过对物种的分类多样性、发育多样性和功能多样性分析，对生物多样性进行综合评估(从微生物到哺乳动物)。

(3) 通过改善分类手段来鉴定对特定环境压力敏感的分类单元，丰富了生物评价手段，改进了物种识别或者直接评价功能基因的方法。

(4) 对关键物种的快速检测，如入侵物种、主要组成物种或者是敏感物种、稀有物种、濒危物种等。

(5) 水质变化影响的直接检测。例如，微生物群落可能会对环境中少量污染物高度敏感，因此，检测微生物群落的变化能反映水质变化。

(6) 通过 RNA 或者 RNA/DNA 比例评价活跃物种。通过 16S rRNA 测序获得环境中活跃微生物群落，为评价冰川中潜在活性微生物提供重要信息。这类方法也可用于其他的湿地微生物群落，包括浮游植物和浮游动物群落活跃物种分析。

(7) 衡量生态系统功能和生物地球化学循环过程。例如，反硝化、硫酸盐还原、产甲烷过程等，通过监测参与此过程的微生物群落或者监测相关功能基因拷贝数分析元素的生物地球化学循环过程。

(8) 通过稳定同位素和高分辨率生物多样性信息及观察的数据来勾勒食物网的结构。

生态基因组学在环境污染生态效应评估中的核心价值是物种多样性评价和功能基因研究。前者主要依赖于 DNA 宏条形码(metabarcoding)测序，而后者则更多地依赖于宏转录组(metatranscriptome)来实现。

虽然生态基因组学为生态系统功能和生物多样性评估提供了系统化的前沿方法，但是要实现方法的成功应用还需要对该方法进行进一步的发展和优化，如相关物种分子遗传信息库的补充和完善、分类单元的统一命名和定义及降低错误率和人为误差等。虽然该方法仍处于起步阶段，但是对于生态系统功能评估和制定管理政策具有巨大的影响。

(四) DNA 条形码技术

DNA 条形码技术是通过使用一个或一些短的 DNA 基因片段作为条形码来对物

种进行快速、准确识别的技术。通过 DNA 序列进行物种识别的基础是 DNA 序列在物种间的差异性和同物种间的相似性。研究表明,长度约为 300 bp 的 DNA 序列就能区分目前我们认知的 90%以上的物种,而不同物种间的序列差异度也保证了这种物种识别方法的准确性(图 6-12)。

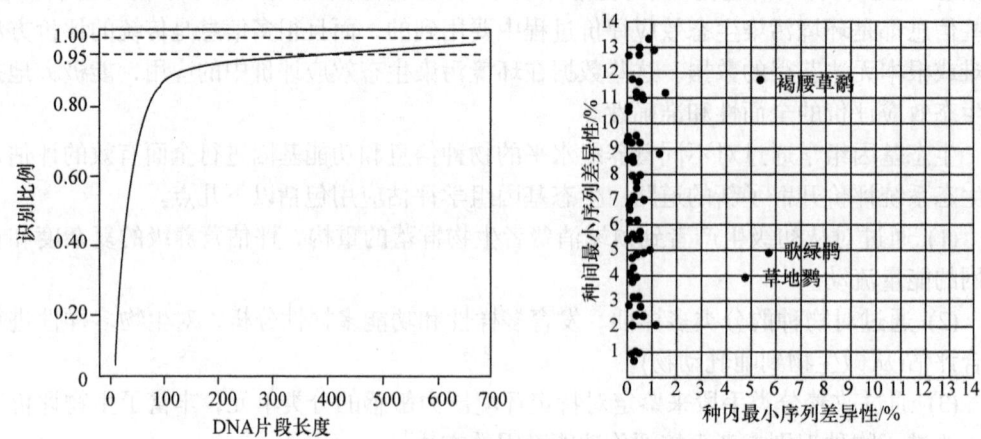

图 6-12　DNA 片段长度对物种的识别比例和种内种间的序列差异性

目前 DNA 条形码技术已经在很大范围内成为一种通用的、标准的生物多样性评价方法。DNA 条形码技术的概念最早是由加拿大科学家 Paul Hebert 在 2003 年正式提出的。经过十余年的发展,DNA 条形码技术已经被广泛应用于各种领域。不同于分子进化,DNA 条形码技术的主要目标不是确定不同物种间进化关系,而是致力于物种的分类鉴定。通过比较序列的差异性,判断两个样本是否来自同一个物种。并非所有的 DNA 序列都能用于物种识别,其必须满足以下条件:①序列要存在可变区,能够有效区分开亲缘关系近的物种;②序列要包含一定保守区,容易进行 PCR 扩增和测序。目前在国际上通用的条形码区域为:CO1(后生动物),ITS1、ITS2 和 rbcl(绿色植物),18S V9(真核生物)和 16S V3、V4(微生物)。公共 DNA 条形码数据库和其他标记基因序列包含成千上万的动物、植物、微生物分类群的代表性基因序列。通过比较 DNA barcode 数据库,获得的序列能够在种的水平上对未知生物进行有效鉴定。除了 DNA barcode 的领域,分子生物学的方法也能用于研究原核和真核生物的功能基因。DNA 条形码技术鉴定物种的流程如图 6-13 所示。在第二代测序技术出现以前,由于测序成本和测序通量的限制,DNA 大多用在单个样本的物种鉴定上,并不能直接分析环境样本或者混合样本。随着新型测序技术的发展,尤其第二代测序技术的普及,DNA 条形码技术的应用范围进一步拓展。DNA 宏条形码技术就是在 DNA 条形码技术的基础上,利用高通量测序技术直接对环境样本或者混合样本进行物种多样性分析。

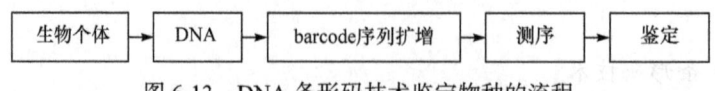

图 6-13　DNA 条形码技术鉴定物种的流程

DNA 条形码技术和宏条形码技术的优势为成本低、时间花费少(尤其是大尺度的生态的调查)、人为干扰因素小、不需要物种分类鉴定知识和便于计算机自动化操作,但是它们也有劣势,如目前还不能进行绝对定量,只能半定量分析,引物对不同类型的物种序列扩增存在偏好性,缺乏系统的评价体系,参考数据库不完整等。

(五) 生态基因组学发展趋势

生态基因组学提供了生态系统功能和生物多样性评估的前沿方法。生态基因组学方法应用到环境污染生态效应评估中还有很长的路要走。生态基因组学方法的进一步操作实施需要进一步完善各个阶段的测试步骤。基于 Bohmann 和 Rees 等的实验,需要提高一些特定的技术,如改进取样方法、提高野外操作效率和减少 DNA 的破坏;生物信息获取过程趋于自动化,方便数据处理;减少假阳性和假阴性率;通过 eDNA 定量还原环境样品中的生物量和个体数量;加深环境变量和环境过程对 eDNA 半衰期影响的认知;探明不同环境中 eDNA 的分散性和环境组成(水 vs 土壤)对 eDNA 分布的影响;建立和补充相关数据库来支持 DNA 测序分类;通过对生态的参考定义和指数编制合并使用操作分类单位等。

生态基因组学在近年来有长足的进步,从最开始的物种组成研究到近年来的基因功能探索,在未来还有很大的提升空间。尤其是物种多样性的监测和评估怎样与传统的评价体系相对接,宏基因组和宏转录组所提供的基因功能数据如何与生态系统的服务和功能对接,这些都还缺乏相应的评价体系。尽管如此,生态基因组学技术本身在有效评价环境污染物的生态效应方面表现出巨大的优势和潜力,能够在未来生态学及环境污染生态学中发挥重要的作用。

DNA 条形码技术在淡水浮游动物群落结构分析中的应用

以 DNA 条形码技术研究淡水浮游动物群落组成为例,具体阐述生态基因组学在环境生态评价中的应用。实验的研究对象是整个太湖流域,在每个采样位点采集水样,富集水中的浮游动物,提取浮游动物的 DNA,进行 PCR 和高通量测序,整个实验流程如图 6-14 所示。

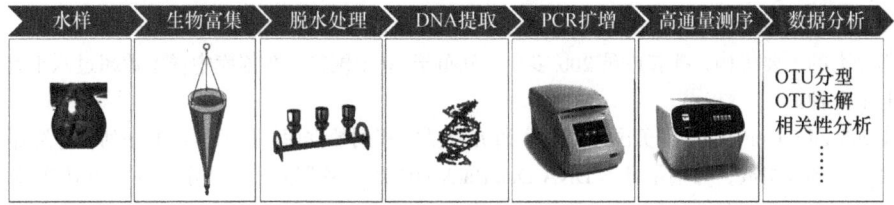

图 6-14 DNA 条形码技术分析淡水浮游动物群落组成的流程

通过高通量测序,可以获得水中不同生物的物种信息,包括节肢动物(主要是水生昆虫)、轮虫、枝角类、桡足类、真菌、硅藻和红藻等。这些物种信息的获得比传统的方法简单得多。传统的生物调查监测手段往往只能针对某一生物类群进行调查,而且往往需要花费大量的人力物力。高通量测序可以在一个流域尺度上进行快速普查。除物种组成的信息外,DNA 条形码技术还能很好地用于环境评价,如可以比较不同样品之间的生物多样性。从图 6-15 中可以明显看出,不同水体中浮游动物的可操作分类单元(OTU)多样性有所不同,其中河流的生物多样性要普遍高于湖泊的生物多样性,太湖和水库的浮游动物 OTU 多样性较低。除了以上两点外,由 DNA 条形码技术获得的数据还能进行更多其他评价,尤其是将物种组成的数据和环境中污染物联系起来,就可以评价污染物对生态系统(环境)中生物产生的影响。

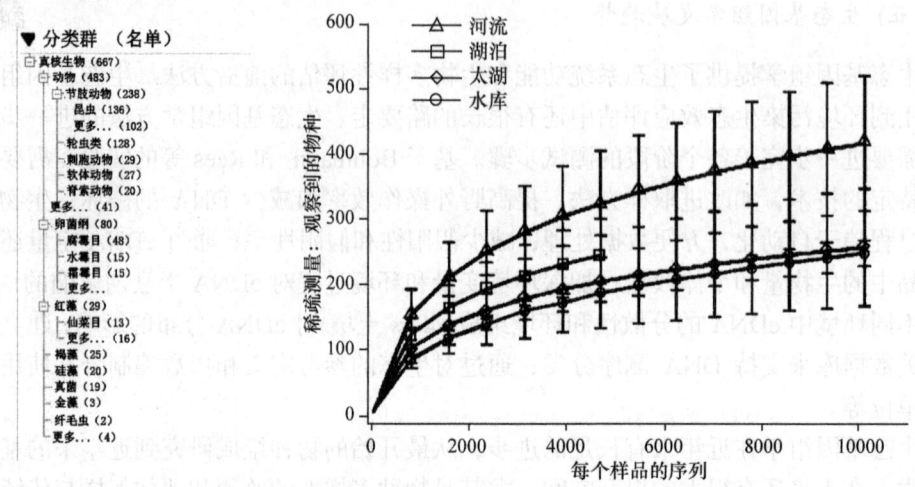

图 6-15 基于 DNA 条形码技术分析的淡水浮游动物群落组成

DNA 条形码技术依据 DNA 序列的差异来鉴定物种,就需要相应的条形码序列数据库来进行序列比对。目前主要的条形码数据库包括以下几种。

(1) CCDB。加拿大 DNA 条形码中心(CCDB)是 DNA 条形码技术的发源地,也是世界上最早成立的 DNA 条形码技术研究中心,目前其数据库物种超过十八万个,涵盖了动物、植物和真菌。每年新增条形码序列超过四十万条。网址:http://ccdb.ca/。

(2) BOLD。生命条形码数据库系统(BOLD)是在线的 DNA barcode 搜集、管理、分析的平台,由管理、分析系统(MAS)、识别系统(IDS)和外部连接系统(ECS)组成,能对数据进行快速的识别分析。其数据库中目前的条形码序列达二百七十多万条。

(3) iBOL。国际生命条形码计划(iBOL)是由被称为 DNA 条形码之父的 Paul Hebert 发起,正式成立于 2010 年 10 月,目前有 28 个国家参与。目前其数据库有二百八十多万标本,被命名的样本近二十万。网址:http://ibol.org/。

(4) CBOL。生命条形码协会(CBOL)成立于 2004 年,是最早发起 DNA 条形码的组织之一,也是目前条形码分类的主要机构,拥有成员 200 多个,分布于 50 个国家。数据库中样本数超过八十万,物种数超过七十万种。

(5) GenBank。GeneBank 是美国国家卫生研究院基因序列数据库,是国际核酸序列合作数据库的一部分,由 3 个部分组成,分别是日本 DNA DataBank(DDBJ)、欧洲分子生物学实验室(EMBL)和美国生物技术信息中心(NCBI)的 GenBank。网址:http://www.ncbi.nlm.nih.gov。

其他数据库还包括加拿大生物条形码网络(Canadian Barcode of Life Network)、生命百科全书(Encyclopedia of Life)、全球物种多样性数据库(Global Biodiversity Information Facility)、真菌编码数据库(Fungal coding database)、鱼类数据库(Fish Barcode of Life)、鳞翅类数据库(Lepidoptera Barcode of Life)和鸟类数据库(Barcode of Life Initiative)等。

思考题和习题

1. 什么是有害结局路径？
2. 类二噁英化合物的生态毒性效应有哪些？
3. 什么是生态系统服务功能？举例说明污染物对生态系统服务功能的危害。
4. 环境污染生态效应评价主要内容是什么？
5. 什么是生态基因组学？生态基因组学在污染生态效应评估中应用包括哪些方面？
6. 什么是 DNA 条形码技术？

参 考 文 献

刘征涛. 2010. 新化学物质环境危害性识别快速筛选技术. 北京：化学工业出版社

孟紫强. 2009. 生态毒理学. 北京：高等教育出版社

孟紫强. 2015. 现代环境毒理学. 北京：中国环境科学出版社

王文雄. 2011. 微量金属生态毒理学和生物地球化学. 北京：科学出版社

周凤霞. 2011. 环境生态学基础. 北京：科学出版社

周宗灿. 2014. 毒作用模式和有害结局通路. 毒理学杂志, 28(1): 1-2

马丁 C C. 2009. 环境基因组学实验指南. 杨军, 译. 北京：科学出版社

Lasley S M, Qian Y C, Basha M R. 2007. New and evolving concepts in the neurotoxicology of lead. Toxicology Applied Pharmacology, 225: 1-2

Mace G M, Norris K, Fitter A H. 2012. Biodiversity and ecosystem services: A multilayered relationship. Trends in Ecology & Evolution, 27(1): 19-26

Mandavia C. 2015. TCDD-induced activation of aryl hydrocarbon receptor regulates the skin stem cell population. Medical Hypotheses, 84: 204-208

Nielsen U N, Ayres E, Wall D H, et al. 2011. Soil biodiversity and carbon cycling: A review and synthesis of studies examining diversity-function relationships. European Journal of Soil Science, 62(1): 105-116

第七章

环境物质的生物转化过程

本章导读

本章首先讲述了生物驱动的碳、氢、氧、氮、磷和硫等大量元素及重金属的生物转化过程，以及影响这些生物转化过程的生物和非生物因素。其次，介绍了生物在生长代谢过程中产生的生物毒素包括微生物毒素、植物毒素和动物毒素等的形成和作用。最后本章探讨了利用有机废物生产甲烷、氢气、乙醇等清洁能源的微生物方法。

第一节 生态圈元素生物转化

元素的生物转化是指在生态圈中元素由于生物化学的作用而发生的形态或价态转化。在自然生态系统中，微生物作为分解者、生产者和消费者对元素生物转化发挥重要作用，同时，动物和植物也直接或间接地在元素的生物转化中发挥作用。了解生物的元素生物转化，对于保护环境有着极其重要的意义。

一、碳的生物转化

碳是构成生物体的主要元素，碳的生物转化主要包括大气中 CO_2 通过植物、微生物的光合作用转化为有机物，以及有机物分解为 CO_2 而重新释放到大气中，这是自然界最基本的物质循环。生命体主要由碳、氢、氧和氮等元素组成，因此碳的转化往往偶联着氧和氢的转化(图 7-1)。

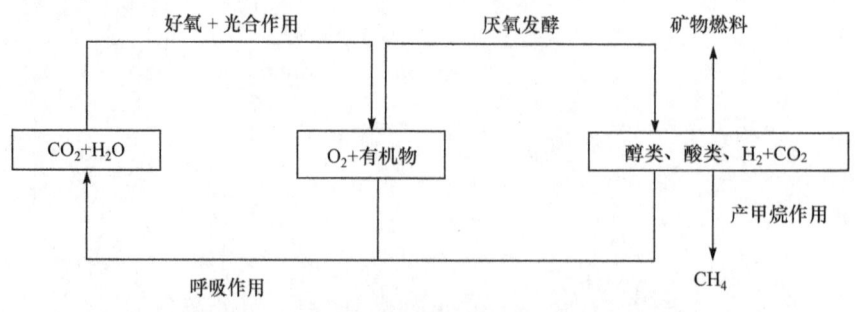

图 7-1 碳的生物转化及其与氧、氢循环的偶联

光能和化能自养生物将大气中 CO_2 固定为有机碳，然后一部分有机碳通过食物链在生态系统中转移。食物链各营养级生物通过呼吸作用释出 CO_2，机体的排泄物和尸体被分解者分解而释放出 CO_2。在缺氧条件下，有机物的分解一般不完全，产甲烷菌利用有机物厌氧分解产生的 H_2、CO_2 和乙酸作为底物产生 CH_4。CH_4 逸入好氧环境后，通过甲烷氧化菌的作用产生 CO_2(图 7-2)。

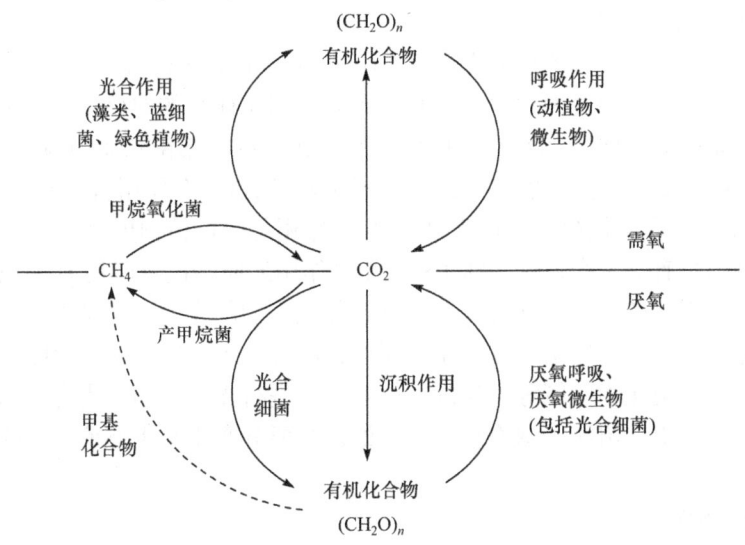

图 7-2　碳的生物转化过程

(一) 无机碳转化为有机碳

生物利用太阳能将 CO_2 固定，合成有机物的过程称为光合作用。CO_2 固定是 CO_2 还原为碳水化合物的生化反应过程，这个过程主要是通过光合作用来实现的。光合作用是地球上最重要的生物学过程之一，其实质是光能转化为化学能，将空气中 CO_2 或水中碳酸盐还原为有机碳。光合作用包括光反应与暗反应两部分，其中光反应最终产物为 ATP、NADPH、O_2，暗反应则是利用 ATP 和 NADPH 固定 CO_2 合成糖类。陆地上碳的有机化主要由高等植物来完成，水体中碳的有机化除高等水生植物外，则主要由单细胞藻类、光合细菌、盐细菌和化能自养细菌等微生物完成。储存于有机分子中的能量用来驱动细胞中各项生理生化活动，同时这些能量也可沿食物链传递，被各种不同的生物所利用。光合作用为包括人类在内的几乎所有生物的生存提供了碳源和能量来源。

1) 植物的光合作用

高等植物中最活跃的光合作用场所是叶片。叶片细胞含有大量的叶绿体，叶绿体内的叶绿素能够捕捉光能。在光合作用中光能被用来分解水，释放出氧气并还原 CO_2 合成碳水化合物。植物根据 CO_2 同化的最初产物的不同可以分为两类：同化 CO_2 最初产物为 3-磷酸甘油酸的植物称为 C3 植物，最初产物是苹果酸或天冬氨酸(四碳化合物)的则称为 C4 植物，如玉米、甘蔗、高粱和苋菜等。C4 植物中含有独特的磷酸烯醇式丙酮酸碳氧化酶(PEP 羧化酶)，磷酸烯醇式丙酮酸(PEP)经 PEP 羧化酶的作用与 CO_2 结合，形成苹果酸或天冬氨酸。这些四碳双羧酸转移到鞘细胞里，通过脱羧酶的作用释放 CO_2，后者在鞘细胞叶绿体内经核酮糖二磷酸(RuBP)羧化酶作用，进入光合碳循环。这种由 PEP 形成四碳双羧酸，然后又脱羧释放 CO_2 的代谢途径称为四碳途径。C4 植物与 C3 植物的一个重要区别是 C4 植物的 CO_2 补偿点很低，而 C3 植物的补偿点很高，所以 C4 植物在 CO_2 含量低的情况下存活率更高。

2) 微生物的光合作用

能进行光合作用的细菌统称为光合细菌(photosynthetic bacteria, PSB)，光合细菌是地球上出现最早、自然界中普遍存在、具有原始光能利用体系的原核生物。根据光合细菌所含光合色素系统的不同，光合细菌可分为紫色细菌、绿色细菌和蓝细菌(cyanobacteria)。蓝细菌含有叶绿素 a，以水作为供氢体和电子供体，通过光合作用将光能转变成化学能，同化 CO_2 为有机物质，并释放氧气，因此其光合作用与绿色植物更为相近。除蓝细菌外，光合细菌细胞内只有一个光系统，即 PSI，光合作用的原始供氢体是 H_2S 或一些小分子有机物，光合作用后产生 S，并合成有机物，并且它们的光合作用是不产氧的。光合细菌一般是无芽孢的革兰阴性菌，以光作为能源，能在厌氧光照或好氧黑暗条件下利用自然界中的有机物、硫化物、氨等作为供氢体兼碳源进行光合作用。光合细菌广泛分布于自然界的土壤、水田、沼泽、湖泊和江海等处，主要分布于水生环境中光线能透射到的缺氧区。

3) 其他固碳作用

除 PSB 外，硝化细菌、硫化细菌等化能自养菌也是 CO_2 的固定者。一部分产甲烷菌能利用氢还原 CO_2 合成甲烷，它们也属于化能自养微生物。另外，有些兼性化能自养的厌氧细菌能利用氢还原 CO 或 CO_2 生成乙酸，如热醋酸梭菌(*Clostridium thermoaceticum*)和伍氏醋酸杆菌(*Acetobacterium woodii*)。

(二) 有机碳转化为无机碳

由自养生物固定 CO_2 生成的有机碳，经氧化分解，最终再成为 CO_2，实现碳的循环。在生态系统的不同食物网中，有机碳逐步转化成为 CO_2。植物、动物和微生物的代谢产物及残体几乎都由微生物分解成为 CO_2。有机碳的分解过程很大程度上取决于有无氧气。在有氧的条件下，植物、动物和微生物进行有氧呼吸，分解有机碳获得能量，进行生长繁殖。在无氧的条件下，有机碳则通过无氧呼吸或发酵作用被逐步降解。

1) 植物和动物的呼吸作用

植物和动物的呼吸作用主要在细胞的线粒体中进行。有氧呼吸的全过程可以分为三个阶段：第一个阶段称为糖酵解，是在细胞质中进行的。一个分子的葡萄糖分解成两个分子的丙酮酸，在分解的过程中产生少量的氢([H])，同时释放出少量的能量。第二个阶段称为三羧酸循环(或柠檬酸循环)，是在线粒体中进行的。丙酮酸经过一系列的反应，分解成二氧化碳和氢，同时释放出少量的能量。第三个阶段为能量产生，前两个阶段产生的氢，经过电子传递链传递，最终与氧结合而形成水，同时释放出大量的能量。在生物体内，1 mol 的葡萄糖在彻底氧化分解以后，共释放出大约 2870 kJ 的能量，其中有 1160.52 kJ 左右的能量储存在 ATP 中(38 个 ATP，1 mol ATP 储存能量 30.54 kJ)，其余的能量以热能的形式散失(呼吸作用产生的能量仅有 34%转化为 ATP)。

生物进行呼吸作用的主要形式是有氧呼吸,但生物体内的细胞在无氧条件下能够进行另一类型的呼吸作用——无氧呼吸。高等植物在水淹的情况下,可以进行短时间的无氧呼吸,将葡萄糖分解为乙醇和二氧化碳,并且释放出少量的能量,以适应缺氧的环境条件。高等动物在剧烈运动时,尽管呼吸和血液循环都大大加强,但是仍然不能满足骨骼肌对氧的需要,这时骨骼肌内就会通过无氧呼吸产生乳酸。此外,一些高等植物的某些器官在进行无氧呼吸时也可以产生乳酸,如马铃薯块茎、甜菜块根等。

2) 微生物对有机碳的矿化

微生物对有机碳的分解基本上分为好氧分解和厌氧分解两种类型。好氧分解是在有氧条件下,有机物被好氧和兼性厌氧的异养微生物代谢。有机碳的最终代谢产物为二氧化碳,剩下不可降解或降解很慢的含碳化合物组成腐殖质。参与好氧分解的微生物包括真菌、大多数的细菌和放线菌。生态系统中微生物群落的组成和多样性随着各种生物和环境条件的变化而不断变化,其分解有机碳的速度也随之变化。生境中水分、氮和磷等元素的浓度可影响有机物降解速率。厌氧分解是在缺氧条件下,有机碳分解成为二氧化碳和小分子有机物,厌氧分解绝大部分是细菌的作用。微生物在厌氧条件下通过发酵作用分解有机物不彻底,释放能量少,产物主要是有机酸、醇、二氧化碳和氢等,这些产物可被产甲烷菌利用,使之转化为甲烷。

厌氧条件下未彻底分解的有机物逐渐积累,经地质学过程变为煤、石油等矿物燃料而脱离碳循环。人类将其开采出来,用作燃料、化工原料等,从而使它们重新进入碳循环。微生物以其为碳源,也能够使它们重新进入碳循环。例如,一些细菌、霉菌、酵母菌及放线菌可以降解石油中烃类;与石油伴生的天然气主要由甲烷、乙烷和丙烷组成,它们也可以被微生物所利用而转化为二氧化碳。

原生动物摄食细菌、藻类和有机颗粒后,消化吸收获得能量,同时使有机碳转化成为二氧化碳。一些光合细菌在没有光照的环境中,进行有氧呼吸,也能进行无氧发酵,分解有机碳获得能量,使有机碳无机化。

(三) 碳排放与温室效应

1) CO_2 的排放

在温室气体中,CO_2 浓度的增加对气候变化产生的影响已引起人们关注。CO_2 对全球温室效应的相对贡献率为 50%~60%。工业革命以前,大气中的 CO_2 体积分数稳定在 $280×10^{-6}$,1990 年上升到 $350×10^{-6}$,2000 年上升到 $368×10^{-6}$,呈加速增长的变化趋势。大气 CO_2 浓度增加的主要原因是化石能源的燃烧消耗、土地利用变化和森林破坏。据相关资料报道,21 世纪中叶,CO_2 体积分数将达到 $560×10^{-6}$ 左右,即比其工业化之前的体积分数增加了一倍。80%~90%的碳排放来源于化石燃料能源消耗。

农业碳排放主要包括农业活动产生的直接碳排放和农业投入导致的间接碳排放。农业碳排放的来源主要有农田土壤中的生命活动、化肥的施用、秸秆焚烧及反刍牲畜肠道发酵等。

海洋是巨大的碳储存库,其碳储量是大气碳库的 50 多倍,其与大气之间的碳交换是碳循环中重要的一环。生物泵在该过程中起着十分重要的作用。在海洋中生物泵主要是由浮游植物的光合作用实现的。有研究证明，海洋中有机碳的 80%～95%属于溶解有机碳，它们主要来源于海洋绿色植物的光合作用。海洋上层生活的浮游植物通过光合作用，将大气中的 CO_2 固定下来，转化成有机物；而浮游动物在上层海水中运动与摄食，需要通过呼吸作用吸入氧气，并排出 CO_2，维持生命活动。海洋与大气之间有着巨大通量的碳交换，是陆地生物系统的十几倍。海洋生态系统 CO_2 的释放也是大气中 CO_2 的重要来源。

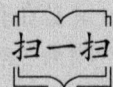 全球气候变化与"双碳"目标

2) 甲烷的排放

CH_4 是大气中含量最高的有机气体，参与大气中许多重要的化学反应。它有很强的红外吸收带，是一种红外辐射活性气体，其对温室效应的贡献可达 15%，是目前仅次于 CO_2 的重要温室效应气体之一。单位质量 CH_4 的全球增温潜势是 CO_2 的 20 倍。大气中 CH_4 的体积分数由工业化前的 700×10^{-9} 增加到 1730×10^{-9}。

大气中的 CH_4 主要是由厌氧环境中的生物过程产生的各种多聚有机物发酵的终产物，非生物过程产生的 CH_4 仅占总量的 20%左右。由于在生物过程中 CH_4 是在厌氧环境中产生的，因此沼泽、湿地与稻田成为 CH_4 的主要来源。据研究，大气中 70%的 CH_4 来源于农业及相关活动。

产甲烷菌是一类严格厌氧，能够将无机或有机化合物厌氧发酵转化成 CH_4 和 CO_2 的古菌。产甲烷菌生长不需要氧气，氧气对其具有致命的毒性。产甲烷过程中，电子传递最终受体是含碳小分子化合物(CO_2 或者 CH_3COOH)，CH_4 的形成可以分为 3 个阶段。

(1) 水解产酸阶段。在厌氧或兼性厌氧微生物的作用下，大分子有机物(如多糖、蛋白质、脂肪)被转化为小分子化合物。多糖水解成单糖，经糖酵解途径形成丙酮酸；蛋白质水解成氨基酸，进而形成有机酸和氨；脂类水解成甘油和脂肪酸，进而形成丙酸、乙酸、丁酸、琥珀酸、乙醇、H_2 和 CO_2。

(2) 产氢产乙酸阶段。在厌氧条件下，水解产酸阶段产生的各种有机酸被产氢产乙酸细菌转化成乙酸、H_2 和 CO_2。

(3) 产气阶段。在严格厌氧条件下，产甲烷菌利用一碳化合物(CO_2、甲醇、甲酸、甲基胺或 CO)、二碳化合物(乙酸)和 H_2 产生 CH_4。

根据《伯杰氏系统细菌学手册》(第二版)的记载，产甲烷菌属于广古菌门(Euryarchaeota)，分为 2 纲、3 目、5 科、21 属，共 99 种，其中代表属有甲烷杆菌属(*Methanobacterium*)、甲烷叶菌属(*Methanolobus*)、甲烷八叠球菌属(*Methanosarcina*)、甲烷短杆菌属(*Methanobrevibacter*)、甲烷球菌属(*Methanococcus*)和产甲烷菌属(*Methanogenium*)。

二、氮的生物转化

氮是生命体的必需元素，是蛋白质、核酸(DNA 和 RNA)及其他许多重要分子的主要组分，蛋白质中含 16%的氮元素。在自然界中，氮的循环转化是生物圈内基本的物质循环之一。大气中氮气经微生物固氮作用进入土壤，为动植物所利用，最终又在微生物的参与下返回大气中(图 7-3)。

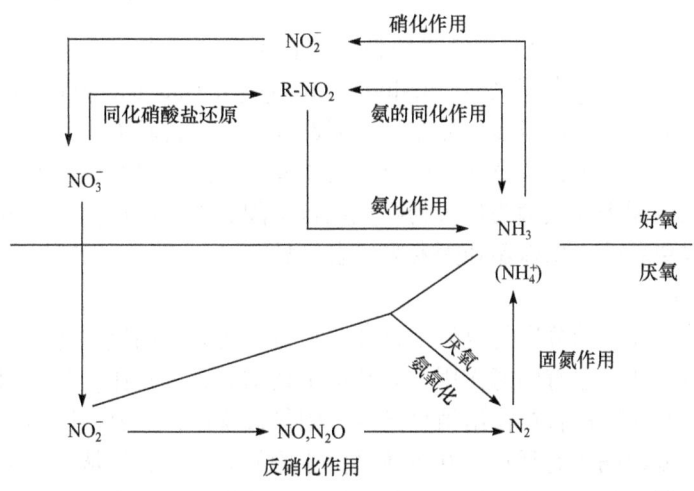

图 7-3　氮的氧化还原循环

生态系统中氮的生物转化涉及一系列相当复杂的过程，这些过程大多由微生物驱动(图 7-3)，因此微生物在氮的循环中起到非常重要的作用。此外，还有非生物过程使氮进入生态系统，如火山活动释出沉积矿床中的氮，自然电离(如闪电)、机动车排气释放氮氧化物到空气中。大气中光化学反应产生氮氧化物，其中有些含氮物通过沉降作用进入生态系统。

作为氮循环的驱动泵，氮的生物转化包括固氮作用、氨化作用、硝化作用、反硝化作用及厌氧氨氧化作用等，其均由微生物参与完成。同时，植物和动物也参与了氮的生物转化。

(一) 固氮作用

分子氮(N_2)在大气中的含量很丰富，约占 78%(体积分数)，但绝大多数生物无法直接利用。只有当游离氮被"固定"成为含氮化合物后，才能被生物吸收利用，成为活细胞的一部分并进入生态系统中的食物链。将分子态的氮转变为结合态氮的作用称为固氮作用(nitrogen fixation)，工业固氮需要在高温和高压下进行，而生物固氮在常温常压下就能进行。地壳含有极少的可溶性无机氮盐，地球上 80%~90%的结合态氮来自微生物还原分子态氮，绝大部分生物都需要依赖固氮生物固定大气中的氮而生存。生物固氮(biological fixation of nitrogen)是固氮微生物特有的一种生理功能，这种功能是在固氮酶的催化作用下进行的，其过程可用如下的反应式表示：

$$N_2 + 8e^- + 16ATP + 16H_2O \longrightarrow 2NH_3 + 8H_2 + 16ADP + 16Pi + 10H^+$$

生物固氮除固氮酶外，还需要 ATP、还原态的铁氧化还原蛋白和其他细胞色素及辅酶。固氮酶对氧很敏感，只有在无氧的条件下才有活性。因此，在不同的固氮微生物体内，都存在防氧保护系统。例如，好氧菌细胞内的固氮酶处于缺氧的微环境中，兼性厌氧菌固氮作用只发生在厌氧条件下，蓝细菌在没有氧的异形胞中进行固氮。自然界中微生物的固氮主要分为自生固氮、共生固氮和联合固氮三种。

1) 自生固氮

固氮菌属(*Azotobacter*)及蓝细菌等原核微生物可将大气中游离氮转变成自身菌体蛋白质，这类微生物称为自生固氮菌(free-living nitrogen-fixing bacteria)。自生固氮微生物固氮效率相对较低，但其数量多、分布广，因此固氮量也比较大。它们死亡后，细胞被分解，释放出氮，成为植物的营养。所以，自生固氮是间接供给植物氮源。常见的自生固氮微生物包括以圆褐固氮菌为代表的好氧性自生固氮菌、以梭菌为代表的厌氧性自生固氮菌，以及以鱼腥藻、念珠藻和颤藻为代表的具有异形胞的固氮蓝细菌。

2) 共生固氮

根瘤菌和弗兰克氏菌分别与豆科植物和非豆科植物共生固氮。此外，蓝细菌与真菌共生的地衣中有一些种也有固氮作用。同其他生物固氮方式相比，共生固氮获得的结合态氮数量最多。共生固氮直接供给植物氮源，固氮效率高，固氮基团通常被去阻遏，即使有 NH_4^+ 存在，固氮酶仍有活性。共生体系由于固氮微生物直接从寄主植物获得碳水化合物作为固氮能源，其固氮能力最强。共生体系中的根瘤是一个良好的氧保护系统。豆科植物的根瘤中类菌体有一层类菌体周膜，瘤内皮层内侧细胞排列紧密并形成间隙，对于保持类菌体的低氧环境十分重要。此外，根瘤细胞内的豆血红蛋白也部分地控制着类菌体氧气的需求。在非豆科植物共生固氮体系中，与放线菌共生的根瘤中有囊泡存在，这种囊泡可能与蓝细菌的异形胞一样具有防氧功能。在含类菌体细胞的细胞质中，NH_4^+ 转化成谷酰胺、谷氨酸、天冬酰胺和酰脲。这些物质由转移细胞分泌到木质部，运输到植物的其他部分。豆科(Leguminosae)植物近 2000 个种中约有 15%具有共生固氮系统，其中近 300 种豆科植物中有 90%与根瘤菌共生形成根瘤，如大豆、蚕豆、三叶草、苜蓿与根瘤菌的共生，是农业生产中重要的共生体系。在森林和林地中有 8 个科 23 个属的植物可与固氮微生物形成共生体系，如赤杨属(*Alnus*)和蓟木属(*Ceanothus*)与放线菌之间形成结瘤共生体系。这些非豆科植物是缺氮土壤的先锋植物。

3) 联合固氮

某些固氮菌，如固氮螺菌(*Azospirillum*)与高等植物(水稻、甘蔗、热带牧草等)的根标或叶际之间存在一种简单而特殊的共生固氮作用，是介于典型的自生固氮与共生固氮之间的一种中间型，又称"弱共生"或"半共生"固氮作用。它与典型共生固氮的区别是不形成根瘤、叶瘤那样独特的形态结构；与普通自生固氮不同的是有较强的专一性，且固氮效率高得多。联合固氮为禾本科粮食作物的生物固氮指出了一条新的途径。

(二) 氨化作用

在自然环境中，有机氮化物在微生物的分解作用下释放出氨的过程，称为氨化作用(ammonification)。含氮有机物包括蛋白质、核酸、尿素、尿酸和几丁质等，它们都可以被各种细菌、放线菌和真菌所分解，并释放出氨。有很强氨化能力的氨化菌主要包括芽孢杆菌、梭菌、色杆菌、变形杆菌、假单胞菌、放线菌及曲霉、青霉、根霉、毛霉等。产生的氨有的释放到大气中，有的则被环境中其他生物所利用，有的迁移到别的环境中，如从土壤迁移到地下水中。

(三) 硝化作用

将氨或铵离子氧化成硝酸盐的过程称为硝化作用(nitrification)。硝化作用分为两个阶段，第一阶段是氨变成亚硝酸，第二阶段是亚硝酸变成硝酸，它们分别由亚硝化细菌(如 *Nitrosomonas*)和硝化细菌(如 *Nitrobacter*)来完成。亚硝化细菌和硝化细菌都是化能自养菌，专性好氧，它们分别从氧化 NH_3 和 NO_2^- 的过程中获得能量，以二氧化碳为唯一碳源进行生长繁殖。硝化作用要求在中性或弱碱性的环境(pH 6.5~8.0)中进行，pH < 6.0 时，硝化作用强度明显下降。最近的研究发现，一株硝化螺菌(*Nitrospira*)具有催化"完全硝化"所需的全部酶。完全硝化型硝化螺菌存在于多样的环境中，这个发现可能根本性改变关于氮转化的认识，开创硝化作用研究新的前沿领域。

硝化作用是氮循环的重要过程之一，而氨氧化过程是硝化过程的限速步骤。参与氨氧化作用的微生物包括氨氧化细菌(ammonia-oxidizing bacteria, AOB)和氨氧化古菌(ammonia-oxidizing archaea, AOA)。

1) 好氧氨氧化

所有的自养好氧氨氧化细菌都含有氨氧化的氨单加氧酶(AMO)，大部分 AOB 属于 β-变形杆菌亚纲的 *Nitrosomonas* 和 *Nitrosospira* 两个属；另有小部分 AOB 属于 γ-变形杆菌亚纲的 *Nitrosococcus* 属。γ-AOB 主要分布于海洋或高盐环境中，而 β-AOB 则广泛分布于淡水、土壤、人工生境等环境中。AOB 的种群结构复杂，各种环境因子对 AOB 的丰度和群落结构的影响不尽相同。

好氧氨氧化古菌同样含有 AMO，AOA 属于古菌域中的 *Thaumarchaeota* 门的 CG I.1b、CG I.1a、MG1、ThAOA/HWCG III 等中温或嗜热分支，普遍存在于多种环境中，如土壤、海洋、湖泊和污水处理系统等。起初，古菌只被研究者看作仅在极端条件下(如热泉、酸性温泉和厌氧环境等)存在的原核生物。直至 20 世纪 90 年代，研究人员在中温海洋样品中发现泉古菌 *Crenarchaeota*，证实了古菌也可以在普通环境下生存。2005 年，研究人员在实验室内成功分离到一株自养型氨氧化古菌 *Nitrosopumilus maritimus* SCM1，证实了 AMO 基因与古菌的氨氧化功能之间的明确联系。该菌株以碳酸氢盐作为独立碳源(有机碳抑制其生长)，利用氨单加氧酶将铵转化为亚硝酸盐而完成自养生长。随后在热泉、土壤等环境中也分离或富集到自养的 AOA，进一步为 AOA 的存在提供了直接的证据。

目前关于 AOA 和 AOB 对硝化作用相对贡献的评价结果并不一致。唯一能够培养的 *Nitrosopumilus maritimus* SCM1 氨氧化动力学研究结果表明，SCM1 的米氏常数比 AOB 低，对氨有极高的亲和性；该结果从微生物生理角度证实了在寡营养环境的硝化过程中 AOA 可能较 AOB 发挥着更重要的作用。对 AOB 和 AOA-*amoA* 的定量分析结果表明，在土壤、海洋、湖泊、热泉等环境中 AOA 的丰度常高于 AOB，因此推测 AOA 在硝化过程中可能具有更多贡献。另外，在农田土壤中，尽管 AOA-*amoA* 基因拷贝数量高于 AOB，但只有 AOB 的数量和群落结构随土壤硝化活性的变化而变化，并同时同化二氧化碳。Di 等发现在草地土壤中，仅有 AOB 的数量随硝化活性变化而变化。这些结果表明，在有些生境中，可能 AOB 对氨氧化作用的贡献较大。

2) 其他氨氧化作用

好氧性的异养细菌和真菌，如节杆菌、芽孢杆菌、铜绿假单胞菌(*P. aeruginosa*)、姆拉克汉逊酵母(*Hansenula mrakii*)、黄曲霉(*Aspergillus flavus*)和青霉等，也能将 NH_4^+ 氧化为 NO_2^- 和 NO_3^-，但它们并不依靠这个氧化过程作为能量来源，在自然界硝化作用中所占的比例较低。

(四) 反硝化作用

反硝化作用常常与硝化作用偶联，因其对氮的脱除作用以及过程中产生 NO 和 N_2O 而受到关注。反硝化途径广泛存在于土壤、沉积物和水体环境中。反硝化微生物包括细菌、真菌及古菌。在厌氧条件下，微生物还原硝酸盐为 HNO_2、HNO、NH_4^+、N_2 等过程称为反硝化作用(denitrification)。反硝化作用包括同化硝酸盐还原作用(assimilatory nitrate reduction)和异化硝酸盐还原作用(dissimilatory nitrate reduction)。同化硝酸盐还原作用是指 NO_3^- 用作微生物氮源时，被还原成 NH_4^+，然后合成有机氮。此过程减缓了土壤硝态氮的流失、淋失。

1) 厌氧反硝化

异化硝酸盐还原作用常称为脱氮作用或狭义的反硝化作用，其主要过程如下：

$$HNO_3 \longrightarrow HNO_2 \longrightarrow NO \longrightarrow N_2O \longrightarrow N_2$$

同时，小部分的硝酸盐进行异化反硝化生成氨(dissimilatory nitrate reduction to ammonium, DNRA)，从而减少土壤中氮的流失。进行反硝化作用的微生物有异养型和自养型两类，它们都以硝酸盐作为电子受体进行生长繁殖。

(1) 异养型反硝化菌。脱氮假单胞菌(*P. denitrificans*)、铜绿假单胞菌(*P. aeruginosa*)、荧光假单胞菌(*P. fluorescens*)等在缺氧条件下利用 NO_3^- 中的氧氧化有机质，获得能量。

$$C_6H_{12}O_6 + 4NO_3^- \longrightarrow 6H_2O + 6CO_2 + 2N_2 + 能量$$

进行异养反硝化生成氨的细菌包括厌氧菌[如梭状芽孢杆菌(*Clostridium*)]、兼性厌氧菌[如肠杆菌(*Enterobacter*)]和好氧菌[如芽孢杆菌(*Bacillus*)]。

(2) 自养型反硝化菌。脱氮硫杆菌(*T. denitrificans*)在缺氧环境中利用 NO_3^- 中氧将硫或硫代硫酸盐氧化成硫酸盐，从中获得能量来同化 CO_2。

(3) 兼性化能自养型反硝化菌。脱氮副球菌(*Paracoccus denitrificans*)能利用氢的氧化作用作为能源，以 O_2 或 NO_3^- 作为电子受体，使 NO_3^- 被还原成 N_2O 和 N_2。

进行异化硝酸盐还原作用产生分子态氮的过程使土壤氮损失，对农业不利。土壤反硝化作用产生的 N_2O 是温室效应气体之一，会加重大气污染，还会破坏臭氧层。但是，反硝化作用可使水体中硝酸盐转化为分子态的氮而从水体中脱除，减轻水体的氮污染，防止水体的富营养化。

在反硝化过程中，由亚硝酸盐转化为氧化氮的过程，是反硝化作用有别于其他硝酸盐代谢的标志性反应，是反硝化过程中最重要的限速步骤，此反应的限速酶是亚硝酸盐还原酶(Nir)，由 nir 基因编码。Nir 分布于细胞膜外周质中，分为两种不同类型：一种是由 nirK 基因编码的 Cu 型亚硝酸盐还原酶，该酶为可溶性含铜酶(Cu-Nir)，为同源三聚体，每个亚基含有一个Ⅰ型 Cu(T1Cu)催化中心和一个Ⅱ型 Cu(T2Cu)催化中心，另一种是由 nirS 编码的细胞色素还原酶(cd1-Nir)，是一种 20 kD 的二聚体 Nir，含有细胞色素 c 和 d，称为 Cytcd1 型 Nir。这两种酶功能相同，但结构及催化位点不同，且不能共存于同种细胞中。有研究表明这两种酶同时存在于同一种细菌的不同株系中。

湿地沉积物中含 nirS 基因的微生物丰度和多样性影响脱氮效率。Jayakuma 等的研究显示，在稻田土壤样品中，nirK 基因丰度都高于 nirS 基因，但是在水淹 4 周后，nirK 基因丰度减少导致 nirK/nirS 比值下降；在土壤被水淹 2 周后，clusters Ⅱ 和 cluster Ⅳ 在 nirK 克隆中的比例增加；这些均表明水稻田土壤的反硝化细菌的丰度和多样性受淹水后土壤条件改变(如氧化还原电位降低)的影响。

2) 好氧反硝化

好氧反硝化菌(aerobic denitrifier)是利用好氧反硝化酶的作用，在有氧条件下进行反硝化作用的一类反硝化菌。好氧反硝化菌主要存在于假单胞菌属(*Pseudomonas*)、产碱杆菌属(*Alcaligenes*)、副球菌属(*Paracoccus*)和芽孢杆菌属(*Bacillus*)等，是一类好氧或兼性好氧、以有机碳作为能源的异养硝化菌。

与厌氧反硝化菌相比，好氧反硝化菌能在好氧条件下进行反硝化，使其与硝化同时进行，主要产物是 N_2O，可将铵态氮在好氧条件下直接转化成气态产物，反硝化速率慢。在好氧反硝化菌的反硝化过程中，NO_3^- 和 O_2 均可作为电子最终受体，在除去 NO_3^- 的同时还消耗了 O_2。

3) 厌氧氨氧化

在厌氧条件下，微生物以亚硝酸盐为电子受体，以氨为电子供体进行氨的氧化称为厌氧氨氧化(Anammox)，其反应式如下：

$$NH_4^+ + NO_2^- \longrightarrow 2H_2O + N_2 + 能量$$

厌氧氨氧化过程可能是土壤中氮转化流失的另一条途径。在废水脱氮过程中，利用厌氧氨氧化可以不需要有机碳源就能使结合态的氮转化为分子态的氮，并且厌氧氨氧化过程没有 N_2O 产生，为生物脱氮提供了一种新的方法。

4) 氮氧化物与温室效应

工业革命以来人类活动排放的温室气体不断增加，温室效应不断增强，导致全球气候变暖，成为一个全球关注的重大环境问题。N_2O 是大气中含量极低且滞留时间较长的一种痕量温室气体，对全球环境及气候变化具有重要的影响。N_2O 能够强烈地吸收红外光，减少了地表通过大气向外空的热辐射，进而导致温室效应。N_2O 对全球温室效应的贡献占 6%，但单位质量 N_2O 的全球增温潜势是 CO_2 的 298 倍。另外，N_2O 通过与大气中的臭氧发生光化学反应，使大气中的臭氧层厚度变薄，造成臭氧层空洞。

大气中的 N_2O 与过量施用氮肥、森林生态系统破坏、生物物质和矿物燃料燃烧等有关。据估计,大气中每年有80%~90%的N_2O来源于土壤,而农田又是土壤生态系统温室气体释放的重要来源。土壤生物过程、土地利用及农事活动是大气N_2O排放的主要来源,占总排放量的84%左右。硝化作用与反硝化作用是稻田土壤产生N_2O的两个主要微生物过程。N_2O通常被认为是不完全硝化作用或不完全反硝化作用的产物。

影响N_2O的产量的关键酶为一氧化二氮还原酶(N_2OR)。一氧化二氮还原酶催化N_2O至N_2,是一种含铜蛋白,位于膜外周质中,是分子质量为67 kD的同型二聚体,含有2个Cu活性中心,其中一个与氧化酶的CuA中心很相似,用于从Cyt C(细胞色素C)中接收电子。不利的环境因子会使Nos活性降低或丧失,从而抑制了N_2O还原成N_2,造成了N_2O的积累。有研究报道,在低溶解氧条件下N_2O会取代N_2成为最终的反硝化产物,这是由于Nos对氧气敏感活性受到抑制;当电子供体不足时,反硝化过程各还原酶之间会竞争电子,Nos竞争电子的能力最弱,从而使Nos的活性受到抑制,引起N_2O的积累。当电子供体充足时,Nos的活性得到恢复,生成的N_2O还原成N_2,完成完整的反硝化脱氮过程。

(五) 植物对氮的利用

化学工业生产的氮肥广泛施用于农田,补充生物固氮作用的不足。氮是肥料三要素之一,氮肥的施入可增加农作物产量,但施用不当会通过地表径流使天然水体中氮含量上升,加速水体富营养化进程。植物吸收的氮主要是无机态氮,即NH_4^+和NO_3^-,低浓度的亚硝酸盐也能被植物吸收。根系吸收的NO_3^-和NH_4^+进入细胞后,可随蒸腾作用由木质部导管运输到地上部,运移到地上部的氮除参与生理代谢外,部分氮又以氨基酸的形态通过韧皮部向根部转运,进而将这些无机氮同化成植物体内的蛋白质等有机氮。此外,也可以吸收某些可溶性的有机氮化合物,如尿素、氨基酸和酰胺等,但数量有限。各种形态的氮吸收利用的形式是不同的,但进入植物体后,最终都要以同样的方式经过谷氨酸或谷氨酰胺的转氨作用形成不同的氨基酸,进而合成蛋白质。氮的吸收和同化与植物的很多生理过程(如光合作用、光呼吸等)、产量和品质关系密切。

植物除直接吸收和利用无机和有机氮外,还与环境中微生物之间存在着复杂的关系,微生物对氮循环有重要影响。陆地植物通过根系对氧气的传输、根际分泌的有机物等影响根际微生物的群落结构和功能,进而影响微生物对氮的循环作用。水体中的水生植物作为湖泊生态系统中的初级生产者之一,是连接上覆水和沉积物的重要生物媒介。沉水植物对水生态系统中氮循环微生物有重要影响,主要包括以下几个方面:第一,沉水植物吸收和利用水体及沉积物中的氮和能量物质,与微生物形成竞争。第二,沉水植物能够减少水体的混合及悬浮物的再悬浮,避免环境的过度改变对微生物的影响。第三,沉水植物通过其根部放氧影响根际氧化还原状态,从而对根际周围有机质降解产生影响,并改变了氮循环微生物的生存环境。另外,植物根系所分泌的有机物一方面可能为微生物提供能量物质,另一方面可能对微生物存在抑制作用。第四,沉水植物为微生物提供繁殖场所和避难所,避免微生物被捕食。

(六) 动物对氮的利用和排泄

动物以植物或其他动物为食物，将食物中的有机氮同化成动物体内的有机氮，这一过程称为生物体内有机氮的合成。食物中的蛋白质都要降解为氨基酸才能被机体利用，体内蛋白质也要先分解为氨基酸才能继续氧化分解或转化。胃分泌的胃酸可使蛋白质变性，容易消化，还可激活胃蛋白酶，保持其最适 pH，并能杀菌。胃蛋白酶可自催化激活，分解蛋白产生蛋白胨。肠是蛋白质消化的主要场所，肠分泌的碳酸氢根可中和胃酸，为胰蛋白酶、糜蛋白酶、弹性蛋白酶、羧肽酶、氨肽酶等提供合适环境。肠激酶通过激活胰蛋白酶，再激活其他酶，因此胰蛋白酶起核心作用。胰液中有抑制胰蛋白酶活性的小肽，防止其在细胞中或导管中过早激活。外源蛋白在肠道中分解为氨基酸和小肽，经特异的氨基酸、小肽转运系统进入肠上皮细胞，小肽再被氨肽酶、羧肽酶和二肽酶彻底水解，进入血液。动物在食用蛋白质后 15 min 就有氨基酸进入血液，30～50 min 达到最大。氨基酸的吸收以主动运输为主，目前已发现 6 种载体，运载不同侧链种类的氨基酸。氨基酸的吸收也可以通过基团转运方式进行，但该方式需要谷胱甘肽协助，每转运一个氨基酸需消耗 3 个 ATP，是主动运输的 6 倍。

游离氨基酸可合成自身蛋白，可氧化分解放出能量，可转化为糖类或脂类，也可合成其他生物活性物质，如神经递质、嘌呤、嘧啶、磷脂、卟啉和辅酶等，其中合成蛋白是主要用途，约占 75%。蛋白质提供的能量占动物体所需总能量的 10%～15%，蛋白质的代谢平衡称为氮平衡，一般每天排出 5 g 氮，相当于 30 g 蛋白质。

有些动物将蛋白质代谢的最终产物氨直接排出体外，称为排氨型代谢(ammonotelism)，进行这种排氨代谢的动物称为排氨型动物。水生无脊椎动物几乎都是排氨型动物。硬骨鱼类从鳃排出的氮占总氮的 80%～90%，大部分是以氨态氮形式排出的。以尿素态氮排出的，在淡水鱼中只占总氮的 10%～20%，海产鱼为 20%～40%。蛙在幼体时期是排氨型动物，变态以后则成为尿素排出型的动物。

(七) 湖泊氮的生物转化

1. 湖泊氮的循环

湖泊是陆地圈层的重要组成部分，我国湖泊众多，面积大于 1.0 km^2 的湖泊有 2683 个，约占国土总面积的 0.9%。然而我国部分湖泊富营养化问题日益严重，湖泊中大量死亡的水生生物沉降到湖底，分解耗氧，导致鱼类缺氧死亡并产生氨、硫化物等物质，对水生态系统产生不利的影响。氮是湖泊生态系统物质循环的重要组成部分，湖泊氮的生物转化在维持湖泊生态平衡中发挥重要的作用。

湖泊生态系统氮的生物转化是一个开放的模式，发生在气-水界面、水、水-泥界面、沉积物等介质中。氮通过大气沉降、地表径流和生物固氮等途径输入湖泊。据推算，太湖生物固氮量只占外源总氮输入量的 0.11%，大气沉降总氮为同季节径流入湖氮负荷的 18.6%，因此通过径流外源性氮输入是湖泊氮的主要来源。湖泊氮以无机氮和有机氮的形式存在，被藻类、大型水生植物、底栖动物等生物吸收同化，转化为生物有机氮，这些生物死亡后又向水体和沉积物释放大量的有机氮和无机氮。水体和沉积物中氮的转化过程主要包括硝化作用、反硝化作用和厌氧氨氧化作用等，其中硝化、反硝化过程是最重要的氮转化过程，将氨氮氧化成硝态氮，然后进行反硝化转化为氮气，最终将结合态氮还原成 N_2O 或 N_2 回到大气中。水体中无机氮不仅可以进行硝化、反硝化，还可以通过沉降、扩散等物理过程储存在沉积物中，成为湖泊内源性氮，在沉积物中发生一系列氧化还原过程(图 7-4)。

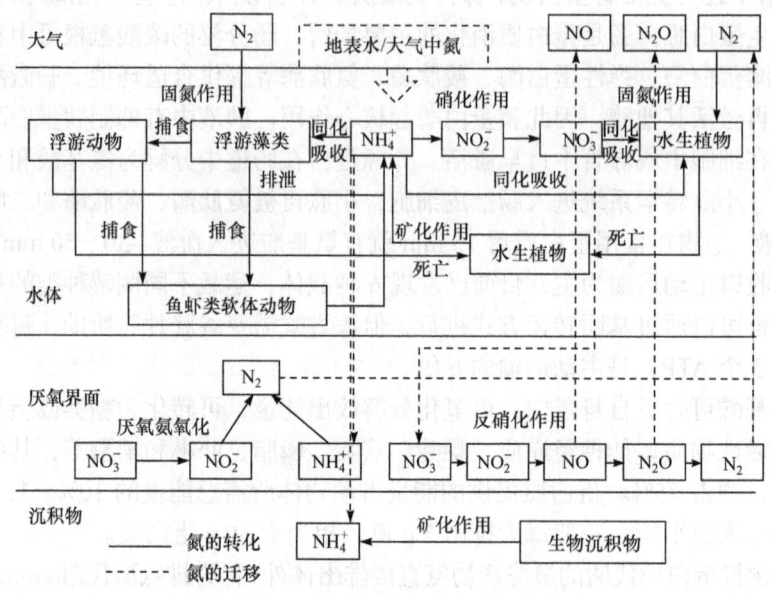

图 7-4　淡水湖泊氮的生物转化过程

2. 影响湖泊微生物硝化、反硝化过程的因素

1) 影响湖泊硝化过程的因素

(1) 对 AOB 的影响。AOB 的空间异质性除与其自身的生理生化特性有关外，还与其栖息的环境有关。氨作为氨氧化反应的底物，是影响 AOB 分布的关键因子，不同种属 AOB 对氨的亲和力(Km)及耐氨能力差异较大。pH 是另一个调控 AOB 分布的关键因素。AOB 对 pH 的耐受范围较窄，当 pH 小于 7 时 AOB 的生长受到限制，此时非离子氨降低，AOB 受到底物浓度限制。虽然 AOB 的某些种属适应低 pH 环境，但是在 pH 小于 6.5 时基本检测不到其活性。提高温度能促进微生物的新陈代谢，有利于 AOB 的生长和硝化活性，但当温度大于 40℃时检测不到 AOB 存在。一些生物因子也会影响 AOB 的生长和活性，如水体中大型水生植物通过根系泌氧作用促进 AOB 的生长，沉积物的底栖动物通过捕食和扰动改变 AOB 的群落结构。

湖泊沉积物中栖息的底栖生物、水体中高等水生植物及藻类等一方面可与 AOB 竞争 NH_4^+ 和氧，另一方面可为 AOB 提供不同的生态位，从而影响 AOB 的群落结构、丰度、活性等。湖泊不同湖区理化因子差异导致 AOB 数量发生很大变化，如太湖梅梁湾沉积物中氨氧化细菌及亚硝酸氧化细菌的数量均高于贡湖湾，随沉积物深度增加，两者数量均逐渐减少，但在贡湖湾其占总菌数的比例高于梅梁湾，表明水生植物可能对沉积物中微生物组成及氮循环具有重要影响。

(2) 对 AOA 的影响。随着编码氨单加氧酶 amoA 基因作为分子标记物的广泛应用，已发现 AOA 广泛存在于环境中，其中在淡水沉积物中也发现大量的 AOA 存在。氨作为氨氧化反应的底物，影响 AOA 的分布和群落结构。不同种属 AOA 的最适氨浓度和耐氨浓度存在差异，总体而言 AOA 的 Km 值较低，对氨的亲和力较高。研究表明，环境中 NH_3 浓度增加，会延长淡水或沉积物富集 AOA 的时间。pH 是另一个调控 AOA 生长的因素，AOA 对 pH 的耐受范围较宽，在 2.5~9.0 都能存活。Nicol 等发现，通过 pH 筛选出不同表型的 AOA，这些表型的 AOA 都有不同的生理特征和生态位，并且 AOA 的丰度随 pH 增加而降低，表明在低 pH 环境下硝化过程可能是由 AOA 驱动。

AOA 对温度的耐受范围较宽，在 0.2~97℃ 都能检测到 AOA。在低温环境中，AOA 的多样性降低，同时出现与低温相对应的特异性的 AOA，表明 AOA 通过自身群落结构的变化，出现适应温度的特异性菌属。沉积物中 amoA 基因数量与间隙水中亚硝态氮无显著相关性，但与硝态氮浓度呈显著正相关。除上述因素外，溶解氧、沉积物类型、硫和磷含量、有机质含量等都会影响 AOA 的分布和群落特征。

2) 影响湖泊反硝化过程的因素

反硝化过程的调控因子主要包括硝态氮浓度、碳可利用性、溶解氧浓度、温度及水生植物的生长、沉积物特性等。硝态氮浓度是反硝化过程的一个重要影响因素。研究发现当硝态氮浓度小于 1 mmol/L 时反硝化速率与硝态氮浓度呈显著正相关，当硝态氮浓度从 2 mmol/L 增加到 20 mmol/L 时，反硝化速率反而受到抑制。硝态氮浓度也能调控反硝化的最终产物 N_2O 与 N_2 的比例，通常高浓度硝态氮时呈现高比例的 N_2O：N_2。因为反硝化菌在还原硝态氮过程中获得的能量比还原 N_2O 获得的要多，所以优先进行硝态氮还原。反硝化过程需要添加微生物可利用的碳源，理论上还原 1 mol 硝态氮需要 1.25 mol 碳，实验中则发现需要 2.86 mol COD，这种差异主要是因为部分碳源需用于细胞合成。因此，异养反硝化过程受微生物可利用碳的影响，能影响碳矿化的因素也能影响反硝化过程。反硝化通常在厌氧环境下进行，氧气是抑制反硝化过程最重要的因素之一。少量的氧气(0.02 atm，1 atm = 1.01325×10^5 Pa)就能导致潜在反硝化速率大幅度降低，在反硝化还原酶中 Nos 对氧的敏感度最高，更易受到氧的抑制，导致不完全反硝化过程。

三、磷的生物转化

磷元素存在于生物的核苷酸和细胞膜中，同时磷酸盐在生物体的物质代谢和能量代谢中也发挥重要作用，因此磷在所有生物细胞中都必不可少，是生物生长的主要因子之一。在生物圈内，磷主要以三种状态存在：以可溶解状态存在于水溶液中；在生物体内与大分子结合；不溶解的磷酸盐大部分存在于沉积物内。水体中可被生物利用的磷含量过高会引起富营养化(eutrophication)，造成水质恶化，危及水生态健康。在自然界磷循环过程中，岩石和土壤中的磷酸盐由于风化和淋溶作用进入河流，然后输入海洋并沉积于海底，直到地质活动使它们暴露于水面，再次参加循环，这一循环需几万年才能完成。在这一循环过程中存在着陆地生态系统和水生生态系统中的两个局部的磷转化。人类开采磷矿石，制造和使用磷肥、

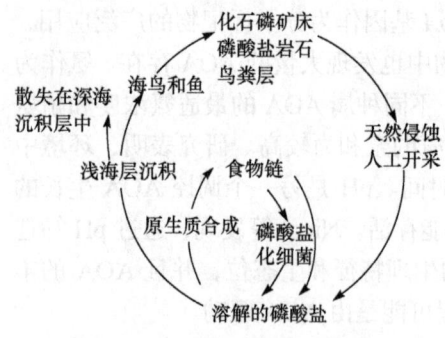

图 7-5　磷循环过程中的生物转化

农药和洗涤剂，以及排放含磷的工业废水和生活污水，都对自然界的磷循环产生影响。生态系统中磷循环过程中磷的生物转化过程见图 7-5。

1) 陆地生态系统磷的生物转化

磷灰石是磷的巨大储备库，磷灰石的风化，将大量磷酸盐转交给了陆地上的生态系统。植物通过根系从土壤中吸收磷酸盐，动物以植物为食物而得到磷。动植物死亡后，残体分解，磷又回到土壤中。在未受人为干扰的陆地生态系统中，土壤和有机体之间几乎是一个封闭循环系统，磷的损失很少。

2) 水生生态系统磷的生物转化

大量磷酸盐被淋洗并被带入水体，造成水中磷含量增加，并供给浮游生物及其消费者。进入食物链的磷将随该食物链上死亡的生物尸体腐解而进入水生生态系统重新利用。埋藏于深海沉积岩中的磷酸盐，其中有很大一部分将成为磷酸盐沉积矿保存在深海中。一些磷酸盐还可能与 SiO_2 凝结在一起而转变成硅藻的结皮沉积层，这些沉积层组成了巨大的磷酸盐矿。海鸟和对鱼类的捕捞活动可使一部分磷返回陆地。

在自然经济的农村中，农作物和牧草吸收土壤中磷。一方面从土地上收获农作物，另一方面将废物和排泄物送回土壤，维持着磷的平衡。但商品经济发展后，不断地将农作物和农牧产品运入城市，城市垃圾和人畜排泄物往往不能返回农田，而是排入河道，输往海洋。这样农田中的磷含量便逐渐减少。为补偿磷的损失，必须向农田施加磷肥。在大量使用含磷洗涤剂后，城市生活污水含有较多的磷，某些工业废水也含有丰富的磷，这些废水排入河流、湖泊或海湾，使水中含磷量增高，这是湖泊发生富营养化和海湾出现赤潮的主要原因。

(一) 可溶性无机磷的同化作用

可溶性无机磷化物被植物、动物和微生物同化为有机磷，成为活细胞的组分。在水体中，除水生高等植物外，磷的同化作用主要是由藻类和光合细菌来完成，合成的有机磷在食物链中传递。有些微生物在好氧条件下能聚合磷酸盐，作为能源和磷源的储藏物。

1) 植物对磷的同化作用

植物根系对磷主要以 $H_2PO_4^-$ 和 HPO_4^{2-} 方式吸收，并且磷在植物体内的分布并不均匀，在根茎的生长点、果实和种子中分布较多。从细胞水平上看，磷在细胞核中分布较多，是核苷酸的重要组成元素。磷在细胞膜结构及生物体内的糖类、蛋白质和脂肪代谢以及信号传导等方面都发挥着极为重要的作用，在缺磷条件下，生物体的全部代谢活动都不能正常进行。

2) 微生物对磷的同化和超积累作用

与植物类似，微生物可以直接吸收和利用磷酸盐进行大分子的合成。在微生物中还有一类能够在体内形成聚磷的细菌，称为聚磷菌。为了应对营养物匮乏等各种胁迫环境，聚磷菌在好氧状态下能超量地吸磷，使体内的含磷量超过一般细菌体内的磷含量的数倍，这类细菌被广泛地用于生物除磷。聚磷菌可分为兼性厌氧的反硝化聚磷菌和好氧聚磷菌，其中反硝化聚磷菌能利用氧或硝酸盐作为电子受体，而好氧聚磷菌只能利用氧作为电子受体。聚磷菌能从废水中大量摄取溶解态的正磷酸盐，在细胞内合成多聚磷酸盐、环状结构的三偏磷酸盐和四偏磷酸盐、线状结构的焦磷酸盐和不溶结晶聚磷酸盐，以及过磷酸盐等，以多聚磷酸盐的形式积累于细胞内作为储存物质。这种对磷的积累作用大大超过微生物正常生长所需的磷量，可达细胞质量的 6%～8%，有报道甚至达 10%。

但当细菌细胞处于极为不利的生活条件时，如厌氧条件下，聚磷菌能吸收污水中的乙酸、甲酸、丙酸及乙醇等极易生物降解的有机物质，储存在体内作为营养源，同时将体内存储的聚磷酸盐分解，以 PO_4^{3-}-P 的形式释放到环境中，以便获得能量，供细菌在不利环境中维持其生存所需，此时菌体内多聚磷酸盐就逐渐消失，而以可溶性单磷酸盐的形式排到体外环境中，如果这类细菌再次进入营养丰富的好氧环境时，它将重复上述的体内聚磷。

(二) 有机磷的矿化作用

降解有机物的异养微生物，包括细菌、放线菌和真菌等都能分解有机磷。有机磷的矿化作用是伴随着有机硫和有机氮的矿化作用同时进行的。有机磷矿化生成的磷酸可与土壤中钙、铁离子结合，形成不溶解的磷酸盐。在天然水体中，异养微生物的活动使有机磷得到迅速分解，有利于光合作用的细菌和藻类吸收磷进行生长。水体中的有机磷沉降到底泥后，厌氧微生物的活动使之转化为无机磷，大部分与各种金属离子结合形成不溶性的无机磷，少部分以可溶性的磷酸盐存在于间隙水中，底泥中可溶性磷的含量取决于底泥的氧化还原电位。

(三) 不溶性磷的生物溶解

地球上大部分磷以不溶的形式存在于土壤、湖泊的沉积物和岩石中。土壤和水体中的某些生理类群微生物在代谢过程中产生硝酸、硫酸和一些有机酸，使不溶性磷释放出来，或者微生物直接吸收来合成有机磷。微生物和植物在生命活动中释出的 CO_2 溶于水生成 H_2CO_3，也有同样的作用。许多土壤微生物都有植酸酶和磷酸酶，可利用不溶性的有机磷。在厌氧条件下，微生物还原高铁到亚铁也能提高磷酸铁中磷酸根溶解性。

(四) 磷酸盐的生物还原

在一定的厌氧环境中，没有硫酸盐、硝酸盐和氧等物质作为电子受体时，微生物可能以磷酸盐作为最终电子受体，进行无氧呼吸分解有机物，使磷酸盐还原成磷化氢或分解含磷的有机物产生磷化氢。目前研究表明，只有在有机物非常丰富的底泥、沼泽中有可能产生微量的磷化氢。只从数量上看，磷化氢的生态学意义是微不足道的，但是其生态功能有待进一步研究，如富营养湖泊产生的磷化氢对水华形成的作用。

四、其他元素生物转化

(一) 硫的生物转化

自然界中硫的最大储存库是岩石圈,硫在水圈中的储存量也较大,但在地下水、地表水、土壤圈、大气圈中含量均较小。通过有机物分解释放 H_2S 气体或可溶硫酸盐、火山喷发(H_2S、SO_4^{2-}、SO_2)等过程使硫变成可移动的简单化合物进入大气、水或土壤中。

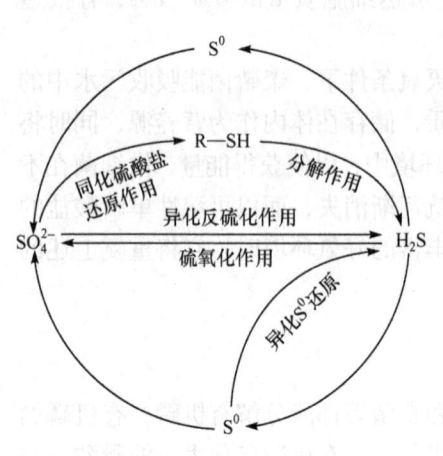

图 7-6 硫的氧化还原过程

土壤中微生物可将含硫有机物质分解为硫化氢,硫磺细菌和硫氧化细菌可将硫化氢进一步转变为元素硫或硫酸盐,许多兼性或厌氧微生物又可将硫酸盐转化为硫化氢。因此,在土壤和水体底质中,硫因氧化还原电位不同而呈现不同的化学价态。土壤和空气中硫酸盐、硫化氢和二氧化硫可被植物吸收,然后沿着食物链在生态系统中转移。陆地上可溶的硫酸盐通过雨水淋洗,由河流携入海洋。由于有机物燃烧、火山喷发和微生物硫化及反硫化作用等,也有少量硫以 H_2S、SO_2 和硫酸盐气溶胶状态存在于大气中。近来由于工业发展,化石燃料的燃烧增加,每年燃烧排入大气的 SO_2 量高达 147×10^6 t,影响了生物圈中硫循环。自然界中硫的氧化还原过程如图 7-6 所示。

硫是生物必需的大量营养元素之一,含量为 0.01%,是蛋白质、酶、维生素 B_1、蒜油、芥子油等物质的构成成分。在自然界中,硫以元素硫、无机硫化物和有机态硫的形式存在。生物圈中硫进行着许多复杂的氧化还原反应,这些反应大多由微生物参与,硫循环包括分解作用、同化作用、硫氧化作用和反硫化作用。微生物参与硫循环的各个过程,并在其中起着重要作用。

1) 有机硫化物的分解作用

动物、植物和微生物残体中有机硫化物被微生物分解为无机硫的过程,称为分解作用或矿化作用(mineralization)。异养微生物在降解有机物时,往往同时使有机硫转化为无机硫,这一过程并不具有专一性,很多微生物都能分解有机硫化物。由于含硫有机物中大多同时含氮,所以脱硫基作用与脱氨基作用往往同时进行。

2) 无机硫的同化作用

生物利用 SO_4^{2-} 或 H_2S 组成自身细胞物质的过程称为同化作用(assimilation)。植物和大多数微生物利用硫酸盐作为唯一硫源,在细胞内将正六价氧化态硫转变为负二价还原态硫,然后再将它转变为含巯基的蛋白质等有机物,这个过程也称同化反硫化作用(assimilative desulfurication)。自然界中只有少数微生物能同化 H_2S,大多数情况下元素硫和 H_2S 等都必须先转变为硫酸盐后才能被生物同化合成有机硫化合物。微生物同化硫除生成含硫的氨基酸和蛋白质外,还能产生其他的有机硫化物,其数量最多的是二甲基硫,全球年产生量在 450 万 t 左右,主要由海洋中藻类分解二甲基硫丙酸酯而产生。

3) 硫氧化作用

进行硫氧化作用(sulfur oxidation)的生物主要是微生物中的硫细菌，硫细菌可分为无色硫细菌和有色硫细菌两大类。植物和动物细胞不具有硫氧化的功能。还原态无机硫化物如 H_2S、S 和 FeS_2 在微生物作用下进行氧化，最后生成硫酸及其盐类的过程，这一过程称为硫氧化作用。

(1) 无色硫细菌包括化能自养菌和化能异养菌。土壤与水中最重要的化能自养硫化细菌是硫杆菌属(*Thiobacillus*)，它们能够氧化 H_2S、S 和黄铁矿等形成硫酸，从氧化过程中获取能量，最适生长温度为 28~30℃。有的硫杆菌能耐强酸性的环境，甚至嗜酸。常见的种类有氧化硫硫杆菌(*T. thiooxidans*)、氧化亚铁硫杆菌(*T. ferrooxidans*)和排硫硫杆菌(*T. thioparus*)等。生存于含硫水体中的贝氏硫菌属(*Beggiatoa*)和发硫菌属(*Thiothrix*)的丝状硫磺细菌能将 H_2S 氧化为元素硫。此外，细胞内含有硫粒的硫化叶菌属(*Sulfolobus*)等细菌也能氧化元素硫。

(2) 有色硫细菌主要是指含有光合色素能利用光能的硫细菌，它们从光中获得能量，依靠体内特殊的光合色素，进行光合作用同化 CO_2。有色硫细菌主要有光能自养型和光能异养型两大类。光能自养型有色硫细菌能以元素硫和硫化物作为同化 CO_2 的电子供体，光能异养型有色硫细菌主要以简单的脂肪酸、醇等作为碳源或电子供体，也可以用硫化物或硫代硫酸盐(不能用单质硫)作为电子供体，使还原态硫发生硫氧化作用。

4) 反硫化作用

硫酸盐还原为 H_2S 的过程称为反硫化作用(desulfurication)，包括同化反硫化作用和异化反硫化作用两种。异化反硫化作用是指在厌氧条件下微生物将硫酸盐还原为 H_2S 的过程，参与这一过程的微生物称为硫酸盐还原菌。同化反硫化作用主要是由脱硫弧菌属(*Desulfovibrio*)来完成，如脱硫弧菌(*D. desulfuricans*)。另外脱硫单胞菌(*Desulfuromonas*)、嗜热古菌和蓝细菌也能进行异化反硫化作用。在厌氧环境中产生的 H_2S 与 Fe^{2+} 形成 FeS，这是环境中一种降低 H_2S 毒性的机制，也是很多沉积物发黑的原因。

(二) 重金属生物转化

金属作为地壳的天然结构成分而存在于环境中，如汞、砷、铅、锡、锑、铜、镉、铬、镍和钒等。人类的活动，如燃烧燃料、施用农药、采矿、冶金等，导致大量的金属以多种方式进入我们生存的环境，对人类产生有害的影响，如含有大量重金属的鱼类、被砷污染的饮用水等，都会引起人中毒。

生物具有适应金属化合物而生长并代谢这些物质的活性。生物的生长需要各种金属元素作为细胞和酶的组成部分，有的生物利用金属化合物作为能量来源进行生长，有的生物利用金属作为电子受体进行代谢活动。微生物对金属的转化不仅包括金属价态的改变，而且包括金属的有机化和有机金属化合物的无机化。微生物金属形态的变化会影响金属的生物毒性，也会影响金属的水溶性、挥发性等理化性质，从而影响金属的地球生物化学循环，对人类产生有利或有害的影响。有的植物具有超累积重金属的能力，可以用于金属污染环境的生物修复。

1. 汞的生物转化

汞循环是重金属在生态系统中循环的典型，汞以元素状态在水体、土壤、大气和生物圈中迁移和转化。汞是生态系统中能全循环的唯一重金属。汞排入水中后，通过食物链，将会在水生动物体内累积，如受汞污染水中鱼体内甲基汞浓度可比水中高上万倍。

1) 汞的氧化和还原

环境中无机汞可以下列三种形式存在：

$$Hg_2^{2+} \rightleftharpoons Hg^{2+} + Hg^0$$

在有氧条件下，某些细菌，如柠檬酸杆菌(*Citrobacter*)、枯草芽孢杆菌(*B. subtilis*)、巨大芽孢杆菌(*B. megaterium*)使汞氧化，Hg^0 成为 Hg^{2+}。另外有些细菌，如铜绿假单胞菌(*P. aeruginosa*)、大肠埃希氏菌(*E. coli*)、变形杆菌(*Proteus*)，使无机或有机汞化物中的二价汞离子还原为元素汞，Hg^{2+} 成为 Hg^0。酵母菌也有这种还原作用，在含汞培养基上的酵母菌菌落表面呈现汞的银色金属光泽。

2) 汞的甲基化和脱甲基化

在好氧或厌氧条件下，都可能存在能使汞甲基化的微生物。汞的生物甲基化往往与甲基钴胺素有关。甲基钴胺素是钴胺素的衍生物，钴胺素即维生素 B_{12}，是一种辅酶，许多微生物细胞都含有。甲基钴胺素(或许还有其他产甲基的媒介物)将甲基转移给汞等重金属离子后，本身成为还原态(B_{12}-r)(图 7-7)。

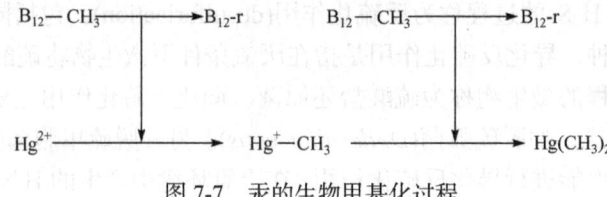

图 7-7 汞的生物甲基化过程

在淡水体系中硫酸盐还原菌和铁还原菌均是重要的汞甲基化细菌，尤其是硫酸盐还原菌一直被认为是淡水体系中主要的汞甲基化细菌，因此硫循环在汞形态分布和汞甲基化过程中也起到至关重要的作用。因为微生物类群的不同，甲基化作用可在有氧或厌氧条件下进行，其转化机理主要有酶促反应和非酶促反应两种。研究已经发现 *hgcA* 和 *hgcB* 基因是汞甲基化的重要基因，在所有已知的汞甲基化细菌中均存在这两个基因簇。

在自然环境中，形成甲基汞的同时进行着脱甲基作用，甲基化和脱甲基化过程保持动态平衡。因此在一般情况下，环境中甲基汞浓度维持在最低水平。但是，在有机污染严重、pH 较低的环境中，容易形成和释放甲基汞，对生物产生危害。一是甲基汞溶于水，被鱼贝吸收而浓缩；二是甲基汞逸出水体，进入大气，使污染扩大。汞的生物转化见图 7-8。

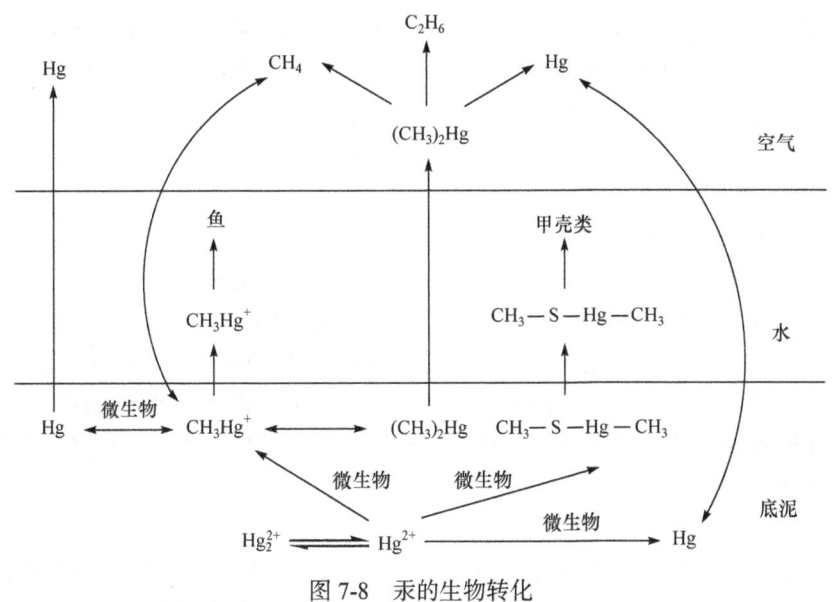

图 7-8 汞的生物转化

3) 汞在动植物体内的转化

自 20 世纪 50 年代以来，许多国家为防治稻瘟病曾大量施用赛力散，即乙酸苯汞(PMA)。在化工生产中也大量地使用汞化物作催化剂或电解食盐的电极，煤和石油燃烧也放出汞，因此造成严重的环境汞污染。植物对汞的吸收主要是通过根来完成的。很多情况下，汞化合物在土壤中先转化为金属汞或者甲基汞后才能被植物吸收。植物吸收和积累汞与汞的形态有关，其顺序为：氧化甲基汞＞氧化乙基汞＞乙酸苯汞＞氧化汞＞硫化汞。从这个顺序可以看出，挥发性高、溶解度大的汞化合物容易被植物吸收。汞在植物各部的分布一般是根＞茎、叶＞种子。这种趋势是由于汞被植物吸收后，常与根上的蛋白质反应沉积于根上，从而阻碍了向地上部分的运输。

2. 铅的生物转化

环境中铅主要有两个来源，即人为来源和天然来源，以上来源的铅最终分散于大气、水体及土壤中。铅在土壤中的迁移转化主要有沉淀溶解、离子交换和吸附、配位和氧化还原等。其中配位作用影响铅的溶解度，从而影响其生物可给性。铅在土壤中主要以二价态的无机化合物形式存在，极少数为四价态。铅多以 $Pb(OH)_2$、$PbCO_3$ 或 $Pb_3(PO_4)_2$ 等难溶态形式存在，所以铅的移动性和被作物吸收的能力都大大降低。在酸性土壤中可溶性铅含量一般较高，因为酸性土壤中 H^+ 可将铅从不溶的铅化合物中溶解出来。从土壤-植物系统来看，根系分泌的大量有机酸能配位溶解含铅的固体成分，当植物根系周围元素因植物吸收而浓度降低时，金属配合物可以解离，在溶液中形成浓度梯度，促进难溶元素的移动，增强它们对植物的有效性。

铅也可以被细菌甲基化。从安大略湖分离到的假单胞菌、产碱杆菌、黄杆菌和气单胞菌的纯培养物，在合成培养基中可以由三甲基乙酸铅生成四甲基铅。在厌氧条件下，湖泊水-沉积物系统中微生物可生成四甲基铅。

3. 砷的生物转化

砷(As)是类金属，但从它的环境污染效应来看，常将它当作重金属来看待。砷是一种在自然界中广泛存在的化学元素，其常见的存在形式有砷酸盐[As(V)]和亚砷酸盐[As(Ⅲ)]。此外，在生物体中还存在着甲基化程度不同的有机砷，包括一甲基胂酸(MMA)和二甲基胂酸(DMA)等。砷及其可溶性化合物有很强的毒性，可以通过呼吸道、食物、饮用水或皮肤接触进入人体，对人类和动植物都有很大的危害。

1) 微生物对砷的转化

(1) 砷的氧化和还原。

假单胞菌、黄单胞菌、节杆菌、产碱菌等细菌氧化亚砷酸盐为砷酸盐，使之毒性减弱。微生物的这种活性是湖泊中亚砷酸盐氧化为砷酸盐的主要原因。土壤中也进行着砷的氧化作用。当土壤中施入亚砷酸盐后，三价砷逐渐消失而产生五价砷。另外，有些细菌如微球菌、某些酵母菌、小球藻等可使砷酸盐还原为毒性更强的亚砷酸盐，海洋细菌也有这种还原作用。所以尽管 As^{5+} 被认为是热力学上最稳定的形式，但实际上海水中三价砷的氧化作用很缓慢。

(2) 砷的甲基化和脱甲基化。

土壤和底泥中无机砷化物在微生物的作用下，会发生砷的甲基化，形成甲基砷酸盐、甲基亚砷酸盐、一甲基砷、二甲基砷和三甲基砷，后面三种有机砷的沸点比较低，具有挥发作用。有机砷可以在微生物的作用下，脱甲基形成无机砷，一甲基砷等可转化为砷化氢，它的毒性很大。细菌如甲烷杆菌(*Methanobacterium*)和脱硫弧菌(*Desulfovibrio*)、酵母菌如假丝酵母(*Candida*)，尤其是霉菌如镰刀霉(*Fusarium*)、曲霉(*Aspergillus*)、寻霉(*Sxopulariopsis*)、拟青霉(*Paecilomyces*)都能转化无机砷为甲基砷。砷生物甲基化中的甲基供体也是甲基钴胺素。砷的生物转化见图 7-9。

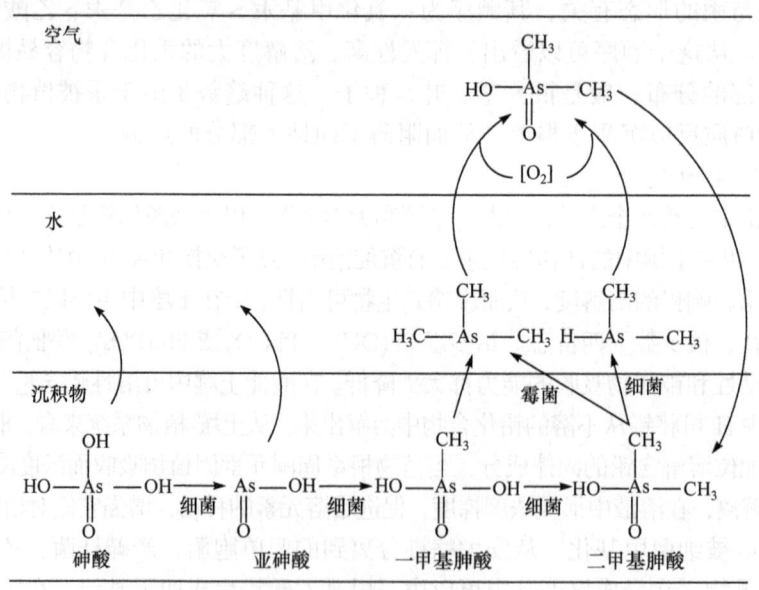

图 7-9　砷的生物转化

2) 超积累植物蜈蚣草对砷的转化和富集

蜈蚣草具有高效的砷酸还原系统，蜈蚣草根和羽叶中都能进行 As(V)向 As(Ⅲ)的还原反应，但主要发生于根部。砷酸还原酶(arsenate reductase, AR)在这一反应中起着重要作用。蜈蚣草中 AR 的活性至少是其他不能耐受砷植物中的 7 倍，而且对砷有特异性。*PvACR2* 是第一个被发现的蜈蚣草砷酸还原酶基因，其编码的蛋白与酵母砷酸还原酶(ScACR2)具有较高的同源性。在蜈蚣草配子体中，*PvACR2* 的表达不受砷酸盐的影响。这种稳定的适应性表明蜈蚣草超富集砷的能力不是环境诱导的应激反应，而是组成型的适应特性。

蜈蚣草具有很强的砷吸收和转运的能力，所富集的砷占地上部生物量(干重)的 2.3%。蜈蚣草的地上部砷含量远远高于常见的植物(<10 mg/kg)，其地上部与土壤砷含量的比值可达 1450，地上部与地下部砷含量的比值可达 24。蜈蚣草羽叶中的砷主要以自由的 As(III)形态存在，而与植物络合素(phytochelatins, PCs)络合的砷仅占总砷的 1%~3%，这与非超富集植物中依赖砷与 PCs 等的络合进行砷解毒机制存在很大差异。此外，不同砷化合物对蜈蚣草的毒性与其对模式植物拟南芥的毒性也很不同。

蜈蚣草对砷和磷的吸收存在明显的竞争性，增加磷浓度能显著抑制 As(V)的吸收，而增加 As(V)浓度也能显著抑制磷吸收。砷和磷属于同族元素，而且砷酸盐和磷酸盐结构相似，因此可以推测蜈蚣草根系可能是通过磷的吸收通道吸收 As(V)，再由磷的转运通道进入细胞中。尽管磷和砷吸收存在着竞争，砷能抑制磷的吸收，但蜈蚣草在高浓度砷的环境中并不表现缺磷症状。这是因为蜈蚣草有高效的磷吸收、储存和利用机制，避免了进入细胞的砷在生化反应过程中取代磷而干扰正常的磷代谢过程，从而降低了砷的毒性。

蜈蚣草羽叶中大多数砷是以 As(III)的形式存在，并且 As(III)的含量要远高于其在根中含量。这表明砷在从蜈蚣草的根部向羽叶的转运中还存在 As(V)还原成 As(III)的反应。当培养基中的 As(V)浓度升高时，转运途径中 As(V)/As(III)的比率也会上升。无论培养基中的砷形态是 As(V)还是 As(III)，也无论其浓度高低，在蜈蚣草根中，As(V)均为主要形式。而在羽叶中，As(III)为主要形式。因此，在低浓度砷处理条件下，根中积累的砷较少，As(III)优先于 As(V)被装载转运至地上部，且蜈蚣草中 As(V)的还原主要发生在根部。但是随着砷处理浓度的升高，根中的 As(V)含量逐渐超越了根部的还原能力，从而出现 As(V)和 As(III)竞争性的装载转移，这部分无法在根部还原的 As(V)会直接转运至地上部羽叶中，并在羽叶中被还原。这些研究表明，蜈蚣草根部和羽叶都能将 As(V)还原为 As(III)(图 7-10)。蜈蚣草通过根部吸收的砷绝大多数被转运至地上部分的羽叶中储存。在

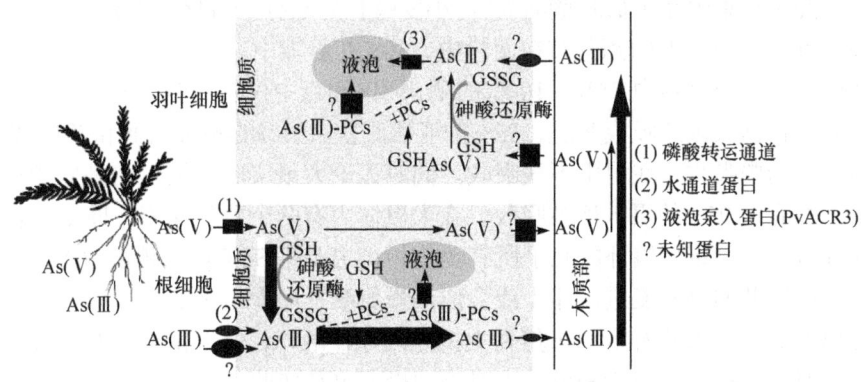

图 7-10　蜈蚣草对砷吸收、代谢和转运示意图

低砷浓度时，细胞壁会优先与砷结合，将砷固定在细胞壁上，限制其向内部转运。蜈蚣草细胞壁对砷的储存能力有限，当体内砷浓度过高时，绝大部分砷都会通过区隔化作用聚集到羽叶的胞液中，因此，砷主要储存在羽叶细胞的液泡里。

4. 硒的生物转化

1) 微生物对硒的转化

硒是细菌、恒温动物的必需元素，缺硒会引起一系列病变。20 世纪 70 年代，谷胱甘肽过氧化物酶(glutathione peroxidase, GPx)的发现揭开了硒在生物体抗氧化损伤中的重要作用。随后，大量的研究进一步揭示了硒的其他重要功能，包括维持抗氧化机能、提高机体免疫力、抗肿瘤、抗衰老、防治克山病与大骨节病等，其中绝大部分都与 GPx 的抗氧化能力有关。但硒又是剧毒元素，需要量与中毒水平之间的安全幅度很小。在富硒地区生长的植物中含硒量过高时，会造成植物采食量较大的牛、羊、猪、马等家畜硒中毒，甚至引起死亡。

微生物具有代谢硒化物的能力，因此发生的转化作用可改变元素硒的毒性或具有利用价值，这种转化主要包括硒的生物甲基化作用(BMSe)和生物氧化还原作用(DRSe)，它们分别可将无机硒转化生成挥发硒(VSe)和元素硒(ESe)，这两种转化途径在自然界都是普遍存在的。紫色硫细菌将元素硒氧化为硒酸盐，毒性增强。氧化亚铁硫杆菌代谢 CuSe，生成元素硒，毒性减弱。土壤中大部分细菌、放线菌和真菌都将硒酸盐和亚硒酸盐还原为单质。螺旋藻对硒有较强的富集作用，可将亚硒酸盐转化为元素硒，并以非共价键方式吸附在机体脂类中或与蛋白质结合，从而可作为富硒食品开发利用。

微生物还能将元素硒和无机或有机硒化物转化成二甲基硒化物，使其毒性明显降低。具有这种作用的真菌包括群交裂褶菌(*Schizophyllum commune*)、黑曲霉、短柄帚霉、青霉等，细菌有棒杆菌(*Corynebacterium* sp.)、气单胞菌(*Aeromonas* sp.)、黄杆菌和假单胞菌等。

2) 硒在动植物中的吸收和代谢

硒在土壤中含量很少且不溶于水，植物不能直接吸收利用。植物对硒的吸收和积累能力因植物种类而异，一般分三类：①累积植物，如十字花科的萝卜、油菜等；②中度含硒植物，如蔬菜；③低度含硒植物，如农作物。植物对亚硒酸盐的吸收与它在土壤中浓度成正比，而硒酸盐易被吸收，吸收能力是亚硒酸盐的 2050 倍，易引起中毒。硒在植物体内的分配主要集中在生命旺盛的器官。小麦吸收的硒有 63%储存在籽粒中，只有 37%在茎叶中；籽粒中约 70%的硒分布在面粉中，30%在麸糠中。

动物能吸收使用植物中 85%~100%的硒，而肉和鱼中仅有 20%~50%的硒可以被哺乳动物吸收。根据大鼠的吸收实验，92%的亚硒酸盐、91%的硒蛋氨酸和 81%的硒半胱氨酸主要在小肠中吸收，在胃中不被吸收。同时无论大鼠实验中摄入的是低硒食物还是高硒食物，都有近 95%的摄入硒被吸收。在大鼠体内有两个硒代谢库，库Ⅰ只含有硒蛋氨酸，库Ⅱ含有除硒蛋氨酸外的几乎所有硒化物，主要有 Se-Cys、硒蛋白-P、GPx 及代谢产物。其中库Ⅱ的硒不能进入库Ⅰ或合成硒蛋氨酸，而库Ⅰ中的硒可以进入库Ⅱ，并且它只能以 SeMet 的形式补入。虽然在大鼠体内存在硒库，但大鼠并没有自我调节的平衡机制控制对硒的摄入。一般来说，人对硒的摄入也是如此。

5. 铁的生物转化

铁在自然界的氧化还原过程中，存在着意义深远的地球化学循环作用。这一循环不仅仅包含了铁元素自身的循环，还与其他元素如 C、N、O、P、S 和重金属及生物体都存在着相互依存、相互耦合的循环关系。因此，铁在生物、环境乃至整个地球化学循环中都有着重要的意义。铁在自然界通常以 Fe^{2+} 和 Fe^{3+} 的形态存在。微生物在铁的转化中起到了至关重要的作用。各类介质环境中存在着大量的铁还原菌及铁氧化菌，在铁离子的氧化还原过程中也是不可或缺的。在缺乏有机碳源时，自养型的铁氧化菌能够氧化 Fe^0 或 Fe^{2+} 为 Fe^{3+}，同时获得能量进行生长。在厌氧条件下，铁还原菌的存在能促使 Fe^{2+} 占据优势。

1) 微生物对铁的氧化和还原

(1) 铁的氧化。在 pH > 4.5 时，Fe^{2+} 通过化学氧化为 Fe^{3+} 并形成 $Fe(OH)_3$ 沉淀，当环境中 pH < 4.5 时，Fe^{2+} 的化学氧化极慢，在这种情况下，Fe^{2+} 的氧化主要是铁氧化菌的作用。铁氧化菌按形态可分为三类：第一类是菌体是单个的细菌，如氧化亚铁硫杆菌(*Thiobacillus ferrooxidans*)；第二类是具鞘细菌，它们的细胞在鞘内排列成链，包括球衣菌-纤发菌类群和泉发菌属(*Crenothrix*)；第三类是具柄细菌，包括嘉利翁氏铁柄杆菌属(*Gallionella*)、生金菌属(*Metallognium*)和生丝微菌属(*Hyphomicrobium*)。铁氧化菌为化能自养型细菌，通过氧化低价态的铁获得能量进行生长代谢，生长繁殖的速率较低，代时较长。当环境中缺乏氧气时，一些铁氧化菌能够以硝酸盐或亚硝酸盐为电子受体，在氧化铁的同时进行自养反硝化作用。目前的研究还发现，环境中还原态的 Fe^0 或 Fe^{2+} 还能够通过化学还原及铁氧化菌对重金属如 Cr^{6+} 进行还原和解毒作用。

(2) 铁的还原。在缺氧情况下，铁还原菌能够以 Fe^{3+} 为电子受体进行有机质的氧化，Fe^{3+} 被还原为 Fe^{2+}。因此，在缺氧环境中，如沼泽、湖底或深井中，铁以可溶的还原态存在。

2) 植物对铁的吸收和转运

铁是植物正常生长发育的第三大限制性营养元素。双子叶植物和非禾本科单子叶植物在缺铁胁迫条件下，根际可以利用铁还原机制吸收铁。首先，根表皮细胞的 H^+-ATPase 系统分泌大量的 H^+ 酸化根际土壤，提高了根际可溶性铁浓度；其次，根尖表皮细胞质膜上 NADPH 依赖的 Fe^{3+} 还原酶活性增强，将土壤中的 Fe^{3+} 还原为 Fe^{2+}；最后，通过二价金属转运蛋白跨膜转入根表皮细胞供给植物生长发育。禾本科植物包括小麦、玉米、大麦等作物采用另一套铁吸收系统。缺铁情况下，植物体内合成并向根际主动分泌麦根酸类植物铁载体，植物铁载体与根际土壤中的三价铁发生螯合作用形成的三价铁和植物铁载体的螯合物迁移到根系质膜并在专一性转运蛋白作用下，将铁运输进入根细胞内，这一生理和分子功能不受环境 pH 的影响。

植物根系获得的铁在木质部中以柠檬酸铁或烟酰胺铁(Fe-NA)螯合物的形式从根系向地上部长距离运输。铁参与的生物学功能大都在细胞器如线粒体、叶绿体中完成，因此铁在细胞器中的有效转运是铁生理功能发挥的必要前提。叶绿体是绿色植物细胞中光合作用的主要器官，叶片中将近 90%的铁存在于叶绿体中，参与叶绿体中光合电子链的传递叶绿素和亚铁血红素的合成 Fe-S 簇的组装等代谢过程。液泡是植物细胞尤其是种子中铁的主要储存器，液泡中铁主要以植酸铁和 Fe-NA 形式存在。

6. 锰的生物转化

锰在自然界中最常见的价态是二价和四价，其中 Mn^{2+} 是水溶性的。pH 较高时，Mn^{2+} 自发氧化为 Mn^{4+}，形成不溶性的 MnO_2。在 pH 中性时，可溶性 Mn^{2+} 也能够作为电子供体被氧化，耦合反硝化等过程，同时形成不溶性的 MnO_2。尽管 Mn^{2+} 可以被 O_2 和细菌氧化，但在含有硫化物和 Fe^{2+} 并保持还原条件的环境，如沉积物中，Mn^{2+} 氧化的氧化并不显著。然而，O_2 或硝酸盐可以作为电子受体。因此，当大量的 O_2 或硝酸盐存在时，由于 Fe^{2+} 和硫化物的消耗，Mn^{2+} 也将被逐渐氧化为 Mn^{3+} 和 Mn^{4+} 氧化物。当沉积物中存在 Mn^{3+} 和 Mn^{4+} 氧化物时，它们会在生物修复过程中通过直接微生物还原或与微生物产生的 Fe^{2+} 和硫化物反应而被还原和溶解。

第二节　生物毒素的形成和作用

生物毒素(biotoxin)又称生物毒物，是由各种生物(动物、植物、微生物)产生的对其他生物物种有毒害作用的各种化学物质，为天然毒素。生物毒素的种类繁多，可分为蛋白毒素和非蛋白毒素，几乎包括所有类型的化合物，其生物活性也很复杂，对人体生理功能可产生影响，不仅具有毒理作用，而且具有药理作用。

人类对生物毒素的最早体验源于食物中毒，随着人类对海洋生物利用程度的增长，海洋生物毒素中毒的发生率日趋增加。玉米、花生作物的真菌霉素污染如黄曲霉毒素、杂色曲霉毒素等都已经证明是地区性肝癌、胃癌、食道癌的主要诱导物质。现代研究还发现，自然界中存在与细胞癌变有关的多种具有强促癌作用的毒素，如海兔毒素等。生物毒素除对人类的直接危害外，还可以造成农业、畜牧业、水产业的损失和环境危害，如紫茎泽兰等有毒植物对我国西部畜牧业的危害和赤潮对海洋渔业造成的损失等。

一、微生物毒素

微生物毒素(microbial toxin)是指微生物在生长、代谢过程中所产生的毒素。细菌、放线菌、真菌和藻类中都有一些产生毒素的种类。由于微生物毒素污染食品和环境，危害人类健康，近年来受到人们的高度重视。

(一) 真菌毒素

真菌毒素是由真菌产生的毒素。真菌毒素的种类很多，重要的有黄曲霉毒素、岛状毒素、镰刀霉素配质糖苷和枝孢菌酸，还有赫曲霉素、青霉酸、柄曲霉素等，已发现 300 多种。麦角菌分泌的麦角毒素能使人、畜致病，但某些麦角制剂可用作子宫收缩剂。黄曲霉毒素为强致癌物质，与肝癌发病有关，是双呋喃香豆素的衍生物，目前已经确定了 17 种化学结构类似物。

黄曲霉毒素是由黄曲霉和寄生曲霉产生的毒素，包括一组代谢产物，其中以黄曲霉毒素 B_1 毒性最大，致癌性最强，它的半致死剂量(LD_{50})为 0.294 mg/kg，相当低的剂量就能使试验动物发生肝癌。黄曲霉毒素致癌的机理为黄曲霉毒素作用于脱氧核糖核酸，与嘌呤碱基生成加成物，从而抑制其复制和转录，并且 DNA 模板的改变可引起突变率增加，从而导致癌变。

受黄曲霉毒素污染的食物范围很广，包括但不限于粮食、蔬菜、烟草、乳品和水果。为了防治黄曲霉毒素的危害，世界各国都制定了严格的标准来限制其在食品中的允许含量。我国规定玉米、花生油、花生及其制品不得超过 20 μg/kg，大米及其他食用油不得超过 10 μg/kg，其他粮食、豆类、发酵食品不超过 5 μg/kg，婴儿代乳食品不得检出。预防黄曲霉毒素的措施主要是在作物的储运加工过程中，通过降低农产品的含水量、降低仓储环境的相对湿度、充 CO_2 降低含氧量、使用化学药剂防止霉菌的污染和生长。

镰刀霉的一些种，如拟分枝镰孢霉能产生一类营养性毒素，其成分为镰刀霉素配质糖苷和枝孢菌酸，可造成白细胞缺乏症，使血液发生变化，包括白血病、粒性白细胞缺乏症和骨髓枯竭等病变。这类菌主要感染禾谷类植物，尤其是高粱，毒素形成的最适温度为 1~4℃。

毒蕈毒素来自于毒蘑菇，包括一些剧毒生物碱，如蝇蕈碱和鹅膏蕈碱。

(二) 细菌毒素

细菌毒素(bacterial toxin)包括白喉毒素、破伤风毒素等多种，其中与食品有关的为肉毒毒素和葡萄球菌肠毒素。肉毒毒素是由肉毒梭菌产生的外毒素，是一种极强的神经毒素，属剧毒物。肉毒梭菌为 G^+、产芽孢的专性厌氧菌，分布很广，在污染的食品上繁殖产生毒素，我国发生的肉毒中毒，多数由自制的臭豆腐、豆豉等植物性发酵食品引起。葡萄球菌肠毒素是由金黄色葡萄球菌的产毒菌株产生的肠毒素，可引起食物中毒。带菌的食品加工工人或厨师是主要的传播媒介。除上述细菌毒素外，还有沙门氏菌属中一些种类产生的毒素，也会引起食物中毒。

(三) 放线菌毒素

放线菌中某些种类的代谢产物具有毒性，甚至能致癌，如链霉菌属产生的放线菌素可使大鼠产生肿瘤。由不产色的链霉菌产生的链脲菌素，可使大鼠发生肿瘤。由肝链霉菌产生的洋橄榄霉素，具有很强的急性毒性，并可诱导肿瘤。

(四) 藻类毒素

藻类毒素(algal toxin)主要由海洋中甲藻类、淡水中蓝细菌和盐湖中金藻中一些种类产生。甲藻是海洋赤潮中常见优势种，它能产生石房蛤毒素。蓝细菌中铜绿微囊藻是水华中的优势种，能产生微囊藻快速致死因子，它是一种小分子环肽化合物，可使水生生物中毒死亡，人体中毒后可表现出皮炎、肠胃炎、呼吸失调等症状。

二、植物毒素

最常见植物毒素是食用植物(主要是有花植物)中的毒素，也有的毒素在植物的刺毛或汁液中。植物毒素中一类是小分子有机物质，如生物碱、糖苷(毛地黄苷)等；另一类是毒蛋白，如蓖麻毒素和相思豆毒素。从中药天花粉提取的天花粉蛋白和从半夏中提取的半夏蛋白,有引产作用,属致敏性蛋白质,也可说是毒蛋白。蓖麻毒素是从蓖麻种子中提取的一种剧毒的蛋白质,是植物凝集素,相对分子质量为62000,由两条肽链组成。蓖麻毒素的毒性在于抑制细胞内的蛋白质合成。蓖麻毒素分子中的A链是毒性多肽,能作用于核糖体的60S亚基而抑制蛋白质合成。B链除肽链外还含葡萄糖胺和甘露糖,是凝集素,能与细胞膜上含半乳糖基的糖蛋白或糖脂受体结合,通过受体介导胞饮作用而进入细胞。B链使细胞囊泡膜上形成小孔,便于A链通过,进入细胞质发挥其毒性。

三、动物毒素

动物毒素大多是有毒动物毒腺制造的并以毒液形式注入其他动物体内的蛋白类化合物,如蛇毒、蜂毒、蝎毒、蜘蛛毒、蜈蚣毒、蚁毒、河鲀毒、章鱼毒、沙蚕毒等及由海洋动物产生的扇贝毒素、石房蛤毒素、海兔毒素等。

蛇毒是由毒蛇毒腺分泌出的黏液,蛇毒是动物毒中组成最复杂的,除致死性毒素外,还有10余种无毒或低毒的酶和多肽。蛇毒的中毒症状来势猛烈且十分复杂,表明这些成分有相互加强的效果。蛇毒的组成随种属不同而差别很大,但同种蛇类的蛇毒组成比较近似。眼镜蛇科和海蛇科蛇毒富含神经毒素及心脏毒素,最高含量可达毒液干物质质量分数的40%以上。而蝮亚科和蝰亚科蛇毒则富含出血毒素,只有少数含神经毒素。

蜂毒是包括蜜蜂、大黄蜂和胡蜂从尾刺分泌的毒液,其中含神经毒素、溶血毒素和酶。蜂神经毒肽(apamin)是由18个氨基酸组成的神经毒素,能通过血脑屏障而作用于中枢神经系统。蜜蜂溶血毒素能溶血,类似蛇毒细胞毒素,是由26个氨基酸组成的多肽。蝎毒中含神经毒素、酶等,组成较蛇毒简单。神经毒素含量占干毒的66.9%,比蛇毒的相对含量高,由62~66个氨基酸组成,有抑制兴奋,促使膜钠通道失活和钾通道激活的作用。蜘蛛毒含16种以上的蛋白质和坏死毒素及酶等。北美洲的黑寡妇蜘蛛毒有突触前神经毒性。

有毒的水生动物的组织中含有毒素,如河鲀的卵巢中含一种剧毒的神经毒素——河鲀毒素,可以阻止神经膜钠电导的增加。与河鲀毒素生理作用相似的还有章鱼毒素与石房蛤毒素。从异足索沙蚕得到的沙蚕毒素结构简单($C_5H_{11}NS_2$),它作用于N型胆碱受体,阻遏突触传递。

根据毒素的生物效应,动物毒素可分为神经毒素、心脏毒素、出血毒素、溶血毒素、肌肉毒素或肌肉坏死毒素等(表7-1)。动物毒素对人与动物有毒害作用,但也有一定药用价值,是农药开发的潜在资源。根据沙蚕毒素的化学结构,已合成出类似物杀虫剂杀螟丹、杀虫双、杀虫环等,并已大量生产应用。

表7-1 动物毒素种类

序号	种类	特征
1	神经毒素	神经毒素作用于神经-肌肉接头,阻断兴奋的传递,中毒者常死于呼吸肌麻痹引起的呼吸衰竭。由于这些毒素是大分子蛋白质,不能通过血脑屏障进入脑内,对中枢神经系统无作用,只作用于外周神经系统。按作用部位通常分为:突触前神经毒素和突触后神经毒素
2	心脏毒素	心脏毒素是由60~62个氨基酸组成的相对分子质量较小的强碱性蛋白质。一级结构与突触后神经毒素的短毒素相似。心脏毒素能溶解细胞,又称细胞毒素
3	出血毒素	从蛇毒中分离出的出血毒素是相对分子质量在30000~40000的蛋白质,具蛋白水解酶活性,含金属离子,属于金属蛋白酶类。出血毒素作用于毛细血管壁,引起血管破裂,导致局部或全身出血症状

续表

序号	种类	特征
4	溶血毒素	溶血毒素也称溶血因子,是一种由 57 个氨基酸组成的相对分子质量为 7000 的碱性蛋白质,能破坏红细胞膜而致溶血。另外蛇毒中的磷脂酶 A2 能水解卵磷脂生成溶血卵磷脂,也能溶血,称为间接溶血因子
5	肌肉毒素或肌肉坏死毒素	从该蛇毒中提纯的肌肉毒素,是一种由 38 个氨基酸组成的多肽,另外还有相对分子质量较大的肌肉毒素尚未纯化。中国的尖吻蝮蛇毒能引起严重的肌肉坏死,咬伤后常导致截肢。美洲的响尾蛇毒也可造成类似的症状

第三节 基于生物转化的污染物资源化

目前,环境恶化和资源短缺使人类社会面临着巨大挑战,生物技术为发展无公害清洁环保产业、走可持续发展道路带来了希望。我国也面临着资源枯竭的问题,由于缺少有效方法,不仅浪费大量的有机资源,还造成环境污染。因此,采用现代生物技术开发新的可再生利用的资源是我们努力的方向。

一、生物质能源化

工业生产产生的有机废水废渣、农作物下脚料、林产业的废弃物、城市居民的生活垃圾等经微生物发酵可产生甲烷、乙醇、氢气等生物能源产品,它们可以成为人类能源的重要组成部分。废物能源化按照最终产物的不同可分为沼气发酵型、乙醇发酵型和光合产能型等类型。

(一) 固体有机废物发酵产甲烷

甲烷厌氧发酵(methane anaerobic fermentation)是生物能转化最为有效的方法之一。有机物可在一定温度、湿度、酸碱度和厌氧的条件下,经过微生物的发酵作用而产生可燃性混合气体。由于这类气体最先在沼泽中发现,因此称为沼气。沼气中甲烷含量约占 55%~80%,二氧化碳占 15%~40%,还有微量的氢、硫化氢和氨等。

厌氧发酵工艺是用人工方法创造厌氧微生物所需要的营养条件和环境条件,以加速厌氧发酵的过程。进行甲烷厌氧发酵的微生物包括厌氧有机物分解菌(或称不产甲烷厌氧微生物)和产甲烷菌。在一个厌氧发酵设备内,多种微生物形成一个与环境条件、营养条件相对应的功能微生物群落,包括水解发酵细菌,产氢产乙酸菌和产甲烷菌。这些功能微生物协同进行有机物厌氧代谢,达到产生甲烷和净化有机污染物的目的。

沼气发酵的原料极为丰富,包括农作物秸秆、人畜粪便、树叶杂草、水生生物物质、餐厨与厨余垃圾,以及屠宰场、造纸厂、糖厂、酒厂、食品厂、酿造厂、皮革厂排放的富含有机质的废水和固体废弃物等。沼气是一种高热值燃气能源,1 m^3 沼气产生的能量大约相当于 1.0 kg 煤或 0.7 kg 汽油,可供 3 t 的卡车行驶 2.8 km。沼气燃烧后的产物是二氧化碳和水,不增加空气中其他有害的污染物,不留灰尘和废渣,不危害农作物和人体健康。因此,固体有机废物发酵产甲烷(沼气)在解决能源短缺、维持生态平衡等方面具有最现实的意义。

(二) 有机污染物厌氧发酵产氢

在新能源的开发利用领域，人们普遍将注意力集中在有"清洁能源"之称的 H_2 上。常规的制氢方法主要有水电解法、水煤气转化法、甲烷裂解法等，这些方法制氢成本高，无法获得廉价的 H_2，因此需寻求制氢效率高、成本低的技术，开拓 H_2 使用的前景。

在厌氧发酵法处理高浓度有机废水时，控制厌氧发酵在产氢阶段，可以在污水处理的同时制取氢气。在厌氧发酵产氢过程中，氢气的纯度是最大的问题。为解决这个问题，可以采用降低 pH 的方法抑制产甲烷菌的生长。产甲烷菌的适宜 pH 为 7.0 左右。静态培养罐中 pH 为 4.0～5.0，这样就形成了厌氧发酵的产酸段，阻断了产甲烷段，为厌氧活性污泥降解有机物、产生有机酸和氢气创造了良好的条件，增加了发酵气体中氢气的浓度。另外，可以通过在产酸相厌氧污泥中分离纯菌株，筛选出产氢能力最高的纯菌株。测定厌氧活性污泥在不同环境条件(COD_{Cr}浓度、pH、温度)下的产氢能力，揭示厌氧产氢的最佳环境条件，为厌氧发酵产氢的理论研究和应用提供必要的理论依据。目前已经发现，在低基质浓度时，厌氧发酵的产氢能力随基质浓度升高而升高，至 COD_{Cr} 40000 mg/L 左右产氢能力达到最高值，最高产氢能力可达 65 mL/(g·h)。但随着基质浓度的升高，一方面基质浓度的升高引起水的活度逐渐下降，另一方面有机质的分解代谢产生大量的小分子有机酸和氨氮，对微生物活性造成抑制作用。另外，丙酸和丁酸氧化菌的活性也受限于体系中的氢气分压，当氢气产生量高，氢气分压高时，会对能够分解丙酸和丁酸产生氢气的细菌活性造成抑制，最终导致产氢量下降。

(三) 光合细菌产氢

光合细菌在光照条件下的产氢主要是固氮酶发挥作用，固氮酶在缺少其生理性基质 N_2 或产物 NH_4^+ 时能还原质子放出 H_2。因此，光合细菌利用有机物产氢时，固氮酶的抑制因素、电子供体的种类即碳源及光照强度都会对其产生重要影响，同时菌种的个体差异及内部酶系统的发育程度等也会造成不可忽视的影响。不同的光合细菌由于其自身进化过程上的差异，所形成的酶系统必然会有差异，表现在产氢的能力上也必然不同，因此高效产氢菌株的筛选一直是研究者探索的重点。

光合细菌的产氢工艺中有关价廉电子供体的开发、价廉而耐久的培养相的开发、培养的最适化等问题还有待解决。作为洁净能源的分子态氢的生产有生物方法也有其他方法。但生物方法以自我增殖的酶系统为特征，是一种很有希望的方法。国外早在20世纪70年代就对固定化产氢细菌处理污水进行了研究。国内以海藻酸钠作包埋材料制备的固定化光合细菌，可以在不同浓度的豆制品废水中进行光照放氢。豆制品废水 COD_{Cr} 为 7560～12600 mg/L 时，可以维持稳定产气 260 h 以上，平均产气率为 146.8～351.4 mL/(L·d)。气体中 H_2 含量在 60%以上，废水 COD_{Cr} 去除率为 62.3%～78.2%。当废水 COD_{Cr} 浓度在 1260～5040 mg/L 时，可以维持产气 93 h，平均产气率为 120.7～140.0 mg/(L·d)。气体中 H_2 含量在 75%以上，废水最终 COD_{Cr} 去除率为 41%～60.3%。

可以通过以下途径提高光合细菌产氢率：调节控制反应所需要的环境条件，增加光强度能刺激固氮酶的合成，进一步研究固氮酶活性和合成的调节机制，培养不受某些外界环境条件抑制的菌株,利用基因工程技术构建具有更多固氮基因数量拷贝的菌株等。

(四) 有机废弃物产乙醇

微生物厌氧代谢有机物时,可产生一些可燃性醇类,如甲醇及乙醇等。它们是燃烧完全的、高效的燃料。乙醇可用以稀释汽车用油或其他发动机用油,使功效提高10%～15%。由葡萄糖等简单糖类为原料生产乙醇,主要是选用酵母菌属菌株通过乙醇发酵作用产生,其生产工艺是成熟的。目前的方向是利用含纤维素物质如锯末、蔗渣、废报纸和有机垃圾等各种废物制取乙醇。

由于废物来源具有多样性,其中可能含有对微生物有害的物质,如亚硫酸盐纸浆废液中过量亚硫酸、乙酸、甲酸等,均须去除。有的固体废物,如纤维素类,需加以粉碎、蒸煮、水解成单糖,以便微生物发酵利用。发酵前必须进行增菌培养,以获取足够的接种物,经预处理后的废物如果缺乏营养盐,要适当补加。由于微生物生长对环境酸碱度有一定要求,还要调节 pH。发酵过程中要防止杂菌污染,这是发酵成功的关键。在废水处理过程中,常采用混合菌群,经过驯化后参与处理。在生物反应器中,微生物将废物转化为本身细胞结构物质,同时生产出乙醇。不同的菌种,所在的生物反应器和发酵工艺有所不同,发酵类型相应有别,对微生物代谢规律的控制和应用也因此而异。对成熟的发酵液采用絮凝离心等技术可分离菌体蛋白,采用各种方法可回收乙醇。必要时将一部分菌种回流到生物反应器中,以保持其中有较高的生物量,继续发酵处理。酒糟中的 COD_{Cr} 和 BOD_5 极高,可通过生产饲料酵母、厌氧甲烷发酵等而得到再处理、再利用,最后经好氧处理后废水排放,其中菌体固形物回收可作饲料或饵料。

与常规乙醇发酵相比,废物乙醇化发酵以废物为底物是最大的区别。废物乙醇化发酵利用微生物降解转化废弃物,降低废水的 COD_{Cr} 和 BOD_5,同时生产乙醇,因此,一般要增加对废物的预处理,使之能被微生物发酵,尽可能提高废物利用率和净化效果。由于废物的来源、组成差别较大,因此不同类型废物的乙醇发酵工艺有所差异。

二、绿色化学品生产

由于人类生存环境不断遭到破坏,环境和发展已成为全球共同关心的主题,绿色和平运动蓬勃兴起,公众对环境问题日益关注。1987 年世界环境与发展委员会(WCED)在《我们共同的未来》的报告中,明确给出了可持续发展(sustainable development)的概念:既满足当代人的需要,又不损害后代人满足其需要的能力。可持续发展就较小的尺度和较短的时间而言,所研究的就是有限的环境容量条件下的发展问题,即在资源可供量有限的条件下,如何改变现有的开发模式,创造新的开发模式,使有限的资源可供量相对更多地满足人类的需要。在污染可纳量有限的条件下,利用新的开发模式尽量减少环境污染,使环境相对最大限度地容纳所有开发方式所造成的污染。

目前我国基本上还是在延续着大量消耗资源和能源的粗放型生产方式,这不仅极大地浪费资源,同时也使环境污染日趋严重。要实现可持续发展,就必须最大限度地减少工农业污染,保护环境。现代微生物技术不仅体现在对"三废"的治理中,而且可以利用现代微生物技术进行清洁生产、开发新的微生物产品及能源,可以减少和防止工业污染、开发新的资源。

从 20 世纪 60 年代化学农药污染的危害被提出来后，经过不断努力，化学污染防治已取得巨大的成绩：开发了化学方法处理废弃物，治理了被污染的环境，减少了废弃物排放。对一些全球性的化学污染如原油泄漏、燃煤烟尘、酸雨、汽车尾气、温室效应、有机氯农药、环境致癌物等的研究、控制和治理已取得很大的进展。但是，实践证明这些方法的效果是有限的，所需费用昂贵且日益增长。为了真正在技术上、经济上解决这个由于生产和使用化学品造成的对环境和人类健康的副作用，需要有新的思路理念、政策、计划、程序和基础设施。20 世纪 90 年代初，绿色化学(green chemistry)的概念诞生了。绿色化学是研究设计没有或只有尽可能小的环境副作用的并在技术上和经济上可行的化学品和化学过程。它是实现污染预防的基本和重要科学手段。

从天然原料制取有机化工中间体或其他精细化学品多采用酸或碱去处理，对环境污染相当严重。若采用生物化工这种高新技术去进行合成，就会成为无污染的绿色高新精细化工。下面就几种化学品的生物生产作一简要介绍。

(一) 丙烯酰胺

丙烯酰胺(acrylamide)是一种用途广泛的重要有机化工原料，结构式为 $CH_2=CH-CONH_2$，以它为单体合成的产品不下百种，其中以聚丙烯酰胺用途最为广泛。聚丙烯酰胺作为絮凝剂、增稠剂、增强剂等广泛应用于采油、煤炭、地质、冶金、纺织、化工、土建和农业等许多经济领域，尤其是在石油工业中聚丙烯酰胺的应用更为突出。原油深度开采技术中采用聚丙烯酰胺作为灌注油井的流体，可以将采用常规采油技术不能获得的深井下的石油采出，提高单井石油开采率。

在工业生产中，丙烯酰胺是由丙烯氰水合来制备。传统的生产工艺历经硫酸水合法和铜催化水合法两个阶段，而微生物法是第三代最新技术，具有高选择性、高活性和高回收率的特点。采用微生物法生成丙烯酰胺时，基本原料丙烯腈经微生物菌体(酶)催化，一步反应即成丙烯酰胺。反应式如下：

$$CH_2=CH-CN + H_2O \longrightarrow CH_2CHCONH_2$$

生产过程包括：菌种→发酵→制备产酶细胞→细胞固定→H_2O，常温处理→催化水合→固定化细胞分离→浓缩为 25%～30%水剂产品→浓缩结晶干燥为粉剂产品。

微生物法制备丙烯酰胺的关键是腈水解酶，酶活性的高低将直接决定装置的生产规模。这种酶由杆菌、微球菌、诺卡氏菌等微生物产生，日东公司的腈水解酶是在 25～30℃、pH 6～9，含 1%葡萄糖、0.5%胨、0.3%麦芽提取物、0.3%酵母提取物、2 mg/L 硫酸亚铁的培养基中培育而成，培养时间为 72 h。

微生物法制备丙烯酰胺生产工艺省去了丙烯腈回收工段和铜分离工段，具有产品纯度高、选择性好、转化率高(99.9%以上)等优点。该工艺节省投资和能源，生产成本可降低 10%，总投资可降低 30%，被认为是当代最经济的丙烯酰胺生产工艺。其特点是：① 在常温常压下反应，装置结构设计容易，操作安全；② 单程转化率极高，无需分离回收未反应的丙烯腈；③ 酶性能使选择性极高，无副反应；④ 失活的酶催化剂排出系统外的量小于产品的 0.1%；⑤ 只需离子交换处理，使分离精制操作大为简化；⑥ 产品浓度高，无需提浓操作；⑦整个过程简便，有利于小规模生产。采用小菌种的反应试验条件为：反应温度 5~15℃，pH 7~8，反应区丙烯酰胺浓度 1%~2%，丙烯腈转化率 99.99%，反应器出口丙烯酰胺浓度约为 50%。

(二) 壳聚糖

壳聚糖(chitosan)是一种用途较多的生物多糖，广泛应用于医药、食品、化妆品、胶黏剂等行业中，在环保领域可作为工业废水和生活污水处理用的废水絮凝剂、重金属离子的脱除剂等，有极好的应用前景。传统的壳聚糖生产方法是用蟹壳和虾壳为原料，用酸碱处理后经脱色制取的。该方法原料收集保存困难，前处理费时费力，制取工艺中需大量强酸强碱，成本高，产生大量废水，污染大，对设备要求严格。强酸强碱处理导致甲壳素和壳聚糖降解，难以获取高相对分子质量的具生物活性的优质产品。

利用真菌发酵法生产壳聚糖是一种极有前途的新方法，不需要经过脱乙酰基步骤。犁头霉在最佳条件下的壳聚糖产率可达到 780 mg/L 培养液。培养温度、培养时间及培养液 pH 都直接影响壳聚糖产品的产率及脱乙酰度、相对分子质量等性质。有效控制发酵条件，可以获得不同性质和微观形态结构的壳聚糖，这对制备特殊用途的壳聚糖产品非常重要。菌种可以利用酿酒业废水直接发酵生产壳聚糖，如能将该研究进一步完善并推广，无疑将会产生极大的经济和社会效益。

(三) 聚-β-羟基链烷酸和聚羟基丁酸酯

塑料以其质轻、强度高、耐腐蚀等优良特性及低廉的价格迅速进入人类生活及工农业生产，并获得了广泛的应用。塑料垃圾以每年 2500 万 t 的速度在自然界中积累，严重威胁并破坏人类生存环境。人类环保意识的加强促使许多国家开始重视可降解塑料的研究与开发，种种可降解塑料不断问世。其中主要有光生物可降解塑料、淀粉基生物可降解塑料、微生物发酵合成的生物降解塑料、天然高分子合成的生物降解塑料等。从中长期发展来看，从源头解决"白色污染"问题的生物降解塑料，将会越来越受到重视。聚-β-羟基链烷酸(PHA)是一种胞内碳源和能源储存物，能被许多微生物分解利用，具有生物可降解性。同时，PHA 为一类高度结晶的热塑性物质，与聚丙烯、聚乙烯的物理性能和化学结构基本相近，能拉丝、压膜、注塑等，而且链长度的不同也能赋予 PHA 不同的强度和延展性。以 PHA 为原料制造的新型生物可降解塑料，开发应用前景十分乐观。

真养产碱杆菌、固氮细菌、假单胞菌、根瘤菌、球衣细菌等都具有生产聚羟基丁酸酯(PHB)的能力，通过生物发酵可以产生可降解性塑料产品。有些蓝细菌也能进行 PHB 的生产，蓝细菌将光合作用生成的糖类转变为 PHB，PHB 的累积量可达菌体干重的 30%以上。

(四) 生物表面活性剂

有关生物表面活性剂(biosurfactant)的研究最早见于 1946 年，微生物产生的表面活性剂是微生物提高石油采收率的重要机制之一。生物表面活性剂和化学表面活性剂一样，有亲水基团和疏水基团，一般产生表面活性剂的菌种都能利用水不溶的物质而生长，如石油烃、聚苯乙烯、橄榄油、煤油、甲苯、凡士林、二甲苯等。与化学合成的表面活性剂相比，它们除具有降低表面张力、稳定乳化液和发泡等相同特性外，还具有一般化学合成表面活性剂所不具备的无毒、能生物降解等特性，有利于环境保护。

1) 生物表面活性剂的类型

生物表面活性剂有多种来源、多种生产方法、多种化学结构和多种用途，因而可满足不同要求。按用途可将广义的生物表面活性剂分为生物表面活性剂和生物乳化剂。前者是一些低相对分子质量的小分子，能显著改变表/界面张力；后者是一些生物大分子，并不能显著降低表/界面张力，但对油/水界面表现出很强亲和力，因而可使乳状液得以稳定。按来源可将生物表面活性剂分为整胞生物转换法(也称发酵法)和酶促反应法。按照生物表面活性剂的化学结构不同，可分为中性类脂、磷脂、糖脂、含氨基酸类脂和聚合型的脂等。

2) 生物表面活性剂大规模生产

生物表面活性剂大规模的发酵生产主要有发酵法和酶法两种方法。①发酵法。由于发酵法生产生物表面活性剂开发较早，进展较快，人们已经了解了微生物产生低相对分子质量表面活性剂及其前体的许多机理。发酵法生产生物表面活性剂已有间歇式、半连续式和连续式操作等多种模式。最近几年来，流化床反应器、固定化细胞等已用于中试和生产过程，固定化细胞生产生物表面活性剂已用在鼠李糖脂生产中，并在流化床连续化反应中应用成功。②酶法。酶促反应合成生物表面活性剂起步较晚，但进展较快，显示出很强的活力。酶法合成的生物表面活性剂比发酵法合成在结构上更接近化学法合成商品表面活性剂，因而可以立即应用于化学合成产物原有的应用领域。通过酶法处理，可以对亲油基结构进行修饰，并将之接驳到生物表面活性剂的亲水基结构上。发酵法是一种活体内(in vivo)生产方法，条件要求严格，产物较难提取；而酶法是一种离体(in vitro)生产方法，条件相对粗放，反应具有专一性，可在通常温度和压力下进行，产物易回收。对于生化过程生产产品而言，产物提取或称生化下游工程的费用占产品总生产成本的60%～70%，因此，选择合适的产物提取方法是保证生化生产工艺成功的一个十分重要的环节。例如，提取 Surfactin 时，先用泡沫分离法分出产物，然后消泡，再经沉淀和溶剂抽提。鼠李糖脂提取是通过树脂吸附，再经离子交换色谱提纯，将液体蒸发和冷冻干燥可得纯度为 90%的成品，收率达 60%。超滤是应用于生物表面活性剂提取的一种新方法，如用截留相对分子质量为 50000 的超滤膜(XM-50)提取 Surfactin，可得纯度为 97%的产品。切面流过滤是另一种在线分离新方法，生物表面活性剂留在滤液中并经冷冻干燥回收，细胞和底物烃回到发酵罐中回用。

江苏湖泊沉积物中硝化菌和反硝化菌群落组成

1. 湖泊沉积物硝化菌

湖泊氨氮的硝化过程分两个过程，一是 NH_3 氧化成 NO_2^- 的氨氧化过程，二是 NO_2^- 氧化成 NO_3^- 的亚硝酸氧化过程。氨氧化过程是硝化过程的限速步骤，主要由氨氧化微生物催化完成，是一个耗氧过程，受溶解氧、微生物数量和硝化活性等因素影响。氨氧化细菌(AOB)和氨氧化古菌(AOA)是氨氧化的关键微生物，过去认为氨氧化主要是由 AOB 驱动，但随着对氨单加氧酶基因(amoA)研究的深入，发现 AOA 也广泛参与氨氧化过程。

1) 氨氧化细菌

对太湖沉积物中主要氨氧化细菌种类进行分子生物学鉴定，获得的所有序列分属于 5 个 OTUs，均为亚硝化单胞菌属，优势条带序列大多为 *N. oligotropha lineage*，表明太湖竺山湾沉积物中 AOB 中亚硝化单胞菌属特别是 *N. oligotropha* 丰度最高。同时蓝藻水华暴发前后，太湖 1~4 cm 深度沉积物中 AOB 群落的优势条带不变，表明该分支在淡水环境中广泛存在。蓝藻水华暴发后沉积物剖面在 5 cm 处的 AOB 群落中，*N. oligotropha lineage* 菌群受到抑制。

为了研究不同营养水平湖泊沉积物中 AOB 群落的异同，对江苏省太湖(TH)、玄武湖(XW)、洪泽湖(HZ)、石臼湖(SJ)、白马湖(BM)、固城湖(GC)的细菌构建 10 个克隆文库(图 7-11)。随机选择 AOB 19~34 阳性克隆子测序，基于 3%的序列差异水平，194 个克隆子分为 26 个 OTUs，其中 60.4%的序列属于亚硝化螺旋菌属(*Nitrosospira*-like)，18.7%的序列属于亚硝化单胞菌属(*Nitrosomonas oligotropha lineage*)。在所有沉积物样品中都存在亚硝化螺旋菌属，而亚硝化单胞菌属仅仅出现在富营养化湖区中。采用限制性内切酶 Hpy8 I 对 AOB 基因片段进行酶切，得到 8 个主要片段 T-RF60、T-RF97、T-RF104、T-RF154、T-RF234、T-RF256、T-RF264 和 T-RF491，片段 T-RF60、T-RF104、T-RF154 仅在亚硝化螺旋菌属检测到，其中 T-RF60 最多，其他片段仅在亚硝化单胞菌属检测到。因此，湖泊水体和沉积物中广泛存在硝化细菌，其种类和数量随湖泊环境条件不同而存在较大差异。

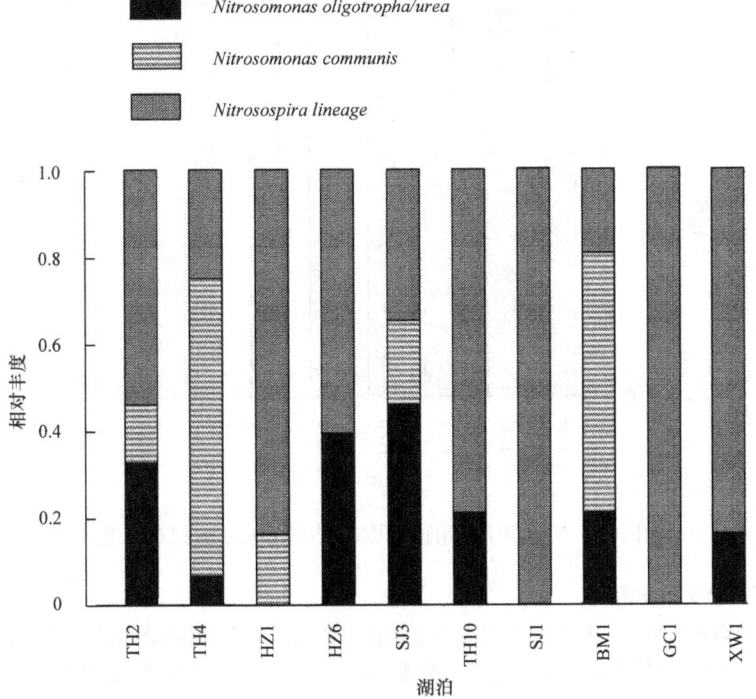

图 7-11 江苏不同湖泊沉积物中细菌 *amoA* 的相对丰度

2) 氨氧化古菌

对太湖沉积物 AOA 群落的研究表明，所有 AOA 的 *amoA* 基因序列分属 Group Ⅰ.1a 和 Group Ⅰ.1b，并以 Group Ⅰ.1b 为主。蓝藻水华暴发后 AOA 的物种多样性减少，群落结构也发生变化。岳冬梅等采用荧光原位杂交(FISH)技术研究了太湖梅梁湾和贡湖湾湖区沉积物中微生物的主要种群及氮循环功能微生物的数量和分布，发现随着沉积物深度增加，细菌和古菌数量均逐渐减少，但古菌在总菌数中所占比例有所增加。在太湖沉积物中泉古菌普遍存在且数量高于氨氧化细菌，表明其在淡水湖泊氮循环中可能发挥重要作用。

为了研究不同营养水平湖泊沉积物中 AOA 群落结构组成，选择江苏省太湖、玄武湖、洪泽湖、石臼湖、白马湖、固城湖的湖泊或湖区构建 10 个克隆文库。对于古菌 amoA 文库而言，随机选择 17～31 阳性克隆子测序，基于 3%的序列差异水平，142 个克隆子分为 19 个 OTUs，其中 93.1%的序列属于泉古菌海洋簇 Crenarchaeotal Group (CG)Ⅰ.1a (M)，6.9%的序列属于泉古菌土壤簇 CGⅠ.1b (S)(图 7-12)。泉古菌土壤簇 CGⅠ.1b (S)的序列都集中在富营养湖区，而泉古菌海洋簇 CGⅠ.1a (M)则覆盖所有区域，同时这些序列进一步划分为 6 个亚簇，大多数序列为 S3、M1、M2 三个亚簇，M2 亚簇在 10 个研究区域占优势(图 7-12)。采用限制性内切酶 MspⅠ对 AOA 序列进行酶切得到 4 个主要片段 T-RF56、T-RF196、T-RF239 和 T-RF635，片段 T-RF 56 在 Group (CG)Ⅰ.1a (M)和 CGⅠ.1b (S)都有，但主要集中在 CGⅠ.1a (M)；而片段 T-RF196、T-RF239 和 T-RF635 只出现在其中一个簇，主要集中在 CGⅠ.1b (S)。因此，淡水湖泊中存在大量 AOA，其群落结构受到各种因素影响，湖泊富营养化水平越低，AOA 数量越多。

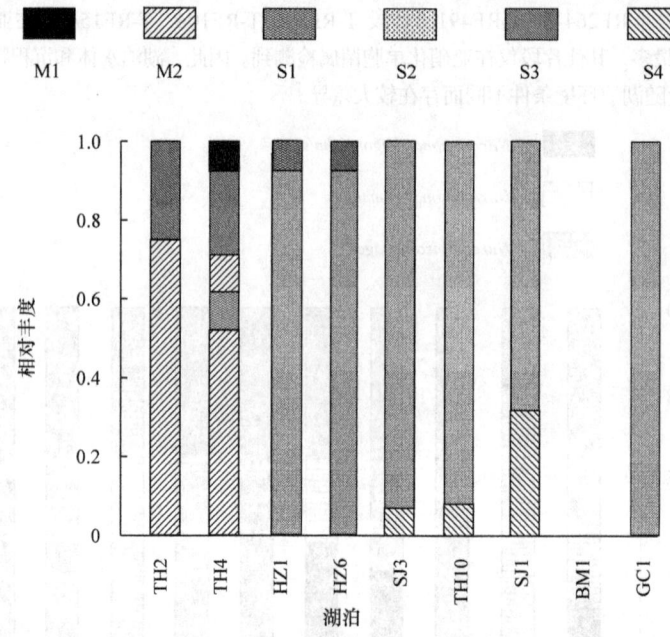

图 7-12　江苏不同湖泊沉积物中古菌 *amoA* 的相对丰度

2. 湖泊沉积物反硝化菌

对于湖泊生态系统而言，反硝化作用主要发生在沉积物中，在沉积物厌氧层内将 NO_3^- 和 NO_2^- 还原成 N_2O、N_2 等气体，释放到大气中，减轻内源氮负荷。在蓝藻水华暴发严重的湖泊，水体中也存在比较强烈的反硝化作用。与氨氧化细菌相比，反硝化细菌的种类较多，已经发现约 50 个属 130 多个种细菌都具有反硝化功能，如假单胞菌属(*Pseudomonas*)、芽孢杆菌属(*Bacillus*)、副球菌属(*Paracoccus*)等。反硝化细菌大多集中在变形菌门(Proteobacteria)和拟杆菌门(Bacteroidetes)。近年来发现，在好氧环境下 NO_3^- 也能还原成 N_2O 或 N_2，同时在沉积物中发现大量好氧反硝化细菌。虽然在好氧环境下也能发生反硝化过程，但是通常所述的反硝化过程指的是厌氧反硝化过程。采用 16S rRNA 的分类方法不能将反硝化细菌划分为若干种群，因此通常以反硝化酶功能基因为分子生物标记物来研究环境中反硝化细菌的结构组成。

思考题和习题

1. 简述碳的生物转化过程。
2. 氮的生物转化的类型有哪些?
3. 简述磷的生物转化过程。
4. 微生物毒素种类和毒作用机理是什么?
5. 生物质能源化的途径有哪些?
6. 阐述湖泊水体氮的生物转化过程和影响因素。

参 考 文 献

陈坚. 2009. 环境生物技术. 北京：中国轻工业出版社

刁治民, 陈克龙, 王文颖, 等. 2014. 固氮微生物学. 北京：科学出版社

胡鸿钧. 2011. 水华蓝藻生物学. 北京：科学出版社

孙素群. 2017. 食品毒理学. 2版. 武汉：武汉理工大学出版社

杨柳燕, 肖琳. 2003. 环境微生物技术. 北京：科学出版社

杨柳燕, 肖琳. 2011. 湖泊蓝藻水华暴发过程、危害与控制. 北京：科学出版社

Brochier-Armanet C, Boussau B, Gribaldo S, et al. 2008. Mesophilic crenarchaeota: Proposal for a third archaeal phylum, the *Thaumarchaeota*. Nature Reviews Microbiology, 6: 245-252

Daims H, Lebedeva E V, Pjevac P, et al. 2015. Complete nitrification by *Nitrospira bacteria*. Nature, 528: 504-509

Kuypers M M M, Marchant H K, Kartal B. 2018. The microbial nitrogen-cycling network. Nature Reviews Microbiology, 16(5): 263-276

Martens-Habbena W, Berube P M, Urakawa H, et al. 2009. Ammonia oxidation kinetics determine niche separation of nitrifying *Archaea* and *Bacteria*. Nature, 461: 976-979

Parks J M, Johs A, Podar M, et al. 2013. The genetic basis for bacterial mercury methylation. Science, 339: 1332-1335s

第八章

有机污染物的生物降解过程

本章导读

在上章论述元素生物转化与生物毒素和化学品生物合成过程的基础上，本章首先描述了石油和生物毒素的生物降解。重点论述了人工合成有机污染物和持久性有毒有机化合物的生物降解机理。最后，本章还阐明了生物活性、化合物结构和环境因素对环境污染物生物降解的速率和程度的影响。

第一节 天然有机污染物的生物降解

环境中天然存在的部分有机物(石油、毒素等)具有脂溶性、难降解、高毒性、易生物富集放大等特点，易于在环境中滞留，对环境造成污染，进而危及人类和其他生物的健康。

一、石油类污染物

石油是古代未能进行降解的有机物质经地质变迁积累而成，是离开了生态圈的天然有机物质，人类的活动使之重新回到生态圈。在石油工业勘探、开发、炼制、运输和使用等一系列过程中，普遍存在着石油污染问题，如废弃钻井泥浆、钻井废水、采油废水的排放，导致土地的破坏和土壤的污染及水污染等。随着环境保护法律法规的日益完善，针对石油工业日益突出的环境污染问题，必须采取强有力的手段加以整治，随着生物技术在石油工业环境保护中的作用和应用日益扩大，其将发挥越来越重要的作用。

自然界中，能够降解石油烃类的微生物多种多样。目前已知有28属细菌、30属霉菌、12属酵母菌和某些放线菌能有效降解石油烃。其中细菌在海洋生态系统石油降解中占主导地位，而真菌则是淡水和陆地生态系统石油降解中更重要的因子。

许多细菌能以石油烃类作为碳源和能源而生长，并氧化烃类使之降解。能降解石油烃类的细菌较多，主要有无色杆菌属(*Achromobacter*)、不动杆菌属(*Acinetobacter*)、产碱杆菌属(*Alcaligenes*)、节杆菌属(*Arthrobacter*)、芽孢杆菌属(*Bacillus*)、假单胞菌属(*Pseudomonas*)、微球菌属(*Micrococcus*)和黄杆菌属(*Flavobacterium*)等。霉菌中较为常见的有头孢霉(*Cephalosporium*)、青霉(*Penicillum*)、曲霉(*Aspergillus*)和镰刀霉(*Fusarium*)等。酵母菌主要有假丝酵母(*Candida*)、红酵母(*Rhodotovula*)和掷孢酵母(*Sporobolomyces*)等。放线菌主要是诺卡氏菌属(*Nocardia*)。

石油是链烷烃、环烷烃、芳香烃及少量非烃类化合物组成的复杂复合物。石油的生物降解性因其所含烃分子的类型和大小而异。长链的烷烃对生物抗性较强；链长度中等(C_{10}～C_{24})的 *n*-链烷最易降解；短链烷烃对许多微生物有毒，但它们可以很快从油中蒸发而去除。从烃分子类型看，链烃比环烃易降解；直链烃比支链烃易降解，支链烷基越多，微生物越难降解，链末端有季碳原子时特别顽固，多环芳烃很难降解或不降解。

(一) 链烷烃的微生物降解

链烷烃的降解主要有四种氧化方式。

1) 单末端氧化

在加氧酶的作用下，氧化作用需要分子氧，氧直接结合到碳链末端的碳上，形成对应的伯醇，伯醇进一步氧化为醛和脂肪酸，脂肪酸进一步进行β氧化代谢。根据加氧酶的不同类型，具体又分为以下两种。

单加氧酶的氧化途径为

$$R-CH_2-CH_3 + O_2 + NADPH_2 \longrightarrow R-CH_2-CH_2-OH + NADP^+ + H_2O$$

双加氧酶的氧化途径为

$$R-CH_2-CH_3 + O_2 \longrightarrow R-CH_2-CH_2-OOH$$

$$R-CH_2-CH_2-OOH + NADPH_2 \longrightarrow R-CH_2-CH_2-OH + NADP^+ + H_2O$$

2) 双末端氧化

链烷烃氧化可以在两端同时发生，氧化为二羧酸。

3) 次末端氧化

有些微生物攻击链烷烃的次末端，在链内的碳原子上插入氧，首先生成仲醇，再进一步氧化，生成酮，酮再代谢为酯，酯裂解生成伯醇和脂肪酸。醇接着氧化成醛、羧酸，羧酸通过β氧化进一步代谢。反应过程见图 8-1。

4) 直接脱氢

在厌氧条件下，脂肪烷烃可以直接脱氢，以NO_3^-作为受氢体，由烷烃变为烯烃，进一步转变为仲醇、醛和酸。反应过程如下：

$$R-CH_2-CH_3 \longrightarrow R-CH=CH_2 \longrightarrow$$

$$R-CHOH-CH_3 \longrightarrow R-CH_2-CHO \longrightarrow R-CH_2-COOH$$

在缺氧环境中，烷烃类物质也从脱氢开始，先生成烯烃，再羟基化形成伯醇，而后生成酸。

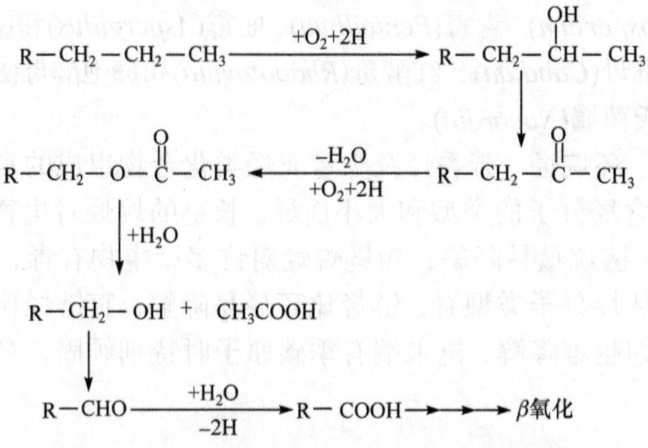

$$R-CH_2-CH_2-CH_3 \xrightarrow{+O_2+2H} R-CH_2-\underset{OH}{\underset{|}{CH}}-CH_3$$

$$R-CH_2-O-\underset{O}{\underset{\|}{C}}-CH_3 \xleftarrow[+O_2+2H]{-H_2O} R-CH_2-\underset{O}{\underset{\|}{C}}-CH_3$$

$$\downarrow +H_2O$$

$$R-CH_2-OH + CH_3COOH$$

$$R-CHO \xrightarrow[-2H]{+H_2O} R-COOH \longrightarrow \beta 氧化$$

图 8-1　链烷烃的次末端的生物降解途径

$$R-CH_2-CH_3 \longrightarrow R-CH=CH_2 \longrightarrow R-CH_2-CH_2OH \longrightarrow R-CH_2-COOH$$

这时的脂肪酸若继续处于缺氧环境，则发生还原脱羧作用，如果进入有氧环境则发生 β 氧化。

(二) 环烷烃的微生物降解

在烃类中，环烷烃的抗生物降解性较强。然而在多种微生物的共代谢作用下，环己烷可以被彻底降解。环己烷由混合功能氧化酶的羟化作用生成环己醇，随后脱氢生成酮，再进一步氧化，一个氧插入环生成内酯，内酯开环，一端的羟基被氧化成醛基，再氧化成羧基，生成的二羧酸通过 β 氧化进一步代谢（图 8-2）。这种代谢途径在球形诺卡氏菌、假单胞菌等多种微生物中存在。

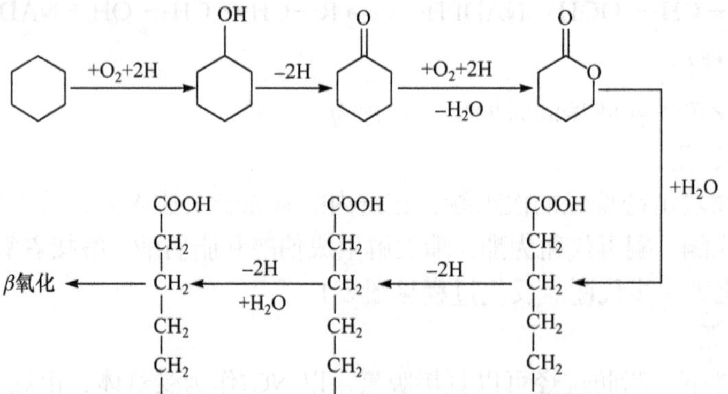

图 8-2　环己烷的好氧微生物降解途径

(三) 芳香烃的微生物降解

苯由加氧酶氧化为邻苯二酚，二羟基化的芳香环再氧化，邻位或间位开环。邻位开环生成己二烯二酸，再氧化为 β-酮己二酸，后者再氧化为三羧酸循环的中间产物琥珀酸和乙酰辅酶 A。间位开环生成 2-羟基二烯半醛酸，进一步代谢生成甲酸、乙醛和丙酮酸。

具体反应过程见图 8-3。

甲苯、乙苯和二甲苯等带侧链的烷基苯的氧化降解有两条途径：一条途径是苯环上的甲基或乙基氧化形成羧酸，然后去除羧基，在双加氧酶的作用下同时引入两个羟基形成邻苯二酚；另一条途径是苯环直接加氧连接两个羟基再进一步氧化。

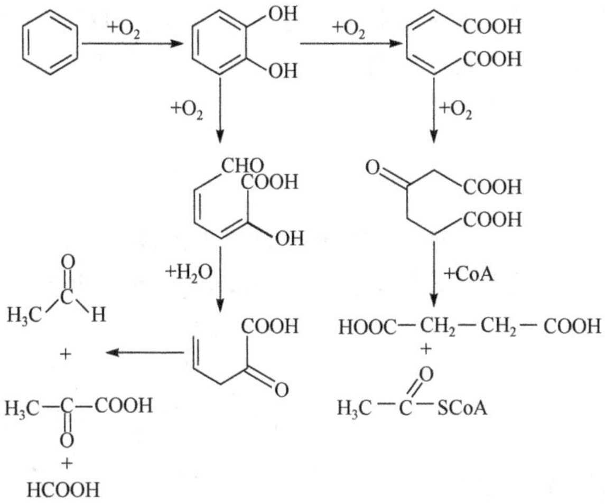

图 8-3 苯的好氧微生物降解途径

(四) 石油的植物降解

植物对石油污染土壤也具有降解能力。研究发现，一些农作物及美人蕉、风车草等景观植物对石油类污染物具有较强的降解能力。对石油污染具备降解能力的植物一般具备以下特点：①根系深，能够穿透较深的土层；②有较大的根系，提供最大可能的根表面积；③能够适应多种有机污染物，生长旺盛，并具有较大的生物量。

植物通过四种方式去除环境中有机污染物，即植物直接吸收有机污染物、植物降解、根际降解和根基刺激。

1) 植物吸收

植物吸收是指植物直接吸收污染物并在植物中积累非植物毒性的代谢物，是去除有机污染物的有效途径之一。

2) 植物降解

植物降解是指植物本身通过体内的新陈代谢作用将污染物转化为毒性较弱或非植物毒性的代谢物。例如，大豆可降解蒽、苯并芘，叶片和根系具有同化烷烃的能力。

3) 根际降解

根际是受植物根系活动影响的根-土界面的一个微区，也是植物-土壤-微生物与其环境条件相互作用的场所。在植物根际，微生物数量和活性更高，促进石油烃的降解，同时降低石油烃对植物的毒性，达到"双赢"的效果。

4) 根基刺激

植物向环境中释放出大量的分泌物，这类分泌物作为微生物的碳源被利用，从而增强微生物降解石油烃的能力。此外，植物根分泌的酶还可直接参与有机污染物降解过程。

植物根基分泌的酶包括漆酶、去卤酶、硝基还原酶、腈水解酶和过氧化物酶等。

二、生物毒素

毒素是一些生物体在生长代谢过程中产生的次级代谢产物，很多具有很强的毒性，有的毒素属于致畸、致癌、致突变物质，在很低剂量下即对人体健康产生严重威胁。在某些特定条件下，毒素还会大量积累，造成更为严重的危害。自1888年发现白喉杆菌毒素以来，陆续在细菌、真菌、藻类、放线菌和植物中发现多种毒素。

（一）藻毒素

在藻华暴发过程中，藻类能释放多种不同类型的藻毒素，其中产生量最大、分布最广和造成危害最严重的藻毒素是微囊藻毒素(microcystin，MC)(图 8-4)。

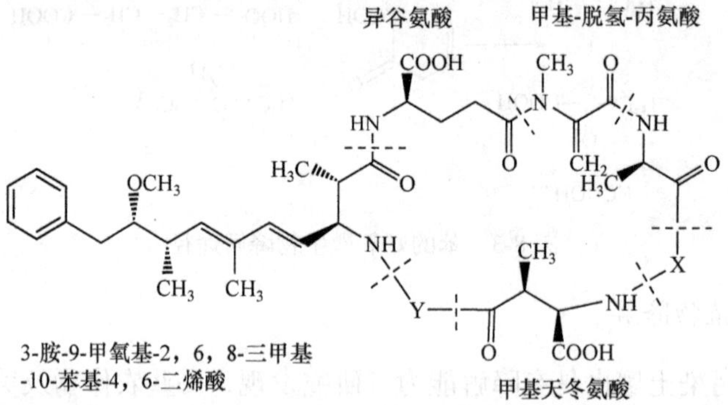

图 8-4 微囊藻毒素的结构通式

在天然水体和沉积物中均发现有降解 MC 的微生物，研究最多的具有降解 MC 能力的微生物是鞘氨醇单胞菌(*Sphingomonas paucimobilis*)，此外，还有铜绿假单胞菌(*Pseudomonas aeruginosa*)、青枯菌(*Ralstonia solanacearum*)、食酸戴尔福特菌(*Delftia acidovorans*，DA)、不动杆菌属(*Acinetobacter*)、肠杆菌属(*Enterobacter*)、微杆菌属(*Microbacterium*)、芽孢杆菌属(*Bacillus*)和弗拉特氏菌属(*Frateuria*)的细菌。在实际水体中，往往是多种微生物共同降解 MC。早在 1994 年，Jone 等就提出了两阶段的微囊藻毒素生物降解过程存在两种不同细菌菌群，一类是能够迅速利用 MC-LR 作为碳源和能量的细菌，另一类是能够协同代谢低浓度 MC-LR 的细菌。

一般认为多肽类化合物的生物降解途径是按照多肽、二肽、氨基酸和氨的规律变化的。由于 MC 具有环状结构，因此首先打开肽链使其变成线形多肽 MC 是生物降解中至关重要的一步。Bourne 等研究了鞘氨醇单胞菌 MJ-PV 酶降解 MC-LR 的途径，发现至少有 3 种酶参与了 MC-LR 的代谢过程。第一种酶是微囊藻毒素酶，它首先打开连接 Adda 与精氨酸的肽键,使环状的 MC-LR 变成线形的 MC-LR。第二种酶进一步断裂线形 MC-LR 肽链上丙氨酸与亮氨酸的肽键，生成四肽化合物。在鞘氨醇单胞菌体内还有第 3 种酶，负责将四肽化合物更进一步降解，产物是更小的多肽和氨基酸。Brourne 等在 MC-LR 降解酶的分子特点和催化机理方面研究结果表明，编码上述 3 种水解酶的 DNA 片段为 5.8

kb，包括 *MLrA*、*MLrB*、*MLrC* 和 *MLrD* 基因，其中 *MLrA* 编码微囊藻毒素酶是降解过程中的第一个酶，是由 336 个氨基酸残基组成的肽链内切酶，属于一种金属蛋白酶；位于 *MLrA* 下游且具有相同翻译方向的是 *MLrD*，其是一个伴随在 *MLrA* 旁边的寡肽转运子；*MLrB* 位于它们下游并具有相反翻译方向，由它编码的第二种酶属于青霉素结合酶家族，包含 402 个氨基酸残基，可以将线形 MC-LR 分裂成四肽。最后的基因 *MLrC* 位于 *MLrA* 上游，具有相反的翻译方向，它编码第 3 种酶，该酶是包含 507 个氨基酸残基的金属酶，可以降解四肽。

(二) 黄曲霉毒素

黄曲霉毒素(aflatoxin，AFT)是黄曲霉菌(*Aspergillus flavus*)、寄生曲霉菌(*Aspergillus parasiticus*)等产毒菌株产生的次生代谢产物，1993 年被世界卫生组织的癌症研究机构划定为(对人类)Ⅰ类致癌物，是一种强毒性物质，广泛存在于污染的食品中，尤其以霉变的花生、玉米及谷类含量最多。AFT 是一类化学结构类似的二呋喃香豆素衍生物，目前已分离鉴定出 20 多种，包括 B_1、B_2、G_1、G_2、M_1、M_2 等。AFT 微溶于水，易溶于油脂和氯仿、甲醇等有机溶剂。在 100℃AFT 处理 20 h 也不被破坏，280℃高温下才发生裂解，所以在通常的烹调条件下不易被破坏。在酸性条件下 AFT 比较稳定，但是在碱性条件下可被破坏从而失去毒性。紫外线辐射也容易使 AFT 降解从而失去毒性。天然污染的食物中黄曲霉毒素 B_1(anatoxin B_1, AFB_1)最常见，其毒性高于农药，甚至比三氧化二砷、氰化钾等剧毒物质的毒性还强。AFT 还具有很强的致癌性，研究表明，其诱发动物肝癌的能力比二甲基亚硝胺大 75 倍，是目前已知最强的化学致癌物之一，在一些国家和地区，AFB_1 被普遍认为在原发性肝细胞癌(hepatocellular carcinoma，HCC)形成过程中起重要作用。

自黄曲霉毒素被发现以来，人们就力图寻找脱毒的方法。通常情况下黄曲霉毒素存在于农产品和食品中，导致各种处理方法都有一定的局限性。在物理、化学方法中，吸附法和碱炼法应用较多，但从处理有效性、安全性和经济性方面综合来看都存在一定缺陷。因此，生物法脱毒研究逐渐引起人们的重视。关于降解黄曲霉毒素的微生物的筛选，早在 1977 年，Mann 和 Rehm 就筛选得到能显著降解黄曲霉毒素的 *Corynebacterium rubrum*。后来 Teniola 等从多环芳烃(PAHs)污染的土壤中分离出 *Rhodococcus erythropolis*，该菌株能降解 AFB_1，其无细胞抽提物对 AFB_1 的降解率达 90%以上。Liu 等从 *Armillariella tabescens* 菌中分离出一种可以脱除 AFB_1 毒性的黄曲霉毒素脱毒酶(aflatoxin detoxifizyme)，该酶可使样品中 AFB_1 的含量明显减少。Ciegler 等分离到一株 *Nocardia corynebacteroides*，Hormisch 等分离到 *Mycobacterium fluoranthenivorans*，均能有效降解 AFB_1。

(三) 植物毒素

植物毒素(plant toxin, phytotoxin)是植物生长过程中自然产生的能引起人和动物致病的有毒物质。现在已知的植物毒素有 1000 余种，绝大部分属于植物的次生代谢产物，主要包括单宁、棉酚、生物碱、有毒苷类等。由于植物毒素的存在，自然资源利用受到限制,动物和人类的健康受到危害。植物毒素是自然资源宝库的重要组成部分,由于其独特的结构和生理功能而越来越多地被用作探讨生命奥秘的工具,并且成为人类治疗疑难杂症的药物来源,也成为无公害农药开发研究的热点。

植物单宁(vegetable tannin)是相对分子质量为 500~3000 的多元酚类化合物,分为水解单宁(hydrolysable tannin)和缩合单宁(condensed tannin),广泛存在于植物体内,具有多种生物活性。目前研究发现的能降解单宁的微生物主要有厌氧双球菌、肉毒梭状芽孢杆菌、假单胞杆菌、黑曲霉、内孢霉和假丝酵母。自然界存在能够抵御单宁抑制作用的微生物,并发现其主要有两种抵御机理。一是微生物向细胞外分泌对单宁具有高亲和性的化合物,使单宁不与微生物中维持生命所必需的代谢酶和细胞膜结合;二是微生物能分泌对单宁具有抗性并使单宁发生降解的酶(单宁酶),将单宁转化成生长所需要的能源物质。其中微生物对单宁的生物降解具有重要意义,此类微生物多为青霉和曲霉的某些种属,其中最常见的为黑曲霉。

烟碱(nicotine)是烟草生物碱中的主要成分。吸入过多烟碱对人体有害。不少研究者尝试通过微生物来降低烟碱的含量,制备天然香料和改善烟叶及烟梗的内在品质。能降解烟碱的微生物主要有假单胞杆菌、纤维单胞菌、烟草节杆菌、球形节杆菌、嗜烟碱节杆菌、氧化节杆菌和争论产碱菌等菌种。微生物主要通过吡咯烷、吡啶和脱甲基三种代谢途径降解烟碱。

第二节 人工合成有机污染物的生物降解

随着现代化学合成工业的日益发展,进入环境中的人工合成的有机污染物越来越多。这些有机污染物在环境中会影响动植物的正常生长,破坏生态环境,不少有机物还危害人体健康,是致突变、致畸、致癌物质,有的有机物能在环境中与其他物质作用转化为对生态环境更有害的二次污染。还有一些有机物在生物体内能累积,并通过食物链进行富集。由于它们中很多是外源性化学物质(xenobiotics),因此环境中大多数微生物无法将其降解或者只能不完全降解,很容易在环境中积累,从而对环境造成更严重的危害。

一、农药

随着农药的长期使用,环境中农药残留量不断增加。这些农药可经食物链传递污染农产品,对人类健康构成威胁,影响社会的持续发展。在农药污染的治理方法中,生物治理技术是目前国际上公认的、最安全的方法,而微生物降解在生物治理中起着主导作用。

(一) 毒杀芬的生物降解

毒杀芬(toxaphene)是以松节油为原料生产的、以氯代莰烷(chlorinated bornane)和氯代莰烯(chlorinated camphene)为主要成分的广谱性有机氯杀虫剂。它是一种复杂混合物,含氯 67%~69%,化学合成的毒杀芬约有 670 种,由于毒杀芬在环境中能发生多种光化学和生物化学反应,其衍生物共 30000 多种,其中已有 30 多种被分离并加以定性。毒杀芬化学性质稳定，其生物代谢和环境降解速率较缓。由于其脂溶性特性，一旦被动植物组织吸收就不容易排出体外而在生物组织内富集，对生物有毒性作用，具有致畸性和致癌性，能导致人体及其他动物内分泌失调，直接暴露能损害人体的多种组织器官。

自然界中已有一些微生物能够降解毒杀芬，这些微生物主要包括芽孢杆菌(*Bacillus*)、假单胞菌(*Pseudomonas*)、气杆菌(*Aerobacter*)、肠杆菌(*Enterobacter*)、脱氯螺旋菌(*Dehalospirillum*)、白腐真菌等。柯世省等报道真菌黄孢原毛平革菌(*Phanerochaete chrysosporium*)产生的木质素过氧化物酶和锰过氧化物酶能降解包括毒杀芬在内的多种有机污染物。Vetter等研究发现，微生物对一些稳定性差的毒杀芬组分(如P-26、P-44等)有明显的降解作用。毒杀芬在好氧和厌氧条件下都能得到一定程度的降解，但是在好氧条件下降解速率十分缓慢，这是因为毒杀芬的分子结构中含有不利于好氧降解的氯离子。但在厌氧条件下，微生物可以催化脱氯，形成低毒性的脱氯产物，从而使其易于被好氧微生物降解。所以高度氯化和高毒性的毒杀芬分子可以首先经厌氧微生物处理逐级脱氯，然后经好氧微生物分解，达到完全降解的目的。LacayoRa依次利用厌氧条件下以玻璃颗粒为载体的生物流化反应器和好氧条件下的悬浮生物膜反应器对毒杀芬进行降解，发现42 d时大约87%的毒杀芬被降解，269 d时降解率达到98%。若将毒杀芬在厌氧条件下脱氯，接着在好氧环境下进行氧化反应，生成的脱氯产物比例近似于毒杀芬减少的比例，而且毒杀芬的转化速率比另一种持久性有机污染物DDT更快。毒杀芬的生物降解是一个复杂的过程，降解速率的快慢受到残留时间、分子结构、降解环境等各种因素的影响。在厌氧微生物存在的环境下，残留时间较长、浓度较高的土壤样品中一些毒杀芬异构体的降解速率和比例要高于新近被污染的土壤样品，而碳源和表面活性剂的加入能显著加快后者的降解。Buser等研究了城市生活污水处理工程中厌氧污泥对毒杀芬的降解，发现氯代莰烷、氯代莰烯等相关化合物能被厌氧微生物降解成HxSed、HpSed、TC等稳定的分解物，部分同系物的半衰期在一天到几天之内，其中六碳环上有两个氯取代基的氯代莰烷降解速率最快，其他同系物如P-50，虽能降解但速率非常慢。研究还发现，毒杀芬单组分的生物稳定性与氯取代基的个数和位置有关。分子结构中氯取代基较少的毒杀芬分子比氯取代基较多的毒杀芬容易被微生物降解，如P-12、P-26、P-44和P-58等在厌氧条件下能够被完全降解。

(二) 有机磷农药的生物降解

有机磷农药是有机氯农药的取代物，具有药效高、品种多、防治范围广、成本低、比有机氯农药更易降解等优点，因此被广为使用。目前，我国生产的有机磷农药年产量超过10万t，占我国农药总产量的80%以上。有机磷农药大多数属于酯类，一般难溶于水(乐果、敌百虫除外)，易溶于有机溶剂。一般分为四类，分别为磷酸酯类、硫代磷酸酯类、硫代膦酸酯类和硫代磷酰胺类。有机磷农药进入生物体后会造成乙酰胆碱积累，引起神经功能紊乱。在我国，高毒的有机磷农药甲胺磷、对硫磷、甲基对硫磷、久效磷、磷胺等已经禁用。

自然环境中存在的部分细菌、真菌、放线菌、藻类等对有机磷农药具有降解作用，目前研究得比较深入的有细菌和真菌两类，细菌包括假单胞菌属(*Pseudomonas*)、芽孢杆菌属(*Bacillus*)、节杆菌属(*Arthrabacter*)、棒状杆菌属(*Corynobacterium*)、黄杆菌属(*Flavobacterium*)、黄单胞杆菌属(*Xanthamonus*)、固瘤细菌属(*Azotomonus*)、硫杆菌属(*Thiobacillus*)等；真菌有曲霉属(*Aspergillus*)、青霉属(*Pinicielium*)、木霉属(*Trichoderma*)和酵母菌等；藻类对有机磷也有降解作用，如小球绿藻属(*Chorolla*)降解甲拌磷、对硫磷等。

微生物降解有机磷农药主要是进行多种酶促反应，其中主要有氧化、还原、脱氢、合成等几种类型。可降解有机磷农药的酶有多种，主要包括加氧酶、脱氢酶、偶氮还原酶和过氧化物酶等。在许多情况下，有机磷农药的微生物降解是在多种酶的协同作用下完成的。

微生物降解有机磷农药的主要作用位点和酶的种类见表 8-1，其中水解酶是一类广谱降解酶，是有机磷农药微生物降解的主要酶。

表 8-1 微生物降解有机磷农药的主要作用位点和酶的种类

作用位点	酶的种类	酶的催化作用
P—O—烷基	水解酶	亲核进攻脱烷氧基，对硫磷、甲胺磷等有机磷农药降解途径
P—O—芳基	水解酶	对硫磷降解途径
O=P—NH	水解酶	甲胺磷水解主要途径
烷基	氧化酶	包括甲氧基、乙氧基等，有机磷农药降解去毒的重要途径
—NO$_2$	还原酶	将硝基还原成氨基
C—P	裂解酶	C—P 键断裂，有机磷矿化的必经途径
C—P	磷酸变位酶	分子内重排产生磷酸酯和磷酸烯醇式丙酮酸
苯环	氧化酶	羟基化、苯环开环

对保棉磷、毒死蜱、除线磷、乐果、对硫磷、亚胺硫磷、特丁硫磷和 S,S,S-三丁基四硫代磷酸酯等 8 种有机磷农药分子结构进行比较后发现，8 种农药均具有三基团磷硫双键的类似结构，并使各自的活性成为微生物降解的靶向结构，其降解机理如图 8-5 所示。降解过程中具有决定性作用的酶是氯过氧化物酶，该酶可以由一种不完全真菌(*Cadariomyces*)产生，它主要包括有卤化酶、过氧化物酶、过氧化氢酶。在降解过程中，三基团磷硫双键中的 P=S 在酶促作用下发生电子转移，形成三基团磷硫氧环的过渡体，通过进一步的电子转移，可以转变为三基团磷氧双键中的 P=O。

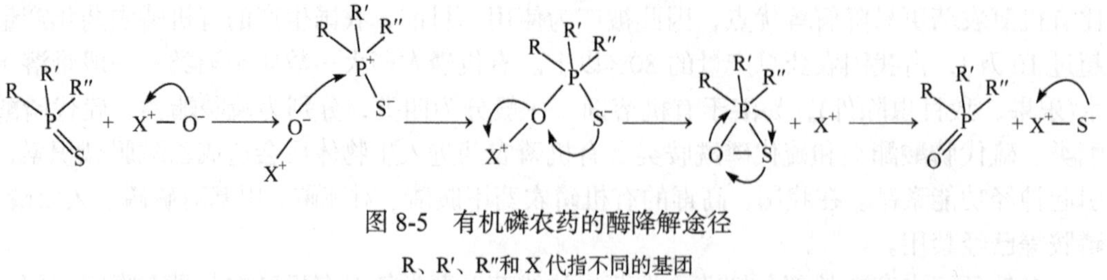

图 8-5 有机磷农药的酶降解途径

R、R'、R″和 X 代指不同的基团

甲胺磷作为有机磷农药的另一代表性品种，其在环境中残留污染已经受到广泛关注，成为优先监测的农药品种之一。甲胺磷的结构表明，以甲胺磷为底物的微生物必定为甲基营养型，该微生物可以分为两类，一类不能利用甲胺磷为唯一氮源，另一类能够利用甲胺磷为唯一氮源，后者对于消除甲胺磷更加有利。甲胺磷的生物降解途径见图8-6。

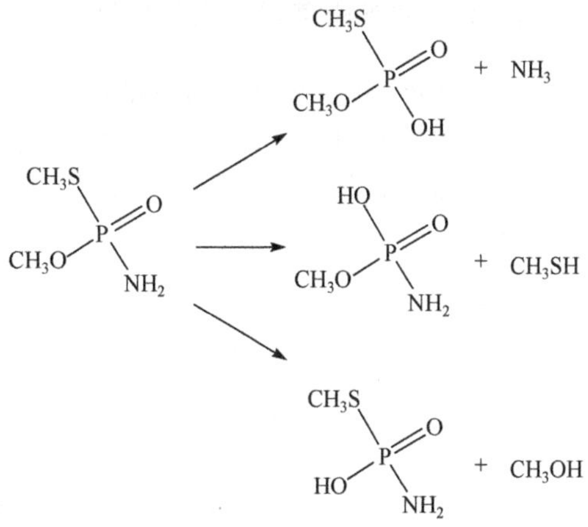

目前已经从不同的微生物中分离到各种有机磷农药的降解基因(表8-2)，可以利用基因工程技术构建高效生物反应器来提高有机磷农药降解酶的表达量，从而提高对农药的降解能力。此外，还可以利用蛋白质工程技术提高降解能力，如为提高有机磷水解酶(OPH)的催化活性，OPH的分子结构与活性关系的研究为酶的定点改造提供依据，可以通过基因改造的办法即通过定点突变改变酶的活性位点的结构，从而影响OPH对底物水解专一性。另外，酶的随机改造也被应用于改变OPH水解活性。为提高OPH对某些底物的活性，采用DNA shuffling 技术筛选到几个突变体，其中之一水解甲基对硫磷活性比野生型提高25倍，通过类似方法产生的OPH突变体可以提高对难降解的二嗪磷、毒死蜱和神经毒剂如sarin和soman等有机磷化合物的降解活性。

图 8-6　甲胺磷的生物降解途径

表 8-2　十种有机磷农药的降解基因

名称	定义	菌株来源	大小/bp
opd	对硫磷水解酶基因	*Flavobacterium* sp.ATCC27551	1098
opd	质粒pcMSI磷酸二酯酶基因	*Pseudomonas diminuta* MG	1098
opdA	磷酸酯水解酶基因	*Agrobacterium tumefaciens*	1240
mpd	甲基对硫磷水解酶基因	*Plesiomosas* sp.strain M6	2191
adpB	芳香族羟基磷酸盐水解酶基因	诺卡氏 B-1	1600
Oph	有机磷酸杀虫剂水解酶基因	*Arthrobacterium* sp. B-5	1248
opdA	有机磷水解酶基因	*Agrobacterium radiobacter*	1155
opaA	有机磷酸脱水酶基因	*Alteromonas*	1554
hocA	磷酸三酯酶基因	*P. monteilli* C11	501
PhnE	二异丙基(氟)磷酸酯降解基因	*E. coli* K-12 JA221	—

(三) 酰胺类除草剂的生物降解

自从 1965 年发现烯草胺的活性以来,研究者逐步开发了在近代化学除草剂中起重要作用的一类除草剂——酰胺类除草剂。乙草胺(acetochlor)、异丙甲草胺(metolachlor)、毒草胺(propachlor)等是酰胺类除草剂中各具特色的一类氯乙酰胺类除草剂。它们的结构式见图 8-7。

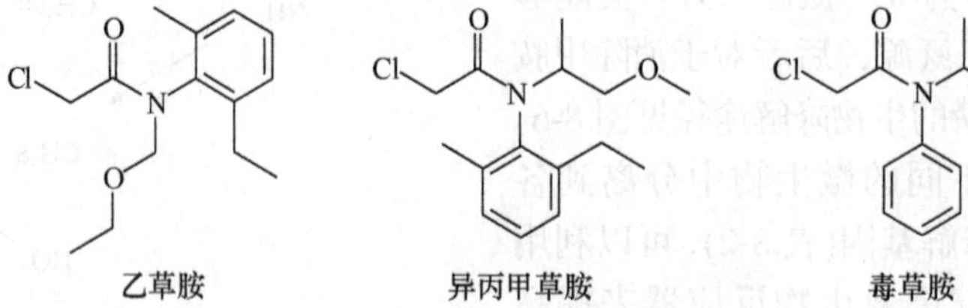

图 8-7 氯乙酰胺类除草剂的分子结构

目前,乙草胺在我国旱田化学除草剂中占有相当重要的地位,是我国生产量和使用量最多的三大除草剂之一。自 1994 年美国国家环保局批准乙草胺有条件注册使用以来,乙草胺在美国的使用量迅速增加,到 1996 年,成为美国西部用量第三位的玉米除草剂。乙草胺对人畜低毒,但对鱼类有较强的毒性,并被美国国家环保局定为 B-2 类致癌物。乙草胺对土壤微生物种群数量及土壤中细菌、放线菌和真菌生长速率均有一定的抑制作用。乙草胺具有一定的移动性,对地下水造成污染的可能性较大。

乙草胺的好氧生物降解性较差,属于难生物降解有机物。Istvan 的研究表明,微生物降解乙草胺的两个主要的代谢产物是脱乙氧甲基乙草胺即 2-氯-N-(2-乙基-6-甲基苯)乙酰胺(可能是通过乙氧甲基的水解)和氯乙酰基吲哚,生成的产物比母体对玉米、燕麦和黑麦草的植物毒性小。而 Ye 等在研究土壤微生物降解乙草胺的过程中鉴定的两个化合物是羟基乙草胺和 2-甲基-6-乙基苯胺,推测乙草胺生物降解的第一步可能是脱氯和羟基化,形成羟基乙草胺,在乙醚和羰基的 C 与 N 之间的键断裂形成 2-甲基-6-乙基苯胺。在多种有机体内存在着氯乙酰胺类除草剂转化的一个主要因素即由谷胱甘肽(GSH)转移酶(GST)调节的脱毒反应,由 GST 调节的共轭结合似乎是一个普遍的生化机制,因为它在植物、原生动物、真菌和较高等动物甚至人体内都存在。其机制是谷胱甘肽亲核攻击乙酰胺的 2-氯亲电子部,GSH-乙酰胺的共轭结合物再由羧基肽酶、γ-谷氨酰转肽酶和半胱氨酸 β-裂合酶催化降解。Feng 等报道土壤中乙草胺代谢的第一步是 GST 催化乙草胺和 GSH 形成共轭结合物,该共轭结合物的降解由 γ-谷氨酰转肽酶催化,进一步降解为乙草胺-S-半胱氨酸共轭结合物,其是土壤中乙草胺主要酸性代谢物形成过程中的关键中间产物。

目前乙草胺生物降解过程主要是由土壤中混合微生物催化的,而对于纯培养微生物降解代谢研究较少。Xu 等筛选出一株食油假单胞菌(*Pseudomonas oleovorans*),其降解乙草胺的可能途径如图 8-8 所示。

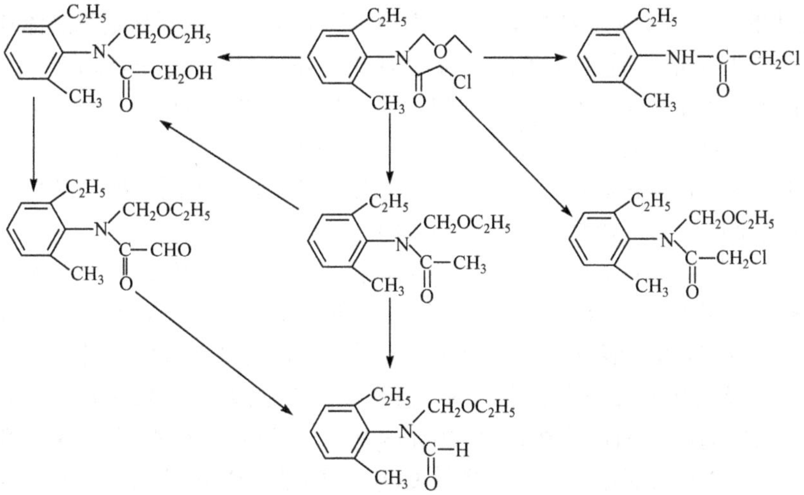

图 8-8　食油假单胞菌降解乙草胺的可能途径

异丙甲草胺被美国国家环保局定为 C 类致癌物,表明致癌证据有限,然而它对温水和冷水鱼有中等毒性。此外异丙甲草胺的生物富集(尤其是在可食性鱼体内)引起了人们对其健康风险的广泛关注。异丙甲草胺在土壤中比其他氯乙酰胺类除草剂的持久性更强,到目前还没有文献报道一种纯菌或混合菌群能完全矿化异丙甲草胺。

Saxena 等发现巨大芽孢杆菌(*Bacillus megaterium*)、环状芽孢杆菌(*Bacillus circulans*)、镰刀菌(*Fusarium* sp.)、总状毛霉(*Mucor racemosus*)和一株放线菌能共代谢转化异丙甲草胺。脱氯一般是卤代芳香化合物脱毒反应的第一步,Liu 等进行了链霉菌属(*Streptomoyces* sp.)、黄孢原毛平革菌(*Phanerochaete.chrysosporium*)、丝核菌(*Rhizoctonia praticola*)和总状共头霉(*Syncephalastrum racemosum*)的纯培养对异丙甲草胺(0.35 mmol/L)的脱氯研究,所有的培养物均能使大量除草剂脱氯,并形成 7 种脱氯产物,转化机制包括脱氯并羟基化,进一步反应是在乙酰基和苯乙基侧链形成环,同时观察到 *N*-烷基取代基的脱氯与脱甲基和烷基侧链的羟基化反应。链霉菌在异丙甲草胺脱氯反应中最活跃。通过恒化培养,获得了一个能够从液体培养基中积累大量异丙甲草胺的混合菌群,该菌群对异丙甲草胺的吸收和代谢实验表明,在生物去除异丙甲草胺时接种混合菌群比接种单个菌株更有效。球毛壳菌(*Chaetomium globosum*)能以异丙甲草胺为唯一碳和能源生长,在 144 d 的培养过程中,有 45%的异丙甲草胺被转化,至少生成 8 种可提取的产物,但苯环上的碳未被矿化,该真菌代谢异丙甲草胺的一般过程如下。①脱氯并羟基化;②6'-乙基脱氢;③脱烷基:从 N 脱,脱甲氧基,剩下羟基;④脱烷基和环的形成:吲哚胺的形成,氧代喹啉环的形成。

Pothuluri 等研究小克银汉霉菌(*Cunninghamella elegans*)(ATCC36112)对异丙甲草胺的降解,发现该菌能在 48 h 内降解 99%的异丙甲草胺,主要有 6 种产物,氧化主要发生在 *N*-烷基侧链的 *O*-脱甲基反应和芳香烷基侧链的苯基羟基化反应。小克银汉霉菌转化异丙甲草胺可能是通过细胞色素 P450 单加氧酶,与以前报道的哺乳动物体外代谢异丙甲草胺相似。鼠肝脏胞质酶研究表明,GSH 共轭化合物的形成,同时肝微粒体酶能催化多个氧化反应包括 *O*-脱甲基作用、*N*-脱烷基作用和苯基羟基化反应。因为典型的氧化反应是被 P450 催化的，这些反应需要 NADP。异丙甲草胺和甲草胺鼠肝细胞酶的体外转化得到相似的结果,这些除草剂通过 GST 催化与 GSH 相连并被细胞色素 P450 在多个位点氧化。因此，在小克银汉霉菌内也可能通过细胞色素 P450 单加氧酶在多个位点氧化异丙甲草胺。由于微生物的作用而形成的异丙甲草胺的羟基化产物被认为是脱毒产物，因为这些化合物一般易溶于水且更易降解，所以由小克银汉霉菌的作用而形成羟基化产物可能在异丙甲草胺污染环境的生物修复方面得到应用。

苯环邻位不带烷基的毒草胺比前三者易降解。一般微生物代谢酰基胺类除草剂由芳香基酰基酰胺酶启动，导致除草剂形成有机酸和苯胺衍生物。Matin 等报道不动杆菌(*Acinetobacter* sp.)BEM2 能以毒草胺为唯一碳源，中间代谢产物和代谢途径是 *N*-异丙基乙酰苯胺 → *N*-异丙基苯胺 → 异丙基胺和儿茶酚。假单胞菌(*Pseudomonas* sp.)PEM1 代谢毒草胺的中间代谢产物和代谢途径是 *N*-异丙基乙酰苯胺 → 乙酰苯胺 → 乙酰胺和儿茶酚。两条途径由诱导酶催化，主要产物是 CO_2，两个菌开始的脱卤反应是相同的，都生成 *N*-异丙基乙酰苯胺。

(四) 阿特拉津的生物降解

阿特拉津(atrazine，AT)通用名为莠去津，其化学名为氯乙异丙嗪(2-氯-4-乙氨基-6-异丙氨基-1,3,5-三嗪)(图 8-9)。阿特拉津具有较强的极性，在环境中较为稳定，容易污染地表水和地下水，曾经大量使用阿特拉津的国家已在地表水和地下水中发现阿特拉津的残留。阿特拉津分子中含有一个氯原子，对人和哺乳动物也具有毒性(致畸、致癌、致突变)，为联合国环境保护署制订的 27 种优先控制的持久性有毒污染物(persistent toxic substances，PTS)之一。

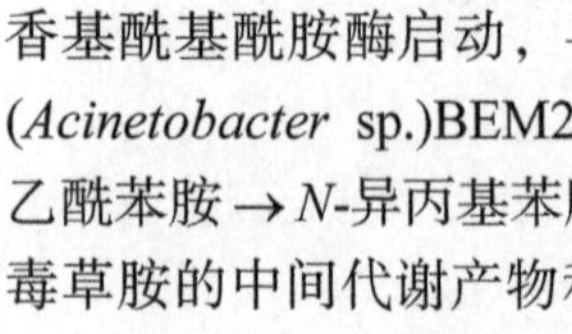

图 8-9 阿特拉津分子式

在阿特拉津生物降解过程中，真菌起着重要作用。烟曲霉(*Aspergillus fumigatus*)、焦曲霉(*A. ustus*)、黄丙曲霉(*A. flavipes*)、匍枝根霉(*Rhizopus stolonifer*)、串珠镰孢(*Fusarium moniliforme*)、粉红镰孢(*F. roseum*)、尖镰孢(*F. oxysporum*)、斜卧青霉(*Penicillium decumbens*)、微紫青霉(*P. janthinellum*)、黄体青霉(*P. luteum*)和绿色木霉(*Trichoderm aviride*)、白腐真菌(white rot fungi)和菌根真菌(mycorrhizal fungi)等都能降解阿特拉津，其中白腐真菌具有较高的氧化降解能力，可降解多种环境污染物，尤其是卤代芳烃和木质素。Mougin 等认为它们降解污染物(包括阿特拉津)与木质素降解系统有关，该系统主要包括一些过氧化物酶。在土壤中，阿特拉津的脱烷基主要是由真菌完成的，其乙基比异丙基更容易被真菌矿化。参与阿特拉津降解的放线菌均为诺卡氏菌(*Nocardia* sp.)，Giardina 等从能以阿特拉津为唯一碳源和氮源的富集培养物中分离出一株诺卡氏菌，该菌株能将阿特拉津脱烷基生成 2-氯-4,6-二氨-1,3,5-三嗪，然后进一步脱氨。降解阿特拉津的细菌主要是红球菌(*Rhodococcus*)、放射形土壤杆菌(*Agrobacterium radiobacter*)、假单胞菌(*Pseudomonas*)和邻单胞菌(*Pseudaminobacter*)。Rehki 等分离出一株红球菌 TE1 菌株，该菌株在好氧条件下能降解阿特拉津生成脱乙基和脱异丙基的产物，其降解性能与菌体内一个 77 kb 的降解质粒有关。Struthers 等分离出放射形土壤杆菌株 J14a，它能够利用阿特拉津作为氮源，进行脱烷基、脱氯和矿化三嗪杂环,对 50 mg/L 的阿特拉津-C 的矿化率在 94%以上。

在微生物降解阿特拉津及其他异丙嗪类农药的降解机理和降解途径方面,目前对假单胞菌(*Pseudomonas* sp. strain ADP)降解途径的研究最为透彻。ADP 菌株降解阿特拉津主要靠水解作用,具体降解途径包含四个步骤(图 8-10)。

在降解过程中起关键作用的三种酶分别为催化脱氯反应的氯水解酶 atzA、催化脱酰氨基反应的乙氨基水解酶 atzB 和催化脱酰胺基的 *N*-异丙基氰尿酰胺异丙基氨基水解酶 atzC。编码三种酶的相关基因存在于菌株的质粒中。在 ADP 菌株中发现这三种酶在其他很多阿特拉津降解菌中也存在。此外,Topp 等还报道了在 *Nocardioides* sp. 中存在的另外一种新的水解酶 trzA,该酶在 *Rhodococcus corallinus* 中也存在。

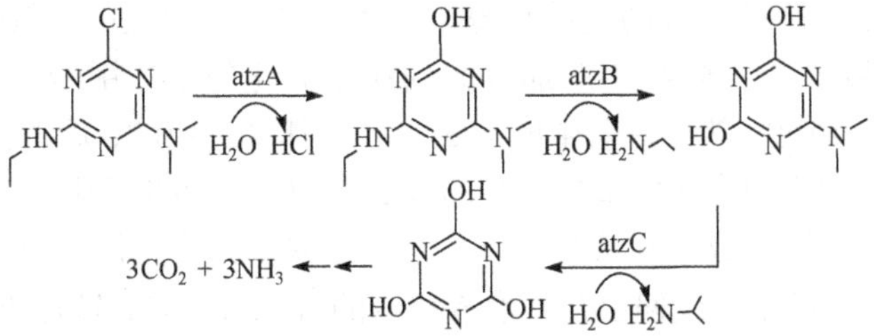

图 8-10 *Pseudomonas* sp. strain ADP 对阿特拉津的好氧降解途径

(五) 土壤根际环境的农药降解

根际环境是土壤中一个特殊的部分,在根际环境中,土壤、植物、微生物、水分、养分、空气、根系分泌物及体外酶等形成一个特殊的复合体。不同植物的根系生长发育情况不同,根际环境也就有所不同,植物根系在这个环境中进行生长、呼吸、吸收和分泌各种酶等,微生物同样进行生长、发育、分解有机物、合成细胞体、分泌各种酶等。根际区域中土壤酶的作用加上大量根际生物的直接作用,根际区域内的农药污染物的降解和代谢比非根际区域要快得多。研究表明,水稻根际环境中农药对硫磷已降解 22.6%时,非根际环境中仅降解了 5.5%。

二、邻苯二甲酸酯

邻苯二甲酸酯(phthalic acid ester,PAE)是一类人工合成的有机化合物,它们被广泛用作塑料助剂、油漆溶剂、合成橡胶和涂料等增塑剂,用作农药载体、驱虫剂、化妆品、香味品、润滑剂和去泡剂的生产原料,除此之外,在家具、汽车、电线电缆、服装等行业也有广泛应用。邻苯二甲酸酯具有一般毒性和致畸、致突变性,而且已证明某些化合物还具有致癌活性,同时某些邻苯二甲酸酯类化合物还是环境激素类物质,作为内分泌干扰素可能干扰动物及人类的生殖系统和发育。美国国家环保局将邻苯二甲酸二乙基己基酯(DEHP)、邻苯二甲酸二辛酯(DOP)、邻苯二甲酸丁基苄基酯(BBP)、邻苯二甲酸二(2-乙基)己酯(DBP)、邻苯二甲酸二乙酯(DEP)、邻苯二甲酸二甲酯(DMP)等 6 种 PAE 列为优先控制的有毒污染物。我国也将 DEP、DMP 和 DOP 等 3 种 PAE 确定为环境优先控制污染物。这类化合物在自然条件下的水解和光解速率都很缓慢,微生物降解是自然环境中邻苯二甲酸酯完全矿化的主要过程。

生物降解法是 PAE 类化合物的主要处理途径之一。已经从红树林、土壤、海洋和活性污泥等多种环境中分离得到多株具有 PAE 降解能力的微生物。降解 PAE 的细菌主要属于变形菌(*Proteobacteria*)、放线菌(*Actinobacteria*)、厚壁菌(*Firmicutes*)、绿菌(*Chlorobia*)和奇异球菌(*Deinococcus*)。其中大部分降解细菌为严格好氧菌，如节杆菌(*Arthrobacter*)、假单胞菌(*Pseudomonas*)、鞘氨醇单胞菌(*Sphingomonas*)、伯克霍尔德菌(*Burkholderia*)、苍白杆菌(*Ochrobactrum*)和不动杆菌(*Acinetobacter*)。

对大多数细菌来说，在 PAE 好氧降解过程中，酯键的水解是一个共同的起始步骤。在微生物酯酶作用下，PAE 水解形成邻苯二甲酸单酯，再生成邻苯二甲酸。而邻苯二甲酸的降解是完成整个降解过程的关键步骤。细菌对邻苯二甲酸的降解通常有两条途径，革兰阴性菌通过邻苯二甲酸 4, 5-双加氧酶的作用氧化邻苯二甲酸生成顺式-4, 5-二羟基-4, 5-二氢邻苯二甲酸，然后脱氢生成 4, 5-二羟基邻苯二甲酸，后者再通过脱羧生成原儿茶酸。而革兰阳性菌则是在邻苯二甲酸的碳 3, 4 位氧化和脱氢生成 3, 4-二羟基邻苯二甲酸，最后再通过脱羧形成原儿茶酸。原儿茶酸是许多芳香族化合物代谢途径中的重要中间代谢物，它可通过正位或偏位开环形成相应的有机酸，进而转化成丙酮酸、琥珀酸、草酰乙酸等进入三羧酸循环，最终转化为 CO_2 和 H_2O，具体降解途径见图 8-11。

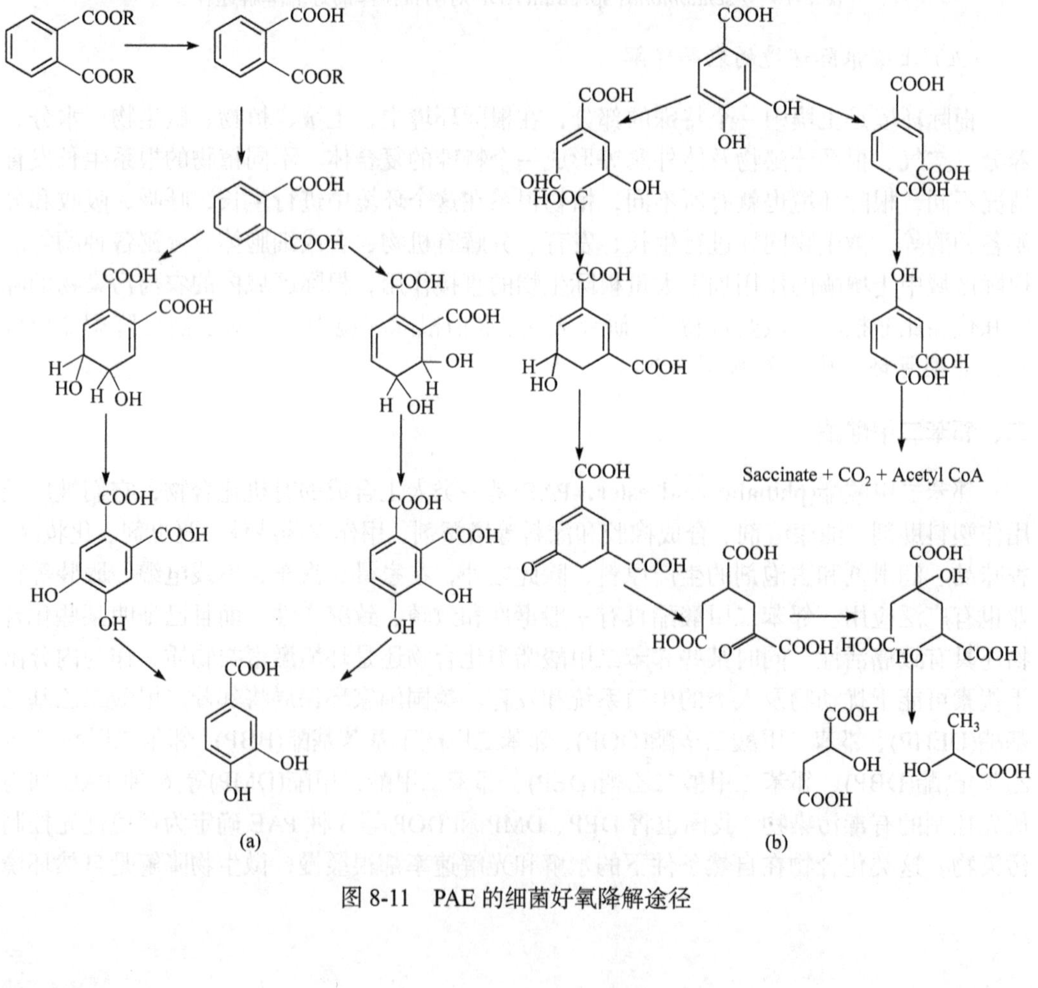

图 8-11 PAE 的细菌好氧降解途径

对于烷基侧链较长的 PAE，具有不同的降解途径，微生物降解首先从烷基侧链开始，它通过 β-氧化使得烷基侧链逐步缩短，直至生成 DEP，再进一步脱甲基，生成 DMP，具体降解途径见图 8-12。

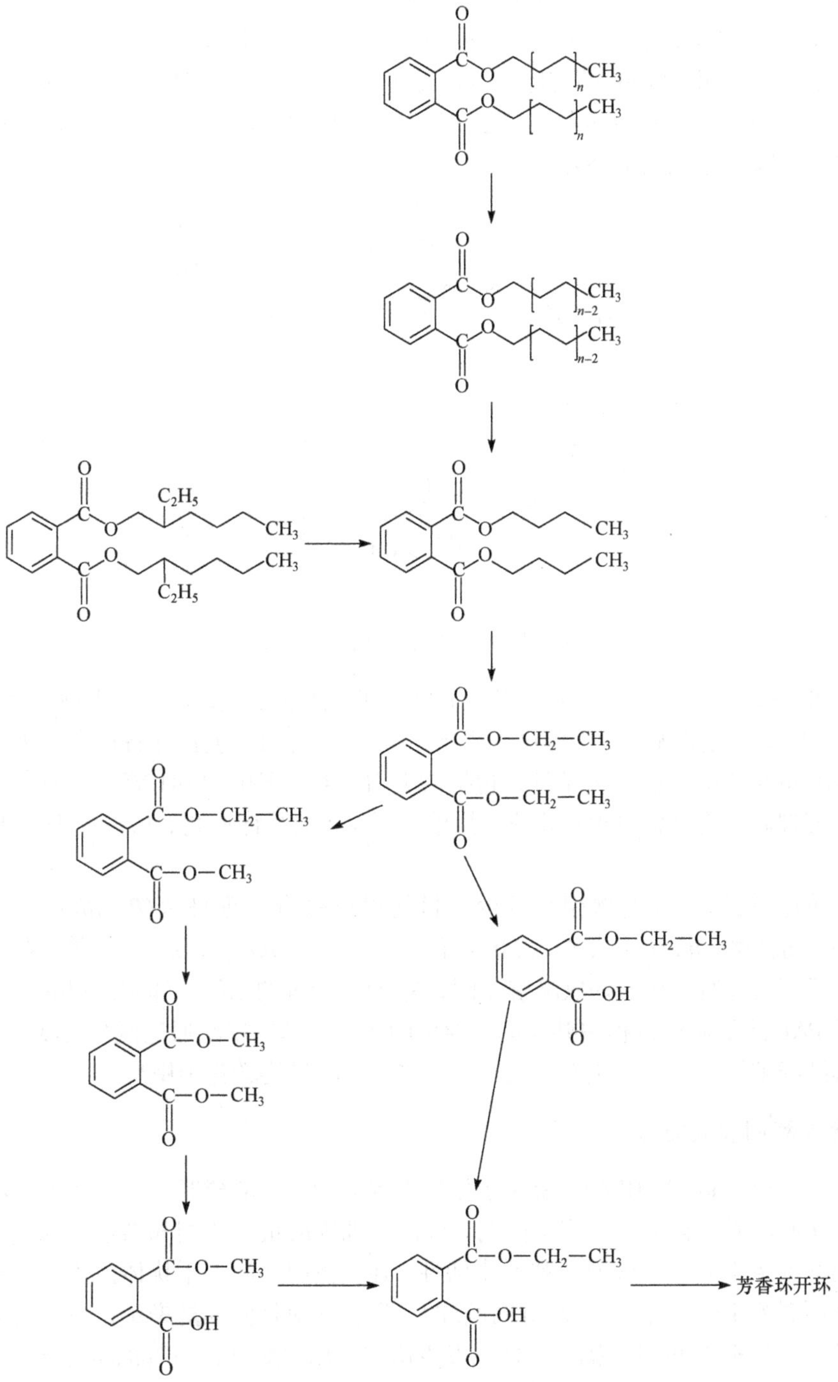

图 8-12　烷基侧链较长的 PAE 的微生物降解途径

对 PAE 具有降解能力的真菌主要属于半知菌(Deuteromycotina)和担子菌(Basidiomycota)。已有报道的真菌有寄生曲霉(*Aspergillus parasiticus*)、镰刀霉(*Fusarium subglutinans*)、绳状青霉(*Penicillium funiculosum*)和平菇(*Pleurotus ostreatus*)等。真菌降解 PAE 主要是依靠木素过氧化物酶、锰过氧化物酶和漆酶等木质素降解酶。

好氧条件下，PAE 的彻底矿化往往由混合微生物菌群协同完成。Wang 等对 DMP 的微生物降解研究表明，DMP 的彻底降解需要多种微生物的相互协同作用，其中少动鞘氨醇单胞菌(*Sphingomonas paucimobilis*)无法直接降解 DMP，必须先由节杆菌将 DMP 水解转化为 MMP，其降解途径见图 8-13。

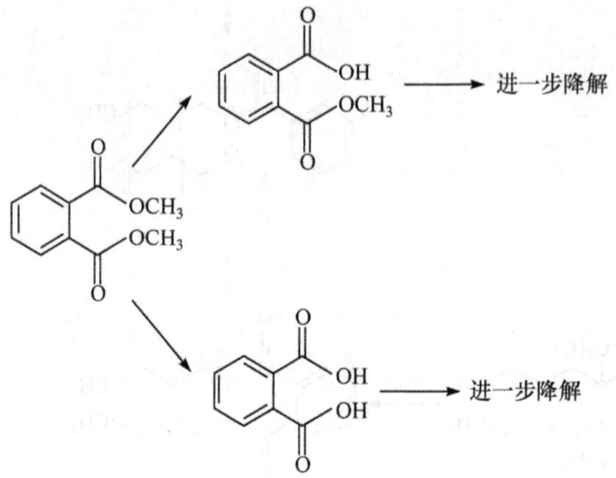

图 8-13　DMP 混合菌降解途径

PAE 的好氧生物降解规律主要有：①PAE 的烷基链长度越长，可生物降解性越低；② PAE 的好氧生物降解开始于酯键的水解；③PAE 的初级生物降解符合一级动力学方程；④PAE 的生物降解受环境条件，包括微生物种群、温度和 pH 等的影响；⑤PAE 的高初始浓度抑制生物降解过程；⑥外加简单碳源作为共代谢底物，可以促进 PAE 的生物降解。

PAE 的厌氧降解微生物相对较少，目前报道的有芽孢杆菌(*Bacillus*)、沙雷氏菌(*Serratia*)、肠杆菌(*Enterobacter*)、梭状芽孢杆菌(*Clostridium prazmowski*)等。在厌氧降解过程中，降解的起始步骤与好氧降解相同，是 PAE 酯键的水解。邻苯二甲酸单酯和邻苯二甲酸是 PAE 厌氧矿化过程中共同的重要中间体。邻苯二甲酸通过脱羧转变成苯甲酸。苯甲酸继续降解转变为二氧化碳、氢气和乙酸，乙酸最终转化为甲烷。

三、双酚 A 和四溴双酚 A

双酚 A(bisphenol A, BPA)主要用于生成聚碳酸酯、环氧树脂，也用作聚氯乙烯的热稳定剂、橡胶的防老化剂、农用杀菌剂、油漆及油墨的抗氧化剂和增塑剂等，还用于阻燃剂四溴双酚 A 生产。BPA 具有雌激素活性，在人体内能起到干扰体内正常激素分泌的作用，从而影响生殖功能，导致恶性肿瘤的产生。即使是低剂量染毒，也能造成严重的损伤。另外，双酚 A 可以与镉、紫外线发生协同作用，加重它们对机体的伤害。双酚 A 和四溴双酚 A 的结构式如图 8-14 所示。

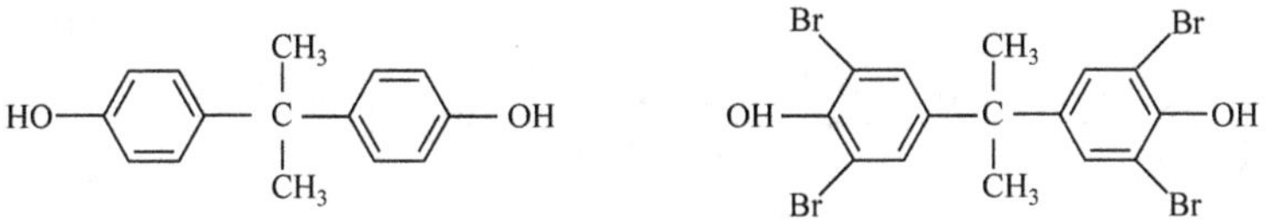

图 8-14 双酚 A 和四溴双酚 A 的结构式

(一) 双酚 A 的微生物降解

目前，BPA 降解机制主要有氧化骨架重排、*ipso* 取代、酚环羟基化-间位裂解和 BPA 硝基化。

氧化骨架重排，即 2 个苯环之间碳链发生氧化及重新排列的过程，这一降解机制首先在一株菌株 MV1 中发现，随后发现在多株鞘氨醇单胞菌(菌株 WH1、AO1)中也存在。BPA 降解是通过 BPA 的苯桥正离子中间产物的多次重组而发生的，其中起关键作用的是 BPA 分子结构中 α 季碳原子。具体降解途径为：BPA 首先生成一种中间产物，中间产物经重组生成 2,2-二(4-羟基苯)-1-丙醇和 1,2-二(4-羟基苯)-2-丙醇。1,2-二(4-羟基苯)-2-丙醇脱氢生成 4,4′-二羟基-α-甲基-对二苯代乙烯，该物质可以降解为羟基安息香醛和 4-羟基乙酰苯，这两种产物可以被细菌降解利用。2,2-二(4-羟基苯)-1-丙醇则转化生成两种中间产物，再由中间产物进一步氧化生成 2,3-二(4-羟基苯)-1,2-丙二醇，此产物能被进一步降解生成 4-羟基安息香酸和 4-羟基酚酰醇，这两种物质可以被细菌缓慢降解。类似的重组排列在 *Sphingomonas* sp. strain AO1 也有发现，只是生成的中间产物有所不同。具体途径如图 8-15 所示。

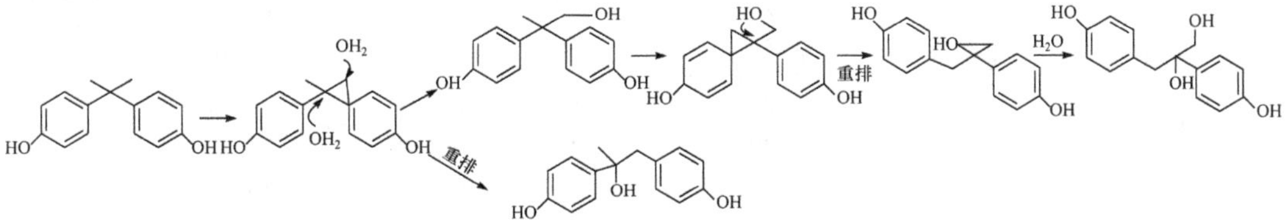

图 8-15 双酚 A 生物降解过程

BPA 的另一种降解机制则是 *ipso*-取代(*ipso*-substituion)。研究发现，这个降解途径在 *Sphingomonas* sp. strain TTNP3 和 *S. xenophaga* strain Bayram 中存在，其可能降解途径如图 8-16 所示。

酚环羟基化-间位裂解仅在 *Sphingobium fuliginis* OMI 和 *Cupriavidus basilensis* SBUG 290 中发现，羟基化首先发生在酚环的间位，即 3-羟基双酚 A(3-hydroxy BPA, 3H-BPA)，在形成该活性位点后苯环被间位裂解，主要形成易于代谢的酸或醛。

BPA 硝基化主要通过亚硝酸盐与 BPA 进行非生物硝化作用生成硝基双酚 A(nitro-BPA，N-BPA)和二硝基双酚 A(dinitro-BPA，DN-BPA)。

关于真菌对 BPA 的降解研究显示，担子菌类的一些菌可以降解 BPA。在足够长的时间后，真菌可以完全清除溶液中 BPA 的活性，并且从这些真菌中提取的一些过氧化物酶对双酚 A 有降解作用，在体外实验中，这些酶将双酚 A 降解为己雌酚、苯酚、4-异丙基苯酚、4-异丙烯基苯酚，可见其降解机制与细菌不同。

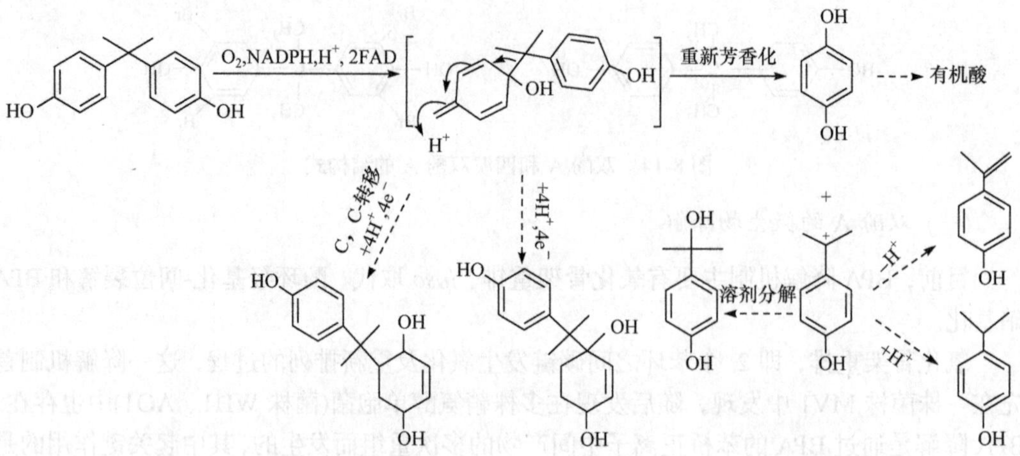

图 8-16 *Sphingomonas* sp. strain TTNP3 菌株对 BPA 降解的可能途径

厌氧降解是实现卤代化合物还原脱卤的关键步骤。研究发现，*Pelobacter carbinolicus* 和 *Sphaerochaeta* sp. 能在 TBBPA 厌氧脱溴作用中发挥重要作用。四溴双酚 A 的生物降解途径如图 8-17 所示。

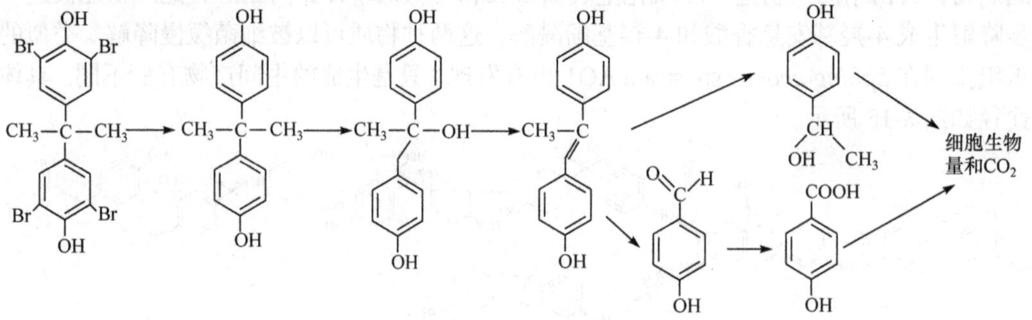

图 8-17 四溴双酚 A 的生物降解途径

(二) 双酚 A 的植物降解

BPA 的糖基化被认为是植物代谢 BPA 的重要途径。Nakajima 等学者发现，添加到烟草 BY-2 细胞悬浮培养液中的 BPA 可以被细胞完全吸收利用，BPA 的主要代谢物之一为 BPAG (4, 4′-异亚丙基二酚-O-β-D-吡喃葡萄糖苷)。研究发现，植物中的氧化酶如过氧化物酶和多酚氧化酶也可参与 BPA 的代谢。

四、表面活性剂

表面活性剂是一类即使在很低浓度时也能显著降低表(界)面张力的物质。其分子结构均由两部分构成，分子的一端为极亲油的疏水基，分子的另一端为极亲水的亲水基，两类结构与性能截然相反的分子碎片或基团分别处于同一分子的两端并以化学键相连接，形成了一种不对称的、极性的结构，赋予了该类特殊分子既亲水又亲油，但又不是整体亲水或亲油的特性，这种特有结构通常称为双亲结构。表面活性剂按分子结构特性可分为阴离子表面活性剂、非离子表面活性剂、两性离子表面活性剂、阳离子表面活性剂。其中，阴离子表面活性剂占很大的比例，主要包括直链烷基苯磺酸盐(LAS)、直链烷基二苯醚二磺酸盐(LADPEDS)和十二烷基磺酸(SDS)等。它们通过排放污水、生活垃圾和工业废渣等途径进入环境，几乎在所有的环境介质中都能检出，成为环境中最常见的具有代表性的一类有机污染物。

LAS 的好氧生物降解主要包含 3 种作用机理：①通过 ω-氧化作用使烷基链上的末端甲基氧化及通过 β-氧化作用或 α-氧化作用使长链分子断开，形成短链的磺基苯羧酸；②氧化开环作用使苯环打开；③脱磺酸过程去除取代的磺酸盐。对于目前最常用的以 C_{12} 为主的 LAS 混合物而言，其好氧生物降解首先是通过 ω-氧化作用和 β-氧化作用实现烷基链的降解，然后是苯环的开裂和脱磺酸过程，但目前的研究结果仍然不能确定后两者的先后作用顺序。

LAS 烷基链的降解过程类似于普通的脂肪酸的生物代谢，这一过程中涉及的催化酶主要是加氧酶和脱氢酶，其在微生物体内均比较常见，因此可以认为 LAS 分子中烷基链的降解是比较容易进行的。苯环与磺酸盐的生物降解需要多种酶系的共同参与，其过程相对比较复杂，其也比较难于降解，但也有少数学者分离到可以对它们进行生物代谢的菌株。例如，Schulz 等从自然界中分离到一株 *Delftia acidovorans* SPB1，该菌可以利用 LAS 初级降解的产物 2-(4-磺基苯基)丁酸作为其唯一碳源和能源，并生成 4-磺基邻苯二酚的中间代谢产物，而后者可以进一步被该菌利用并通过邻位开环的方式实现苯环的降解。Kertesz 等则分离到一株可以对 LAS 及其初级降解产物磺基苯羧酸进行脱磺酸作用的恶臭假单胞菌(*Pseudomonas putida* S-313)，在该菌对 LAS 的最终降解产物中没有检测到硫酸盐，而通过质量衡算推断出磺酸盐最终被微生物利用并形成蛋氨酸与半胱氨酸等细胞蛋白物质。

张蔚文等对 3 株协同降解直链烷基苯磺酸钠的纯菌株分别进行质粒消除，发现 3 株单菌均完全失去了降解 LAS 的能力，这表明在这 3 株菌中 LAS 的各种降解酶都是依赖质粒而存在的。Cain 等在研究假单胞杆菌对芳香基磺酸盐的降解过程中也发现了降解质粒，他们将有 LAS 降解能力菌株细胞内的降解质粒分离出来并转入其他无 LAS 降解能力的菌株细胞内，使后者也获得了脱磺酸盐基团的能力，这表明在某些 LAS 降解菌的细胞内存在 LAS 的降解质粒。

第三节 持久性有毒有机化合物的生物降解

持久性有毒污染物被认为是 21 世纪影响人类生存与健康的重要环境问题。无论是《斯德哥尔摩公约》中确定的 12 类 POPs，还是美国 EPA 确定的 12 类 PBT(persistent bioaccumulative toxicant)，以及环境内分泌干扰物(environmental endocrine disruptor)的研究都与持久性有毒污染物有关。目前联合国 UNEP 制订的持久性有毒污染物研究清单包括 27 种有毒化学污染物：①艾氏剂(aldrin)；②氯丹(chlordane)；③滴滴涕(DDT)；④狄氏剂(dieldrin)；⑤异狄氏剂(endrin)；⑥七氯(heptachlor)；⑦六氯代苯(hexachlorobenzene)；⑧灭蚁灵(mirex)；⑨毒杀芬(toxaphene)；⑩多氯联苯(PCB)；⑪二噁英(dioxin);⑫多氯代苯并呋喃(furans);⑬十氯酮(chlordecone);⑭六溴代二苯(hexabromobiphenyl);⑮六六六(HCH);⑯多环芳烃(PAH);⑰多溴联苯醚(PBDE);⑱氯化石蜡(chlorinated paraffin);⑲硫丹(endosulfan);⑳阿特拉津(atrazine);㉑五氯酚(pentachlorophenol);㉒有机汞(organic mercury compound);㉓有机锡化合物(organic tin compound);㉔有机铅化合物(organic lead compound);㉕酞酸酯(phthalic acid ester);㉖辛基酚(octylphenol);㉗壬基酚(nonylphenol)。由于这些污染物在全球普遍存在,具有生物累积性、难以降解、可远距离传输、致癌致突变性和内分泌干扰等特性,它们所引起的环境与健康问题已经引起国际环境保护组织、各国政府和民众的高度关注。

一、多氯联苯

微生物具有代谢多氯联苯(PCBs)的能力,并以 2 种方式降解 PCBs,一种是无机化,即在好氧或厌氧条件下以 PCBs 为碳源或能源,降解的同时满足自身的生长和繁殖的需要;另一种是共代谢,即微生物生长代谢过程中以另外一种基质作为碳源或能源,同时转化目标污染物。

(一) 多氯联苯的厌氧脱氯

PCBs 的微生物降解包括厌氧降解和好氧降解。一般来说,高氯($\geqslant 5$ 个氯)PCBs 因其稳定性更高、疏水性更强,最初作为电子受体被微生物厌氧降解,在此过程中循序渐进地脱氯,将高氯转化为低氯,其疏水性也随氯原子的减少而降低。而低氯 PCBs 很少发生厌氧脱氯,它们最初作为电子供体成为好氧降解的理想基质。

目前分离到的参与厌氧脱氯的微生物主要有脱亚硫酸菌属(*Desulfitobacterium*)、脱硫念珠菌属(*Desulfomonile*)、脱卤拟球菌属(*Dehalococcoides*)、脱硫单胞菌属(*Desulforomonas*)、脱卤杆菌属(*Dehalobacter*)和肠杆菌属(*Enterobacter*)等,它们通过催化还原反应将脂肪族和芳香族的氯代化合物从高氯转化为低氯或无氯的物质。其中一些以共代谢的方式脱氯,而另一些则在能量代谢中将氯代化合物作为电子受体。厌氧脱氯的不同脱氯方式见表 8-3。

表 8-3 PCBs 的部分厌氧还原脱氯反应

过程	脱氯特性	主要产物
H	一个或两个相邻位已被取代的对位氯	2, 3-CB、2, 3′, 5-CB
LP	相邻位未被取代的对位氯	2, 2′-CB
M	一个相邻位已被取代或未被取代的间位氯	2, 2′-CB、2, 6-CB 2, 4′, 6-CB、2, 4′-CB
N	一个相邻位已被取代的间位氯	2, 4′, 6-CB、2, 4, 4′-CB 2, 2′, 4-CB、2, 2′, 4, 4′-CB
P	一个相邻位已被取代的对位氯	2, 4-CB、2, 5-CB、2, 3, 5-CB
Q	一个相邻位已被取代或未被取代的对位氯	2, 2′-CB、2, 2′-CB、 2, 3′-CB、2, 2′, 5-CB

PCBs 厌氧生物降解主要是通过电子供体如葡萄糖、乙酸等提供电子,使 PCBs 在厌

氧条件下还原脱氯。高氯联苯在厌氧条件下的脱氯过程主要是以还原脱氯为主，即在脱去氯原子的同时给分子提供电子，其与氧化脱氯相比是微生物最普遍的一种脱氯方式。这是因为 Cl 原子强烈的吸电子性使环上的电子云密度下降，Cl 的取代个数越多，环上的电子云密度越低，氧化越困难，体现出的生化降解性越低；相反，在厌氧或缺氧的条件下，环境的氧化还原电位越低，电子云密度较低的苯环在酶的作用下越容易受到还原剂的亲核攻击，Cl 越容易被取代，显示出较好的厌氧生物降解性。与氧化脱氯相比，许多在好氧条件下难以降解或不能降解的，在厌氧条件下变得容易降解或能够降解。PCBs 厌氧脱氯的生物降解过程为

$$R—Cl + 2e^- + H^+ \longrightarrow R—H + Cl^-$$

通常还原脱氯过程易于从间位和对位移走氯并代之以氢原子，致使致癌性和二噁英类似物的毒性降低，由于亲脂性降低，也可以致使生物富集度降低。通过对厌氧脱氯过程的跟踪分析发现：在厌氧菌作用下，PCBs 的降解速率与氯化程度成正比，高氯代的 PCBs 同系物比低氯代的 PCBs 同系物更容易脱氯；氯原子是终端的电子受体；脱氯的难易程度与氯的取代点位有关，一般是间位易于对位，对位易于邻位。研究表明，氯的取代数量和位置都决定了脱氯过程的速度。还原脱氯的主要还原点位在间位和对位，厌氧脱氯会导致邻位同系物明显累积。

(二) 多氯联苯的好氧降解

好氧条件下能够降解低氯 PCBs 的有细菌中的伯克霍尔德菌属(*Burkholderia*)、假单胞菌属(*Pseudomonas*)、微球菌属(*Microccus*)、无色杆菌属(*Achromobacter*)、节杆菌属(*Arthrobacter*)、不动杆菌属(*Acinetobacter*)、芽孢杆菌属(*Bacillus*)、棒杆菌属(*Corynebacterium*)等；放线菌中的诺卡氏菌属(*Norcardia*)和红球菌属(*Rhodococcus*)等；真菌主要为白腐真菌，如 *Phanerochaete chrysospoium*、*Pleurotus ostreatus*、*Phlebia brevispora* 等，还有一些丝状真菌和酵母，如 *Aspergillus niger*、*Aspergillus flavus* 和 *Saccharomyces* 等。PCBs 的好氧代谢需 2 组基因，一组可将 PCBs 降解为氯代苯甲酸，该基因被命名为 *bph* 基因；另一组负责氯代苯甲酸的降解。除联苯和单氯联苯可作为微生物的生长基质外，一个氯原子以上的 PCBs 的好氧氧化均为共代谢过程。即微生物在利用联苯作为生长基质时，所产生的氧化酶专一性不高，也能同时将其结构相似物 PCBs 氧化为氯代苯甲酸。

好氧微生物降解过程中，首先在联苯双加氧酶(bphA)的作用下，将联苯催化生成联苯二氢二醇，一般在 2,3 位加氧，有时也在 3,4 位加氧；接着联苯二氢二醇被联苯二氢二醇脱氢酶(bphB)催化为 2,3-二羟基联苯；2,3-二羟基联苯又被 2,3-二羟基联苯-1,2-双加氧酶(bphC)催化为 2-羟基-6-氧-6-苯基己二烯酸，最后被 2-羟基 6-氧-6-苯基己烯酸水解酶(bphD)通过间位开环方式催化为氯苯甲酸，如图 8-18 所示。催化开环反应的 2,3-二羟基联苯 1,2-双加氧酶可被氯邻位取代 PCBs 的代谢产物 2′,6′-二氯-2,3-二羟基联苯强烈抑制并失活，从而阻碍了 PCBs 的进一步降解。氯原子数目过多会阻止 PCBs 与酶活性位点结合，而且氯原子如果被取代在容易被氧化酶攻击的碳原子上，也会妨碍 PCBs 的

降解，如邻位被氯取代的 PCBs 就很难降解。

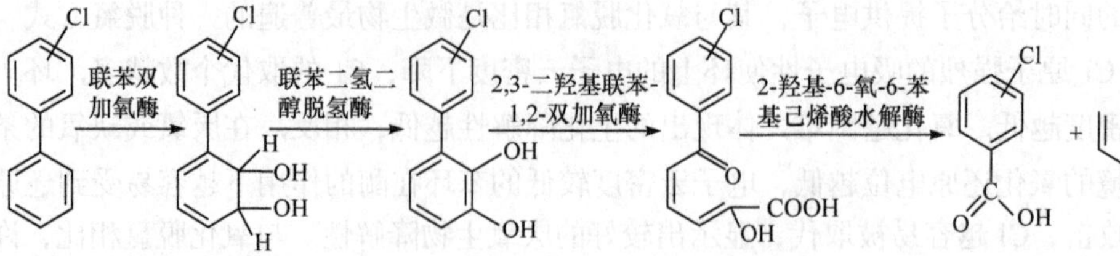

图 8-18　PCBs 好氧降解代谢途径

有些微生物在降解过程中具有脱氯能力。假单胞菌(*Pseudomonas* sp2)降解 2, 4, 4'-三氯联苯时，首先对氯原子较少环上的 2, 3 位进行氧化亲核攻击，利用 *Pseudomonas* sp2. 生成代谢物 3-氯-2-羟基-6-氧-6-苯-2,4-二烯酸，最终生成 2,4-二氯-苯甲酸。微生物也可以用双氧化酶以平行方式氧化两个苯环的 3,4 位，从而形成非氯代苯甲酸类的其他代谢产物。

PCB 的有效降解通常发生在厌氧-好氧系统中。在厌氧条件下，由厌氧微生物还原脱氯生成低氯联苯，然后由好氧微生物在好氧条件下进行氧化分解。这主要是由于还原脱氯难度随氯原子取代数目的下降而增加，而氧化酶随氯原子数目的下降越来越容易从苯环上获得电子进行反应。

(三) 多氯联苯的植物降解

PCBs 氯化类型、氯化程度和植物的种类都影响 PCBs 的植物代谢。Wilken 等研究了 12 种不同植物细胞培养物对 10 种不同的 PCBs 同系物的代谢作用。研究表明，特定的 PCBs 化合物的代谢与植物种类密切相关，如豆科和禾本科植物能降解三氯和四氯联苯。Macková 等在试管内研究了植物愈伤组织、根和幼芽等不同部位降解 PCBs 的情况。结果表明，不仅氯原子的数目，其空间取代位置和分子结构同样也影响植物对 PCBs 的降解。多项研究还表明，山葵等黑茄科植物表现出较强的生物转化 PCBs 能力。早在 20 世纪 90 年代，Macková 等发现植物龙葵(*Solanum nigrum*)的毛状根可以降解 PCBs。研究还证实，即使龙葵停止生长，其体内细胞依然可以转化 PCBs，处理 30 天后，残留的 PCB 只剩下 40%。2007 年，Rezek 等对龙葵 SNC-90 毛状根与 12 种二氯、7 种三氯、5 种四氯和 1 种五氯联苯的代谢进行了研究，进一步证明龙葵对 PCBs 良好的降解效果。除此以外，Whitfield 等发现南瓜属的西葫芦对 PCBs 也有降解作用。在理想的土地条件下，根系是吸收 PCBs 的主要途径，而幼芽对来自空气中蓄积的、土壤中挥发的，最后重新聚集的 PCBs 降解几乎是可以忽略的。甘蓝型油菜的根围对低氯联苯的降解能力比 PCBs 强。除了以上研究以外，烟草、苜蓿和蔷薇科的植物降解 PCBs 也有所报道。

植物降解 PCBs 的机理较微生物降解复杂得多，目前的研究表明，主要涉及 2 个方面：①植物直接吸收 PCBs，并将 PCBs 代谢转化为对植物没有毒性的代谢产物为植物所用；②植物释放出一些与 PCBs 降解相关的酶，将 PCBs 降解为低氯或者最终矿化。植物降解 PCBs 的方式与微生物降解 PCBs 不同，通常是 PCBs 被激活和共轭，储存在植物组织中。大豆和小麦的细胞组培中添加 PCBs，能够检测到多种不同的 PCBs 降解产物。另外，植物本身分泌到环境中的过氧化物酶、羟化酶、糖化酶、细胞色素酶和脱氢酶等相关酶或同工酶也可以直接促进 PCBs 的降解。研究表明，对 PCBs 代谢能力较强的植物，其植物组培分泌物中含有较高过氧化物酶，代谢 PCBs 能力较低的植物，过氧化物酶的含量则较低。

转基因植物不仅可以检测环境中的污染物，还能够降解环境的污染物，从而达到修复环境的目的。与微生物类似，为了提高植物对 PCBs 的降解能力，在转基因植物研究方面，人们期望能够获得降解能力增强的转基因植物。联苯双加氧酶的产生必须同时表达 4 个基因 bphA、E、F、G。转基因烟草能够短暂表达 B. xenovorans LB400 中编码双加氧酶的基因，此酶的每个组分都能在植物中活性表达，但是加氧酶同时受到细胞生长的限制。与联苯双加氧酶不同，2,3-二羟基双加氧酶只是一个单一的同型二聚体蛋白，所以一个单独的基因就可以编码带有活性的酶。为了克服植物不能对二羟基联苯开环降解，将编码 2,3-二羟基双加氧酶的基因转入植物，可以有效地增强植物降解 PCBs 的能力。将 *Pandoraea pnomenusa* B-356 中的 2,3-二羟基双加氧酶 *bphC* 基因和 *Terrabacter* sp. DBF63 中编码 2,2′,3-三羟基-2,3-联苯双加氧酶的 *dbfB* 基因转入烟草和拟南芥中过量表达，结果显示，转基因植物比非转基因植物对 PCBs 的抗性更强。

(四) 植物与微生物共同降解

随着 PCBs 微生物降解和植物降解技术等方面研究的不断深入，利用植物与微生物联合降解 PCBs 已成为生物修复技术的一个重要的发展方向。Gilbert 等研究发现，植物荷兰薄荷(绿薄荷)中的一种化学成分(L 型香芹酮)可以诱导节细菌 *Arthrobacter* sp. B1B 对 PCBs 进行降解，提高了降解效率。Koh 等报道了在生物降解 PCBs 和多环芳烃过程中，植物次生代谢产物萜类和木质素可能作为自然代谢底物而大量存在，从而影响它们的降解。Singer 等进一步研究发现，植物次生代谢产物主要是作为微生物的天然生长底物，诱导微生物来降解 PCBs，间接影响 PCBs 的代谢。Francova 等还报道了植物代谢物和中间产物可以作为 *Burkholderia* sp. LB400 和 *Comamonas testosteroni* B-356 联苯双加氧酶的底物，然后协作来达到降解 PCBs 的目的。Chen 等提供了苜蓿根瘤菌降解 PCBs 的分子证据，这是典型的植物与微生物共同降解 PCBs。Leigh 等利用同位素示踪法发现，澳大利亚松树根系周围部分微生物菌株可以利用 PCBs 作为碳源，这也是植物与微生物共同降解的典型例子。另外，植物还可以通过根部假单胞菌(*P. fluorescens* F113rifPCB)来提高对 PCBs 的抗性，从而降低环境中 PCBs 的浓度。紫花苜蓿对土壤中 PCBs 的降低具有明显的作用，丛枝菌根真菌(*Glomua caledonium*)和苜蓿根瘤菌(*Rhizobium meliloti*)单接种及双接种对 PCBs 复合污染土壤的联合修复效应研究显示，紫花苜蓿单接种菌根真菌、苜蓿根瘤菌和双接种后轻度污染和重度污染土壤中 PCBs 浓度分别得到进一步降低。以紫花苜蓿为材料，采用盆栽试验，通过接种根瘤菌、菌根真菌对 PCBs 污染土壤的修复效应进行了研究，结果表明，紫花苜蓿对土壤中 PCBs 浓度降低具有重要作用；紫花苜蓿-菌根真菌-根瘤菌协同降解效果在重污染土壤中强于轻污染土壤。

植物巨大的根表面积使植物根系周围的氧气含量增加，根系微生物能够更好地生长，从而丰富了植物根际微生物的种群和数量。植物根系代谢活动会释放一些分泌物，可以为根际微生物的生长提供充足的碳源和氮源。一般而言，植物根际微生物的数量明显多于周围土壤。植物的存在提高了土壤中特定微生物种群的数量和活性，使得根际

PCBs 降解微生物更加活跃，促进了 PCBs 的降解。

二、二噁英

二噁英是两类化合物的总称，一类是多氯二苯并二噁英(polychlorinated dibenzo-p-dioxins，PCDDs)，另一类是多氯二苯并呋喃(polychlorinated dibenzofurans，PCDFs)。PCDDs 和 PCDFs 中由于取代氯原子的数量和位置不同，各自有 75 个和 135 个同族异构体，其化学结构相似。二噁英是迄今所知道的最具毒性的化合物之一，其致癌毒性比黄曲霉毒素高 10 倍，比 3,4-苯并芘和多联氯苯还要高数倍。二噁英的毒性与氯原子取代的位置和数量密切相关，其中 2、3、7 和 8 位置上有氯原子取代的 17 种二噁英是有毒的，但它们的毒性彼此有差异，其中 2,3,7,8-TCDD 和 2,3,7,8-TCDF 是毒性最大的两种二噁英，其化学结构如图 8-19 所示。

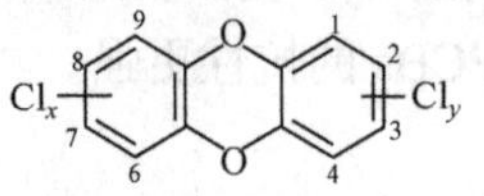

多氯二苯并二噁英75个同族异构体 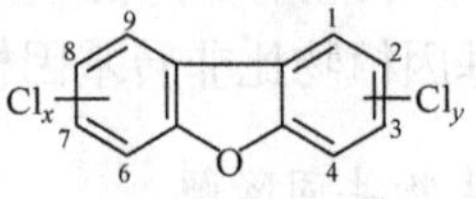　　多氯二苯并呋喃135个同族异构体

图 8-19　PCDDs 和 PCDFs 的化学结构

二噁英具有高的熔点、沸点，在水中溶解度很低，但具有高脂溶性，这就意味着二噁英在脂肪组织中极易生物积累，在食物链的上端，二噁英经生物放大后在生物体内蓄积浓度高出周围空气、土壤和沉淀物中几万倍。二噁英在酸、碱溶液中性质稳定，在环境中稳定性高，尽管紫外线能很快破坏二噁英，但在大气中由于其主要吸附于气溶胶颗粒而可以抵抗紫外线，光降解变得较慢。二噁英具有难生物降解的特性，而且由于被土壤中的有机物和水中的颗粒物所吸附，难于受到微生物的攻击，在环境中长期稳定存在。但是，即使是难降解的二噁英也可以被微生物所降解。二噁英的微生物降解包括好氧细菌的好氧降解、厌氧细菌的还原脱氯和白腐真菌的降解等。

许多对联苯和萘具有降解能力的细菌均能联合氧化二噁英类物质。Cerniglia 等对假单胞菌(*Pseudomonas*)和鞘氨醇单胞菌(*Sphingomonas paucimobilis*)降解二苯并二噁英(DD)、二苯并呋喃(DF)及其单氯代物进了行研究，结果表明，细菌能攻击 DD/F 的 1,2 位和 2,3 位，在脱氢酶的作用下生成 1,2-二羟基-DD/F 和 2,3-二羟基-DD/F，前者产物占 60%~70%。Bianchi 等对荧光假单胞菌(*Pseudomonas fluorescens*)进行研究，也得到了同样的结果。产碱菌 *Alcaligenes* sp. strain JB1 能部分降解某些 MCDD/F 和 DCDD/F。在研究 2-CDF 的降解转化过程中，发现生成了 5-氯水杨酸甲酯，因此低氯二噁英类物质二羟基化后，能够进一步水解开苯环。

另外还有一些好氧细菌，能矿化降解 DD/F 和低氯二噁英，此类细菌主要有博克霍尔德菌属(*Burkholderia*)、鞘氨醇单胞菌属(*Sphingomonas*)、地杆菌属(*Terrabacter*)、假单胞菌属(*Pseudomonas*)和葡萄球菌属(*Staphylococcus*)的菌株。此类细菌对 DD/F 降解的第一步有着高度的区域选择性和特异性，它们攻击与醚键紧邻的两个 C，加氧，从而生成产物 2, 2′, 3-三羟基-联苯醚/2, 2′, 3-三羟基-联苯。2, 2′, 3-三羟基-联苯醚随后在水解酶的作用下裂解含两个酚羟基的苯环，生成水杨酸和儿茶酚。而 2, 2′, 3-三羟基-联苯则生成龙胆酸。Wittich 等对以 DD 和 DF 为单一碳源生长的菌株进行了筛选试验，成功地分离到 *Sphingomonas* sp. strain RW1 和 *Sphingomonas* sp. strain HH69。RW1 菌株含有 DF 4, 4α-双加氧酶，它能降解几种一氯代二噁英和二氯代二噁英，但不能降解多氯代二噁英，一氯代和二氯代二噁英分别降解生成为水杨酸、邻苯二酚及其氯代物。Megharaj 等认为，在土壤中的 *Sphingomonas* sp. strain RW1 能够生存。在土壤中添加 DD、DF 能被降解。Halden 等将 *Sphingomonas* sp. strain RW1 加入填充土壤的实验系统中，研究该菌去除 DD、DF 和 2-氯二苯-*p*-二噁英(2-CDD)(含量均为 10 mg/L)的潜力，发现 DF 能够被完全去除，而去除 DD 要求相对更高的细菌起始密度，降解速率比去除 DF 缓慢。2-CDD 在土壤中的存留时间则最长，但也能被该菌降解。3 种毒物降解速率和程度与土壤有机物(SOM)含量显著相关。对 *Sphingomonas* sp. strain HH69 降解各种二噁英类物质的研究结果表明，它能彻底矿化降解 DF、DD 和 3-CDF，对多氯代二噁英降解能力较弱。Schreiner 等研究发现，HH69 菌株在 84 d 内对 2, 3, 7, 8-TCDF 的降解率为 31%，对 2, 3, 7, 8-TCDD 的降解率仅为 15%。而另外一株四氯苯降解菌株 *Burkholderia* sp. strain PS12 对 2, 3, 7, 8-TCDF 在 84 d 内降解率为 64%，对 2, 3, 7, 8-TCDD 在 25 d 内即能完全降解。

一般而言，好氧微生物对二噁英的降解只限于含较少取代氯的二噁英，而对于多氯代二噁英，最有潜力的处理方法是利用厌氧微生物对其进行还原脱氯。厌氧微生物确实具有巨大的脱氯能力，它几乎可以将 PCDDs 上的氯完全脱除。厌氧微生物对二噁英还原脱氯后的产物较容易降解，并且一般说来毒性也有所降低。最近有研究表明，在河流沉积物及地表含水层等厌氧环境中 PCDDs 能被一定程度地还原脱氯，并且脱氯的位置既有在(1, 4, 5, 6, 9)周位上，也有在(2, 3, 7, 8)侧位上。但是，目前脱氯反应的机制还不明确。由于脱氯后 PCDDs 溶解度上升，其生物可利用率也有所提高。Ballerstedt 研究添加了 Saale 河流沉积物的培养基中二噁英的降解情况(图 8-20)。结果表明，1, 2, 3-TrCDD、1, 2, 3, 4-TCDD 和 1, 2, 4-TrCDD 均被不同程度地降解，388 d 后，37% 的 1, 2, 3, 4-TCDD 转化成

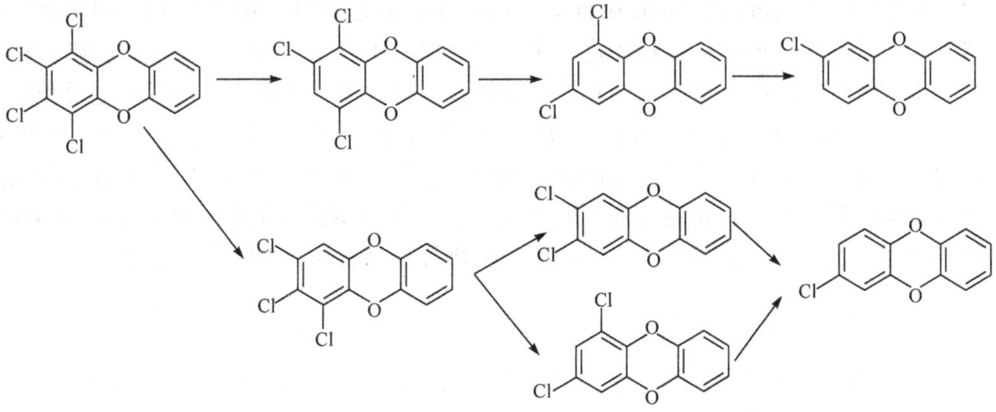

图 8-20　1, 2, 3-TrCDD、1, 2, 3, 4-TCDD 和 1, 2, 4-TrCDD 的脱氯过程

了 1,3-DCDD，另外还有少量的 1,2,3-TrCDD 和 1,2,4-TrCDD 生成。1,2,4-TrCDD 的脱氯反应是一个相对较快的过程，能转化生成唯一的产物 1,3-DCDD，而 1,2,3-TrCDD 的脱氯过程则较慢，它生成的是等量的 1,3-DCDD、2,4-DCDD 和 2,3-DCDD。1,2,3,4-TCDD 的脱氯过程，是通过脱除侧位(2,3,7,8)上的氯生成 1,2,4-TrCDD，然后 1,2,4-TrCDD 再脱氯生成 1,3-DCDD。目前分离得到的厌氧细菌有脱卤拟球菌(*Dehalococcoides* sp.)等。

白腐真菌是目前研究最多的用于降解二噁英的微生物。1992 年 Valli 等用黄孢原毛平革菌(*Phanerocharte chrysosporium*)进行了降解实验，在 25 μmol/L 浓度下培养了 27 d，2,7-DCDD 的分解率达到 50%。在 *Phanerocharte chrysosporium* 降解 2,7-DCDD 的过程中，锰过氧化物酶和木素过氧化物酶(Lip)都参与了 2,7-DCDD 的分子结构转化，先是被 Lip 转化成芳香阳离子，然后进行一系列的反应，生成 4-氯-1,2-苯醌和 2-羟基-1,4-苯醌两种只有一个苯环的中间产物，随后这些中间产物被继续降解成 1,2,4-三羟基苯。Valli 等认为，二噁英不能被单一的酶降解，在白腐真菌降解二噁英的过程中，有木素过氧化物酶和双加氧酶等多酶体系的参与。但 Takada 等在 1996 年用 *Phanerochaete sordida* 降解 PCDFs 和 PCDDs 时发现，尽管在实验中未能检测到 Lip，PCDFs 和 PCDDs 仍能被降解，其中的中间产物 4,5-二氯儿茶酚和四氯儿茶酚分别是由 2,3,7,8-TCDD 和 OctaCDD 转化而来，这说明在二噁英降解过程中不一定有 Lip 存在，别的酶系统也可以起到类似的作用。Takada 的这一观点在 2002 年被 Toshio Mori 等利用 *Phlebia lindtneri* 降解 2,7-DCDD 和 2,8-DCDD 的实验所证实。此外，白腐真菌 *Trametes versicolor* 和 *Pycnoporus cinnabarinus* 能利用漆酶对二噁英进行降解。

细胞色素 P450 氧化酶系是真核生物里含有的酶系，许多研究结果表明，曲霉(*Aspergillus*)、小克银汉霉(*Cunninghamella*)和丝孢酵母(*Trichosporon*)等对 DD、DF 及低氯二噁英具有一定降解能力。

三、多环芳烃

多环芳烃(polycyclic aromatic hydrocarbons，PAHs)是由两个或两个以上苯环以线状、角状或簇状排列组合成的一类稠环化合物，是有机物不完全燃烧或高温裂解的副产物。PAHs 水溶性差、辛醇-水分配系数高、稳定性强，因此容易吸附于土壤颗粒上及积累于生物体内。PAHs 具有潜在的致畸性、致癌性和基因毒性，且其毒性随着 PAHs 苯环的增加而增加，其中的苯并[a]芘是已知的具有极强致癌性的有机化合物。随着 PAHs 带来的环境污染问题日益突出，相关研究不断深入。微生物降解是环境中尤其是土壤中 PAHs 去除的主要方式。许多细菌、真菌和藻类及植物等都具有降解 PAHs 的能力。

(一) 多环芳烃的微生物降解

细菌中有多个菌属具有降解能力，典型的也是研究较多的是鞘氨醇单胞菌属(*Sphingomonas*)、假单胞菌属(*Pseudomonas*)、红球菌属(*Rhodoccocus*)、芽孢杆菌属(*Bacillus*)等；真菌对 PAHs 的降解也是普遍的，主要分布在担子菌门(Basidiomycota)、子囊菌门(Ascomycota)和毛霉菌亚门(Mucoromycotina)中，研究较多的是黄孢原毛平革菌

(*Phanerochaet chrysosporium*)。有些藻类也具有降解 PAHs 的能力，如蓝细菌中的颤藻(*Oscillatoria*)和阿格门氏藻(*Agmenellum*)，绿藻中的月牙藻(*Selenastrum*)、小球藻(*Chlorella*)和栅藻(*Scenedesmus*)。

微生物对 PAHs 的降解一般有两种方式：①以 PAHs 作为唯一的碳源和能源而将其降解；②把 PAHs 与其他有机质共代谢(或共氧化)而降解。微生物可以直接降解萘、菲等小分子 PAHs，而苯并[a]芘等大分子 PAHs 的生物降解一般均以共代谢方式进行。PAHs 的生物降解取决于分子化学结构的复杂性和微生物降解酶的适应程度，降解的难易程度与 PAHs 的溶解度、环的数目、取代基种类、取代基的位置、取代基的数目及杂环原子的性质有关，而且不同种类的微生物对各类 PAHs 的降解机制也有很大差异。

细菌对 PAHs 好氧降解的第一步是将两个氧原子直接加到芳香核上，催化这一反应的酶称为 PAHs 双加氧酶，这是一个由还原酶、铁氧还蛋白、铁硫蛋白组成的酶复合物，在该酶的作用下 PAHs 转变成顺式二氢二醇，后者进一步脱氢生成相应的二醇。顺二醇代谢生成重要的中间产物邻苯二酚，接着进行邻位或者间位开环，进一步代谢为柠檬酸循环的中间产物醛或酸，如琥珀酸、乙酸、丙酮酸和乙醛。有氧氧化是 PAHs 降解的主要方式，这些中间产物最终会在微生物细胞中被氧化分解为 H_2O 和 CO_2。

真菌为了利用难降解的底物(如木质素、纤维素)，向胞外分泌多种氧化酶，如漆酶、锰过氧化物酶、木质素过氧化物酶等，合称木质素水解酶，它们作用底物范围广，能够氧化包括 PAHs 在内的许多有机污染物，是真菌降解 PAHs 的独特机制。锰过氧化物酶是含亚铁血红素的糖蛋白，它以 H_2O_2 为电子受体将二价锰离子(Mn^{2+})氧化为三价锰离子(Mn^{3+})，Mn^{3+} 具有高度反应活性，可以氧化多种酚类物质。另一种可能的机制是脂类过氧化，即锰过氧化物酶以 O_2 为电子受体催化氧化不饱和脂肪酸，产生自由基导致 PAHs 共氧化。具有锰过氧化物酶活性的主要是担子菌中的白腐真菌和凋落物分解真菌。木质素过氧化物酶也是含亚铁血红素的糖蛋白，以 H_2O_2 为电子受体催化氧化 PAHs，形成醌类结构。同位素示踪研究表明，PAHs 醌类衍生物的氧原子来自水分子。目前已知仅少数白腐真菌产生木质素过氧化物酶。漆酶广泛存在于担子菌、子囊菌及其他真菌中，是一种活性中心含铜的蓝铜氧化酶，因最初在漆树的汁液中发现而得名。漆酶以 O_2 为电子受体，将 PAHs 催化氧化为相应的醌类。醌类衍生物的稳定性较 PAHs 低，便于实现开环并进一步降解。此外，漆酶可以催化 PAHs 的聚合，其机理和效应目前尚不明确。很少有真菌能以 PAHs 为唯一碳源生长，它们主要与其他生物协同，以共代谢的方式实现对 PAHs 的最终矿化。

PAHs 也可以被厌氧微生物降解。厌氧微生物利用硝酸盐、硫酸盐、铁、锰和二氧化碳等作为其电子受体，将 PAHs 分解成更小的组分，往往以二氧化碳和甲烷作为最终产物。PAHs 的厌氧降解进程较慢。

(二) 多环芳烃的植物降解

植物修复 PAHs 污染环境经历吸附、吸收、转移、降解、挥发等过程。土壤中 PAHs 被植物去除的方法主要包括：①植物提取，应用可积累 PAHs 的植物将土壤中的 PAHs 富集于植物可收获的部分。②植物降解，应用植物或植物与微生物共同作用降解 PAHs 污染物。③植物挥发，应用植物挥发 PAHs 污染物。④植物固定，应用植物降低环境中

PAHs 污染物的生物有效性。⑤根际过滤，应用植物根系吸附和吸收水中或废水中 PAHs 污染物。⑥植物激活，利用植物分泌物激活微生物降解 PAHs 的行为。研究表明，黑麦草、小麦、水稻、紫花苜蓿和牛毛草等多种植物对土壤或水体中的 PAHs 污染物具有降解作用，对大气中的 PAHs 也具有吸收和降解作用。

四、烷基苯酚

环境中的烷基酚(alkylphenols，APs)主要源于洗涤剂、纺织、造纸、医药和化妆品等行业中非离子表面活性剂——烷基酚聚氧乙烯醚(alkylphenol ethoxylates, APEOs)的分解或降解过程，APEOs 进入环境后在生物作用下逐步降解形成短链产物及最稳定的产物 APs。APs 主要包括壬基酚(nonylphenol, NP)和辛基酚(octylphenol, OP)。据统计，目前 APEOs 年产量已经达到 50 万 t，用于工业产品的占 55%，公共卫生产品占 30%，家庭用品和个人保健用品占 15%。年产量中的 60%最终进入各类水体，然后逐渐分解为 APs。大量野生动物与实验动物研究证明了 APs 的雌激素效应和其他的生物毒性，其对生物体产生的不良作用包括影响内分泌、影响生殖和发育、影响免疫及促癌作用等。APs 被认为是有代表性的环境内分泌干扰物，为联合国环境保护署制订的 27 种优先控制的持久性有毒污染物之一。APs 结构稳定，在自然条件下难以降解，易被吸附于沉积物或土壤中并产生积累。目前研究发现的对 APs 具有降解能力的微生物主要有细菌、真菌和微藻等。

目前发现的对 APs 具有降解能力的细菌主要有柠檬酸杆菌属(*Citrobacter*)、单胞菌属(*Sphingomonas*)、红球菌属(*Rhodococcus*)、假单胞菌属(*Pseudomonas*)等。其中研究较多的是单胞菌属。例如，单胞菌属对不同支链 NP 进行降解时，酶的空间位阻效应导致在进攻烷基链时受阻，所以优先降解对位而非邻位。Corvini 等发现，单胞菌属中的 TTNP3 在降解 α-C 是叔碳的 NP 时首先进行原位羟基化生成苯二酚和碳正离子，然后通过水合作用(图 8-21 a)、NIH 转化机制(图 8-21 b)和羟基化反应继续降解，路径 a 中，碳正离子

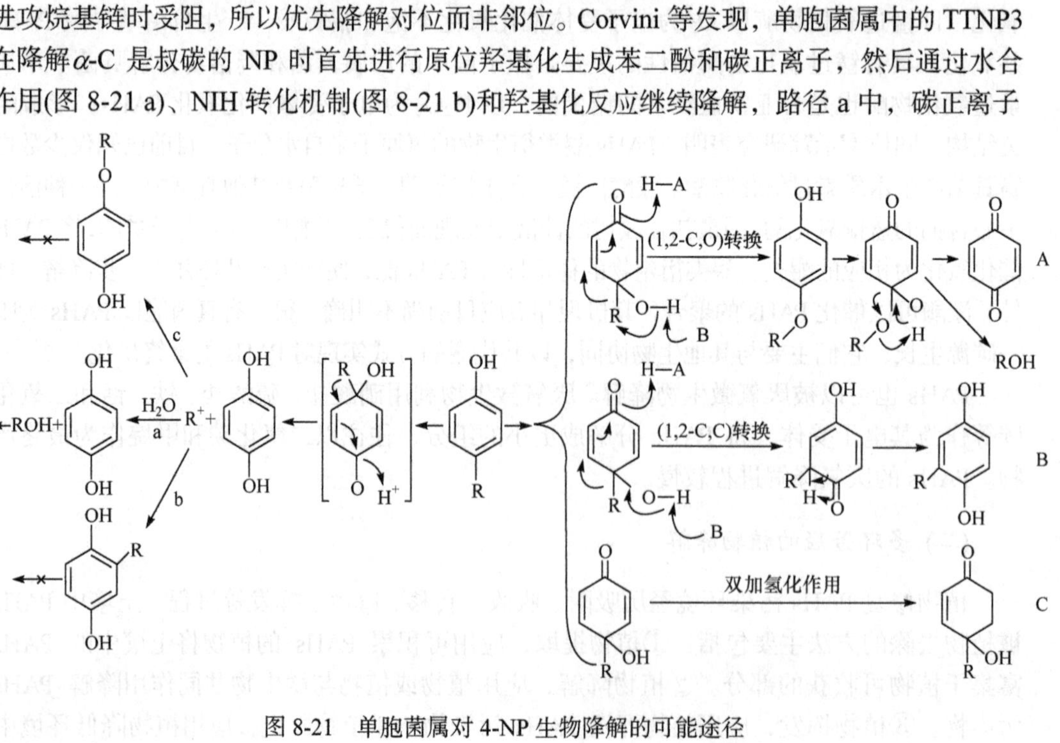

图 8-21 单胞菌属对 4-NP 生物降解的可能途径

第八章 有机污染物的生物降解过程

发生水合作用生成壬醇和苯二酚；路径 b 中，经 NIH 转化机制(烷基链结构较稳定，羟基进攻苯环时诱导烷基链以碳正离子的形式迁移到邻位)生成烷基苯二酚，在微生物降解卤代或烷基取代的有机高分子中会有发生；路径 c 是碳正离子与羟基作用生成烷氧酚，其中烷基苯二酚和烷氧酚是其稳定的代谢产物，很难被继续降解。也有研究指出，烷基链高度分支的 NP 异构体的降解速率要比无分支的快。含 α-季碳的 NP 同分异构体先发生原位羟基化，生成 4-烷基-4-羟基环己-2,5-二烯酮，随后发生羟基的双取代，经(1, 2-C,O)转换作用生成烷氧酚，进而在羟基的进攻下发生电荷的重新排布，最终生成对苯醌和壬醇(图 8-21A)，α-C 不是季碳的 NP 不会发生重排反应，因为少了的烷基取代基不能使假定的碳正离子稳定存在，而发生副反应，经(1, 2-C,C)转换(NIH 转换)发生烷基链的迁移生成烷基苯二酚(图 8-21B)或发生双加氢作用生成 4-烷基-4-羟基环己-2-烯酮(图 8-21C)。

此外，对其他细菌降解 APs 的研究发现，假单胞菌菌株 HBP1 突变株在降解烷基酚时能产生少量单加氧酶和变儿茶酚酶，烷基酚在单加氧酶 NADH 辅酶作用下生成烷基邻二酚，在双加氧酶和水解酶的作用下开环，生成比烷基多一个碳的羧酸和 2-羟基-2, 4-戊二烯酸。恶臭假单胞菌菌株 JD1 能使烷基酚在 α 位发生氧化作用，随后发生 Baeyer-Villiger 氧化重排，在芳环和酰基之间引入一个氧原子生成酯，酯水解成双酚和烷基酸。

研究降解 APs 较多的真菌是假丝酵母菌(*Candida*)。有关假丝酵母 *C. aquaetextoris* 对 4-NP 降解代谢的研究表明，代谢过程中烷基链的降解要先于苯环的开裂，末端 4-NP 碳羟基化后能氧化生成相应的酸，β 位继续氧化生成羧酸衍生物，烷基链以 2 个碳为单位依次断开，生成含奇数碳的代谢产物。中间产物 4-羟基苯丙酸经丙酰辅酶作用生成 4-羟基苯丙烯酸并发生积累，由于空间位阻作用不利于 β 位的氧化机制发生，3-(4-羟苯基)-丙烯酸以烯酰辅酶的形式经一系列的转化(即水合、脱氢作用)释放辅酶得到相应的 $C_3\beta$-酮酸，进一步脱羧形成 4-羟基苯乙酮。在最终的产物中没有检测到对羟基苯甲酸，表明 4-NP 不是通过形成苯甲酸盐形式进行降解的，可能的生物转化路径如图 8-22 所示。

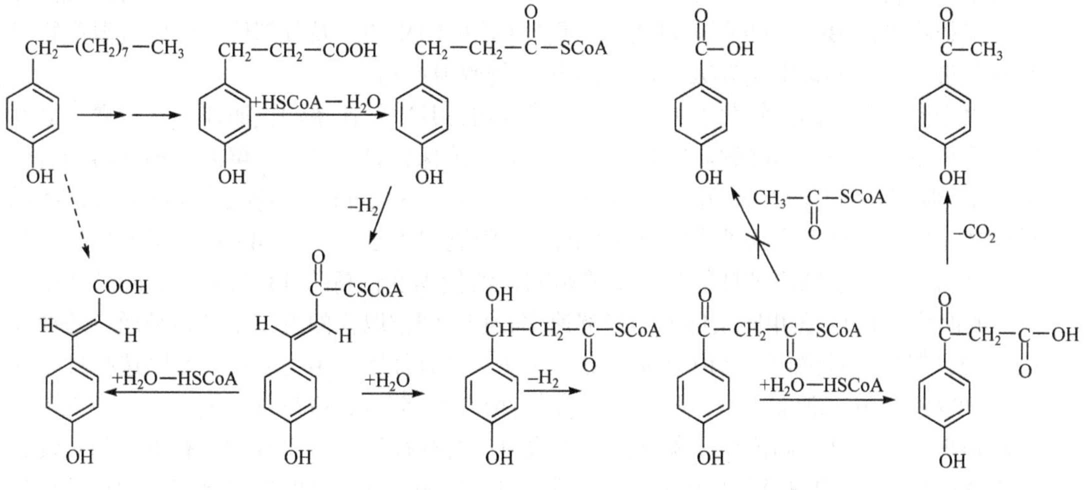

图 8-22 假丝酵母 *C. aquaetextoris* 对 4-NP 的生物转化途径

五、多溴联苯醚

多溴联苯醚(polybrominated diphenyl ethers, PBDEs)是溴化阻燃剂的一种,具有阻燃效率高、热稳定性好、添加量少、对材料性能影响小、价格便宜等特点,被广泛用于电子设备、海绵家具、建材及纺织行业中。PBDEs 共有 209 种同系物,主要包括五溴联苯醚、八溴联苯醚和十溴联苯醚。PBDEs 因具有低水溶性、低挥发性、高亲脂性等性质而被视为持久性有机污染物。

(一) 多溴联苯醚的厌氧降解

目前,对于 PBDEs 厌氧微生物降解研究多以河床底泥、活性污泥以及复合菌群等微生物菌群作为降解体系。研究发现对 PBDEs 具有还原脱溴作用的典型降解菌属主要包括硫磺单胞菌属(*Sulfurospirillum*)、脱卤拟球菌属(*Dehalococcoides*)、脱卤杆菌属(*Dehalobacter*)和脱亚硫酸菌属(*Desulfitobacterium*)的菌株。

厌氧微生物在降解 PBDEs 时降解途径相似,主要是高溴代联苯醚通过还原脱溴,减少溴取代基数目,转化为低溴代联苯醚。脱溴同时存在邻位、间位和对位脱溴的可能,脱溴作用在任何位置都可能发生。不同的微生物菌群对 PBDEs 上溴原子的作用位点不同,产生不同的脱溴作用。环境中最常见的 PBDEs 之一的十溴联苯醚以多步脱溴为主。污泥和沉积物中的 BDE-209 还原脱溴作用以邻位脱溴和间位脱溴为主。大多数厌氧微生物会率先进行 BDE-209 的单一脱溴,生成九溴联苯醚(BDE-207、BDE-206 等),随后再次脱溴,生成八溴联苯醚(BDE-196、BDE-197、BDE-194 等),它们又可以被降解成为溴代程度更低的七溴联苯醚、六溴联苯醚等产物。七溴联苯醚 BDE-183 是一个极为普遍的中间产物,许多厌氧细菌都可将更高溴代的 PBDEs 还原至 BDE-183,并将还原脱溴过程继续进行下去,如 *Dehalococcoides* 菌株可将 BDE-183 脱溴成为 BDE-154,厌氧微生物群落仍可将其进一步还原为 BDE-139、BDE-149、BDE-144 等降解产物。对位脱溴在海洋沉积物中的 BDE-209 降解过程发挥重要作用,BDE-209 及其邻位和间位脱溴产物可在对位进一步脱溴,生成 BDE208 等 20 种新的脱溴产物。

由于参与反应的厌氧菌多为严格的自养生物,其生长速率和代谢速率都较慢,对其的研究也主要围绕群落降解研究为主,极少见单菌株分离培养。土壤微生物群落降解研究表明 PBDEs 在厌氧土壤中的半衰期平均为 14 年,最长可达 50 年之久。缺乏合适的电子受体是厌氧条件下生物难降解化合物的主要限制因素之一。PBDEs 溴原子取代位置与取代数目对其微生物降解性能具有重要影响,溴代程度较高的 PBDEs 厌氧降解速率较慢,低溴代 PBDEs 在相同条件下的降解速率较快,间位取代的溴原子最容易通过还原作用脱去,邻位与对位相对来说较难脱溴。此外,厌氧降解微生物多具有底物选择性,如 BDE-209 在 2,6-二溴联苯、十溴联苯等底物存在时,降解速率增加;而无底物存在时,降解速率大为降低。高溴代联苯醚的厌氧脱溴产物往往比母体化合物具有更强的毒性,如 BDE-209 厌氧脱溴至低溴代的五溴联苯醚 BDE-99,其更高的生物蓄积性和毒性会显著增大环境风险。

(二) 多溴联苯醚的好氧降解

在好氧微生物的作用下，PBDEs 能够发生羟基化反应，并最终开环而彻底降解，不会产生毒性较大的中间产物；且与厌氧降解过程相比，其降解周期较短。目前研究发现能够好氧降解 PBDEs 的微生物主要有假单胞菌属(*Pseudomonas*)、伯克霍尔德菌属(*Burkholderia*)、芽孢杆菌属(*Bacillus*)、鞘氨醇单胞菌属(*Sphingomonas*)、红球菌属(*Rhodococcus*)和白腐真菌(white rot fungi)等。好氧微生物降解 PBDEs 有如下特点：①PBDEs 的降解速率随着溴取代位点数量的增加而降低；②如果两个苯环，一个有溴取代，另外一个没有溴取代，开环更易发生在没有取代基的环上；③如果两个苯环上都有溴取代，则溴化程度较低的苯环优先通过羟基化或甲基化开环；④溴在苯环上的不同位置及溴的多少，会影响酶的催化活性，从而影响降解效率。

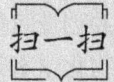 全氟和多氟烷基物质的生物转化和降解

第四节 有机污染物生物降解的影响因素

在污染物生物降解过程中，多方面因素影响其降解效果，主要的影响因素为生物活性、化合物结构和环境因素。

一、生物活性

生物的种类、代谢活性、适应性等都直接影响其对污染物的降解与转化。不同种类生物对同一有机底物或有毒金属反应不同。在补加元素汞的细菌生长试验中，元素汞杀死铜绿假单胞菌，降低荧光假单胞菌的生长速率，而枯草芽孢杆菌和巨大芽孢杆菌的生长情况与对照相似，且所补加的汞基本上全部被氧化。同种微生物的不同菌株反应也不同，例如，用平板培养法测氯化汞对敏感菌株和抗性菌株生长的影响，当培养基中含氯化汞时，只有抗性菌株生长，其菌落数与对照几乎相同。微生物在生长速率最快的对数期，代谢最旺盛，活性最强，在此时期添加有毒金属，微生物受抑制的时间比在迟缓期添加要短得多。

以污染物为唯一碳源或主要碳源进行降解试验，以时间为横坐标，微生物量和污染物量为纵坐标作图，可得两条基本对应的双曲线，显示微生物经迟缓期进入对数生长期，污染物相应由迟缓期进入迅速降解期。同样，在微生物稀少的自然环境中可存留几天或几周的有机物，在活性污泥中几个小时就被降解。微生物的种类组成可以决定化合物降解的方向和程度。另外，微生物的种类组成又与环境中化学物质有关。在特殊环境中某种微生物占优势，主要是因为环境中存在能被这种微生物代谢的化学物质。例如，在含有烃类的水、土中，降解烃类的微生物占优势，这是自然富集的结果。微生物的种类组成除与底物有关外，也随温度、湿度、酸碱度、氧气和营养供应及种间竞争等的改变而改变。

微生物具有较强的适应和被驯化的能力，通过一定的适应过程，新的化合物能诱导微生物产生相应的酶系而得到降解，或通过基因突变等建立新的酶系实现降解。微生物降解本身的功能特性和变化也是最重要的因素。

生物降解过程中每一步都是由细胞产生的特定酶所催化。胞外酶和胞内酶都对污染物的降解起重要作用。大分子必须在胞外被裂解成较小的亚单位以后才能进入细胞。如果没有合适的酶存在，由胞内酶或胞外酶引起的降解都会在任何一步停止。缺乏合适的生物降解酶是导致有机污染物持久存在的一个常见原因，尤其是现存的降解酶不能识别的那些含有不常见化学结构的化合物。催化污染物降解的酶一般具有特异性，但也有一些特异性较低的酶，如一些加氧酶，其有相对较宽的底物范围，这些酶会导致污染物的共代谢。在污染物的降解酶中大部分是诱导酶，但也有组成酶，从成本效益的角度看，诱导酶要优于组成酶。

污染物降解酶都是由降解基因编码，降解基因通过转录和表达产生降解酶。降解基因并不一定能表达出高酶活性，因此在生物降解中，降解基因能良好表达，并创造良好表达条件是极为重要的。分离具有新的代谢能力的菌株、对降解途径做出生物化学和遗传学阐述、克隆遗传基因、构建新的遗传工程菌及构建协同式菌群，形成畅通的代谢降解路线，都有利于污染物的生物降解。

二、化合物结构

化合物的相对分子质量、空间结构、取代基的种类及数量等都影响微生物对其降解的难易程度。通常，结构简单的比复杂的易降解，相对分子质量小的比相对分子质量大的易降解，聚合物和复合物抗生物降解。烃类化合物中，一般链烃比环烃易降解，不饱和烃比饱和烃易降解，直链烃比支链烃易降解，支链烷基越多越难降解。碳原子上的氢都被烷基或芳基取代时，会形成生物阻抗物质。官能团的性质和数量对有机化合物的生物降解性影响也很大。土壤微生物对若干单取代基苯化合物的分解能力见表 8-4。卤代作用能抗生物降解，卤素取代基越多，抗性越强。例如，自一氯苯到六氯苯，随着氯离子增多，降解难度相应加大。卤代化合物降解最重要的条件是在代谢过程中卤素作为卤化物离子而被除去。官能团的位置也影响化合物的降解性，如有两个取代基的苯化物，间位异构体往往最能抵抗微生物的攻击，降解最慢。了解有机物的化学结构与微生物降解能力之间的关系，可为合成新一代化合物提供参考，防止因合成化合物难以被微生物降解而造成潜在的环境问题。

表 8-4　土壤微生物对单取代基苯化合物的降解速率

化合物	取代基	降解时间/d
苯酸盐	—COOH	1
酚	—OH	1
硝基苯	—NO_2	>64
苯胺	—NH_2	4
苯甲醚	—OCH_3	8
苯磺酸盐	—SO_3H	16

三、环境因素

(一) 温度

温度是微生物生长重要的环境因素之一。总体而言，微生物生长的温度范围很广，但具体到某一种微生物而言，则只能在一定的温度范围内生长并且有最低、最适和最高 3 个温度值。最适合微生物生长的温度称为最适生长温度。最低生长温度是指微生物生长的温度下限，在此温度下微生物生长非常缓慢。当环境温度低于微生物生长下限时，微生物呈休眠状态，此时微生物的生命活动虽然停止，但其活力仍然存在。利用这个特点，常采用冷藏法保存菌种（$-70 \sim -20$℃）。最高生长温度是指微生物生长的温度上限，在此温度下微生物仍能生长，但是超过这个温度微生物停止生长或死亡。高温使微生物细胞内蛋白质凝固，酶变性失活，代谢停止而死亡。通常将在 10 min 内杀死某种微生物的高温界限称为致死温度。不同微生物的致死温度不同，如大多数细菌、病毒、酵母菌和丝状真菌营养体的致死温度为 $50 \sim 65$℃，放线菌和真菌的孢子致死温度为 $75 \sim 80$℃，细菌芽孢抗热能力极强，能耐 100℃以上高温数分钟。

值得注意的是，最适生长温度并不一定是微生物代谢的最适温度，如青霉素产生菌产黄青霉（*Penicillium chrysogenum*）在 30℃时生长最快，而青霉素产生的最适温度是 $20 \sim 25$℃，因此在青霉素产生过程中采用变温培养的方法可获得高产。

(二) 酸碱度

强酸、强碱会抑制大多数微生物的活性，通常在中性范围内微生物生长最好。一般细菌和放线菌更喜欢中性至微碱性的环境，酸性条件有利于酵母菌和霉菌生长。氧化亚铁硫杆菌等嗜酸细菌在强酸条件下代谢活性更高。芽孢杆菌属等细菌可在强碱环境中发挥其降解转化作用。酸碱度可能影响污染物的降解转化产物，如在 pH 为 4.5 时，汞容易发生甲基化作用。

(三) 营养

除碳源外，微生物生长需要氮、磷、硫、镁等无机元素。此外，有些微生物没有能力合成足够数量的、生长所需的氨基酸、嘌呤、嘧啶和维生素等特殊有机物，如果环境中这些营养成分的一种或几种供应不够，则污染物的降解转化就会受到限制。水作为微生物生存所必需的营养成分，也是影响降解转化的重要因素。没有水分，微生物不能生存，也就无从降解有机物或转化金属。在土壤环境中，水分还与氧化还原电位、化合物的溶解、金属的状态等密切相关，所以对降解转化的影响更大。例如，渍水状态可加强水解脱氯、还原脱氯和硝基还原等反应，许多有机氯杀虫剂可在渍水的厌氧条件下降解，而在非渍水土壤中长期滞留。

(四) 末端电子受体

末端电子受体主要包括氧及硝酸盐、铁离子和硫酸盐等。微生物降解转化污染物的过程可能是好氧的，也可能是厌氧的。好氧过程需要游离氧(O_2)。对于环境中污染物的降解转化，尤其要关心的是以结合氧为电子受体的厌氧呼吸，如由 NO_3^- 生成 NO_2^-，由 SO_4^{2-} 生成 H_2S，会对高等生物造成危害。在氧浓度低的自然环境中，如湖泊淤泥、沼泽、水淹的土壤中，厌氧过程总是占优势。氧化还原电位越低，六六六各异构体降解得越快。

(五) 盐度

嗜盐微生物可以在高盐度条件下生长，但非嗜盐微生物的生理活性很容易受到盐度的影响。研究表明，向淡水沉积物样品加盐后烃降解速率降低。

(六) 水活度

任何微生物的最适生长都需要适合水活度，水活度对环境污染物的降解也产生很大影响。高水活度有助于大多数微生物的生长，也有利于环境污染物的溶解。研究表明，在高水活度条件下污染物的生物降解具有较高的速率。

多环芳烃的微生物降解

多环芳烃(PAHs)是指含有两个或两个以上苯环的稠环化合物。研究表明，多环芳烃也能被微生物降解。萘是最简单的 PAHs，好氧降解由双加氧酶催化产生顺-萘二氢二醇，再脱氢形成 1,2-二羟基萘，然后环氧化裂解，接着去除侧链，形成水杨酸，水杨酸进一步氧化形成儿茶酚或龙胆酸后开环。代谢过程如图 8-23 所示。

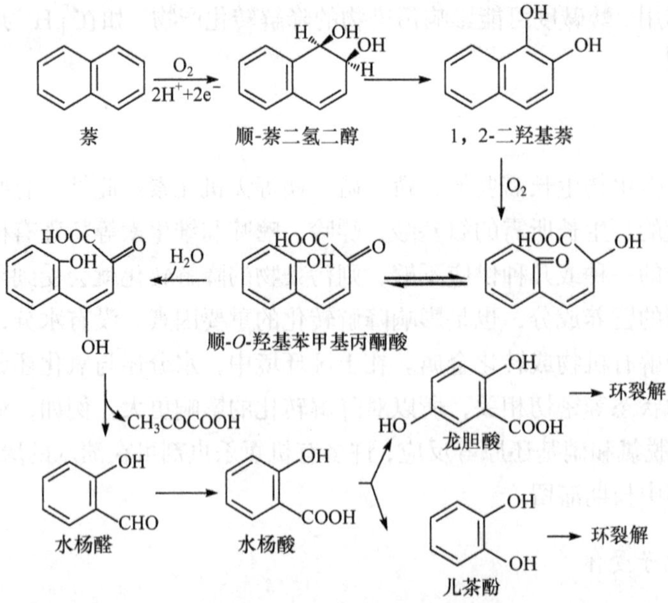

图 8-23 萘的好氧降解途径

PAHs 可以在反硝化、硫酸盐还原、发酵和产甲烷的厌氧条件下转化，但相对于有氧降解来说，PAHs 的无氧降解进程较慢，其降解途径目前还不十分清楚，可以厌氧降解 PAHs 的细菌相对较少。已有的实验表明，在厌氧的条件下细菌对 PAHs 的降解仅限于萘、菲、芴、荧蒽等一些结构简单、水溶性较高的有机物。在产甲烷发酵条件下萘的降解途径如图 8-24 所示，其降解途径与单环烃的代谢途径相似。

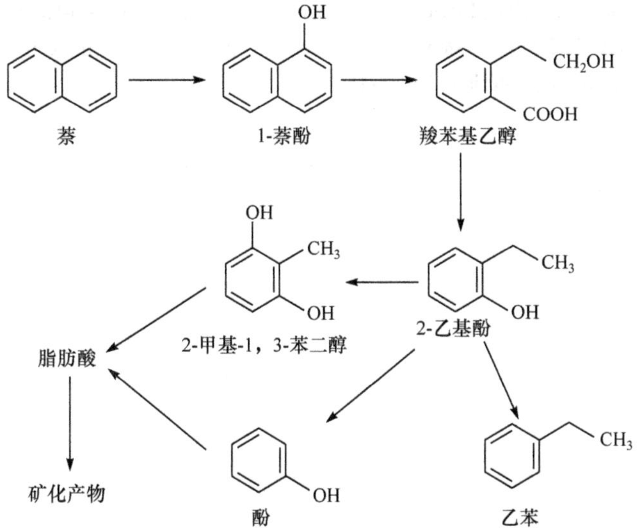

图 8-24 萘降解的产甲烷代谢途径

思考题和习题

1. 简述石油的微生物降解过程。
2. 生物毒素是如何生物降解的？
3. 论述不同种类农药的生物降解途径。
4. 论述不同持久性有机污染物的生物降解过程。
5. 分析生物降解污染物的影响因素。

参 考 文 献

蔡志强, 叶庆福, 汪海燕, 等. 2010. 多氯联苯微生物降解途径的研究进展. 核农学报, 24(1): 195-198
程吟文, 谷成刚, 王静婷, 等. 2015. 多溴联苯醚微生物降解过程与机理的研究进展. 环境化学, 34(4): 637-648
李顺鹏. 2002. 环境生物学. 北京: 中国农业出版社
李先国, 马燕燕, 张大海. 2013. 壬基酚生物降解研究进展. 中国海洋大学学报, 43(5): 64-69
刘娣. 2014. 霉菌毒素对猪危害及生物降解法研究. 英文版. 北京: 中国农业科学技术出版社
刘晓燕, 张新颖, 程金平. 2014. 土壤中石油类污染物的迁移与修复治理技术. 上海: 上海交通大学出版社
吴宇澄, 林先贵. 2013. 多环芳烃污染土壤真菌修复进展. 土壤学报, 50(6): 1191-1199
胥梦, 王继华, 李梓维, 等. 2021. 多溴联苯醚的微生物降解机理研究进展. 环境科学与技术, 44(S2): 172-181
杨柳燕, 肖琳. 2003. 环境微生物技术. 北京: 科学出版社

张甲耀, 宋碧玉, 陈兰洲. 2008. 环境微生物学. 武汉: 武汉大学出版社

周芯竹, 卢倩倩, 王莹莹. 2022.细菌降解双酚类化合物的分子机制研究进展. 微生物学通报. 49(5): 1874-1888

Gupta S, Pathak B, Fulekar M H. 2015. Molecular approaches for biodegradation of polycyclic aromatic hydrocarbon compounds: A review. Reviews in Environmental Science and Bio-technology, 14(2): 241-269

Haritash A K, Kaushik C P. 2009. Biodegradation aspects of polycyclic aromatic hydrocarbons (PAHs): A review. Journal of Hazardous Materials, 169: 1-15

第九章

污染物生物处理和环境生物修复

本章导读

本章将详细介绍污染物生物处理和污染环境生物修复的概念、原理、分类及应用实例，同时通过微生物制剂、基因工程菌、转基因生物和合成微生物组的叙述，展示现代生物技术在环境污染控制中的作用。本章最后论述了现代生物技术在环境保护中的应用。

第一节 污染物生物处理

生物处理(biological treatment)是污染物处理方法之一，是利用生物特别是微生物的代谢活动处理各种污染物的方法。污水、废弃物和废气可以用生物进行处理，污水生物处理包括活性污泥法和生物膜法等，微生物在污水处理过程中发挥重要作用。采用最新的分子生物学技术可以阐释生物处理过程中的微生物群落结构变化、脱氮除磷过程中功能菌属的作用及关键功能基因的功能。在污染物生态处理过程中，利用微生物、植物和动物的联合作用可实现较好处理效果。

一、污水生物处理

含有有机污染物的污水/废水、废渣、废气都可以采用生物方法进行处理，通过微生物、植物、动物的作用并与一些理化处理方法结合，可有效降解有机污染物，减轻其对环境的污染。

(一) 污水好氧生物处理

污水好氧生物处理包括活性污泥法、生物膜法等，利用好氧微生物分解有机物达到去除污染物的目的。

1. 活性污泥法

1) 活性污泥法的基本概念

活性污泥法(activated sludge process)最早于 1914 年由英国人 Arden 和 Lockett 创建。100 多年来经过各种改进和修正，活性污泥法在废水处理技术中取得了巨大成功，成为目前最成熟但仍在迅速发展的废水生物处理技术之一。

活性污泥法是利用悬浮生长的微生物絮凝体处理有机废水的一类好氧生物处理方法，基本工艺如图9-1所示。这种微生物絮凝体就是活性污泥，它由好氧微生物(包括细菌、真菌、原生动物和后生动物)及其代谢和吸附的有机物、无机物组成。污染物降解过程主要分为两个阶段。

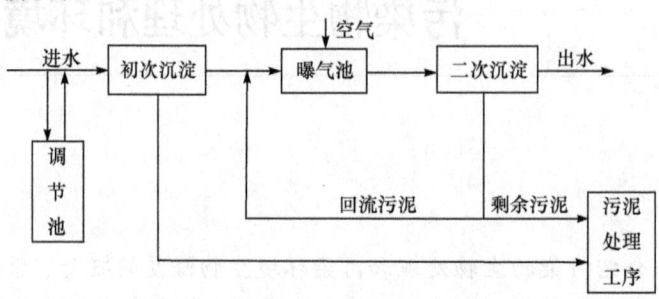

图 9-1　传统活性污泥法基本工艺流程

第一阶段是吸附阶段。微生物在生长繁殖过程中形成表面积较大的菌胶团，大量絮凝和吸附废水中有机物。污水中大部分有机污染物是通过吸附去除的。

第二阶段是摄取、分解阶段。细菌将被吸附的污染物摄入细胞内进行代谢，进入胞内的污染物一部分在氧的作用下被转化为菌体本身的结构组分和新的细胞，另一部分则被氧化为二氧化碳和水等物质。

实际应用过程中，向曝气池废水中曝气充氧，使各种能以该废水中有机物作为营养物质的微生物大量生长繁殖，形成菌胶团，原生动物附着其上，丝状的细菌与真菌也交织穿插其间，形成悬浮于混合液中的絮凝体，每一絮凝体就是一个微生物群体。这样的活性污泥絮凝体与进入曝气池的污水相接触，即发生对废水中污染物的吸附、吸收和分解等作用。经过一段时间的曝气后，污水中的有机物质大部分被同化为微生物有机体，然后进入沉淀池。絮状活性污泥能很好地沉降至池底部，上清液即为处理过的水，可排出系统。沉淀的污泥一部分补充、回流到曝气池中，与未处理污水混合重复上述作用，另一部分污泥则为剩余污泥而被排出。

2) 活性污泥法的特征

活性污泥法不仅要为微生物生长繁殖提供适宜的环境条件，更要为它们提供能够高效发挥其吸附、吸收和氧化污染物能力的场所。依据这个原则，因处理的目的和对象不同，活性污泥法有许多运行方式和工艺，其主要特征表现如下：①以生物絮凝体为生化反应的主体；②利用曝气设备向生化反应系统鼓空气或氧气，为微生物提供氧源；③对体系进行混合搅拌以增加接触和加速生化反应传质过程；④采用沉淀方式去除有机物，降低出水中微生物等固体的含量；⑤通过回流使沉淀池浓缩的微生物絮凝体返回反应系统；⑥为保证系统内生物细胞平均停留时间的稳定，经常排出一部分生物固体。

活性污泥法的运行最早采用的是普通活性污泥法(又称习惯活性污泥法或传统活性污泥法)，随着工业生产和城市发展，在普通活性污泥法的基础上发展起来了多种运行方式,如多点进水活性污泥法、吸附再生活性污泥法(又称生物吸附法或接触稳定法)、延时曝气活性污泥法和完全混合式活性污泥法。

3) 活性污泥法的主要类型和基本流程

经过 100 多年的发展与实践,活性污泥法在供氧方式、运转条件、反应器形式等方面不断改进,出现了多种方法和工艺。随着对废水处理要求的提高和废水种类的增加,新工艺和技术仍在不断涌现。

目前按废水和回流污泥的进入方式及其在曝气池中的混合方式分类,活性污泥法主要有推流式和完全混合式两大类。推流式活性污泥法曝气池有若干个狭长的流槽,废水从一端进入,另一端流出,随着水流完成底物的降解和微生物的增长。完全混合式活性污泥法是废水进入曝气池后在搅拌作用下立即与池内活性污泥混合液混合,从而使进水得到良好的稀释,污泥与废水得到充分混合,可以最大限度地承受废水水质变化的冲击。当然,严格的推流式和完全混合式只是理论上的分类,在实际运行中,曝气过程都介于两者之间,并在其基础上发展出许多类型。

4) 活性污泥法工艺参数指标

混合液悬浮固体(MLSS)为 1 L 曝气池混合液中所含悬浮固体的质量,单位为 g/L,一般活性污泥的 MLSS 应控制在 2~4 g/L。混合液挥发性悬浮固体(MLVSS)为 1 L 混合液中所含挥发性悬浮固体(能被完全燃烧的物质)的质量,单位为 g/L,一般城市生活废水的 MLVSS 与 MLSS 之比在 0.75 左右。污泥沉降比(SV)指一定量的混合液静置 30 min 以后,沉降的污泥体积与原混合液体积之比,以百分数来表示。在正常情况下,SV 反映曝气池正常运行的污泥量,可用来控制剩余污泥的排放量。同时,其值大小也能反映污泥膨胀等异常现象,以及时采取措施。污泥容积系数(SVI)又称污泥指数,指曝气池中混合液经 30 min 静置沉降后体积(mL)与污泥干重(g)之比,反映活性污泥的凝聚性和沉降性,一般 SVI 控制在 50~150,若其大于 200,则表明污泥已发生膨胀。污泥负荷(L_s)指单位时间内单位质量的活性污泥能处理有机物的数量,用 kg(BOD)/kg(MLSS)表示。污泥负荷有时也称食物与微生物比值。L_s 在活性污泥处理法的设计中是一个重要的指标,L_s 过高会引起污泥膨胀,一般取值在 0.3~0.6 kg(BOD)/kg(MLSS)。

5) 活性污泥中的微生物

废水中含有的可溶性有机物能被细菌、真菌等作为营养物质直接利用、分解,因此可以认为细菌等腐生营养性微生物在废水净化过程中起主要作用。此外,在实际处理系统中,原生动物和微型后生动物等也是活性污泥法中不可或缺的一部分。在曝气池这一水生环境中,不断曝气和剧烈搅拌对大型生物的生存极为不利,因此活性污泥中出现的微生物形体尺寸均≤1 mm。活性污泥法中各种微生物随着废水一起流动,导致增殖速度较小的微生物可能尚未增殖便从曝气池流失。污泥絮凝体形成及污泥膨胀都与污泥中相关的细菌种属有关。

(1) 形成活性污泥絮凝体的细菌。

能形成活性污泥絮凝体(floc)的细菌称为菌胶团细菌。它们是构成活性污泥絮凝体的主要成分,有很强的吸附、氧化有机物的能力。絮凝体的形成可使细菌避免被微型动物所吞噬,而且关系到污泥的沉降和在二沉池中能否有效地进行泥水分离。能形成絮凝体的细菌最早由 Butterfield 从活性污泥中分离得到。这类细菌能形成胶状物，使细菌胶合在一起成为指状菌胶团，被定名为分枝状动胶杆菌(*Zoogloea ramigera*)，为无芽孢杆菌，极生鞭毛、能运动、形成荚膜，可利用碳水化合物、明胶、酪素和蛋白胨，无硝化作用，不产生硫化氢，在灭菌的废水中通气培养菌株能形成良好的絮凝体。

(2) 活性污泥中丝状细菌与污泥膨胀。

丝状细菌与菌胶团细菌一样，是活性污泥中的重要组成成分。丝状细菌在活性污泥中交叉穿织于菌胶团内，或附着生长于絮凝体表面。少数种类可游离于污泥絮凝体之间。丝状细菌具有很强的氧化分解有机物的能力，起着一定的净化作用。但在有些情况下它在数量上可超过菌胶团的细菌，使污泥絮凝体沉降性能变差，严重时即引起活性污泥膨胀(sludge bulking)，造成出水水质下降。这类细菌主要有浮游球衣菌(*Sphaerotilus natans*)、贝氏硫细菌(*Beggiatoa*)、发硫细菌(*Thiothrix*)等。

活性污泥膨胀的原因主要有两个，一是重金属的影响阻碍了絮凝体形成，或因温度过高和营养缺乏而发生解絮化作用，此为非丝状菌膨胀；二是丝状菌膨胀，即丝状菌的大量繁殖引起沉降困难。

目前认为，膨胀是活性污泥中两类细菌——菌胶团细菌和丝状细菌竞争的结果，当丝状细菌占优势时，就能引起污泥膨胀。这可能是由于废水浓度过高或过低利于丝状菌的生长。当废水浓度过高时，水中缺氧，抑制了菌胶团细菌的生长，导致有利于能耐受低氧条件的球衣细菌的大量繁殖。而废水浓度过低，则会使絮凝体中的菌胶团细菌得不到足够的营养，丝状菌则形成长长的丝状体，从絮凝体中伸出以增加表面积，更充分地吸收环境中营养。

6) 活性污泥中生物群落结构

生物群落是指在一定时间内生活在一定区域或环境内的各种生物种群相互联系、相互影响的一种有规律的结构单元。由于微生物的微观性，微生物群落的研究相对植物群落和动物群落的研究滞后。生态学中有关群落发展和演替的理论大部分来自于植物群落和动物群落。

活性污泥中原生动物的群落演替规律如下。

(1) 废水进入曝气池后，在废水处理的初期，由于营养充足，细菌、肉足虫类和部分鞭毛虫大量繁殖，在微生物群落结构中占据优势地位。其中，鞭毛虫能通过细胞表膜的渗透作用，将溶于水中的有机质吸收到体内作为营养物质，异养鞭毛虫分泌胞外酶使大分子有机物降解为小分子并加以利用，而肉足虫靠吞食有机颗粒、细菌为生，也得以大量生长繁殖。

(2) 由于溶解性有机质的消耗、菌胶团的形成、游离菌的减少，加之微型动物的增殖扩大，曝气池内营养体系发生巨大变化。在这种情况下，各类微生物为了生存竞争食物。细菌和植鞭毛虫争夺溶解性有机营养，植鞭毛虫在竞争中处于劣势而被淘汰；而肉足虫在与动鞭毛虫竞争过程中因竞争力差也很快被淘汰。

(3) 异养细菌的大量繁殖为纤毛虫提供了食料来源，纤毛虫掠食细菌的能力大于动鞭毛虫，因此继动鞭毛虫之后纤毛虫成为优势类群，随之以诱捕纤毛虫为生的吸管虫大量出现。

(4) 由于有机质被氧化，营养缺乏，游离菌减少，游泳型纤毛虫和吸管虫数量相应减少，随之，可生存在细菌少、有机质含量较低环境中的固着型纤毛虫成为优势类群。

(5) 水中的细菌和有机质越来越少，固着型纤毛虫得不到足够的食物和能量，便出现了以有机残渣、死细菌及老化污泥为食的轮虫，其适量出现指示这一个生态系统已经达到相对稳定状态。

以上群落演替过程中，各类微生物出现的顺序主要受食物因子约束，呈现出有机物-细菌-原生动物-后生动物依次成为优势类群的演替规律。

7) 利用高通量测序技术分析污水处理中的微生物群落结构

随着高通量测序技术的发展，通过 16S rRNA 基因扩增子测序，可实现对污水处理系统中微生物群落结构的解析。通过宏基因组深度测序可以实现对污水处理系统微生物代谢功能特征的解析。近年来，基于宏基因组-组装基因组(metagenomic-assembled genome, MAG)分析手段从污水处理系统中获得接近 2000 种微生物的基因组草图，帮助分析微生物的系统进化距离(图 9-2)。基于高通量测序的菌群结构与功能的全面、深度解析，对于调控污水处理过程中的环境因素以实现污水高效净化处理和高值资源回收具有重要的指导意义。

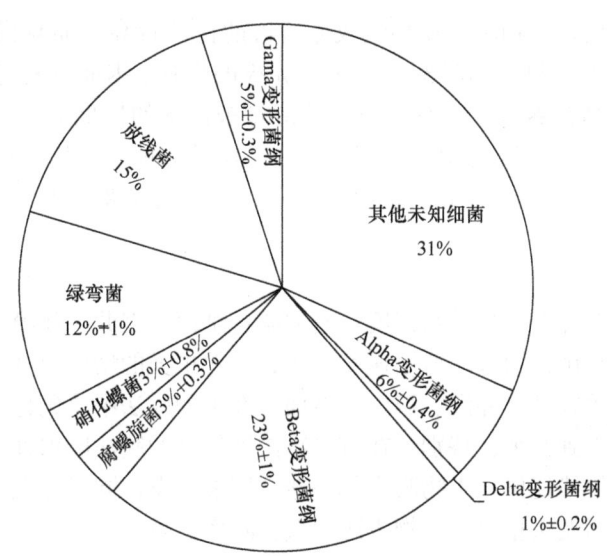

图 9-2 基于 MAG 的污水处理厂活性污泥中细菌群落结构

2. 生物膜法

利用微生物在固体表面的附着生长对废水进行生物处理的方法称为生物膜法(biofilm)，主要有固定床(fixed bed)生物处理技术和流化床(fluid bed)生物处理技术，如生物滤池、生物转盘、生物接触氧化和生物流化床等工艺。这一类方法的共同特征是通过废水与生物膜的相对运动，使废水与生物膜接触，进行固液两相的物质交换，并在膜内进行有机物的生物氧化与降解，使废水得到净化。与此同时，生物膜内的微生物不断生长、繁殖。

1) 生物膜法的特点

(1) 微生物多样性高。

在所形成的生物膜中微生物种类的多样性程度较高，其中包括好氧细菌、厌氧细菌、真菌和藻类等，使其在去除污染物方面更具有广谱性。在活性污泥法中，增殖速度较小的生物会随出水流失，难以栖息于污泥中；而生物膜中微生物种类与废水的停留时间无关，即使增殖速度小的生物也能生存。此外，微型后生动物中有些种类对搅拌强度相当敏感，这些种在生物膜中不会受到冲击。因此，与活性污泥相比，生物膜中的生物多样性增加，相互作用复杂，构成了稳定的生态系统，能够承受环境条件的变动。在一般情况下，水温降低，生物的增殖速度也下降；但在生物膜中，即使水温降到5℃左右，多种生物仍能存活。

(2) 生物膜各段的微生物类群结构不同。

在多段式的生物膜法处理中，与净化程度相对应，分别出现不同的微生物优势种。微生物群落的种类组成随废水的净化过程而相应地发生演替的处理法被认为是最合理的生物处理法，没有污泥和处理水的回流是造成各段微生物不同的重要原因之一。

(3) 生物膜中食物链较长。

与活性污泥相比，生物膜上动物性成分所占的比例较高，而且微型后生动物的量也明显增加，即在生物膜上同时栖息着多营养级的生物，因而食物链比活性污泥中的更长。食物链长，高营养级的生物多，导致能量被消耗的比例大，所产生的污泥大部分可被生物本身所消化，因此剩余污泥量很少。实验表明，生物膜法产生的污泥量比活性污泥法少20%左右。同时由于动物性成分高的污泥固液分离良好，因此上清液大多较为透明。

(4) 脱氮能力较强。

在生物膜上存在许多生长繁殖速度较慢的硝化细菌，因此生物膜法具有较高的脱氮能力。亚硝化细菌和硝化细菌的增殖速度较小，与轮虫类的增殖速度相近，所以在一般的活性污泥法中比较容易被冲洗、流失。然而，在生物膜法中比硝化细菌增殖速度更小的细菌也能稳定地得到繁殖，特别是在有机物浓度较低的膜法废水处理中，生物膜上硝化细菌增殖常能占优势地位。生物膜内部一般呈厌氧状态，同时存在一定程度的脱氮作用。因此，与活性污泥法相比，生物膜法的氮去除率更高。

(5) 单位处理能力大。

大量微生物生长占据了整个反应器的空间，单位体积生物量远比活性污泥法高，因此单位处理能力巨大。

(6) 系统维护方便。

系统操作维护方便，能耗低，无须污泥回流。

(7) 操作运行稳定。

生态系统的结构复杂，对水力和有机物负荷的承受能力强，操作运行稳定。生物膜法比活性污泥法生物密度大，耐污力强，动力消耗低，不需要污泥回流，不存在污泥膨胀，因而运转管理容易，广泛应用于石油化工、印染、制革、造纸、食品、医药、农药、化纤等工业废水的处理。

2) 生物膜的生物组成

(1) 细菌和真菌。

生物膜表层好氧，中间是兼性，与填料接触的里层往往呈厌氧状态，因此在这三种不同的微环境中存在各自优势微生物种类。

在生物膜的好氧层中专性好氧的芽孢杆菌属(*Bacillus*)占优势，在厌氧层能见到专性厌氧的脱硫弧菌属(*Desulfovibrio*)的细菌存在于膜和填料的界面上。生物膜中数量最多的细菌则是兼性细菌，主要有假单胞菌属(*Pseudomonas*)、产碱杆菌属(*Alcaligenes*)、黄杆菌属(*Flavobacterium*)、无色杆菌属(*Achromobacter*)、微球菌属(*Micrococcas*)、动胶杆菌属(*Zoogloea*) 6 个属的细菌。另外，还存在大肠杆菌和产气杆菌等肠道杆菌。在生物膜上还经常见到丝状微生物，如球衣细菌、贝氏硫细菌和发硫细菌等，后两种往往存在于膜的厌氧区域。在好氧区还可能生长丝状真菌，它们只存在于有溶解氧的层内。正常情况下，真菌由于受到细菌营养竞争的抑制，只有在 pH 较低或特殊的工业废水处理中才可能在生物膜中超过细菌而占优势，如 BOD 负荷很高，则可能发生真菌异常增殖，甚至会造成滤池堵塞。在生物膜处理系统中不存在丝状细菌引起的污泥膨胀问题，因此具有一定降解能力的丝状细菌如球衣细菌等的存在，对废水处理十分有利。

(2) 原生动物。

在普通生物滤池、生物转盘等生物膜中，出现频度高的原生动物为纤毛虫类和肉足类，尤其是纤毛虫类占压倒性优势。与活性污泥不同的是，呈分枝状增殖的种类如独缩虫(*Carchesium*)、累枝虫(*Epistylis*)、盖虫(*Opercularia*)等常占优势，有时可见到由这些种的数百个细胞组成的群体。

在生物滤池的上层有足够的有机物供植鞭毛虫与细菌竞争；纤毛虫则存在于生物膜好氧层的各个部位，在生物膜的表层游动纤毛虫占优势，在较下层中有柄纤毛虫占优势。当然，不同类型构筑物的生物膜中，原生动物的优势情况各不相同。即使在同一个滤池，当基质和环境条件发生变化时，也会影响优势种的组成。

(3) 微型后生动物。

生物膜上出现的后生动物有轮虫类、线虫类、昆虫类、腹足类、寡毛类等。生物膜上出现的轮虫种类与活性污泥的大体相同，但个体数更多。线虫类也比活性污泥中多，有时沉淀 30 min 后的生物膜中每毫升可存在 500～10000 个线虫(占总数的 2%～10%)。季节变动时，线虫的个体数变动较小。生物膜上还会出现颗体虫属(*Aeolosoma*)、仙女虫属(*Nais*)、吻盲虫属(*Pristina*)等寡毛类，在 1 mg 干生物膜中寡毛类有时可高于 1000 个。

3) 固定床生物反应器

根据微生物附着的材料及其填充形式，固定床生物反应器可分为填充床、软性填料床、旋转盘片式生物反应器等。例如，普通生物滤池常采用碎石、焦炭、塑料滤料等各种填料。而塔式生物滤池常采用蜂窝填料等各种化工用填料。

4) 流化床生物反应器

流化床生物反应器常采用粒径小于 2 mm 的沙子、活性炭、树脂等作为生物膜载体，通过反应器内部自下而上的水流或气流扰动形成流化状态。流化状态可以避免脱落生物膜的堵塞，并加速基质在液相及生物膜内部的传质速率。在气提式流化床中，通过在反应器中心部位设置导流板，气体由中心注入，使得液体在导流板内部上升，外部下降，形成循环。气提式流化床大多数情况下用于好氧生物反应器。载体的流化与气体流量控制，与进水负荷无关。液提式流化床在厌氧反应器、反硝化反应器和好氧反应器中均有应用。液提式流化床中生物膜载体上流速通常由出水的回流循环控制，使得载体的流化与进水负荷无关。

(二) 污水厌氧生物处理

1. 厌氧生物处理的概念

当废水中有机物浓度较高，BOD 超过 1500 mg/L 时，不宜用好氧处理，而应该采用厌氧处理方法。厌氧生物处理(anaerobic process)是在厌氧条件下，形成了厌氧微生物所需要的营养条件和环境条件，利用这类微生物分解废水中的有机物并产生甲烷和二氧化碳的过程，又称厌氧发酵。其与好氧生物处理过程的根本区别在于不以分子态氧为受氢体，而以化合态碳、硫、氮为受氢体。

厌氧生物处理法可以在较高的负荷下使有机物高效去除，且大部分可生物分解的有机物经厌氧处理后转化为甲烷——一种有价值的副产品。处理过程中剩余污泥产量低，因此污泥处置费用少。由于不需要充氧设备，工艺所需的能耗极低，所需要的氮、磷养分较少。但厌氧处理也有一些问题有待解决，如工艺过程启动所需的时间较长，对废水负荷的变化和毒物较敏感等。厌氧处理一般只用于预处理，要使废水达标排放，还需要进行进一步的处理。

厌氧生物处理是一个复杂的微生物代谢过程。厌氧微生物包括厌氧有机物分解菌(或称不产生甲烷的厌氧微生物)和产甲烷菌。在一个厌氧发酵设备内，多种微生物形成一个与环境条件、营养条件相适应的群体，通过群体微生物的生命活动完成对有机物的厌氧分解，达到产生甲烷、净化废水的目的。

目前常见的厌氧生物反应器有厌氧接触反应器(ACP)、上流式厌氧污泥床反应器(UASB)、厌氧固定膜反应器(SFF)和厌氧流化床反应器(AFB)等。

2. 代表性的厌氧降解微生物

厌氧降解有机物过程中主要的功能菌类型有硫酸盐还原菌、反硝化细菌和产甲烷菌等，下面就产甲烷菌进行介绍。

产甲烷菌按形态可分为四种：八叠球状、杆状、球状和螺旋状。产甲烷菌要求有严格的厌氧环境，氧和氧化剂对产甲烷菌具有很强的毒性，氧分子和硝酸盐等容易释放出氧的化合物都可能使甲烷菌死亡。产甲烷菌代谢活动所需最佳 pH 为 6.7~7.2。产甲烷菌只能利用少数几种简单分子结构的有机化合物，各种产甲烷菌都能利用氢作为生长和产甲烷的电子供体。产甲烷菌中的自养型菌能利用铵盐作为氮源。

产甲烷菌是严格厌氧的微生物，在严格厌氧技术发明之前，产甲烷菌的分离培养研究进展缓慢。巴氏甲烷八叠球菌(*Methanosarcina barkeri*)和甲酸甲烷杆菌(*Methanobacterium formicium*)是最早分离出的产甲烷菌微生物。近年来，随着厌氧分离技术的改进，结合先进的鉴定手段和分析方法，更多种类的产甲烷菌菌株被鉴定出来。在分类学上，产甲烷菌被分别描述为甲烷杆菌纲(Methanobacteria)、甲烷球菌纲

(Methanococci)、甲烷微菌纲(Methanomicrobia)和甲烷火菌纲(Methanopyri)，这 4 个纲包括 7 目、14 科、35 属。其中甲烷微菌纲有 4 目、9 科、25 属，是研究最多的产甲烷微生物类群。

产甲烷菌世代时间普遍较长，有的可达 4~6 d，所以厌氧发酵设备的投产期较长，有时甚至需要一年。从外部投加大量的接种物，可以快速启动。由于在厌氧发酵器中只有小部分有机物转化为甲烷菌新菌体(5%~10% COD)，因此厌氧处理废水产生的剩余污泥极少，不超过好氧处理工艺的 1/6。在厌氧发酵处理过程中，微生物群体中的各类群之间相互协同、相互制约。产酸菌的代谢物是产甲烷菌的营养物质，产甲烷菌利用这些物质进行生命活动转化成甲烷。在正常情况下，两大类微生物的代谢水平处于平衡状态。同时，两类微生物之间还有相互抑制作用，包括代谢底物对自身的抑制和种类间的相互抑制。如果产酸菌的数量激增，有机酸的积累增多，发酵介质的 pH 明显下降，甲烷菌的生命活动将受到抑制。

厌氧发酵产生的气体的主要成分如下：甲烷占 55%~80%，二氧化碳占 15%~40%，还有微量的氢、硫化氢和氮等。以化学需氧量计，约 72%的甲烷来自乙酸盐的转化，13%由丙酸盐转化而来，还有 15%是经过其他中间产物转化产生的。乙酸是厌氧发酵过程中最重要的中间产物。一般认为，氢还原二氧化碳和基质直接还原是甲烷形成的两种途径。

(三) 污水生物脱氮除磷

氮、磷是藻类生长的限制因素，水体中氮、磷浓度增高会导致水体的富营养化。目前水体富营养化对湖泊和海洋渔业资源造成极大的破坏，已成为世界性的环境问题。氨态氮排入水体还会因硝化作用耗去水体中大量氧，从而造成水体溶解氧下降。此外，饮用水中硝态氮超过 10 mg/L 会引起婴儿的高铁血红蛋白症。为此，对于水体中氮、磷的去除已越来越受到重视，许多国家对污水处理厂出水氮、磷都制定了严格的排放标准。常规的活性污泥法主要去除废水中含碳化合物，而对氮、磷的去除率很低。废水的脱氮除磷技术近年来发展迅速，微生物脱氮除磷技术由于具有处理效果好、处理过程稳定可靠、处理成本低、操作管理方便等优点而得到广泛应用，为水体中氮、磷的去除提供了有效手段。

污水生物脱氮除磷最常见的工艺为厌氧—缺氧—好氧工艺(A/A/O 工艺)(图 9-3)，在有效削减氮的同时，实现除磷。对生活污水而言，COD_{Cr} 去除率在 90%左右，氨氮去除率大于 95%，总氮去除率大于 80%，总磷去除率大于 85%，出水才能达到污水处理厂排放标准中一级 A 排放标准。

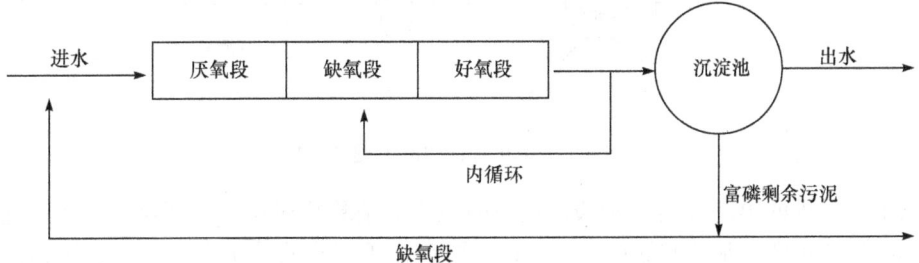

图 9-3　污水厌氧—缺氧—好氧生物处理工艺

1. 污水生物缺氧-好氧脱氮
1) 基本原理
生物脱氮主要是通过硝化过程、反硝化过程实现，厌氧氨氧化也能实现氮的去除。
(1) 硝化过程。

硝化过程是指 NH_3 先被氧化成 NO_2^-，最后生成 NO_3^- 的过程。硝化细菌几乎存在于所有的污水生物处理系统中，但是一般情况下，其含量很少。除温度、酸碱度的影响外，由于硝化细菌的比增长速度比生物处理中异养型细菌的比增长速度小一个数量级，因此 BOD 与总氮的比例也将影响污泥中硝化细菌所占比例。目前研究发现，硝化反应主要涉及氨氧化细菌、亚硝酸氧化菌(nitrite oxidation bacteria, NOB)及氨氧化古菌。

(2) 反硝化过程。

反硝化过程(denitrification)也称脱氮作用，指在缺氧条件下，反硝化细菌还原硝酸盐释放出分子态氮(N_2)或一氧化二氮(N_2O)的过程。在 pH 较低、氧浓度较高的环境中，一氧化二氮(N_2O)是主要产物；在 pH 为中性至弱碱性的厌氧环境中，氮气(N_2)是主要产物。只要环境条件适宜，活性污泥中大多数微生物都能进行反硝化作用。

NO_3^- 还原成 N_2 的过程分别由硝酸盐还原酶(nitrate reductase, Nar)、亚硝酸盐还原酶(nitrite reductase, Nir)、一氧化氮还原酶(nitric oxide reductase, Nor)和氧化亚氮还原酶(nitrous oxide reductase, Nos)催化完成(图 9-4)，这 4 类还原酶分别由 *nar*、*nir*、*nor* 和 *nos* 基因编码。反硝化过程第一步是硝酸盐还原成亚硝酸盐，由膜结合硝酸盐还原酶(Nar)和周质硝酸盐还原酶(Nap)两类酶催化完成，它们分布在反硝化菌细胞内的不同部位，这两类酶对氧气的敏感程度不同，Nar 对氧气比较敏感，在厌氧环境下起作用，Nap 在有氧环境下优先表达。Nar 主要由 *narG* 基因编码的 α 亚基、*narH* 基因编码的 β 亚基和 *narI* 编码的 γ 亚基 3 个亚基组成，Nap 由 *napA* 和 *napB* 编码的两个二聚体组成。

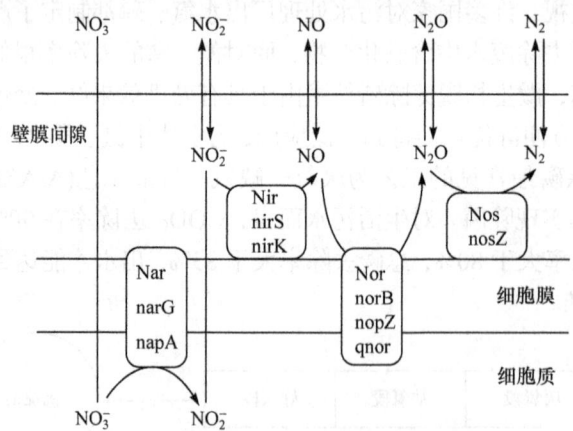

图 9-4 反硝化过程中的关键功能酶

反硝化过程的第二步是亚硝酸盐还原酶催化亚硝酸盐转化成一氧化氮，这一过程是反硝化的限速步骤。亚硝酸盐还原酶(Nir)主要存在于细胞的周质空间，可分为 *nirK* 基因编码的 Cu 型亚硝酸盐还原酶和 *nirS* 基因编码的细胞色素 cd1 型亚硝酸盐还原酶 2 种，大多数情况下这两种亚硝酸盐还原酶不会同时出现在一个细菌细胞内。由于亚硝酸盐还原酶是关键酶，因此常选择 nirK 和 nirS 基因作为功能基因研究淡水沉积物等环境中反硝化菌群落结构和多样性。环境中 nirS 菌分布较多，nirK 菌虽仅占反硝化菌的 30%，但分布的生理类群较广泛。

反硝化过程第三步是一氧化氮还原酶将一氧化氮催化转化成氧化亚氮，一氧化氮还原酶 Nor 主要存在于细胞膜中，由 norC 和 norB 基因编码的 2 个亚基组成。反硝化过程的最后一步是由氧化亚氮还原酶将一氧化二氮催化成氮气，氧化亚氮还原酶主要由 nosZ 基因编码的含有 8 个铜离子的 2 个相同亚基组成，nosZ 基因也广泛用于研究环境中反硝化菌的群落结构。

2) 影响因素

(1) pH。

硝化反应消耗 OH^-，因此如果污水中没有足够的 OH^-，pH 随着硝化的进行急剧下降。硝化细菌对 pH 十分敏感，亚硝化细菌和硝化细菌分别在 pH 为 7.0～7.8 和 7.7～8.1 时活性最强；pH 在此范围外，其活性则急剧下降。

pH 同时影响反硝化的速度。以不同的反硝化细菌或不同来源的污泥进行反硝化试验，研究结果表明反硝化的最佳 pH 范围虽略有不同，但均在中性和弱碱性。与硝化反应不同，反硝化过程是由各种非专性的反硝化细菌共同参与进行的，因此在实际脱氮过程中如果废水 pH 为 6～9，其对反硝化影响并不明显。

(2) 温度。

温度通过影响硝化细菌的增殖速度和活性从而对硝化反应造成较大影响，研究表明硝化细菌的最适温度为 30℃左右。温度对反硝化反应速率的影响取决于反硝化设备类型和硝酸盐负荷率等多种因素。流化床反硝化过程对温度的敏感性比生物转盘和悬浮污泥小得多，填料床反硝化速率受温度的影响比悬浮污泥小；硝酸盐负荷率越低，温度对反硝化速率的影响越小，反之亦然。

(3) 溶解氧。

溶解氧浓度影响硝化细菌的生长速度和硝化反应速率。硝化过程的溶解氧一般应维持在 1.0～2.0 mg/L。溶解氧对反硝化脱氮有抑制作用，其机制为阻抑硝酸还原酶的形成，或充当电子受体竞争性地阻碍硝酸盐的还原。虽然氧对反硝化脱氮有抑制作用，但由于反硝化菌为兼性厌氧菌，菌体内的某些酶系统组分只有在有氧条件下才能合成，氧的存在对反硝化菌是有利的。因而在工艺上最好使这些反硝化菌(即污泥)交替处于好氧、缺氧的环境条件下。

在悬浮污泥反硝化系统中，缺氧段溶解氧应控制在 0.5 mg/L 以下，污泥絮凝物内部仍呈厌氧状态，同样可进行反硝化作用，因此脱氮反应并不要求溶解氧保持在零的状态。在膜法反硝化系统中，菌体周围微环境的氧分压与大环境的氧分压不同，即使滤池内有一定的溶解氧，生物膜内层仍呈缺氧状态。因此，当缺氧段溶解氧控制在 1 mg/L 以下时也不影响反硝化的进行。

(4) 碳源。

碳源物质主要通过影响反硝化细菌的活性来影响处理系统的脱氮效率。能被反硝化细菌所利用的碳源是多种多样的，废水生化处理生物脱氮过程的碳源可概括为以下三类。

第一类是废水中所含的有机碳源。废水中各种有机基质，如有机酸类、醇类、碳水化合物或烷烃类、苯酸盐类、酚类和其他的苯衍生物，均可作为反硝化过程中的电子供体(碳源)。一般认为，当废水中 BOD_5 与总氮的比值高于 3:1 时，无须外加碳源即可达到脱氮目的。这类碳源最经济，因而为大多数微生物脱氮系统所采用。

第二类是外加碳源。当废水的 BOD_5 与总氮比值低于 3:1 时，需另外投加碳源。甲醇的氧化分解产物为二氧化碳和水，不留任何难分解的中间产物，价格较低，为常用外加碳源，但残余甲醇对人体有害。目前也有将淀粉厂等的高浓度有机废水作为反硝化外加碳源，其成本更低。

第三类是内碳源。内碳源主要指活性污泥微生物死亡、自溶后释放出来的有机碳，也称二次性基质。为了利用内碳源来进行反硝化脱氮，反应器应满足泥龄长、污泥负荷低且微生物处于生长曲线稳定期的后部或衰亡期等条件。内碳源使得反应器的容积相应增大，负荷率降低。经测定，内碳源的反硝化速率极低，仅为上述两种方法的 1/10 左右。它的优点是在废水碳氮比较低时不必外加碳源也可达到脱氮目的，此外，由于污泥产率低而减少了污泥处理的费用。

2. 污水厌氧氨氧化脱氮

采用厌氧氨氧化(anaerobic ammonium oxidation，Anammox)工艺进行污水生物脱氮正在实现工程化应用。厌氧氨氧化是指在厌氧环境下以 NH_4^+ 为电子供体，NO_2^- 为电子受体，通过厌氧氨氧化菌(anaerobic ammonium oxidation bacteria，AAOB)作用最终生成氮气的过程。反应方程式表示如下：

$$NH_4^+ + 1.32NO_2^- + 0.066HCO_3^- + 0.13H^+ \longrightarrow 1.02N_2 + 0.26NO_3^- + 0.066CH_2O_{0.5}N_{0.15} + 2.03H_2O$$

厌氧氨氧化菌菌落呈红色，被污水处理业内俗称为"红菌"，通过生物化学反应将污水中所含有的氨氮转化为氮气去除对全球氮循环具有重要意义，是污水处理中重要的细菌。厌氧氨氧化菌属于分支较深的浮霉菌门，目前文献报道的 AAOB 共有 5 个属，分别是 *Candidatus brocadia*、*Candidatus kuenenia*、*Candidatus scalindua*、*Candidatus anammoxoglobus* 和 *Candidatus jettenia*。AAOB 为自养型细菌，以 CO_2 为唯一碳源，通过氧化亚硝酸为硝酸获得能量，并通过乙酰 CoA 途径同化 CO_2。

厌氧氨氧化菌形态多样，呈球形、卵形等，直径为 0.8~1.1 μm；是革兰阴性菌，细胞外无荚膜，细胞壁表面有火山口状结构，少数有菌毛。细胞内分隔成 3 部分：厌氧氨氧化体(anammoxosome)、核糖细胞质(riboplasm)及外室细胞质(paryphoplasm)。核糖细胞质中含有核糖体和拟核，大部分 DNA 存在于此。厌氧氨氧化体是厌氧氨氧化菌所特有的结构，占细胞体积的 50%~80%，厌氧氨氧化反应在其内进行。厌氧氨氧化体由双层膜包围，该膜深深陷入厌氧氨氧化体内部。

厌氧氨氧化菌的细胞壁主要由蛋白质组成，不含肽聚糖。细胞膜中含有特殊的阶梯烷膜脂，由多个环丁烷组合而成，形状类似阶梯。在各种厌氧氨氧化菌中，阶梯烷膜脂的含量基本相似。疏水的阶梯烷膜脂与亲水的胆碱磷酸、乙醇胺磷酸或甘油磷酸结合形成磷脂，构成细胞膜的骨架。细胞膜中的非阶梯烷膜脂由直链脂肪酸、支链脂肪酸、单饱和脂肪酸和三萜系化合物组成。人们曾一度认为阶梯烷膜脂只存在于厌氧氨氧化体的双层膜上，其功能是限制有毒中间产物的扩散。目前认为阶梯烷膜脂存在于厌氧氨氧化菌的所有膜结构上(包括细胞质膜)，它们与非阶梯烷膜脂相结合，以确保其他膜结构的穿透性好于厌氧氨氧化体膜。

AAOB 对氧气较为敏感，只能在氧分压低于 0.5%空气饱和度下进行 Anammox 反应，一旦氧分压超过 0.5%空气饱和度，其活性便受到抑制，但该抑制作用可逆。AAOB 生长缓慢，倍增时间长(11～20 d)，细胞产率较低(0.08～0.11g VSS/g NH_4^+-N)，对基质 NH_4^+ 和 NO_2^- 的亲和力较强(K_s < 5 μmmol/L)。

3. 污水生物除磷

目前研究较多、实际应用较为广泛的微生物除磷工艺主要包括 A/O 法、A/A/O 法、间歇式活性污泥生物除磷法、Phoredox 法和 UCT 法等。

1) 基本原理

在厌氧条件下积磷细菌将体内储藏的聚磷分解，产生的磷酸盐进入液体中(放磷)，同时产生的能量可供积磷菌在厌氧条件下的生理活动，也可用于主动吸收外界环境中的可溶性脂肪酸，将其以聚-β-羟丁酸(PHB)的形式储存在菌体内。细胞外的乙酸转移到细胞内生成乙酰 CoA 的过程需要耗能，这部分能量来自菌体内聚磷的分解，聚磷分解导致可溶性磷酸盐从菌体内释放和金属阳离子转移到细胞外。

在好氧条件下，积磷菌体内的 PHB 分解成乙酰 CoA，一部分用于细胞合成，大部分进入三羧酸循环和乙醛酸循环，产生氢离子和电子；PHB 分解过程中也产生氢离子和电子。上述两种途径产生的氢离子和电子通过电子传递产生能量并消耗氧。产生的能量一部分供积磷菌正常生长繁殖，另一部分供其主动吸收环境中磷，并合成聚磷，使能量储存在聚磷的高能磷酸键中，在此过程中菌体从外界吸收可溶性的磷酸盐和金属阳离子进入体内。

2) 影响因素

(1) 碳源的浓度和种类。

碳源的浓度是影响生物除磷效果的一个重要因素。有机物浓度越高，污泥放磷越早、越快。这是由于有机物浓度提高后诱发了反硝化作用，并迅速消耗硝酸盐。碳源可为发酵产酸菌提供足够的养料，从而为积磷菌提供放磷所需的溶解性基质。有研究者发现，要使出水磷浓度小于 1 mg/L，进水总 BOD 与总磷之比值至少要高于 15，才可使泥龄较短的除磷系统出水磷较低。

诱导积磷菌放磷的有机基质可分为三类，它们均可快速被生物降解，分别为 A 类(乙酸、甲酸和丙酸等低分子有机酸)、B 类(乙醇、甲醇、柠檬酸和葡萄糖等)和 C 类(丁酸、乳酸和琥珀酸等)。其中 A 类基质存在时放磷速度较快，污泥初始线性放磷由 A 类基质诱导所致，放磷速度与 A 类基质浓度无关，仅与活性污泥的浓度和微生物的组成有关，可以认为 A 类基质诱导的厌氧放磷为零级动力学反应。B 类基质必须在厌氧条件下转化成 A 类基质后才能被积磷菌利用，从而诱发磷的释放，因此诱导的放磷速度主要取决于 B 类基质转化成 A 类基质的速度。C 类基质能否引发放磷则与污泥的微生物组成有关，在用该基质驯化后，其诱发的厌氧放磷速度与 A 类基质相近。

(2) 溶解氧。

研究表明，溶解氧是影响微生物除磷的重要因素之一。厌氧区溶解氧的存在对污泥的放磷不利，微生物的好氧呼吸消耗了一部分可生物降解的有机基质，产酸菌可利用的有机基质减少，导致积磷菌所需的溶解性可快速生物降解有机基质大大减少。经试验，厌氧放磷池的溶解氧应小于 0.2 mg/L，好氧池中溶解氧应大于 2 mg/L，以保证积磷菌利用好氧代谢中释放出来的大量能量充分地吸磷。

(3) 硝酸盐和亚硝酸盐。

与溶解氧相似，厌氧区中如存在硝酸盐和亚硝酸盐，反硝化细菌以它们为最终电子受体而氧化有机基质，使厌氧区中厌氧发酵受到抑制而不产生挥发性脂肪酸。此外，温度、pH、工艺的运行参数和运行方式都会对微生物的除磷效果产生较大影响。

二、固体废物生物处理

在人类生产和生活过程中，往往有大量的固体物质或泥状物质被丢弃，这些暂时没有利用价值的物质称为固体废物。固体废物种类繁多，按其形状可分为固状废物和泥状废物；按其化学成分可分为有机废物和无机废物；按其来源可分为矿业废物、工业废物、城市生活垃圾和农业废物等几大类。随着社会经济的发展和人们大规模地开发利用资源，工业固体废物和城市生活垃圾的数量逐年增加，需要消耗巨大的人力、物力和财力处理这些固体废物，但固体废物一般具有两重性，其本身含有多种有用物质，所以许多固体废物往往也是"放错地方的资源"。

20 世纪 70 年代以后，由于能源和资源的短缺，以及人们对环境问题认识的逐渐加深，人们已由消极地处理固体废物转向废物资源化。资源化就是采取管理或工艺等措施，从固体废物中回收有利用价值的物资和能源，对一些可被微生物分解利用的有机废弃物，已越来越多地采用微生物学方法处理。目前，各国的城市固体废物采用的处置方法主要有：焚烧法、堆肥法和填埋法。焚烧法是物理方法，多用于处理不可随意排放、有危险的特种废物，也处理城市污水处理厂的剩余污泥和生活垃圾。堆肥法和填埋法主要是用微生物降解有机固体废物。

(一) 固废堆肥

堆肥化是依靠自然界广泛分布的细菌、放线菌、真菌等微生物，有控制地促进可被生物降解的有机物向稳定的腐殖质转化的生物化学过程。堆肥化的产物称为堆肥。堆肥是一种深褐色、质地松散、有泥土味的物质，是优质的土壤改良剂和农肥，还可作园林绿化和花卉的优质栽培土。其主要成分是腐殖质，氮、磷和钾的含量一般分别为 0.4%~1.6%、0.1%~0.4%和 0.2%~0.6%。根据堆肥过程中起作用的微生物对氧气要求的不同，堆肥可以分为好氧堆肥和厌氧堆肥。

1) 好氧堆肥

好氧堆肥是在有氧的条件下，好氧微生物将大分子有机固体废弃物分解为小分子有机物，部分有机物被矿化成无机物，并放出大量的热量，使温度升高至 50~65℃，如果不通风，温度会升高至 80~90℃。这期间发酵微生物不断地分解有机物，吸收、利用中间代谢产物合成自身细胞物质，进行生长繁殖，以其更大数量的微生物群体分解有机物，最终使有机固体废物完全腐熟成稳定的腐殖质。好氧堆肥分解有机物快、产热量大、堆肥升温快且保持高温时间长，可以有效杀死致病微生物和虫卵；其腐熟速率快、腐熟程度高、堆肥成品无臭味。好氧堆肥的生物学过程如下。

(1) 发热阶段：堆肥初期，堆层上中温菌较为活跃，利用堆肥中容易分解的有机物，如淀粉、蛋白质、糖类等大量繁殖，释放热量使堆肥温度不断升高。1~2 d 后可达 50~60℃。

(2) 高温阶段：在温度达到 50℃以后，中温菌受到抑制，甚至死亡，而嗜热菌快速繁殖。嗜热菌的大量繁殖以及温度的明显升高，使堆肥发酵直接由中温进入高温，并维持高温一段时间。此时主要是嗜热性真菌和放线菌发挥作用，如嗜热真菌属（*Thermomyces*）、嗜热褐色放线菌（*Actinomyces thermofuscus*）、普通小单孢菌（*Micromonospora vulgaris*）等；温度升至 60℃时，真菌几乎完全停止活动。根据堆肥卫生标准规定：堆肥要维持 55~60℃，持续 5~7 d，以使致病菌和虫卵被杀死。之后仅有嗜热性放线菌与细菌在继续活动，分解纤维素和半纤维素；温度升高至 70℃时，大多数嗜热性微生物已不适应，相继死亡或进入休眠状态。

(3) 腐熟阶段：高温持续一段时间之后，易于分解的有机物已大部分分解，堆肥中寄生虫和病原菌已被杀死，剩下的主要是木质素等较难分解的有机物及新形成的腐殖质，堆肥达到初步腐熟。此时嗜热性微生物活动减弱，产热量减少，中温性微生物又逐渐成为优势种群，继续分解残余物质，腐殖质不断积累，达到深度腐熟。

堆肥过程是由多种微生物参与的对固体废物中有机物进行协同作用的复杂生化反应过程，因而所有影响微生物生活和生长的因素都将对堆肥产生影响，其中温度、水分、碳氮比、氮磷比、堆料的成分和通风都将成为影响堆肥的主要因素。

2) 厌氧堆肥

厌氧堆肥是在无氧条件下，借助厌氧微生物的作用，将城市垃圾、人畜粪便、植物秸秆等有机废弃物进行厌氧发酵，制成有机肥料，使固体废弃物无害化的过程。厌氧堆肥过程中微生物的活动同废水厌氧处理类似，主要经历两个阶段：产酸发酵阶段和产气发酵阶段。分解初期为产酸阶段，微生物活动中的分解产物是有机酸、二氧化碳、氨、硫化氢等，有机酸大量积累，pH 下降，该阶段主要是产酸细菌活动。在分解后期的产气发酵阶段，由于产生的氨起着中和作用，pH 上升，产甲烷菌成为优势种群，开始分解有机酸和醇，pH 持续迅速上升，产生甲烷和二氧化碳，该阶段称为产气发酵阶段。

(二) 固废卫生填埋

卫生填埋是在堆肥法的基础上发展而来，其处理原理与厌氧堆肥相似，在其中起发酵作用的微生物以兼性厌氧微生物和厌氧微生物为主，其表层有好氧微生物。填埋法因其投资少、容量大、见效快的优点被各国采用。按填埋场中垃圾降解的机理，卫生填埋可以分为厌氧、好氧和半好氧 3 种。好氧填埋和半好氧填埋在好氧条件下可以加速垃圾分解，垃圾性质稳定较快，但其结构复杂、施工要求较高、造价高，有一定的局限性。而厌氧填埋的垃圾填埋体内无须供氧，基本处于厌氧分解状态，无须强制鼓风供氧，投资和运行费用大为降低,管理简单,同时不受气候条件、垃圾成分和填埋高度限制,适应性广。厌氧填埋操作简单,施工费用低,同时还可回收甲烷气体,因而在各国得到广泛应用。厌氧卫生填埋坑中微生物的活动过程主要分为以下几个阶段。

(1) 好氧分解阶段。填埋初期,垃圾孔隙中存在大量空气,因此开始阶段发生好氧分解,填埋层中氧气被耗尽后进入第二阶段。

(2) 厌氧分解不产甲烷阶段。由于硫酸盐还原菌和反硝化细菌的繁殖速度大于产甲烷菌,微生物利用硝酸根和硫酸根作为氧源,产生硫化物、氮气和二氧化碳,当还原状态达到一定程度以后产生少量甲烷。

(3) 厌氧分解产甲烷阶段。此阶段甲烷气体的产量逐渐增加,当坑内温度达到 55℃ 左右时,进入稳定产气阶段。

(4) 稳定产气阶段。此阶段填埋坑内可稳定产生二氧化碳和甲烷。

按照规范要求,填埋场通常选在市郊,底部需铺水泥层,以防止渗滤液渗漏到地下水,有机固体废物逐层倒入填埋场,压实后,按一定路径布置排气管以输送甲烷气体。底部铺设渗滤液收集管,以便排放到渗滤液处理厂处理。渗滤液的化学成分比较复杂,含有大量有机酸,其 COD_{Cr}、氨氮和重金属含量较高,处理难度大。如果采用厌氧—缺氧—好氧生物处理,再用化学混凝剂混凝、沉淀、膜渗透、反渗透和纳滤等综合方法处理垃圾渗滤液,可获得较高的出水水质。

三、废气生物处理

大气污染物的微生物处理是利用微生物的生物化学作用,使污染物分解后转化为无害或少害的物质。目前,微生物处理大气污染物主要用于净化有机污染物,特别是脱除臭味。废气的微生物处理具有设备简单、能耗低、不消耗有用的原料、安全可靠、无二次污染等优点,但不能回收利用污染物。美国利用微生物处理废气于 1957 年获得专利,但到 20 世纪 70 年代才引起各国重视,到 80 年代,德国、日本、荷兰等国家已有相当数量工业规模的各类生物净化装置投入运行。对于许多一般性的空气污染物,该项技术的控制效率已达 90%以上。微生物能氧化有机物,产生二氧化碳和水等物质,但这一过程难以在气相中进行。因此,废气的生物处理经过两个阶段:一是污染物由气相转入液相或固相表面的液膜中;二是污染物在液相或固相表面被微生物降解。采用微生物治理大气污染主要包括煤炭的微生物脱硫、有机废气的氮氧化物处理等。

(一) 微生物净化废气

1) 废气生物洗涤处理

微生物洗涤法是利用污水处理厂剩余活性污泥配制混合液,用混合液洗涤废气,气体中的污染物转移到混合液中而得到净化,而转移到混合液中的污染物则按通常的生物法处理,这种形式适用于负荷较高、污染物水溶性较强的情况,过程控制方便。该法对脱除复合型臭气效果很好,脱臭效率可达 99%,而且能脱除较难治理的焦臭。日本研究者将活性污泥脱水在常温(20~60℃)条件下干燥,水中再活化得到固定化污泥。这种固定化污泥可以保持各种微生物的生理活性,利用此固定化污泥去除恶臭可以提高恶臭的去除率,降低成本。

生物洗涤塔是废气生物洗涤常用的工艺，由洗涤塔和再生池组成，洗涤循环液由洗涤塔塔顶喷淋而下，挥发性有机气体和氧气进入塔内传入液相，吸收过挥发性有机气体的洗涤循环液进入再生池中，被再生池中活性污泥降解，净化后的挥发性有机气体从塔顶排出。生物洗涤塔的优点是：该工艺的吸收和生物氧化在两个独立单元中进行，易于分别控制，达到各自的最佳运行状态。能较好地控制其中的过程，污染物集中转移，过程适合于建模，操作稳定性好，并增加营养物。生物洗涤适用于可溶性有机气体的治理，在洗涤塔中发生的主要是污染物气体洗涤吸收，污染物的降解过程主要发生在活性污泥的再生池中。

2) 废气生物过滤床处理

废气生物过滤床(图 9-5)主要是利用含有微生物的固体颗粒对废气中污染物的吸附、吸收和降解功能，对污染物进行处理并将其转化为无害物质的一种工艺，系统主要由收集系统、管道输送系统、生物滤床和排放系统组成。常见的固体颗粒有土壤和堆肥，有的是专门设计的生物过滤床。过滤床运行的基本原理与污水处理中的生物滤池基本相同。不同的是：污水处理中被生物净化的是液相中的污染物，废气处理中被净化的是气相中的污染物。生物过滤床主要用于处理污水处理厂、化肥厂及其他类似场所产生的废气。

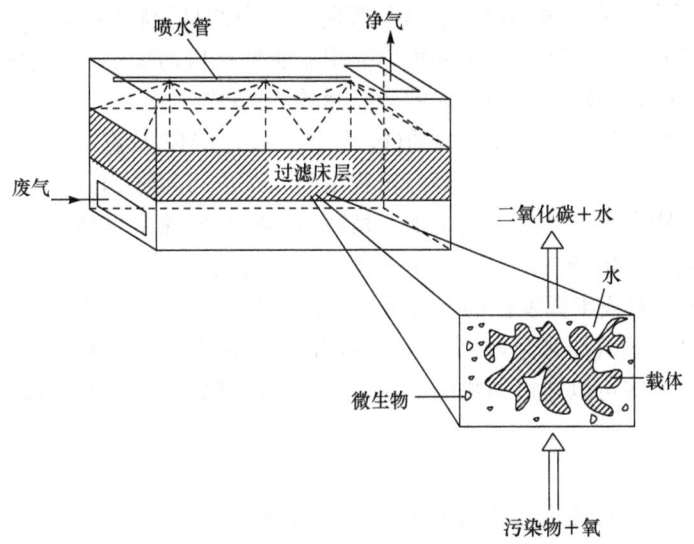

图 9-5　废气生物过滤床

废气生物过滤床的优势如下：废气生物过滤床的异味处理效率较高，去除异味效果明显，运行过程中不需要使用有毒有害的化学药剂，所以不产生二次污染；运行成本、维护费用远远低于其他方法，系统中微生物能够依靠填料中的有机质生长，无须另外投加营养剂；启动速度快，即使停工一段时间后再次启用，也能在较短的时间内达到最佳处理效果；生物过滤床缓冲容量大，能自动调节浓度高峰使微生物始终正常工作，耐冲击负荷的能力较强；系统运行稳定，易于管理；工艺能耗较低，压力损失小，在运行半年之后滤床的压力损失也只有约 500 Pa。

(二) 生物净化废气中氮氧化物

微生物法净化氮氧化物(NO_x)废气的原理是,在有碳源存在的条件下,将烟气中的NO_x作为相应的氮源,利用微生物的生命活动将烟气中的有害物质NO_x转化为简单而无害的N_2,NO_2易溶于水,它首先溶于水形成NO_3^-及NO_2^-,之后再通过微生物将其转化为N_2,而NO难溶于水,它被吸附在微生物表面后直接被生物还原为N_2,与此同时微生物本身也获得生长繁殖。因此,生物净化废气过程实质上是利用微生物的生命活动将烟气中有害物质转变成为简单的无机物或转变为人类可以利用的物质,与此同时也将其一部分转化为自身的能量和营养物质,为满足自身的生长和繁殖获取可靠的物质保证的过程。

(三) 植物处理大气污染

种植植物能有效净化大气污染物,其净化过程主要如下。

1) 植物吸附与吸收

植物对于污染物的吸附与吸收主要发生在地上部分的表面及叶片的气孔,在很大程度上吸附是一种物理过程,其与植物表面的结构,如叶片形态、粗糙程度、叶片着生角度和表面的分泌物有关。植物可以有效地吸附空气中的悬浮物(如浮尘、雾滴等)及其吸附的污染物,已有实验证明植物表面可以吸附亲脂性有机污染物,其中包括多氯联苯和多环芳烃,其吸附效率取决于污染物的辛醇-水分配系数。

植物可以吸收大气中多种化学物质(包括SO_2、Cl_2、HF及重金属Pb等)。植物吸收大气中污染物主要是通过气孔,并经由植物维管系统进行运输和分布。对于可溶性的污染物,随着污染物在水中溶解性的增加,植物对其吸收的速率也会相应增加。光照条件可以显著地影响植物生理活动,尤其是控制叶片气孔的开闭,因而对植物吸收污染物有较大影响。对于挥发或半挥发性的有机污染物,污染物本身的物理化学性质(包括相对分子质量、溶解性、蒸气压和辛醇-水分配系数等)都直接影响植物的吸收。对于已进入植物体的污染物,有些可以通过植物的代谢途径被代谢或转化,有些可以被植物固定或隔离在液泡里。

2) 植物降解

植物降解是指植物通过代谢过程来降解污染物,或通过植物自生的物质(如酶类)来分解植物体内外来污染物的过程。德国科学家研究^{14}C标记的甲醛在垂钓兰植物体内的降解过程,结果表明,甲醛被转化成为体内的有机酸、糖或氨基酸等植物组织的组分,表明植物能通过本身的代谢去除空气中的污染物。

3) 植物转化

植物转化是指利用植物的生理过程将污染物由一种形态转化为另一种形态的过程。植物转化过程与植物降解过程有一定的区别,因为转化后的污染物分子结构不一定比转化前的更简单,转化后产物还有可能比转化前物质具有更高或更低的生物毒性。通常植物不能将有机污染物彻底降解为二氧化碳和水,而是经过一定的转化后将之隔离在细胞的液泡中,或与不溶性细胞结构相结合。植物转化需要植物体内多种酶类的参与,其中包括乙酰化酶、巯基转移酶、甲基化酶、葡萄糖醛酸转移酶和磷酸化酶等。

4) 植物同化和超同化

植物同化是指植物对含有植物营养元素的污染物吸收并同化到自身物质组成中，促进植物体自身成长的现象。含有植物营养元素的其他污染物主要指二氧化碳、含硫化合物和含氮化合物。植物可以有效地吸收空气中的二氧化硫并迅速将其转化为亚硫酸盐至硫酸盐，再加以同化利用。

四、污染物的生态处理

(一) 生态工程

生态工程(ecological engineering)一般指人工设计的、以生物群落为主要结构组分、具有一定功能的、宏观的、人为参与调控的工程系统。我国生态学家马世骏对生态工程的定义是应用生态系统中物种共生与物质循环再生的原理，结合系统工程的最优化方法设计的分层多级利用物质的生产-工艺系统。人类设计生态工程的目的不同，有生产人们所需物质的工艺工程，其中包括粮食、蔬菜、生物药品、工业生产等；有以治理环境污染物为目的的生物工艺过程，如生物氧化塘等；还有以保护自然、保护物种为目的的自然保护区的调控系统等。

目前生态工程的设计和运行已逐步进入生态参数的定量分析阶段，如生态工程中的能流过程分析、物质循环和平衡分析，最终目的是建立生态过程数学模型，使生态系统中物质、能量在空间、时间和数量方面达到最优化。只有这样才能使生态工程满足人类的需要。生态学原则是客观规律，人类掌握了这个规律，就可以创造出多种理想、和谐的人工生态工程。

循环农业(circulation of agriculture)是以生态学、生态经济学与生态工程学原理及基本规律作为指导的农业经济形态，将农业经济活动与维持生态系统的各种要素视为一个密不可分的整体加以统筹协调的新型农业发展模式。农业废弃物是指在整个农业生产过程中被丢弃的有机类物质，主要包括作物生产过程中的植物废弃物、渔牧业生产过程中产生的动物废弃物、农业加工过程中产生的加工类废弃物和农村城镇生活垃圾等。

自然生态系统是自稳态系统，食物链是维持生态系统稳定的功能结构。由生产者、消费者与分解者组成的形态各异的食物链(网)，构成了生态系统物质循环再生路径。循环农业可仿照此原理进行农业废弃物处理，变废为宝，实现资源化利用。如对食物链进行加环设计，以"秸秆-培养基-平菇-菌糠-猪-粪便-沼气-沼渣和沼液-肥田(喂鱼、养蚯蚓)"模式为例，其各种产品的能量利用率达 50%以上，有机质和营养元素的利用率可达到 95%。若秸秆只经过腹还田途径，则能量利用率仅为 20%，氮、磷和钾等元素的利用率约为 60%。若直接还田或燃烧，利用率更低。同样也可对食物链进行减环处理，如去除消费者环节，直接将农业废弃物与分解者耦合，以可生产单细胞蛋白(SCP)的微生物作为分解者，由此产生的单细胞蛋白的蛋白质含量比黄豆高 75%，可利用氮含量高 20%。若将分解者换成蚯蚓，一方面，可实现废弃物循环利用，畜禽粪便还田，增加土壤有机质，提高土壤肥力，改善土壤结构；另一方面，蚯蚓是高蛋白生物，体内含有大量的药效成分，如蚓激酶、抗菌蛋白和凝集素等，既可作为饲料添加剂，也可用于医药工业。另外，可将废物转化为沼气。沼气是一种洁净能源，可作生活燃料，或供照明和生产用能。发酵后的沼渣还可作为肥料，改良土壤质量，改善农作物生长环境。沼渣液作为饲料，可用于养殖畜禽，节省饲料资源。因此，通过基于物质循环理论的生态工程构建可以实现农业废弃物的资源化利用。

(二) 氧化塘

氧化塘(oxidation pond)又称稳定塘，是利用藻类和细菌两类生物间功能上的协同作用处理污水的一种生态系统。由藻类的光合作用产生的氧气及空气中的氧来维持好氧状态，使池塘内废水中有机物在微生物作用下进行生物降解。氧化塘是利用细菌与藻类的互生关系来分解有机污染物的废水处理系统，细菌主要利用藻类产生的氧，分解流入塘内的有机物，分解产物中的 CO_2、N、P 等无机物，以及一部分小分子有机物又成为藻类的营养源。增殖的菌体与藻类细胞又为微型动物所捕食。氧化塘内的转化过程实际上是一个连续进入废水和生物循环的过程，基本的损失仅限于气体的逸出、飞虫的离去、候鸟及过往动物的迁移、植物的收获及出水的排放。在氧化塘中主要的反应过程如下。

(1) 厌氧非光合反应(不存在分子氧)，如硝酸盐还原反应(反硝化作用)、硫酸盐还原反应、有机碳还原反应(发酵反应)和二氧化碳还原反应。

(2) 好氧的非光合作用的细菌反应，如有限氧化的系统、完全氧化、氮氧化作用、硫的氧化和氮的固定。

(3) 光合反应则包括藻类和光合细菌的光合放氧的过程。

由藻类光合作用产生的氧，比来自水体表面的溶解氧量要大得多。在一定光照下，1 mg 藻类可放出 1.62 mg O_2。因此，氧化塘内好氧状态的维持，主要靠藻类的充分生长，而不必另外消耗动力进行曝气。

废水中可沉固体和塘中生物残体沉积于塘底，构成污泥，它们在产酸细菌的作用下分解成小分子有机酸、醇、NH_3 等，其中一部分进入上层好氧层被继续氧化分解，另一部分被污泥中产甲烷细菌分解成 CH_4。

由于氧化塘中藻类起重要作用，因此在去除 BOD 的同时，营养盐类也能被有效地去除。效果良好的氧化塘不仅能去除污水中 80%～95%的 BOD，而且能去除 90%以上的氮、80%以上的磷。伴随营养盐的去除，藻类进行着 CO_2 的固定和有机物的合成。通常除去 1 mg 氮能得到 10 mg 藻体，除去 1 mg 磷能获得 50 mg 藻体。大量增殖的藻体会随处理水流出，如果能采用一定的方法回收藻类，或在氧化塘的出水端设养鱼池，或对氧化塘出水加以混凝沉淀等处理，可使处理水质大大提高。

(三) 人工湿地

湿地是指每年在足够多的时间内均具有浅的表面水层，能维持大型水生植物生长的生态系统。人工湿地(artificial wetland)是根据自然湿地模拟的人工生态系统，用于处理废水。湿地的这一特点，使它既不同于氧化塘，也不同于普通的陆地，与其他的废水处理土地系统存在明显区别。自然湿地的生态系统可以用于处理废水，但由于其不可控的本质，使其在地点、负荷量等方面难以与实际需要相符合。人工建造的湿地生态系统中生物种类多种多样，且易于人为控制，经调控综合处理废水的能力完全可以超过自然湿地。应用人工湿地生态系统处理废水，其净化效率优于氧化塘，运转费用低于常规的污水处理厂。特别需要指出的是，湿地系统对废水处理厂难以去除的营养元素有较好的净化效果。

1) 人工湿地中的常见植物及选择原则

目前，全球发现的湿地高等植物达 6700 余种，而已被用于处理湿地且有效的仅有几十种，多数植物未被试用。目前国际上公认的湿地淡水水生植物优势品种有宽叶香蒲、芦苇、苦草和狐尾藻等。影响水处理植物选择的因素较多，较为常见的几种主要取决于不同人工湿地的特异性条件，如需要处理水的性质、处理区域当地的气候条件、不同植物对当地生产生活的影响等。在考虑植物选择时要综合几种情况客观分析，尤其要遵循本土植物优先等原则。对于人工湿地处理系统，选择合适的高等水生植物尤为重要。选择植物时考虑的因素主要包括以下几个方面：①耐污能力强、去污效果好；②适合当地环境；③根系的发达程度；④有一定的经济价值。

2) 植物在人工湿地中的作用

总体来说，水生植物用于尾水深度生态净化具有以下优势：通过光合作用为净化作用提供能量来源；具有美观可欣赏性，能改善景观生态环境；可以收割回收利用植物资源；可作为介质受污染程度的指示物；能固定土壤中的水分，圈定污染区，防止污染源进一步扩散；植物庞大的根系为细菌提供了多样的生境，根区的细菌群落可降解多种污染物；输送氧气至根区，有利于微生物的好氧呼吸。在人工湿地净化污水过程中，植物作用可以归纳为四个重要的方面(表 9-1)。

表 9-1 人工湿地净化污水过程中植物作用

序号	作用	特征
1	直接吸收利用污染物	水生植物能直接吸收利用污水中的营养物质，供其生长发育。废水中有机氮被微生物分解与同化，而无机氮(氨氮和硝态氮)作为植物生长过程中不可缺少的物质被植物直接摄取，合成蛋白质与有机氮，再通过植物的收割从废水和湿地系统中除去。废水中的无机磷在植物吸收及同化作用下可转化成植物的有机成分，通过植物的收割而移去。水生植物还能吸附、富集一些有毒有害物质，如重金属铅、镉、汞和锌等，其吸收积累能力为：沉水植物＞飘浮植物＞挺水植物
2	为根区好氧微生物输送氧气	人工湿地中植物能将光合作用产生的氧气通过气道输送至根区，在植物根区的还原态介质中形成氧化态的微环境，这种根区有氧区域和缺氧区域的共同存在为根区的好氧、兼性和厌氧微生物提供了各自适宜的小生境，使不同的微生物各得其所，发挥相辅相成的作用
3	为微生物提供良好的生存环境	人工湿地中微生物的种类和数量极其丰富，人工湿地水生植物的根系常形成网络状结构，并在植物根系附近形成好氧、缺氧和厌氧的不同环境，为不同微生物的吸附和代谢提供了良好的生存环境，也为人工湿地污水处理系统提供了分解者
4	增加有机物的积累作用	人工湿地中有机物的来源主要是污水和植物，湿地系统中植物的年生长量较高，植物地上部分衰落时的残留物、根系及根系分泌物均利于系统中有机物积累量的增加，因而植物是系统中最大的额外有机物来源

3) 水生植物配置技术

在考虑当地气候条件的基础上，结合植物本身的生长特性和种植模式，筛选具有潜在使用价值的湿地植物，在以上适宜在当地生长的植物中，选择生长迅速、对污染物去除效果好、资源利用价值高的几种植物作为人工湿地处理系统的主要水生植物，如芦苇、香蒲、菰、水葱、水龙、菱、睡莲、金鱼藻、穗花狐尾藻、菹草等。

目前国内外针对单种水生植物脱氮除磷效果的研究较多，且主要集中于用单一生态型的水生植物对水体净化效果的对比研究方面。研究发现，人工湿地处理系统中的水生植物合理的镶嵌组合能够提高氮和磷的去除效率，并发挥其最大净化潜力。根据不同实验区域的水质现状选用适合的水生植物，并利用不同生活型和生态型的水生植物，构建不同类型的人工湿地处理系统。例如，在表流人工湿地中利用芦苇-香蒲-菰-水葱的挺水植物系统，能有效削减污水处理厂尾水的 BOD 和氮磷营养，同时在二级垂直潜流人工湿地中利用浮叶-沉水植物系统(睡莲-金鱼藻-穗花狐尾藻-菹草)，进一步削减水中污染物，并提高水体透明度，从而使出水水质达到项目要求，同时保护湿地生态系统多样性和景观生态学效应。目前人工湿地处理系统除常用的挺水和湿生植物系统外，依据太湖流域污水处理厂尾水的水质现状，构建更适于低污染尾水的浮叶植物系统和沉水植物系统，并组装成套的、挺水-浮叶-沉水一体的生态净化系统，进一步削减有机污染物和氮磷等营养物质的浓度，从而达到深度净化尾水的目的。

4) 水生植物资源的回收利用

由于人工湿地建设的最终目的不仅仅是去除污染物，从管理运营的角度，将湿地植物的地面部分充分利用，有利于减少由植物地面部分的堆积造成的水质二次恶化，或者有机质资源的浪费。因此，可以使用湿地中的大型植物或挺水植物进行有机质碳源的发酵，生产的碳源便于基质内微生物的直接利用。同时，厌氧发酵中产生的沼气可以应用于生产生活中。除此之外，发酵产物也可以用作绿肥，减少当地由于使用化肥造成的环境污染。水竹、芦苇等植物的纤维材料已经被用于造纸行业，利用植物茎秆制作的家用器具具有物美价廉、生态环保的特点。湿生植物中可以作为观赏花卉的材料较多，如黄花鸢尾、美人蕉、水生美人蕉等，在大规模人工湿地中种植上述植物并发展花卉产业，可以带动当地经济发展，实现综合利用。

第二节 污染环境生物修复

生物修复(bioremediation)是指利用特定的生物吸收、转化、清除或降解环境污染物，从而修复被污染的环境或消除环境中污染物，实现环境净化、生态功能恢复的生物措施，是一类低耗、高效和安全的环境生物技术。目前，作为环境科学研究中一个富有挑战性的前沿领域，生物修复的研究已进入相当活跃的时期，生物修复是 21 世纪初环境技术的主攻方向之一。

一、污染环境的微生物修复

(一) 微生物修复的基本原理

从参与修复过程的生物来看，广义的生物修复包括微生物修复、植物修复和动物修复三大种类，而狭义的生物修复则特指微生物修复。微生物修复技术是指利用环境中天然存在的土著微生物或所培养的功能微生物群，在适宜环境条件下，促进或强化微生物代谢功能，从而达到降低土壤中有毒污染物活性或将其降解为无毒物质的生物修复技术。下面就微生物修复的微生物类型、修复原理及微生物修复的优缺点做详细介绍。

1) 微生物类型

可以用作生物修复菌种的微生物有三大类：土著微生物、外来微生物和基因工程菌(genetic engineering microorganism，GEM)。

(1) 土著微生物。环境中经常存在着各种各样的微生物，这些土著微生物具有降解污染物的巨大威力，在遭受有毒有害的有机物污染后，自然形成驯化选择过程，一些特异的微生物在污染物的诱导下产生分解污染物的酶系，进而将污染物降解转化。因此，目前在大多数生物修复工程中实际应用的都是土著微生物。

(2) 外来微生物。土著微生物生长速度慢、代谢活性低，可能在污染物的存在下生物数量降低，因此需要接种一些降解污染物的高效菌，提高污染物降解的速率。采用外来微生物接种时，会受到土著微生物的竞争，需要用大量的接种微生物形成优势，以便迅速开始生物降解过程。科学家正不断筛选高效广谱微生物和极端环境下生长的微生物，包括可耐受有机溶剂、可在极端碱性条件下或高温下生存的微生物，并应用于生物修复过程。

(3) 基因工程菌。基因工程菌的研究引起了人们浓厚的兴趣，采用遗传工程手段可以将多种降解基因转入同一微生物中，使之获得广谱降解能力；或通过增加细胞内降解基因的拷贝数增加降解酶的数量，从而提高微生物对污染物的降解能力。尽管利用遗传工程提高微生物降解能力的工作已取得巨大成功，但目前美国、日本和其他大多数国家对工程菌的实际应用仍有严格的立法控制。

2) 微生物修复的原理

在生物修复中，微生物的作用方式与污染物的生物净化一致，即通过微生物的降解与转化，将有机污染物转化为无毒的小分子化合物和二氧化碳与水。而对于环境中一些难降解的污染物，则通常以共代谢的形式进行。早在20世纪60年代，人们发现一株能在一氯乙酸上生长的假单胞菌能够使三氯乙酸脱卤，而不能利用后者作为碳源生长。微生物的这种不能利用基质作为能源和组分元素的有机物转化作用称为共代谢。在共代谢过程中，作为支持生长的易降解有机物称为一级基质，非用于生长的基质称为二级基质。一级基质的选择对于微生物修复具有重要的影响。据报道，一株洋葱假单胞菌($P.$ $cepacia$ G4)以甲苯作为一级基质时可以对三氯乙烯共代谢降解。另有研究报道，常规的颗粒污泥对水中五氯酚的去除率为 30%～75%，而水中补充葡萄糖后五氯酚的去除率可提高至 99%。

3) 微生物修复的优缺点

生物修复尽管只有几十年的历史，但其发展势头是其他修复技术无可比拟的。与物理、化学等修复方法相比，生物修复具有以下优点：①费用少，处理成本低于热处理及物理化学方法，其处理费用为热处理费用的 1/4～1/3；②副作用少，降解完全。生物修复只是环境自净过程的强化，最终产物是二氧化碳和水，不会引起二次污染或污染物转移,可达到永久去除污染物的目的;③残余浓度低,能够最大限度地降低污染物的浓度;④在其他技术难以使用的场地,如受污染土壤位于建筑物或公路下面不能挖掘搬出时,可以采用就地生物修复技术;⑤水土兼治。生物修复技术能够同时处理受污染的土壤和地下水。

当然,和所有处理技术一样,生物修复技术也有其局限性,包括:①必须存在特定的微生物菌群,且必须有一定的降解活力,并能够使污染物浓度达到一定标准;②用于修复的微生物在修复过程中必须不产生毒性产物;③污染场地必须不含微生物抑制剂,否则需要预处理(如稀释或破坏抑制剂);④污染场地必须有足够的营养物质、氧气或其他电子受体,并有适宜的温度和湿度。

(二) 影响微生物修复的环境因素

环境中多种物理、化学和生物因素会影响微生物的生命活动、微生物的种群类型、生物化学转化速率和生物降解产物等,进而影响微生物分解环境污染物的行为和活力。影响微生物修复的环境因素主要包括非生物因素(温度、pH、氧气、营养源)与生物因素(协同作用、捕食作用)。

1. 非生物因素

1) 温度

温度是十分重要的因素,土壤表层化合物的降解速率受温度影响较大。在北方冬季,土壤冻结使有机物分子不能降解,随着气候变暖,微生物开始活动,有机物被迅速降解。通常情况下气温上升,降解反应加快;气温下降,降解反应减慢。但也会出现相反的情况,即气候转凉,降解代谢反而加快,关键取决于代谢活动的限制因子。

2) pH

在极端酸性或碱性的条件下,微生物活性降低,而在合适的 pH 下微生物的活性增高,生物降解趋向加快。如果在某一环境下有多种微生物可以代谢某种化合物,则比只有一种微生物进行代谢所适应的 pH 范围要宽。对于含有毒有机物的酸性土壤,通常可以加入石灰来调节土壤 pH 以进行污染修复。

3) 氧气

在许多环境条件下,大量基质的降解需要有充分供应的电子受体,如烃类等几类化合物的降解,氧气是仅有的或有限的电子受体,即只有在好氧条件下才能发生转化作用或只有专性好氧菌才能进行迅速的转化作用。当氧气扩散受到限制时,原油和其他烃类的降解速率会受到影响。受汽油或石油污染的地下水,水相中的氧气被迅速消耗,接着降解缓慢,直至停止。因此,典型的修复策略是增加氧气的供应量,强制供气、供纯氧或添加过氧化氢等。有时有机物的生物降解不需要分子氧的供应,在厌氧条件下可由有机物、硝酸盐、硫酸盐或二氧化碳作为电子受体。若环境中的硝酸盐或硫酸盐耗尽,降解反应停止,则需要重新补充电子受体。

4) 营养源

碳源对细菌和真菌的生长都很重要,土壤中通常含碳量很高(1%),但是许多碳以微生物不可利用或缓慢利用的络合形式存在,碳源经常成为微生物的生长限制因子。当有机污染物进入环境后，若浓度比较高，碳源不会成为生长限制因子，但如果浓度较低，仍是限制因子。有时污染物浓度看起来较低，实际并非如此，这是由于环境中的污染物未均匀混合或以非水溶相流体(non-aqueous phase liquid, NAPL)的形式存在。例如，在原油、汽油或溶剂与环境之间的界面上碳浓度很高，这使原来不是限制因子的营养盐类成为高度的限制因子，通常 N 和 P 是缺乏的，一般 K、S、Mg、Ca 和 Be 及微量元素不缺乏。

土壤和地下水中，氮和磷均为限制微生物活性的重要因素，为了使污染物达到完全降解，应适当添加营养物。与其他化合物相比，石油中烃类是微生物可以利用的大量碳底物，但它只能够提供较容易得到的有机碳，不能提供氮和其他无机养料，调节被石油污染土壤的 C：N：P 比，对石油的生物降解有益。海洋环境中若氮和磷能得到不断补充，能促进石油的生物降解。一般认为，每升海水中 1 mg 石油生物降解所需的氮和磷的最佳值分别是 0.13～46 mg 和 0.009～6 mg。

2. 生物因素

1) 协同作用

许多生物降解作用需要多种微生物的共同作用，这种合作在最初的转化反应和后期的矿化作用中都可能存在。协同有不同的类型，一种情况是单一菌种不能够降解，混合以后可以降解；另一种情况是单一菌种可以降解，但是混合以后降解的速率超过单个菌种的降解速率之和。例如，节杆菌属(*Arthrobacter*)和链霉菌属(*Streptomyces*)混合后才能矿化二嗪磷，假单胞菌和节杆菌混合后才可以降解除草剂 2,4,5-涕丙酸。

2) 捕食作用

环境中有大量的捕食、寄生微生物，还有起裂解作用的微生物，这些微生物影响细菌和真菌的生物降解作用。影响经常是有害的，但是也可以是有益的。在土壤环境中，原生动物是典型的以细菌为食的生物，一个原生动物每天需要消耗 10^3～10^4 个细菌才能生长繁殖，因此在环境中有大量原生动物使细菌数目显著下降。原生动物还可以促进有限的无机营养(特别是氮和磷)的循环并分泌出必要的生长因子。原生动物有时也可以刺激微生物活动，如肾形豆形虫(*Colpidium colpoda*)存在时可以促进混合细菌分解原油。有许多纤毛虫和鞭毛虫也可以促进植物组织或颗粒物的降解，促进降解主要与氮和磷再生有关。

(三) 微生物修复技术

1) 原位微生物修复技术

原位微生物修复是指对受污染的介质(土壤、水体)不作搬运或输送，而在原位污染地进行的微生物修复处理。修复过程主要依赖被污染地土著微生物的自然降解能力和人为创造的合适降解条件。原位微生物修复技术主要包括生物通气法(图 9-6)、生物注射法、生物培养、投菌、土地耕作及生物活性栅修复等方法。

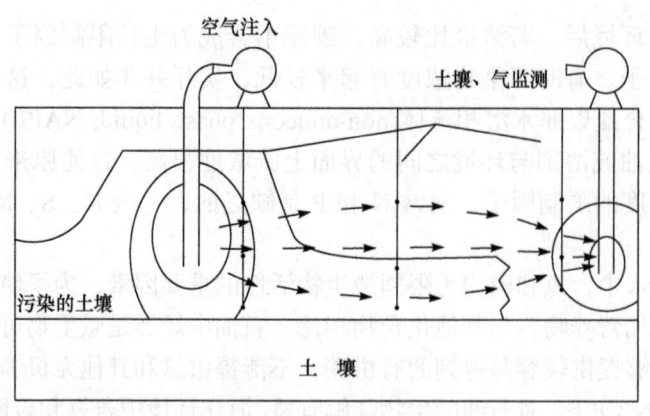

图 9-6 生物通气法

2) 异位微生物修复技术

异位微生物修复技术是指将受污染的环境对象搬运或输送到其他场所(如实验室等),进行集中修复,包括异位土地耕作工艺、通气土壤堆处理、堆置处理及生物反应器处理工艺。异位微生物修复修复效果好但成本高,适合小范围内、高污染负荷的环境对象。

二、污染环境的植物修复

(一) 植物修复的基本概念

由于微生物的代谢特性,在环境污染的净化与修复中,微生物一直是备受关注的生物类群。然而近年来的研究表明,利用植物对环境进行修复即植物修复(phytoremediation)更经济、更适合于现场操作。植物具有庞大的叶冠和根系,生长在水体或土壤中,与环境之间进行复杂物质交换和能量流动,在维持生态环境平衡中具有重要作用。植物修复是近几十年兴起的,逐渐成为生物修复中的一个研究热点。植物修复技术是以植物忍耐和超量积累某种或某些污染物的理论为基础,利用植物及其共存微生物体系清除环境中污染物的一门环境污染治理技术。广义的植物修复技术包括利用植物修复重金属污染土壤、利用植物净化水体和空气、利用植物清除放射性核素和利用植物及其根系微生物共存体系净化环境中的有机污染物等。狭义的植物修复技术主要是指利用植物清洁污染土壤中的重金属、放射性核素和有机污染物。

1) 植物修复的优势

与其他修复技术相比,植物修复技术具有无可比拟的优势,主要包括:①植物修复技术最显著的优点是成本较低,与常规的填埋法、物理化学法等相比具有明显优势。根据美国的实践经验,种植管理的费用为每公顷 200~1000 美元,相当于每年的处理费用为 0.02~1.00 美元/m^3,比物理化学法处理的费用低几个数量级。②植物修复属于原位处理技术,具有保护表土、减少侵蚀和水土流失的作用,同时蒸腾作用可以防止污染物向下迁移,还可以给根系供给氧气,有助于有机污染物的降解。③对植物进行集中处理可减少二次污染,对一些重金属含量较高的植物可以通过植物冶炼技术回收利用植物吸收的重金属。④植物修复的过程也是土壤有机质含量和土壤肥力增加的过程，植物修复后的土壤可以种植多种农作物。⑤植物修复过程操作简单、效果持久，如植物稳定化技术可以使地表长期稳定，有利于生态环境的改善和野生生物的繁衍。⑥植物修复技术能处理的重金属种类相对较多，是一种"广谱"的处理技术，Pb、Ni、Zn、Cd 等金属污染土壤的超积累植物修复已显示出显著的生态、经济和社会效益，具有广阔的应用前景。

2) 植物修复的局限性

植物是活的生命体，需要有合适的生存条件，因此植物修复有其局限性，主要表现在：①植物生长缓慢，场地治理时间较长；②吸收污染物的植物器官需要进一步处理；③植物的发育、生长受地理气候条件等因素控制，人们无法找到适应各种生境生长的植物；④绝大部分超积累植物只能积累一种或两种金属，对于受两种以上金属元素污染的土壤无能为力；⑤成功修复污染土壤需要多个环境因子的配合，包括水分供给、土壤肥力、品种选育与搭配等因素的最佳配合。

(二) 土壤污染的植物修复

1. 重金属污染土壤的植物修复

工业革命以来，生物圈的重金属污染所造成的生态威胁已成为人类社会亟待解决的环境问题。土壤中重金属最初来源于自然过程，但近年来人类活动已成为土壤重金属污染的主因，如工业废料、煤矿开采、冶金、化肥和农药的过度使用等。种种污染事件的频发，引起了社会各界的强烈担忧，但土壤中重金属具有长期性、隐蔽性和不可逆性的特点，加大了治理难度，重金属土壤污染治理仍是环境研究领域的难点。

目前，用于治理重金属污染土壤的传统修复方法，如玻璃化、土壤冲洗、电动力、热解吸、固化、客土、淋洗等，通常耗费高、治理规模小且易造成二次污染。植物修复技术可以利用植物和根际微生物有效地去除、隔离、降解或固定土壤重金属，拥有环保、廉价、美观等传统方法难以比拟的优势。植物修复重金属污染土壤的原理是利用植物根系的选择性吸收、转运能力和植物体自身的生物富集、存储和转化能力，将土壤中重金属固定在根部或转变成较低毒性的代谢产物，具体来说，主要包括以下三个方面。

1) 植物萃取

植物萃取是利用超富集植物的根系吸收污染土壤中的有毒重金属并运移至植物地上的枝叶部位，通过收割地上部物质达到去除重金属的目的。植物萃取是目前研究最多、最有发展前景的技术。该技术利用的是对重金属具有较强忍耐和富集能力的特殊植物，即超积累植物。Baker 等的水培试验发现，镉超富集植物遏蓝菜能在模拟污染的浓度梯度试验中耐受的镉浓度为 0.063～200 mg/L，其地上部分的镉含量可达到 1140 mg/kg，并未表现出中毒症状。植物萃取还要求所用植物具有生物量大、生长快和抗病虫害能力强的特点，并对多种重金属有较强的富集能力。此外，根据是否需要外加剂提高土壤中重金属的生物有效性，植物萃取分为持续植物萃取和诱导植物萃取。用于重金属土壤修复后的超富集植物，可集中收割，并通过植物冶炼技术回收贵重的重金属，取得直接的经济效益。此外，超富集植物还能防止土壤流失和减少土壤淋洗。

2) 植物稳定

植物稳定是利用耐性植物根系的机械稳定作用和吸收沉淀作用，来降低土壤中重金属的移动性和生物利用性，通过分解、螯合、沉淀、氧化还原等多种过程在根部有效地固定和累积土壤重金属元素。植物对环境中金属固定的研究表明，一些植物可降低铅的生物可利用性，缓解铅对环境中生物的毒害作用。例如，华中蹄盖蕨根部的铅浓度高于地上部，且在生长旺盛阶段最高浓度达到 15542 mg/kg，根际周围土壤有效铅浓度达到 310 mg/kg，相比非根际周围提高了 17 倍。植物稳定技术可以保护污染土壤不受侵蚀，减少土壤渗漏来防止重金属淋移，并通过金属根部的积累和沉淀或根表吸持来加强土壤中污染物的固定。然而植物固定并没有将环境中的重金属离子去除，只是暂时将其固定，使其对环境中生物不产生毒害作用，没有彻底解决环境中重金属污染问题。如果环境条件发生变化，金属的生物可利用性可能又会发生改变。因此，植物固定不是一个理想的去除环境中重金属元素的方法。

3) 植物挥发

植物挥发是利用植物根系分泌的特殊物质或根际微生物将土壤中特定挥发性元素，如硒、汞、砷等，转化成毒性较小的气态物质，经土壤或植物叶面蒸发释放至大气中。例如，蜈蚣草可被有效应用于植物挥发修复砷污染土壤。研究发现，在砷污染土壤中用低密度的聚乙烯瓶密封蜈蚣草 2~7 d，收集的水蒸气中砷浓度可达 10.7~30.8 μg/L，其中包含 63%的砷酸盐和 37%的亚砷酸盐，挥发态砷含量占蜈蚣草总吸收量的 90%。植物挥发修复无须处理或收获植物，进入大气的重金属物质可以被快速有效地自然降解(如光降解作用)，但重金属物质还可能通过降水返还地面并被厌氧菌还原，仍对环境有一定影响。有研究发现，汞以挥发态的形式进入大气后，可能通过降水进入土壤、湖泊和海洋，被厌氧菌还原成有毒的甲基汞，并进入食物链威胁人类健康。植物挥发修复技术还受根系范围等影响，处理能力不强，目前应用较少。

2. 有机污染土壤的植物修复

有机污染物是土壤中普遍存在的主要污染物之一，可通过化肥及农药的大量施用、污水灌溉、大气沉降、有毒有害危险废物的事故性泄漏等多种途径进入土壤系统，造成土壤严重污染和地表水及地下水次生污染。因此，修复土壤有机污染，保障人类健康，已引起各国政府及环境学界的广泛关注。

植物主要通过以下三种机理去除环境中有机污染物。

1) 植物对有机污染物的直接吸收作用

植物从土壤中直接吸收有机物，然后将没有毒性的代谢中间体储存在植物组织中，这是植物去除环境中的中等亲水性有机污染物的一个重要机制。化合物被吸收到植物体后，植物可将其分解，并通过木质化作用使其成为植物体的组成成分，也可通过挥发、代谢或矿化作用使其转化成二氧化碳和水，或转化成为无毒性作用的中间代谢产物，如木质素，储存在植物细胞中，达到去除环境中有机污染物的目的。环境中大多数化合物、含氧溶剂和短链的脂肪族化合物都可以通过这一途径去除，如植物可直接吸收环境中微量的除草剂阿特拉津。植物对化合物的吸收受三个因素的影响：化合物的化学特性、环境条件和植物种类。因此，为了提高植物对环境中有机污染物的去除率，应从上述方面深入研究，提高植物对污染物的吸收率。

2) 植物释放分泌物和酶去除环境有机污染物

植物可释放一些物质到土壤中，以利于降解有毒化学物质，并可刺激根区微生物的活性。植物每年释放的物质可达植物总光合作用产物的10%～20%。这些物质包括酶及一些有机酸，它们与脱落的根冠细胞一起为根区微生物提供重要的营养物质，促进根区微生物的生长和繁殖。在植物根区，微生物的种类和生物量明显比空白土壤中多，这些增加的微生物能促进环境中有机物质的降解。近年的研究发现，随着植物根区微生物的密度增加，多环芳烃的降解速率明显加快。对杨树的试验表明，尽管在根区的微生物数目有所增加，但降解污染物的微生物没有选择性增加，这表明微生物的增加是由于根区的影响，而非污染物的诱导作用。

植物释放到根区土壤中的酶系统可直接降解有关化合物，如硝酸盐还原酶和漆酶可降解军火废物(如 TNT)，使之转化成为无毒的成分。脱卤酶可降解含氯的溶剂如 TCE，生成 Cl^-、H_2O 和 CO_2。因此，通过对根区酶的分析进行植物种类筛选是最快速、最好的寻找能用于降解某类化合物植物种类的方法。

3) 强化根区的矿化作用

植物可以促进根区微生物的转化作用，已被很多研究所证实。植物根区的菌根真菌与植物根系形成共生体——菌根，具有独特的酶系统和代谢途径，可以降解不能被细菌单独转化的有机物。植物根区分泌物在根区形成了有机碳，根细胞的死亡也增加了土壤有机碳，这些有机碳的增加可阻止有机化合物向地下水转移，也可增加微生物对污染物的矿化作用。有研究发现，微生物对阿特拉津的矿化作用与土壤有机碳成分直接相关。植物为微生物提供生存场所，并可提供氧气，使根区的好氧转化作用能够正常进行，这也是植物促进根区微生物矿化作用的一种机理。

(三) 微生物和植物联合修复

在土壤和微生物共生环境中，微生物可将土壤有机质和植物根系分泌物转化为小分子物质从而为自身利用，同时这些小分子物质可能会对土壤中的重金属起到活化作用。微生物的代谢也可以分泌释放一些有机物质和酶等，对土壤中重金属也有活化作用。另外，微生物还有很强的氧化还原能力，可对铁、锰氧化物进行还原，使其吸附的重金属被释放出来。在重金属污染的土壤中加入适量的硫，微生物可将硫氧化成硫酸盐，降低土壤 pH，提高重金属的活性，通过植物的吸收作用，达到土壤净化的效果。

微生物通过多种方式影响土壤中重金属的生物效应。根区是植物根系和根际微生物作用的场所，微生物的活动可以改变土壤溶液的 pH，从而改变土壤对重金属的吸附特征进而影响重金属的化学行为。微生物的细胞壁或黏液层能直接吸收或吸附重金属。研究表明，豆科植物与重组的根菌之间的共生作用可以提高重金属的吸收。另外，有报道指出，非根区土中添加镍对土壤中细菌、真菌和放线菌总数有一定的促进作用，土壤中微生物生物量增大，从而提高其修复效果。

已发现某些菌根真菌能够促进植物对重金属的吸收。超积累植物与对重金属吸收能力强的菌根真菌等微生物联合可提高植物修复性能。具有泡囊丛枝菌根的 *Melilotus officinalis* 和 *Sorghumsum sudanense* 促进铯的吸收和积累。在两种湿地植物的根部接种细菌后，超积累硒和汞的能力分别比对照组提高 60%和 35%。因此，将微生物与植物修复相结合，可提高修复效率。

三、污染环境的动物修复

(一) 动物修复的基本概念

土壤动物在土壤生态系统中占有重要的生态位，维持着土壤生态结构的稳定，在土壤物质循环和能量流动中起直接或间接的作用。目前，土壤动物还没有统一的准确定义。狭义的土壤动物是指生活史全部时间都在土壤中生活的动物；广义的土壤动物指凡是生活史中的一个时期(或季节中某一时期)接触土壤表面或者在土壤中生活的动物。狭义的土壤动物概念不适合用于土壤修复，所以土壤动物修复技术适宜采用广泛定义的土壤动物。许多学者在论述生物修复技术时都涉及动物修复技术，但没有提出一个准确的概念。由土壤动物的广义定义可以看出，动物修复技术主要采用的是土壤动物，土壤动物修复技术是利用土壤动物及其肠道微生物在人工控制或自然条件下，在污染土壤中生长、繁殖、穿插等活动过程中对污染物进行破碎、分解、消化和富集的作用，从而使污染物降低或消除的一种生物修复技术。土壤动物在土壤中的活动、生长、繁殖等都会直接或间接地影响土壤的物质组成和分布，特别是土壤动物对土壤中的有机污染物的机械破碎、分解作用，它们还分泌许多酶等，并通过肠道排出体外。与此同时，大量的肠道微生物也转移到土壤中，它们与土著微生物一起分解污染物或转化其形态，降低土壤污染物浓度。

(二) 动物修复的应用

1) 土壤动物对农药、矿物油类的富集

有机氯、有机磷等农药具有很强的毒性，对高等动物的神经系统、大脑、心脏、脂肪组织造成损伤，矿物油类抑制土壤呼吸，使得土壤肥力降低。土壤动物对农药、矿物油类等具有富集和转化作用。例如，通过在土壤中添加有机氯培养蚯蚓，蚯蚓对所加的有机氯农药的生物富集因子为 1.4~3.8，对六六六和 DDE 的富集作用明显。此外，通过对甲螨、线虫等土壤动物生物指示作用进行研究，发现这些土壤动物对农药的富集作用比较明显，可以用作农药污染土壤的动物修复。

2) 土壤动物对重金属形态的转化和富集

当前土壤重金属污染日益严重，导致土壤肥力退化、农作物产量降低和品质下降，严重影响环境质量和经济的可持续发展。植物修复已经很难满足这一要求，每次用植物富集重金属就是对土壤肥力的一次消耗，只收获植物，而不给土壤补充养分。若利用动物来富集重金属或转化其形态，不仅不会降低土壤肥力，还可以提高土壤肥力。

多种土壤动物均能够有效富集土壤中的重金属。通过对污染区土壤中蚯蚓和蜘蛛体内的重金属含量进行分析发现，蚯蚓对重金属元素有很强的富集能力，其体内 Cd、Pb、As、Zn 与土壤中相应元素含量呈明显的正相关，对蜘蛛体内重金属含量的分析结果也表现出同样的趋势。此外，蚯蚓富集量会随着污染浓度的增加而上升，蚯蚓体内的 Cd、Pb

和 As 元素的含量与土壤中含量具有良好的相关性,相关系数分别为 0.99、0.83 和 0.87。有研究发现,加锌量在 0~400 mg/kg,蚯蚓对土壤氮的矿化、硝化和反硝化活性的促进作用不受加锌量的影响。蚯蚓不但富集了重金属,还可以改良土壤,保持土壤的肥力。

土壤动物不仅直接富集重金属,还和微生物、植物协同富集重金属,改变重金属的形态,使重金属钝化而失去毒性。特别是蚯蚓等动物的活动促进了微生物的活性,使得微生物在土壤修复中的作用更加明显,同时土壤动物将土壤有机物分解转化为有机酸等,使重金属钝化而失去毒性。

(三) 动物和植物联合修复

动植物联合修复不仅能解决植物修复年限过长的问题,还能避免动物修复后土壤重金属分布不均匀的情况,能有效修复土壤中重金属复合污染。在动植物联合修复技术中,以蚯蚓的研究最多,在动植物联合修复阶段,植物根系为蚯蚓创造了良好的生长环境,蚯蚓则通过改善土壤理化性质、提高土壤肥力、促进根系的生长,从而增加植物的生物量。例如,蚯蚓体内携带各种微生物,能提高土壤中活性微生物量,微生物能借助有机酸分泌活性重金属离子。另外,利用动植物联合修复重金属污染土壤的研究表明,经过 18 个月的修复,土壤 Cd、Cu、Pb 含量分别降低 92.3%、42.0%、24.7%。值得注意的是,蚯蚓对重金属的活化效果与土壤理化性质,特别是土壤 pH 及重金属种类、浓度有密切关系,此外还与蚯蚓品种有关,因此将蚯蚓应用于重金属污染土壤的植物修复时,应筛选适宜的蚯蚓品种,以满足不同生态条件、不同污染程度、不同重金属污染土壤的治理要求。

四、富营养水体生态修复

(一) 大型水生植物修复

水体富营养化是指生物所需要的氮和磷等营养盐大量进入水体,引起藻类大量繁殖、水体溶解氧下降、水质恶化的现象。随着我国工业化及城市化进程的加快,工业废水及生活污水的排放不断增加,水体富营养化程度日趋严重,已成为影响当地社会、经济可持续发展的突出问题。生态修复是将受损水体生态系统最大限度地恢复到或接近水体受损前的水平,恢复其原有的生物多样性,恢复健康的水生生态系统,使整个生态系统进入自我演替和自我维持的良性循环状态。在结构上,让受污染的水体逐渐恢复到与自然状态相似的状态;在功能上,在满足当前利用需要的基础上,也能实现可持续发展。

富营养化水体治理技术按照治理手段可分为化学处理(杀藻剂、氧化剂)、物理处理(人工曝气、调水冲污)和生物处理方法(植物修复、微生物制剂)等。在富营养化水体修复的各种手段中,植物修复主要是通过水生植物对氮、磷等营养物质的吸收来进行代谢活动,从而使氮、磷等营养物质得到去除,它是一种耗能低、效果好的技术,具有生态环保特性,已经引起国内外学者的高度重视。水生植物包括挺水植物、漂浮植物、浮叶植物及沉水植物等类型,不同的水生植物对富营养水体修复具有不同的效果。目前在水体富营养化修复技术中广泛应用的有芦苇、水葱、香蒲、菖蒲、凤眼莲、眼子菜、菹草等。

原位水生植被恢复系统主要有沉水、浮水、挺水植物及组合水生系统，可以有效降低水体营养盐，控制浮游植物增长。其中常用的为沉水植物系统，有选择地人工引进耐受性较高的先锋物种，主要包括夏季利用的凤眼莲、冬季的耐寒型伊乐藻，它们在净化水质、维持水质理化性质稳定和提高透明度方面作用显著。

沉水植物水生系统中总磷的去除与水流总磷负荷和水力负荷呈正相关。实际应用中，常对系统进行定向的优化，优化后的系统对磷的去除效率通常比非优化的高。除此之外，还有很多原因造成自然水生系统磷的去除效果比优化过的系统更差。基于这个研究，在从相对短期、小尺度的研究向长期、大尺度沉水植物建造工程技术转化过程中，对磷的去除效果推断时，要加以注意。

水生植被恢复过程中受影响的非生物因素有光强、水温、pH、无机营养物质、溶解氧等；生物因素为微生物、着生藻类。其中，富营养化越严重的水域，其水生植物上的附着生物对其生长的影响越大。而营养盐的负荷是决定草型或藻型生态系统是否稳定的先决条件，草型转化为藻型的营养盐浓度阈值在 120~150 μg/L，修复的阈值在 70~90 μg/L。而沉水植物系统只有在磷浓度降到 0.1~0.25 mg/L，且仅仅在该范围时，才能够实现湖泊生态恢复。所以，入湖前的处理对磷浓度的降低很重要。

生物浮岛技术是按照自然界自身规律，人工地将高等水生植物或改良的陆生植物种植到特殊材料上，通过植物根部作用削减氮、磷营养盐物质来净化水质。从本质上来看，该技术是一种水生植物净化过程的强化，为植物提供良好生长基质的同时，充分利用浮岛材料的生物挂膜，达到微生物降解作用。污染物的直接净化主体为人工介质和水生植物单元，但在生态浮床中引入水生动物时，通过食物链的"加环"作用，提高颗粒性有机物的可溶化、无机化及可生化性，改善植物吸收及人工介质单元生物膜中微生物的基质条件，促进微生物的生长和活性，提高浮床的净化效果。一般所用浮岛框架材料有木材、竹材、塑料管。在人工建造的浮岛上种植的植物通常为氮、磷吸收效果好，且有经济或观赏价值的蔬菜和花卉，如水芹、苋菜、美人蕉等，植物在生长期对污染物进行吸收降解。其特征是改变生态系统中氮磷的形态，并非把营养成分搬出系统之外。由水生植物、水生动物及微生物膜构建的组合型浮床生态系统对富营养化湖泊水体在动态条件下，在水体交换时间为 7 d 时，TN、TP、COD_{Mn} 的去除率分别为 53.8%、86.0%和 35.4%。

采用大型水生植物修复富营养化水体，具有成本低、能耗小、管理相对简单、治理效果显著等优点，因此越来越受到社会各界的关注。近年来，在利用植物修复富营养化水体方面也已经取得较大进展。但植物修复富营养化水体也存在其自身的局限性，如大多数水生植物生长受气候、温度等环境条件影响，在冬季气温较低时生长情况不佳，造成植物修复效果不理想；同时，采用外来植物物种修复水体时，还可能出现生物入侵等问题。因此，在今后的应用中，要充分利用植物自身的机制，从净化能力、抗逆性、管理难易、综合利用价值和景观美化等多方面考虑，加强对植物净化效率、净化机制、影响因素等方面的研究，力求做到科学设计、经济可行、易于推广，使植物净化技术在治理富营养化水体和环境美化中发挥巨大作用。

(二) 生态系统修复

1. 生物控藻

通常使用的除藻材料通过吸附除藻、除藻成分溶出、遮光性及破坏藻类最佳生长条件等途径来发挥其杀藻除藻作用，主要使用化学药剂，效果显著但易产生湖内二次污染。而生物控藻技术使用生物制剂，能够直接有效杀死或者抑制藻类生长，经济而便于大规模使用，不造成二次污染，是一种很有前景的控藻技术。目前研究的生物控藻因子(主要是微生物制剂)主要为进行氮、磷循环或能够溶解藻类的细菌(溶藻菌)。湖泊中加入微生物制剂后，溶解氧大幅增加，而COD、总氮、总磷等则明显降低。

2. 氮、磷循环菌

氮循环细菌经人工载体培养优化后释放到自然水体，以自然生物载体、其他人工载体和底泥为二级载体，以水体悬浮物为三级载体，将原来荒漠化水域中以水土界面为主的好氧-厌氧、硝化-反硝化条件扩大到水面和水体并提高细菌浓度，能够增强系统净化能力。太湖梅梁湾曾采用PM和ACP载体进行人工富集微生物的方法，利用富集微生物的生物降解作用，去除该地水源水中的氮、磷污染物。日本湖泊治理中曾使用生物过滤器，利用其富集的有益微生物去除丝状蓝绿藻。生物过滤器内部填充了大量的有益微生物，当污水流经该过滤器时有益微生物能捕食和分解丝状蓝绿藻，成本及能耗都较低，可推广性强。

3. 生物操纵

1975年，Shapiro等提出了生物操纵(biomanipulation)的概念，即通过对水生生物群及其栖息地的一系列调节，增强其中的某些相互作用，促使浮游植物生物量下降。由于人们普遍注重位于较高营养级的鱼类对水生生态系统结构与功能的影响，生物操纵的对象主要集中于鱼类，特别是浮游生物食性的鱼类，即通过去除食浮游生物者或添加食鱼动物降低浮游生物食性鱼的数量，使大型浮游动物的生物量增加，从而提高浮游动物对浮游植物的摄食效率，降低浮游植物的数量。

1) 经典生物操纵

经典生物操纵(traditional biomanipulation)是通过改变捕食者(鱼类)的种类组成或数量来操纵植食性的浮游动物群落的结构，促进滤食效率高的植食性大型浮游动物，特别是枝角类种群的发展，进而降低藻类生物量，可提高水的透明度，改善水质。具体方法为：①投放鱼食性鱼类间接控藻，通常是通过放养食鱼性鱼类来控制浮游动物食性鱼类，通过改变浮游动物食性鱼类的种类组成来操纵藻食性的浮游动物的群落结构，借此发展壮大滤食效率高的藻食性大型浮游动物(特别是枝角类)的种群，通过浮游动物种群的壮大来遏制浮游植物的发展，从而降低藻类生物量，提高水的透明度，最后达到改善水质的目的。另外，底层鱼类的活动有促进底泥中氮、磷向水体释放的作用，因此也应对其限制。②人工去除浮游动物食性鱼类以间接控藻。这种类型的生物操纵技术是先用网具捕捞、化学方法(如鱼藤酮毒杀)去除、电捕、放干水体清除等方法将水体中的鱼类全部去除掉，然后重新投放以鱼食性为主的鱼类。以此来促进大型浮游动物和底栖无脊椎动物(可摄食底栖、附生和浮游藻类)的发展，从而降低水体藻类的生物量。这种生物操纵的结果是重构了水体生态系统和生物组成，使之朝着人们所期望的生态系统自净功能强化的方向发展。

经典生物操纵的方法主要应用于小型的、封闭的且浮游植物群落不是由水华蓝藻而是由绿球藻、小型硅藻和包括隐藻在内的鞭毛藻等组成的浅水水体。在捷克的 Rimov 水库中，研究者通过控制鲤科鱼类的成功产卵，提高食鱼性鱼类的数量来去除浮游生物食性鱼类，从而使得浮游动物的数量增多，体型增大，控制藻类的过度生长；在丹麦，对 233 个湖泊进行围隔试验，研究发现，经典生物操纵在浅水中比在深水中更有效。经典生物操纵依赖的对象——枝角类一般只能滤取 40 μm 以下的较小的浮游植物，因此无法控制形成较大群体的蓝藻，如微囊藻。

2) 非经典生物操纵

由于浮游动物无法摄食形成群体的水华蓝藻，我国学者谢平研究员等提出了通过控制凶猛鱼类以增加滤食群体蓝藻的食浮游生物鱼类(鲢、鳙)，从而达到控制蓝藻水华的非经典生物操纵理论，并已得到广泛应用。非经典生物操纵(non-traditional biomanipulation)是利用食浮游植物的鱼类和软体动物直接控制藻类，治理湖泊富营养化。具体方法为：①利用浮游植物食性鱼类(如鲢、鳙)来控制富营养化和藻类水华现象。首先，应控制水体中的捕食鲢、鳙鱼种的凶猛性鱼类，以确保鲢、鳙的放养成活率。其次，鲢、鳙所摄食消化利用的浮游植物生物量须高于浮游植物的增殖速率。每个水体都需寻找一个合适的能有效控制藻类水华的鲢、鳙生物量的临界阈值，鲢、鳙对藻类的摄食利用率与藻类的种类组成和生理状况、其他可利用食物(如浮游动物)的相对丰度、水温等密切相关，而藻类的增殖速率与光照、水温及水体的营养水平等密切相关。这一阈值在武汉东湖为 50 g/m^3，即"一吨水一两鱼"。非经典生物操纵依赖的对象——鲢、鳙能滤食 10 微米至数毫米的浮游植物(或群体)，因此可摄食形成群体的水华蓝藻。②利用大型软体动物滤食作用控制藻类和其他悬浮物。螺、蚌、贝类能起很好的生物净化作用，试验表明，河流中的螺类对藻类有明显的抑制作用，一个壳长 10 cm 的河蚌，在 20℃时，每天可过滤 60 L 水，过滤并吞食的浮游植物和悬浮物经过吸收代谢作用，分解为无害物并使水澄清。牡蛎能够抑制藻类的生长，促进海草的生长，并使海水中氮通过反硝化作用减少，从而使海水变清。

第三节　现代生物技术在环境保护中的应用

现代生物技术(environmental biotechnology)是应用现代生物科学及某些工程原理，如酶工程、微生物工程、基因工程等，利用生命体(从微生物到高级动物)及其组成(含器官、组织、细胞、细胞器、基因)来发展新产品或新工艺的一种技术体系。生物技术直接关系到与人民生活、卫生、健康密切相关的医药卫生、食品工业、化学工业、农业的发展。可以在粮食危机、能源危机、环境污染中发挥巨大的作用，还可以从基因的角度治愈人类的遗传病。

环境生物技术是一门由现代生物技术与环境工程相结合的新兴交叉学科。直接或间接利用完整的生物体或生物体的某些组成部分或某些机能，建立降低或消除污染物产生的生产工艺,或者能够高效净化环境污染及同时生产有用物质的人工技术系统,称为环境生物技术。随着生物技术研究的进展和人们对环境问题认识的深入,人们已越来越意识到,现代生物技术的发展,为从根本上解决环境问题提供了无限希望,在改善环境质量中具有其他技术所不可代替和比拟的优势。

一、微生物制剂

(一) 酶制剂

微生物几乎能够分解自然界中的所有有机物,近年来微生物酶在废水处理中的应用越来越广泛。酶制剂在水处理中的作用早已引起人们的关注,如淀粉酶用于含淀粉废水处理,漆酶通过聚合反应去除有毒酚类,辣根过氧化物酶催化氧化多种有毒芳香族化合物等。酶制剂在处理污染废水中具有高效专一、耗能低、无二次污染、操作简单、易控制等特点,随着低成本、高活力的酶制剂的大量出现和酶的生产、分离纯化、酶及固定化酶反应器和技术的不断提高,酶制剂在环境保护方面的应用一定会具有较大的发展潜力。

1. 酶制剂的提取与分离纯化

酶制剂的制作方法一般包括 5 个步骤:酶原料的选择、酶生物原料的预处理、提取、纯化、结晶或制剂。

1) 酶的原料选择

酶制剂是一类从动物、植物、微生物中提取的具有生物催化能力的蛋白质,所以酶制剂的原料有动物体、植物体、微生物。在实际中,对酶源的要求是酶含量丰富,提取、纯化方便。从动物或植物中提取酶受到原料的限制,随着酶应用的日益广泛和需求量的增加,工业生产的重点已逐渐转向微生物。用微生物作酶源,可不受季节、气候和地域的限制,并且具有生产周期短、产量高、成本低、提高微生物产酶途径多等优点。以微生物作为酶源,虽然具有上述优点,但需注意的是,微生物在生产酶的同时,也会产生毒素、抗生素等生理活性物质,因此使用前必须纯化处理。一般公认,黑曲霉、酵母、枯草杆菌等生产的酶是安全无毒的,但若用其他微生物作为产酶菌,则需进行毒性检查。

2) 酶生物原料的预处理

(1) 动物酶原料的预处理。

动物酶原料的预处理包括机械处理、反复冻融和制备丙酮粉等过程。

(2) 微生物的预处理。

若酶是胞外酶,可除去菌体后直接从发酵液中吸附提取酶,但对胞内酶则需将菌体细胞破壁,制成无细胞的悬液后再提取。通常用离心或压滤方法取得菌体,用生理盐水洗涤除去培养基后应深冻保存。有时为了大量保存或有利于提取,可采用干燥法,因为干燥可导致细胞自溶,增加酶的释放,从而在后处理中无需剧烈操作即可达到预期破壁目的。

3) 酶的分离纯化

提取液中除含有所需要的酶外,还含有其他许多小分子和大分子物质。为了从中得到目的酶，可以采用多种分离方法，这些方法都是根据分离物质之间不同的物理、化学和生物性质而进行选择(表 9-2)。

表 9-2　酶分离纯化的常用方法

物质之间性质的差异	设计的分离纯化方法
溶解度	盐析法、有机溶剂沉淀法、PEG 沉淀法、等电点沉淀法
热稳定性	热变性沉淀法
电荷性质	离子交换层析法、电泳法
分子大小和形状	凝胶过滤法、超滤法、透析法、离心法
亲和力	亲和层析法
疏水作用	疏水层析法
分配系数	双水相系数萃取法

2. 单、双加氧酶

1) 单加氧酶

单加氧酶(monooxygenase)属于氧化还原酶类，在该酶的催化下参与反应的 O_2 分子中的 O—O 键断裂，一个氧原子转移到底物上合成产物，另一个氧原子则被还原为水。单加氧酶分布极为广泛，它几乎存在于自然界的一切生物体内，包括人、动物、植物和微生物等，它不但能催化许多内源性底物，如脂肪酸、维生素、前列腺素等的合成与代谢，而且能有效降解多种外源毒性物质，因此对维持生物体的正常生长代谢起着极为重要的作用。

单加氧酶催化烷烃羟基化和烯烃环氧化的能力已经引起人们越来越大的兴趣，并且逐渐应用于环境保护等领域。利用单加氧酶生物降解环境污染物具有单加氧酶的底物选择性较宽、来源广、种类多、生物降解成本低、能耗少等优点。

2) 双加氧酶

(1) 邻苯二酚 1,2-双加氧酶。

邻单胞菌提取出的邻苯二酚 1,2-双加氧酶是第一个被发现催化苯环开裂的双加氧酶。它催化苯环上的邻位羟基内部断开，该酶是芳香族化合物及其衍生物降解途径中的关键酶，具有底物多样性，在很多革兰阴性菌中都有该基因，而且不同属的同源性很高，可达 86%以上。

(2) 邻苯二酚 2,3-双加氧酶。

邻苯二酚 2,3-双加氧酶是芳烃降解过程中的一个关键酶。目前发现了 3 种不同的类别，它们分别含 Fe^{2+}、Mn^{2+}、Mg^{2+} 活性中心，其结构和功能关系的研究对于探讨这种酶的氧化降解机制具有重要作用，对环境保护和农业均有重要意义。

(二) 微生物絮凝剂

微生物絮凝剂是一种天然生物高分子絮凝剂，由微生物产生并分泌到细胞外，是具有絮凝活性的微生物代谢产物。微生物絮凝剂可使液体中不易降解的固体悬浮颗粒、菌体细胞及胶体粒子等发生凝聚、沉淀，是具有生物分解性和安全性的高效、无毒、无二次污染的绿色水处理剂。

1) 微生物絮凝剂的合成

自 1935 年美国科学家 Butterfield 从活性污泥中筛选到絮凝剂产生菌以来，人们对微生物代谢产物与微生物絮凝剂之间的关系进行了研究，筛选到一些絮凝剂产生菌。Oh 等发现，类芽孢杆菌(*Paemi bacillus*)产生的絮凝剂能高效分离小球藻(*Chlorella vulgaris*)。Lu 等从土壤中分离出 1 株产气肠杆菌(*Enterobacter aerogenes*)，该菌可分泌对碱性极强的天然碱悬浊液具有絮凝作用的酸性多聚糖。Wang 等以牛奶厂废水，外加 2%乙醇(体积分数)为基质获得了由产气肠杆菌产生的絮凝剂，在这种新的微生物絮凝剂中没有检出氨基酸，该絮凝剂完全由多糖组成。Deng 等发现寄生曲霉(*Aspergillus parasiticus*)能够产生对高岭土和水溶性染料悬浊液具有高去除效率的絮凝剂，研究显示，玉米淀粉和蛋白质分别是最佳的促进微生物絮凝剂产生的碳源和氮源。

微生物絮凝剂是菌体生长到一定时期的代谢产物，在不同的生长阶段和培养条件下，菌体产生的代谢产物不同，其絮凝活性又各不相同，所以制备高效微生物絮凝剂不仅需要优化菌体的培养条件，还需要研究絮凝剂的产生与菌体生长的相关性。例如，杨朝晖等鉴于絮凝剂产量和菌体生长的关系，首次将分段工艺应用于菌种 GA1 产絮凝剂中，在培养初期采用菌体最佳培养条件，在培养后期采用菌体产絮凝剂的最佳培养条件，既能保证 GA1 絮凝剂的产量，又能缩短培养周期。

2) 微生物絮凝剂的种类与絮凝机理

微生物絮凝剂一般由多糖、蛋白质、DNA、纤维素、糖蛋白、聚氨基酸等高分子物质构成，具有蛋白质和糖类等特征基团。从微生物絮凝剂来源看，其主要分为四种：① 直接利用微生物细胞的絮凝剂，如某些细菌、霉菌、放线菌和酵母菌，它们大量存在于土壤、活性污泥和沉积物中。②利用微生物细胞壁成分的絮凝剂，如酵母细胞壁的葡聚糖、甘露聚糖、蛋白质和 N-乙酰葡萄糖胺等成分均可用作絮凝剂。③利用微生物细胞代谢产物的絮凝剂。微生物细胞分泌到细胞外的代谢产物主要是细菌的荚膜和黏液质，除水分外，其主要成分为多糖及少量的多肽、蛋白质、脂类及其复合物，其中多糖和蛋白质在某种程度上可用作絮凝剂。④通过克隆技术获得的絮凝剂。若以微生物絮凝剂的化学组成作为分类标准，则又可分为蛋白质类、多糖类和脂类。微生物絮凝剂种类繁多，结构、性质差异较大。

目前被广泛接受的絮凝机理主要有吸附架桥、吸附、电中和、沉析物网捕等。絮凝过程比较复杂，单一的某种机理并不能解释所有现象，絮凝剂的广谱活性也证明多种吸附机理的存在。罗平等研究证明，微生物絮凝剂的絮凝机理为在氢键作用下的吸附架桥机理模式；朱艳彬研制的微生物絮凝剂 HITMO 的絮凝作用是两性电解质的电中和作用及代谢残留物的吸附架桥作用的共同结果。

3) 微生物絮凝剂的絮凝方法与影响因素

微生物絮凝剂自身的分子结构、形状、分子质量和所带基团对絮凝剂活性有影响。通常，絮凝剂分子结构以直线形为佳，如果分子结构是交联的或支链结构，其絮凝效果较差。此外，絮凝剂分子质量越大，活性越高。同时，絮凝剂的投加量、絮凝环境因子(如温度、pH、金属离子的种类和浓度、通气量等)对絮凝效果影响较大。

(三) 微生物吸附剂

微生物吸附法是指利用微生物菌体对重金属的吸附作用而去除废水中重金属的方法。与非生物处理方法相比，微生物吸附法具有原材料来源丰富、品种多、吸附设备简单、易操作、吸附速度快、吸附量大、选择性好等优点，尤其对微污染重金属废水的治理效果极好。

1) 微生物吸附剂的吸附机理

微生物吸附剂的附机理包括离子交换、表面配合、无机微沉淀和氧化还原。

(1) 离子交换。离子交换是指细胞物质结合的金属离子被另一些结合能力更强的金属离子代替的过程。

(2) 表面配合。这一机理已得到了试验证实。Tesws 等研究了非活性少根根霉对钍和铀的吸附。他们通过电镜和 X 射线能谱仪分析发现，吸附铀后的细胞壁上存在某种物质，但在细胞内部和吸附前的细胞壁上并不存在该物质。生物体暴露在金属溶液中时，首先与金属离子接触的是细胞壁，细胞壁的化学组成和结构决定着金属离子与它的相互作用特性。通常微生物的细胞壁由聚糖、蛋白质和脂类组成，这些组成中可与金属离子相结合的主要官能基团有羧基、磷酰基、羟基、硫酸酯基、氨基和酰胺基等。

(3) 无机微沉淀。重金属离子能在细胞壁上或细胞内形成无机微沉淀，它们以磷盐、硫酸盐、碳酸盐或氢氧化物等形式通过晶核作用在细胞壁上或细胞内沉淀下来。

(4) 氧化还原。变价金属离子有可能发生氧化还原反应。

2) 微生物吸附剂的应用

(1) 细菌和真菌生物吸附剂的应用。

细菌和真菌都是发酵工业广泛应用的菌种，利用发酵工业产生的废弃菌液生产微生物吸附剂具有成本低、来源丰富、品种多等优点，并为这些"废物"的合理利用开辟了一条以废治废、变废为宝的新途径。

(2) 海藻生物吸附剂的应用。

由于不同金属离子的生物吸附性质不同，因此开发了许多能成功地选择性分离金属离子或能够从含有几种金属离子的溶液中吸附特定金属离子的海藻生物吸附剂。pH 和竞争性的配基或配合剂是上述方法的主要影响因素。因此，通过改变条件可以选择性地吸附金属离子，或者先同时吸附多种金属离子，后选择性地洗脱。上述方法已经直接应用于工业废水或采矿废水中回收金属离子。

二、基因工程菌

基因工程是在分子水平上，用人工方法提取(或合成)不同生物的遗传物质，在体外切割、拼接和重组，然后通过载体把重组的 DNA 分子引入受体细胞，使外源 DNA 在受体细胞中进行复制和表达，按人们的需要生产不同产物或定向创造生物的新性状，并使之稳定地遗传给后代。基因工程具有广泛的应用价值，能为工农业生产、医药卫生、环境保护开辟新途径。基因工程技术是一种按照人们的构思和设计，在体外将一种生物的个别基因插入质粒或其他载体分子，实现遗传物质的重组，然后导入原先没有这类分子的受体细胞内进行无性繁殖，使重组基因在受体细胞内表达，产生出人类所需要的基因产品的操作技术。或者说，基因工程技术是在生物体外，通过对一种生物的 DNA 分子进行人工"剪切"和"拼接"，对生物的基因进行改造和重新组合，再将它导入另一种生物的细胞内，定向地改造生物的遗传性状，产生出具有新的遗传特性的生物。基因工程菌的应用如下。

(一) 农药降解基因工程菌

农田长期过量施用农药，严重破坏了生态平衡，造成土壤水质及食品中残留毒性增加，给人畜带来潜在危害。如何消除农药污染、保护环境已成为当今世界的一个迫切问题。由于微生物在物质循环中的重要作用，它在环境修复中一直扮演重要角色。然而受微生物对农药(特别是难降解农药)降解能力的限制，生物修复具有周期长的明显特点，阻碍了这一技术在现实中的应用。应用基因工程原理与技术，对微生物进行改造，是环境科学工作者向更深更广的研究领域拓展时必不可少的途径。构建高效的基因工程菌可以显著提高农药降解效率。环境微生物尤其是细菌中的农药降解基因、降解途径等许多农药降解机制的阐明为构建具有高效降解性能的工程菌提供了可能。现已开发出有净化农药 DDT 和降解水中染料及环境中有机氯苯类和氯酚类、多氯联苯的基因工程菌。

Home 等将从农杆菌得到的 *OpdA*(编码有机磷降解基因)和黄杆菌(*Flavobacterimn sp.*)中得到的 *Opd*(有机磷降解酶基因)分别构建了原核表达质粒，并分别转到大肠杆菌 *E. coli* DH 10B 中表达，对其表达产物进行了研究。通过其表达产物 OpdA 和 OPH(有机磷水解酶)对几种农药的酶解动力学比较，发现 OpdA 对更多底物的类似物具有降解效果，降解范围更广。

(二) 有毒有机物处理基因工程菌

美国加利福尼亚大学的微生物学工作者培育出了一种以 PCBs 为食物的细菌。PCBs 是一种致癌污染物，不能被一般的自然过程破坏，在实验室中培育成的细菌可成为有效控制 PCBs 污染的工具。该大学的研究人员将一种常见土壤细菌恶臭假单胞菌的两个菌株的 DNA 进行交换，产生一种杂交的突变菌株。该基因交换菌株能破坏联苯基，而联苯基正是构成 PCBs 分子的关键基团。新培育出突变菌株能分解 PCBs，可使这种有毒害的物质变成无害的物质——水、二氧化碳和盐类。

(三) 含油土壤及废水治理基因工程菌

美国利用 DNA 重组技术将降解芳烃、萜烃、多环芳烃、脂肪烃的 4 种菌体基因连接，转移到某一菌体中构建出可同时降解 4 种有机物的"超级细菌"用以清除石油污染，在数小时内可将水上浮油中的 2/3 烃类降解。在石油开采过程中，采出的原油含有大量的水分，原油脱下的废水中，含有大量的石油污染物。引入现代生物技术，从一般的筛选工作，转入降解代谢途径、降解酶系组成及其遗传的控制机制，在此基础上，实现定向育种，定向构建具有高效生物降解能力的基因工程菌。基因工程菌降解效率高、底物范围广、表达稳定，比自然环境中的降解性微生物更具竞争力，如 PCP103 菌株的构建。

基因工程菌的构建和应用为美化环境、保护人类健康提供了一系列可行的途径。

三、转基因生物

(一) 转基因生物的环境行为

任何生物一经投放到环境中，必然会与其他生物或物质环境发生相互作用，包括繁殖、捕食、共生等生物间的相互作用，也包括物质循环、能量流动和信息传递过程中的生物与环境之间的相互作用，转基因生物是人为研制出的特殊生命形式，势必存在一些与普通生物不同的环境行为。

1. 转基因植物的环境行为

转基因作物进入大田后，自身将发生变化，同时，在大田中生长的整个生长期内也必然会对其周围植物、其他生物及土壤生态系统产生影响。

1) 转基因植物自身的变化

转入基因的表达会对植物自身产生一定的影响，包括新陈代谢、组成成分、遗传、进化等方面。转移目的基因的表达，使得植物自身蛋白质组成和含量发生了一定的变化。此外，若基因插入后发生了基因共抑制，还会导致原有基因发生表达上的变化——表达量减少或不表达，都影响植物原有物质的组成，进而影响其新陈代谢和生长发育。

2) 转基因对生态系统的影响

(1) 转基因植物对非目标生物的影响。释放到环境中的抗虫和抗病类转基因植物，除对害虫和病菌致毒外，对环境中的许多有益生物也将产生直接或间接的不利影响，甚至会导致一些有益生物死亡。

(2) 增加目标害虫的抗性和进化速度。研究表明，棉铃虫已对转基因抗虫棉产生抗性。转基因抗虫棉对第一代、第二代棉铃虫有较好的毒杀作用，但对第三代、第四代棉铃虫已对转基因棉效果减弱。若具有转基因抗性的害虫变成对转基因表达蛋白具有抗性的超级害虫，则需要喷洒更多的农药，将会对农田和自然生态环境造成更大的危害。

(3) 杂草化。释放到环境中的转基因植物通过传粉进行基因转移，可能将一些抗虫、抗病、抗除草剂或对环境胁迫具有耐性的基因转移给野生亲缘种或杂草。而杂草一旦获得转基因生物的抗逆性状，将会变成超级杂草，从而严重威胁其他作物的生长和生存。

(4) 干扰生物多样性。由于人为对动物、植物和微生物甚至人的基因进行相互转移，转基因生物已经突破了传统的界、门的概念，具有普通物种不具备的优势特征，若释放到环境中，会改变物种间的竞争关系，破坏原有自然生态平衡，导致物种灭绝和生物多样性的丧失。转基因生物通过基因漂移，会破坏野生近缘种的遗传多样性。例如，转基因作物花粉随风飘散，由此造成的基因污染将防不胜防。此外，种植耐除草剂转基因作物，必将大幅度提高除草剂的使用量，从而加重环境污染的程度及导致农田生物多样性的丧失。例如，转基因棉田里，棉铃虫天敌寄生蜂的种群数量大大减少。昆虫群落、害虫和天敌亚群落的多样性和均匀分布都低于常规棉田。某些昆虫比例占优势的情况比较明显，昆虫群落的稳定性不如常规棉田，发生某种虫害的可能性比较大。转 Bt 抗虫棉对棉铃虫以外的害虫防治效果较差，某些害虫的发生比常规棉田更严重，甚至上升为主要害虫，危及棉花生长。棉铃虫对转 Bt 抗虫棉会产生抗体，在连续种植 8~10 年后，这种转基因棉可能丧失抗虫的作用。中国是大豆的原产地和品种多样性的集中地，同样面临着转基因生物对珍贵的基因资源带来的影响。农民一旦种植进口转基因大豆，或者发生基因漂移、基因污染，有可能将原产大豆的遗传基因和遗传结构破坏，造成的损失巨大。国内大豆的遗传资源是几千年累积的财富，目前国外的育种多用中国野生大豆的遗传材料。

2. 转基因动物的环境行为

由于转入目的基因在宿主基因中是随机整合的，其整合位点数和拷贝数随机出现，因此转入基因可能整合到具有重要功能的基因中，干扰该基因的正常表达，影响其代谢和发育，甚至可能引起原有基因突变或不正常表达，影响转基因动物的生理活动。某些外源基因表达具有时间性，使得转基因动物只在一段时间内表达外源基因，有些个体可能因插入位点不合适而无法表达外源基因。还有些个体可能基因拷贝数过多而导致表达过量，干扰自身生理活动。

(二) 转基因生物对环境的影响

1. 转基因生物对环境的积极影响

转基因作物大面积应用，配套措施得当将有助于保护生物多样性。例如，在作物生产中必须防虫，而施用化学杀虫剂是最有效、最常用的防虫措施。栽种含 Bt 的抗虫转基因品种，其实是等同于在田里施用 Bt 蛋白杀虫剂。所不同的是杀虫剂是就地生产的。不用 Bt 转基因品种防虫，很可能会施用其他广谱杀虫剂。而施用广谱杀虫剂会杀死绝大多数昆虫。

美国国家环保局积累的十几年的数据表明，在 Bt 棉花和玉米地里的非目标生物，无论在种类还是在数量上，一般都远高于施行化学杀虫的非 Bt 棉花和玉米地。从这个角度来看，Bt 转基因对昆虫的选择性杀害有利于保护非目标昆虫，使它们免于被广谱杀虫剂杀害。这同时也有益于它们的捕食者，如一些昆虫、鸟类等的生长繁衍。

2. 转基因生物对环境的消极影响

1) 转基因生物对生态环境的影响

随着基因操作技术的不断成熟，新的转基因生物及产品不断问世，更加丰富了人类的生活与环境，但也必须警惕它们可能给生态和环境带来的长期的负面影响。经过二十多年的研究和开发，中国转基因农作物环境释放的面积已居世界第四位，仅次于美国、阿根廷和加拿大。转基因抗虫、抗病毒和品质改良农作物及林木已有 22 种，对转基因棉花、大豆、马铃薯、烟草、玉米、菠菜、甜椒、小麦等进行了田间试验，转基因棉花已大规模商品化生产。一些国外的生物技术研究和开发公司都以独资或合资形式在中国开展转基因生物研究、开发及环境释放和商品化生产。这些都可能对中国的生态环境构成风险和威胁。在技术层面转基因技术是中性的，对人体不存在利弊的问题，但由于转基因生物是将一种外来的基因转移到生物体中，所以可能有潜在的危险，它对人类和对生物环境可能产生的负面影响是不可估计的。有害基因扩散到环境中所产生的"基因污染"的危害可能是不可估量的。这些潜在的危险往往在短时间内不一定被发现，因此政府应该对此予以特别关注，加强对转基因生物安全的管理。

2) 转基因生物对人类的影响

转基因的活体生物及其产品进入市场，可能对人体产生某些毒理作用，甚至发生过敏反应。例如，转入的生长激素类基因有可能对人体，特别是少年儿童的生长发育产生不利的影响。

3) 资源遗传多样性问题

在自然生态系统中，随着转基因生物个体的释放，通过种间传递，转移基因将逐渐掺入整个生态系统的基因库。可育转基因个体的引入增加了种间竞争水平和系统种群的遗传负荷，提高了基因突变速率和遗传致死速率。当一种基因型个体比另一种基因型个体繁殖较少后代时，往往导致遗传致死现象，结果使一些稀有物种可能濒临灭绝，不利于生物遗传多样化；同时，通过基因改良高产、优质和抗性强的优良品种，淘汰大量旧品种，可能加剧生物遗传资源的均一化和贫乏化，也不利于物种资源多样性的保护利用。

4) 基因扩散转移带来的环境问题

转基因逃逸到环境中可能带来潜在的生态影响，这种生态影响将会根据转基因逃逸对象的不同而有较大差异，这些影响主要包括以下几个方面。

(1) 外源转基因从转基因作物向非转基因作物的逃逸，往往会使非转基因作物种子中混杂转基因种子，导致种子纯度下降，种子的混杂可能引起地区间或国家之间的贸易问题，甚至是法律和经济方面的争端；另外，如果这些混杂于传统品种的种子用于留种和繁殖，可能会影响传统品种种质资源的遗传完整性。

(2) 外源转基因从转基因作物向野生近缘种(包括杂草类型)逃逸及其带来的潜在生态影响与前述影响不同，经过遗传修饰的转基因可能会改变作物与野生近缘种杂种各世代的生态适合度和入侵能力，导致这些含转基因杂种世代的扩散，从而带来杂草问题和其他生态影响；同时，大规模的转基因漂移还可能通过遗传同化作用、湮没效应及选择性剔除效应等，影响野生群体的遗传完整性和遗传多样性，甚至在严重的情况下导致野生种群的局部绝灭。遗传同化作用主要通过基因漂移或天然杂交，大量的作物基因可以转移到野生种群体，并通过遗传同化作用而不断取代野生种的等位基因，导致群体中遗传多样性的逐渐降低甚至丧失。湮没效应指当作物与其野生近缘种杂交后代的适合度低于其野生亲本时，连续的杂交和渐渗过程导致该野生群体的规模逐渐变小，甚至威胁到该野生群体的生存。选择性剔除效应指重组到野生近缘种群体基因组上的作物基因及其相连锁的其他基因，在自然界中负向选择的作用下，遗传多样性在基因组水平上下降或被剔除的现象。

(3) 外源转基因从转基因作物向作物的同种杂草(如杂草稻、杂草油菜等)漂移主要带来杂草化的问题，具有自然选择优势的转基因(如抗除草剂、抗旱和抗虫)漂移到作物的同种杂草，有可能提高该杂草类型的田间适应能力和入侵能力，加剧田间杂草的危害，增加杂草危害的管理和控制难度。

四、合成微生物组

(一) 合成微生物组学原理

微生物组学是研究一个特定环境或者生态系统中的微生物生态群体，合成生物学使用工程学和计算机科学的原理与方法去阐明、模拟和构建生物制造系统，二者交汇，形成了合成微生物组学这一交叉领域,它是新兴的科研方向。合成微生物组学是指运用合成生物学方法构建的功能菌群。合成微生物组学以代谢通路模块化为核心特征,每个代谢模块的工作由一个菌株完成,从而实现多个菌株的分工与合作。

(二) 合成微生物群落优势

与单菌株或工程菌相比,设计复杂的合成代谢通路并构建表达系统,合成微生物群落具有显著的优势,包括:

(1) 降低菌株代谢负担。模块化设计实现了菌株的分工与合作,单个菌株只需表达一部分外源蛋白,降低了各菌株的代谢负担。

(2) 提供多样的元件表达平台。设计合成微生物组时,可以为每个代谢通路模块选择最适合的菌株来表达所需的酶。

(3) 模块替换方便。将合成代谢通路模块化后,更换上游模块的菌株即可改变初始底物,更换下游模块的菌株即可改变最终产物,增加下游模块即可对产物进一步加工。

(4) 平衡各模块的合成能力。改变各菌株的接种比例,可以调整代谢模块之间的相对强度,提高微生物群落整体效率。

(5) 对环境的影响具有更强的适应能力,实现对复杂底物的利用。

(三) 合成微生物群落研究方法

合成生物学的核心循环:设计(design)-构建(build)-测试(test)-学习(learn),能够促进微生物群落生态学的基础研究,推动合成微生物群落的完善与发现,进而实现对微生物群落组成和功能的精准调控和改造。

1) 设计

人工合成微生物群落的设计通常采用"自上而下"的方法。此方法通常使用一定数量的环境变量(如内外源扰动因素),尝试预测生态系统中微生物群落的变化、演替或恢复过程中的生态系统过程,以达到最终所需的功能。研究者还可以通过预测微生物群落特定的代谢网络及其调控机制,以实现设计最终功能的微生物群落,这类方法称为"自下而上"的设计理念。此方法以微生物群落的代谢网络及其产物为核心,突出其中的微生物种间互作特点。在未来的研究体系中,采用多种方法互相补充,并积极探索微生物群落的互作机制将为合成微生物群落的设计理念与方法研发带来新的契机。

2) 构建

自下而上构建合成微生物群落的前提是微生物可培养。培养组学的发展使自然微生物群落中有更多的微生物可以被培养,使得构建组成更加多样的微生物群落成为可能。培养组学利用多种培养条件,结合菌落快速鉴定技术,实现菌种资源的发掘和鉴定。为了提高构建的通量和精准度,构建合成微生物群落需要借助自动化实验技术。此外,微流控技术可同时组装和测量数以万计的微生物群落的活动,能够对微生物相互作用进行高通量筛选,大大提高了构建和测试的通量。

3) 测试

目前用于研究微生物群落组成和功能的测试方法包括:多组学分析(宏基因组学、宏转录组学、宏蛋白质组学和宏代谢组学),用于鉴定微生物群落的物种和功能;荧光成像技术,用于研究微生物群落的时空分布;同位素示踪技术,测量微生物组的代谢通量;质谱成像技术,用于研究微生物群体之间的化学相互作用。

4) 学习

通过对测试阶段获得的实验数据进行定量分析和数学建模,完成对微生物的生态网络、微生物代谢、微生物与宿主的互作等机制的机器学习,来指导合成菌群的调控和优化,开启新的"设计-构建-测试-学习"循环。

(四) 合成微生物群落在环境领域的应用

合成微生物群落在环境领域主要用于复杂污染物的降解去除、生态修复等。通过人工添加具有降解特定污染物功能的微生物对污染地区进行生物修复。鉴于一些污染物结构非常复杂,添加合成功能菌群的修复效果远远高于单一微生物。

短程反硝化-厌氧氨氧化技术在污水脱氮中的应用

实际污水中 Anammox 电子受体(NO_2^--N)匮乏,极大滞缓了 Anammox 工艺的实际应用进程。短程硝化(partial nitrification,PN)是目前污水处理工艺中最为常用的 NO_2^--N 获取途径,然而受制于污水氨氮浓度、有机物和温度等诸多方面因素,主流污水处理中 PN 工艺供给 NO_2^--N 的效率和稳定性仍有待提升。近几年研究发现,反硝化过程中容易累积亚硝酸盐,因而短程反硝化(partial denitrification,PD)能够为 Anammox 过程提供高效稳定的电子受体(图 9-7)。在 PD 反应器长期运行过程中,当化学需氧量(COD)与 NO_2^--N 比例长期处于 2.0 左右时,PD 过程对亚硝酸盐的转化率稳定维持在 80%以上。将 PD 过程与 Anammox 过程耦合形成的新兴脱氮技术,即 PDA 工艺,能够实现含硝酸盐废水的高效脱氮。

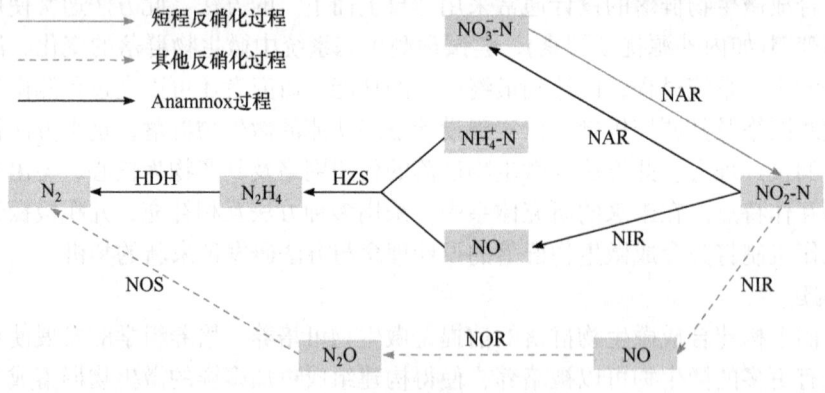

图 9-7 PDA 工艺原理示意图

PDA 技术是指利用 PD 与 Anammox 过程在分体式或一体式反应体系中同时去除硝酸盐氮、氨氮和少量的有机物。针对实际的城市污水与含 NO_3^--N 废水,基于短程反硝化的 Anammox 组合工艺能够实现在低碳氮比条件下 NO_3^--N 与 NH_4^+-N 的同步去除,具有广泛的应用前景。与传统硝化/反硝化工艺相比,该工艺具有显著的节能降耗潜势。理论上,同时去除 1 g NO_3^--N 与 NH_4^+-N 节省 100%曝气能耗和 80%有机碳源需求,剩余污泥产量减少 68%,CO_2 排放降低 80%。

PDA 工艺内氮素的高效去除主要依赖于短程反硝化菌和厌氧氨氧化菌的协同代谢。厌氧氨氧化菌与短程反硝化菌是否能够共存主要取决于二者对底物 NO_2^--N 利用的活性差异。其中，厌氧氨氧化菌生长速率极其缓慢，远低于短程反硝化菌。在进水碳、氮基质充足条件下，厌氧氨氧化菌可能会在与短程反硝化菌关于生存空间的竞争中占据劣势，不利于系统的长期高效稳定运行。在稳定运行的 PDA 系统中，厌氧氨氧化菌相对丰度往往不超过 5%，而短程反硝化优势菌最高达到 67%，但厌氧氨氧化菌对总氮去除的贡献率可达到 95%。

PDA 工艺在污水处理应用方面，在规模为 25×10^4 m^3/d 的城市污水处理厂发现，厌氧-缺氧-好氧工艺的缺氧池投加填料进行升级改造后(填充比约为 25%，水力停留时间约为 10 h，温度为 10.7~25.2℃)，出水总氮浓度远低于改造前的出水总氮。总氮去除率甚至高于仅靠硝化/反硝化脱氮的理论最高值。生物膜中厌氧氨氧化脱氮贡献率占到 32.4%，这也是系统维持较高脱氮效率的关键因素。此外，通过在硝化单元后设置短程反硝化耦合厌氧氨氧化反应区，一部分原水硝化后，再与其余部分同时进入耦合反应区，NH_4^+-N 在缺氧条件下被去除。

思考题和习题

1. 论述活性污泥法处理生活污水过程中微生物原理。
2. 从微生物学角度比较活性污泥法与生物膜法的异同。
3. 污水生物脱氮的机理是什么？
4. 污水生物除磷的机理是什么？
5. 简述有机废弃物好氧堆肥的生物学过程。
6. 人工湿地处理污水的生物学机制是什么？
7. 简述水环境生态修复技术有哪些。
8. 合成微生物群落在未来的环境保护中作用如何？

参 考 文 献

杜睿, 彭永臻. 2022. 城市污水生物脱氮技术变革:厌氧氨氧化的研究与实践新进展. 中国科学: 技术科学, 52(3): 389-402

段昌群. 2023. 环境生物学. 3 版. 北京: 高等教育出版社

鞠峰, 张彤. 2019. 活性污泥微生物群落宏组学研究进展. 微生物学通报, 46(8): 2038-2052

李飞鹏, 徐苏云, 毛凌晨. 2020. 环境生物修复工程. 北京: 化学工业出版社

王国惠. 2020. 环境工程微生物学：污染生物控制原理. 2 版. 北京: 科学出版社

王建龙, 文湘华. 2021. 现代环境生物技术. 3 版. 北京: 清华大学出版社

熊敬超, 宋自新, 崔龙哲, 等. 2021 污染土壤修复技术与应用. 2 版. 北京: 化学工业出版社

Kuypers M, Marchant H, Kartal B. 2018. The microbial nitrogen-cycling network. Nature Reviews Microbiology, 16: 263-276

Tsoi R, Dai Z, You L. 2019. Emerging strategies for engineering microbial communities. Biotechnology Advances, 37(6): 107372

Wu L, Ning D, Zhang B, et al. 2019. Global diversity and biogeography of bacterial communities in wastewater treatment plants. Nature Microbiology, 4: 1183-1195

第十章

生物与环境的交互作用

本章导读

　　环境影响生物，生物改变环境，它们之间存在交互作用，处于一个动态变化过程中。污染物进入环境，对生物产生危害，敏感物种消失，耐污种类大量繁殖，发生生态演替。我国淡水水体污染物的不断输入导致生物种类数不断减少，生态服务功能不断减弱。海洋污染导致我国近海海洋大部分生态系统处于亚健康状态，赤潮大面积暴发，渔获量不断减少，生物多样性不断降低。在污染环境中，生物为了适应环境，不断进行着生物进化，形成新的生物学特性，昆虫和微生物抗药性的进化是在定向的强选择压下快速适应进化的最好例子。同时物理污染也会导致进化的发生，生物对污染环境的适应性增强；外来物种的入侵过程与本土种发生交互作用，双方共同进化。此外，生物在污染的环境中会产生对各种污染物的不同耐受机制，出现生物耐受现象，如生物对药物和重金属的抗性等。同时，环境中生物能改变环境，提高环境质量，如生物能降解各种污染物、陆生植物能净化大气污染物、生物固碳、微生物和水生植物净化水体。本章最后还论述了环境污染对人类健康的影响，从而呼吁人类要与环境和谐相处，实现可持续发展。

第一节　污染环境中生物演替

　　如果生态系统中一个生物群落渐渐变为别的群落，并向比较稳定的顶级群落演替，这种现象称为生态演替(ecological succession)。演替指随着时间的推移，生物群落中一些物种增加，另一些物种消失，群落组成和环境向一定方向产生有顺序的变化过程。主要标志为群落在物种组成上发生了变化，或者是在一定区域内一个群落被另一个群落逐步代替。演替是植物群落动态变化最重要的特征，其过程大多由植物群落的季节演替和逐年演替组成。演替可分为两种：原生演替(primary succession)和次生演替(secondary succession)。原生演替是指在从未有过生物生长或虽有过生物生长但已被彻底消灭了的区域上发生的生物演替。当某个群落受到洪水、火灾或人类活动等因素的干扰，该群落中植被遭受严重破坏时所形成的裸地，称为次生裸地。在次生裸地上开始的生物演替，称为次生演替。次生演替虽然植被被破坏，但原有土壤条件基本保留。两种演替最重要的区别是原生演替发生在从未有生物生存过的区域，而次生演替是经过干扰后区域的生物改造。

次生演替比原生演替更常见，且环境中污染物对生态系统造成干扰的规模和性质对生态系统破坏程度有深远影响，每一种干扰都将在决定生态系统物种生存及功能方面起着重要的作用。环境污染导致次生生物演替，这种次生生物演替一般是向生物多样性减少方向演替，属于非正常的自然演替。环境污染导致生物演替，有利于环境污染的控制，如污染物的降解，从而促进生态系统的恢复，呈现环境与生物的交互作用。

一、淡水环境污染与生物演替

水是重要的自然资源。地球上的水大部分分布在海洋，淡水只占2.7%。淡水资源中冰山、冰川水占77.2%，地下水和土壤中水占22.4%，湖泊、沼泽水占0.35%，河水占0.01%，大气中水占0.04%。冰川一般分布在难以利用的高山和南、北两极地区，还有一部分淡水埋藏于地下很深的地方，很难开采。目前，人类可以直接利用的只有地下水、湖泊和河流淡水，三者总和约占地球总水量的0.77%。人类对淡水资源的用量越来越大，除去不能开采的深层地下水，人类实际能够利用的水只占地球上总水量的0.26%左右，目前人类淡水消费量已占全世界可用淡水量的54%。我国水域污染比较严重，因此保护水质、合理利用淡水资源，已成为人们普遍关心的重大问题。

生态退化是生态系统的一种逆向演替过程，是生态系统在物质、能量匹配上存在着某一环节上的不协调或达到发生生态退变的临界点，此时生态系统处于一种不稳或失衡状态，表现为对自然或人为干扰的较低抗性、较弱的缓冲能力及较强的敏感性和脆弱性。生态系统逐渐演变为另一种与之相适应的低水平状态的过程，即为退化。

淡水生态系统退化是指在自然演替过程中，水体受到自然和人为干扰后，结构(水文、物理形态和水生生物群落)和功能(水体的净化能力、水产养殖和景观服务等)被破坏及逐步丧失的过程。退化淡水生态系统包括退化的河流和湖泊，表现为水质恶化、水体富营养化、湿地退化萎缩、沉积物淤积及河床抬高、湖面萎缩、水生植被消失、水生生物消失或多样性降低等现象。

按照初级生产者的不同，湖泊可分为草型湖泊和藻型湖泊，其中以大型水生植物作为主要初级生产者的湖泊为草型湖泊。自然环境的长期演化，草型湖泊中营养物质含量较低，生态系统中生物量主要依靠大型水生植物的光合作用产生。然而人类活动导致大量的营养物质进入湖泊，在人类活动密集区域附近的湖泊富营养化不断加剧，浮游植物生物量随之增加，抑制大型水生植物光合作用，使得这些湖泊向着藻型湖泊演化。

安徽的菜子湖位于长江中下游区域，属于富营养化程度较轻的浅水湖泊，受到人类干扰较小，生态系统较为稳定，但是由于水产养殖和面源污染，湖泊生态系统从草型向藻型转变。1960年以前，菜子湖保持着较为原始的湿地生态环境，湖泊周围生长大面积的菰和芦苇群丛等挺水植物群落，沉水植物并不占优势，但种类多，分布均匀。1980年后,随着社会经济的发展,化肥使用和生活污水排放增加,菜子湖水质处于中度营养水平,沉水植物进入丰盛时期。到 1990 年菜子湖已经形成了以草型为主的生态系统,成为生态系统较稳定的清水湖泊。2000 年后由于受到水产养殖干扰,菜子湖生态系统呈现从草型向藻型演替的趋势。依据水生植被的动态变化和优势种更替的特点,可将 1999 年以后菜子湖大型水生植物群落演替划分为 4 个阶段(表 10-1)。

表 10-1 菜子湖大型水生植物群落演替过程

年度	阶段	特征	主要种类
1999～2004 年	沉水植物群落阶段	螃蟹养殖业尚未开发,资源丰富,生态系统以草型为主,湖水清澈,一些具有低光补偿点、种子量大或生命力强的种类成为大型水生植物群落的优势种	群落类型以苦草单优群丛及其与黑藻共优群丛为主,群丛内散生马来眼子菜、小茨藻、菹草、狐尾藻和金鱼藻等
2005～2007 年	浮叶植物群落阶段	实施大规模的水产养殖,整个湖区被围网和圩堤分隔成多个小块。由于放养密度较大,养殖结构不合理,主要以养殖螃蟹、食草性鱼类为主,沉水植物大量减少。特别是养殖螃蟹后,对沉水植物有毁灭性的破坏	群落类型以菱角单优群丛及其与荇菜共优群丛为主,群丛内散生马来眼子菜、狐尾藻、金鱼藻和黑藻等
2008～2009 年	少量的沉水植物群落阶段	2009 年是菜子湖植被发生巨变的一年,整个湖区大型植被覆盖率不到 3%,植被减少使水质进一步恶化,浊度增加	只有马来眼子菜在湖泊某些河道零星分布
2009 年以后	草型向藻型湖泊生态系统过渡阶段	菜子湖水生植物的生物量大量下降,年平均生物量(干重)仅为 99.7 g/m^2,植被盖度不到 3%	

二、海洋环境污染与生物演替

地球表层大部分为海水所覆盖,整个海洋是一个连续的整体。其面积为 3.61 亿 km^2,约占地球面积的 71%,平均深度为 3800 m,最深处超过 10000 m。海洋总体积达 13.7 亿 km^3,比陆地和淡水中生命存在空间大 300 倍。随着工农业的发展,海洋环境被污染的程度越来越严重。人类活动直接或间接地将物质或能量输入海洋环境,造成或可能造成损害海洋生物资源、危害人类健康、妨碍海洋活动(包括渔业)、损坏海水和海洋环境质量等不利影响。海洋污染主要包括由地表径流带入海洋的过量营养物质所造成的海洋富营养化,交通运输过程中因事故泄漏产生的污染,以及海岸带生态退化、生物入侵等类型。例如,海底石油开采工业迅速发展,海上石油运输急剧增加,海洋石油污染事件也随之增多。另外,含各种化学毒物的工业废水及沿海城市的生活污水、过度发展的水产养殖业的有机污染物质也大量倾注入海,几乎使所有近海水域都遭到不同程度的污染。

海洋生物与其周围的无机环境通过物质和能量的交换而保持动态的平衡。这种平衡会由于海洋污染而受干扰或破坏,并且在生命系统的各种层次表现出来(图 10-1)。

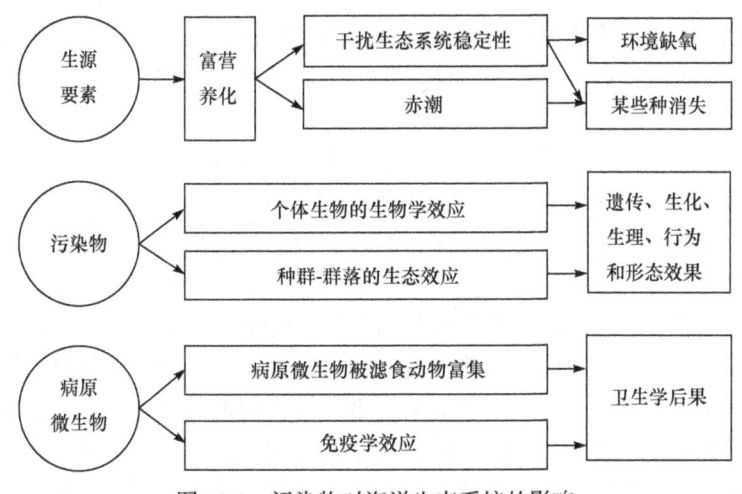

图 10-1 污染物对海洋生态系统的影响

受污染的海域其生物群落结构和组成会发生相应的变化。通常情况是某些耐污生物种类的个体数量猛增，而对污染敏感的种类个体数会大量减少甚至消失，导致群落物种多样性明显下降。例如，有机污染较严重的水域，小头虫数量明显增多，有时可达群落总生物量的 80%～90%，从而降低了群落生物组成的多样性，使生态平衡失调。美国加利福尼亚近海曾因一艘油轮失事所流出的柴油杀死大量植食性动物海胆和鲍鱼，致使海藻大量增殖，改变了生物群落原有的结构。污染物不仅能被许多海洋生物富集，而且这些污染物在有机体内的浓度随着食物链营养级提高而逐步增大，由于这种生物放大作用，进入环境中的毒物即使是微量的，也会使生物尤其是处于高位营养级的生物受到毒害，从而干扰或破坏生态系统的物质循环和能量流动。污染严重的海区由于初级生产力下降，群落的分解代谢超过合成代谢，环境的理化条件(如氧化还原电位、pH)改变，造成整个生态环境的退化，群落朝逆向演替的方向发展，最后造成生态系统的崩溃。

高浓度或剧毒性污染物突发性的污染可以立即引起海洋生物直接中毒和死亡，然而低浓度的污染物和慢性毒性污染物对生物的效应主要是通过生物生理和代谢机能、形态和行为的变化及遗传变异表现出来。例如，1×10^{-9}～5×10^{-9} mg/L 的 Hg^{2+} 即能抑制某些海洋单细胞藻和固着藻类的光合作用。将海胆(*Lytechinus pictus*)的受精卵置于 0.06×10^{-6} mg/L 的含 Zn^{2+} 海水中，与对照组相比，胚胎发育速度明显减慢。将紫贻贝(*Mytilus edulis*)置于 7×10^{-9}～68×10^{-9} mg/L 低浓度的加勒比海原油溶液中，贻贝在生理反应(如氧耗率、摄食率、分泌率)、细胞反应(消化细胞大小、溶酶体潜伏期)和生化反应(几种酶的比活性)等方面均出现了异常变化，而且生长速度明显降低。江鲽鱼属的 *Platichthys flesus* 用被 DDT 污染的食物喂养后，很快就出现了过量活动的现象，4 年时间内，其游泳活动总计比对照组高 20 多倍，大大增加了能量的消耗。Cook 原油的水溶性烃能影响银大麻哈鱼(*Oncorhynchus kisutch*)的捕食能力并降低其生长速度。

富营养化引起的绿潮、赤潮等会通过改变初级生产者种类、水中溶解氧等方式影响该区域中优势种组成，严重的还会因为氨氮等污染物的增加导致生态退化。受控生态系统试验证明，低浓度的汞、铜、镉和多氯联苯能改变受控生态系统的生物群落结构，使以硅藻为基础的食物链转变为以鞭毛藻为基础的食物链，前者最上层的捕食者是鱼类，而后者最上层的捕食者则是水母和软体动物。事实表明，低浓度汞和铜等造成的海洋污染能改变初级生产者的种类组成，进而改变食物链的类型。

海岸带作为海洋与陆地相交的区域，有着丰富而脆弱的生态系统，对环境污染响应敏感。江苏盐城地区，渔民直接在滩涂上进行水产养殖(海带、紫菜、贝、螺、虾蟹)，导致滩涂原生植物群落被人工植物群落与渔业养殖水域等取代，改变了原有的群落类型与结构，也改变了盐沼植物群落的自然演替过程。围垦在全世界沿海地区比较普遍，导致潮上带和潮间带植物群落面积减少甚至消失；由于围堤阻断了潮汐对堤内滩涂的影响，加上雨水和其他来源淡水的作用，滩涂地质脱盐，进一步导致滩涂植被由湿生、盐生植被向陆生、淡水植被转变。河口海岸盐沼是极易被入侵的一种生态系统，也是受生物入侵影响最大的生态系统之一。目前，研究较多的盐沼入侵植物有芦苇、大米草、互花米草和狐米草等。其中芦苇与互花米草入侵导致的经济及社会后果最为严重。其一，改变了盐沼植物群落结构。外来植物入侵后常常形成单物种群落，从而影响被入侵地的植物空间分布与群落结构。互花米草的快速侵入，不仅导致长江口地区特有种海三棱藨草面积锐减，而且改变盐沼植物群落演替过程。

三、陆地环境污染与生物演替

陆地生态系统是经过漫长的生命演化活动形成的历史自然体。它包括了地球上所有陆地及在陆地上生存的一切生命形式。在漫长的生命演化历程中，由于地壳运动和气候变化等因素，陆地地形地貌及系统中物种类型持续变化，导致陆地生态系统结构在不同的时空尺度上各不相同，形成了地球上丰富多彩的陆地生态系统类型。然而，20世纪60年代以来，随着人口的膨胀及工农业生产的迅猛发展，人类向陆地生态系统的索取急剧增加，导致系统中资源消耗速率远远超过资源补给速率，破坏了系统的物质平衡，也大大削弱了系统对外来物质的缓冲能力；同时人类生产和生活所排出的废弃物不断增加，造成了系统中废弃物的积累，导致日益严重的环境污染。在我国，新中国成立后工农业的发展也同样给陆地生态系统带来了日益严重的污染，如沈阳张士灌区的镉污染及淮河、辽河和海河流域的土壤和水污染等。

陆地生态系统中污染物主要来自工农业生产和居民生活中排放。在农业生产方面，人口的压力促使人们片面追求农业高产、稳产，农业生产越来越依赖于化肥和农药的使用，化肥、农药的过量使用造成土壤中农药和硝酸盐积累，并进一步污染地下水；同时高密度的农业生产活动导致土壤中微型生物群落结构失衡，一些不良微生物成为群落中的优势种群，形成地域性的生物污染。农业长期以来过度开采地下水，地下水位下降，水的矿化度增高，从而导致沙漠化、盐渍化加剧。而工业生产所引起的环境污染则更为严重，人们一方面通过采矿、冶炼、化工提纯等技术使本来在环境中呈分散、低浓度存在的物质如重金属、放射性元素及天然的有机化学品得以浓缩和富集于局部陆地生态环境；另一方面通过合成工业生产出更多的对于自然界来说相对陌生的物质，如DDT、狄氏剂、艾氏剂等，这些物质大大超出了陆地生态系统原有的自净能力。而大量的工业用化学品，如各种溶剂、洗涤剂、染料、农药及中间体等，大多具有不同程度的毒害作用，某些种类的有机物还具有"三致"毒性,可以直接对陆地生态系统中的动植物造成短期或长期的毒害作用。

陆地上生态系统受到污染后会导致生物大量死亡,该区域为恢复到较为原始的状态,开始次生演替甚至是原生演替。新的群落建立不仅是自然演替的结果,还有来自周围区域移居来的人类,在某种情况下,这种入侵和定居会成为群落结构形成的重要途径。对于植物来说,其演替过程是一种植被被另一种植被取代的过程。一般来讲,旱生原生演替要经过地衣、苔藓、草本植物和木本植物4个阶段。也有一些研究表明,原生演替过程中植被的变化过程并不完全遵循这4个阶段,存在着很高的多样性和复杂性。

矿区废弃地是指通过采矿、排土或堆放尾矿等生产活动造成的废弃土地,原有的生态系统严重或完全被破坏,其中尾矿废弃地还富集大量有毒元素,污染严重。对不同尾矿的环境特点和植物群落的调查分析表明,总体上植物种类比较稀少,不同尾矿区植物群落组成差异比较大,其中禾本科植物种类较多,其次为菊科植物和豆科植物,表明这三个科的植物较其他科植物更容易适应尾矿环境,特别是禾本科的五节芒、类芦和狗牙根表现出较强的适应能力。随着时间推移,物种多样性不断增加,表现出由较少先锋物种种类组成的简单群落向稳定复杂群落方向演替的趋势,反映了植物群落结构随演替时间的延长越来越趋向复杂化。对土壤中物质的分析表明,物种多样性与有机质、有效磷、碱解氮含量显著正相关,与重金属含量显著负相关,尾矿区高浓度的 Cd、Cu 和 Zn 是影响植物群落物种多样性恢复的主要限制因子。

土地盐渍化到一定程度后无法耕种,在退耕后的一段时间里会演替成沙漠植物或是耐盐碱植物的群落。这个过程可以简单划分成不同阶段,退耕10年内为退耕初期,10~20年为退耕中期,20年以后为退耕后期。在退耕初期,最先是耐盐性1年生白茎盐生草占优势,但是相对密度并不占绝对优势。其后多年生草本植物逐渐占据优势,主要为骆驼蓬属植物,如细叶骆驼蓬,骆驼蓬由于冠幅大,所占相对面积较大。在退耕中期,细叶骆驼蓬不再占据优势,取而代之的是黑果枸杞,其与多年生草本植物独行菜形成共优种。在退耕的后期,随着黄毛头、泡泡刺等半灌木、灌木植物的入侵,细叶骆驼蓬、独行菜等多年生草本植物的密度迅速下降,最后成为偶见种,但黑果枸杞的种群密度比较稳定,黄毛头的种群密度在一段时间内比较稳定,后期随退耕时间的延长而逐渐升高,退耕50年以上的天然植被中黄毛头的优势已经超过了黑果枸杞,成为盐碱化退耕地上天然植被的建群种之一。在样方调查中发现,以黄毛头为建群种的天然植被中,部分地段黑果枸杞是重要的伴生种,而在有些地段则是偶见种,这可能与土壤的盐碱化程度密切相关,所以盐碱化退耕地上首先是入侵大量多年生草本植物和一年生草本植物,以后逐渐向灌木群落类型过渡,直到形成相对稳定的灌木、半灌木群落。

第二节 环境污染与生物适应和变异

生物受到内部和外部污染的刺激,会导致生物的生态结构和生理机能发生相应变化,以适应污染后的环境。适应是生物界普遍存在的现象,也是生命特有的现象。植物对环境的适应主要是通过改善各种器官的机能实现；动物对环境的适应可以有保护色和一些行为适应；微生物的适应最明显的体现是细菌的抗药性。但适应只是一种相对程度上的适应，而不是绝对的，一个物种不能永远适应变化着的环境，一旦适应落后于环境变化，当二者差距太大时，旧种就会灭绝，这时这个环境就会有新的物种来占领。生活于顶级群落中的野生动物，多为特化种，在相对稳定的环境中种间竞争激烈，自然选择使动物向着适应范围狭窄的方向进化，成为K-选择策略的物种。而在不稳定的环境中机会主义者R-策略者则更适应于变化的环境。一种动物的适应性，使其在一个特定的生境或在一个有限的生境范围内生存和繁殖，而在其他环境中其适应性就会降低，有些野生动物物种特化程度高，对食物和隐蔽条件有特殊的要求，对环境变化十分敏感。由于高度特化，它们已无法调节自己以适应生境的改变。因此，大多数稀有的、濒危的或已经灭绝的野生动物种类都是特化种，难以适应由于人类干扰造成的生境退化。随着人口的不断增加，人类对自然生态系统的干扰日趋加剧，生物受到干扰的同时也在通过不断地适应和进化来维持种族的延续。

一、环境污染与生物变异

世界上所有的污染区域，包括严重污染地区，都发现存活的生物，有的依然能够完成生长发育，甚至完成繁衍过程，说明这些生物能够通过遗传变异得到新的性状，从而适应污染环境。

(一) 化学品污染与生物变异

生物主要从两个方面提高自己对化学污染的适应：一是对污染引起的外环境和生物自身内环境条件变化的适应；二是生物对污染物本身的适应。一般情况下，生物对污染引起的外环境也就是自然环境要素的改变及自身的生理变化是容易适应的，而对污染物本身却很难适应。其原因就在于，外环境在污染条件下的改变，只是一个量的问题，即温度、光照、湿度、营养条件等生态因子都还存在，只是在量上和比例上发生了变化，生物比较容易通过自身的生理调整来适应这类变化。但对于污染物本身的适应则不然，尤其是这个污染物是自然环境中不曾有过的，生物正常生理活动面对从不曾需要且从未经历过的物质时，生物一般没有特异性的组织器官对污染物进行解毒，往往也没有遗传背景可以作为生理变化调节的手段，所以这类污染物对生物是最难适应的。

生物对化学污染物的抗性机制是外部排斥和内部忍耐的综合结果。处于化学品污染环境中的生物，一方面，通过形态学机制、生理生化机制等将污染物阻挡于体外；另一方面，通过结合固定、代谢解毒、分室作用等过程，将污染物在体内富集、解毒。富集和解毒这两方面的综合结果形成抗性，其中生物的解毒是抗性的基础，解毒能力强的生物一般具有较强的抗性，但解毒不是抗性的全部，抗性强的生物不一定解毒能力强。由于污染物种类不同和污染传递介质的差异，生物有多种方法阻止污染物进入体内，如限制污染物的跨膜运输；关闭气孔阻止SO_2等气态污染物进入体内；分泌糖类、氨基酸类、维生素类、有机酸类等有机物质到达根际，通过改变根际环境来改变污染物的理化性质和形态，使污染物由游离态转变为络合态或螯合态，降低其可移动性；通过运动远离污染源；增厚组织的外表皮细胞，在根周围形成根套等。

生物对化学污染物响应的程度和结果主要取决于选择作用的强度、类型和生物本身的生物学特性，特别是种群内遗传变异的数量和种类。在一定范围内，选择强度越高，生物的选择相应就越突出；生物对污染物越敏感，选择相应就越激烈。昆虫和微生物抗药性的进化是在定向的强选择压下快速适应进化的最好的例子。例如，柑橘的害虫红圆蚧(*Aonidiella aurantii*)的种群内有两个遗传上显著区别的类型，一类对氰耐受性高，另一类耐受性低，前者是后者突变产生的。由于长期使用氰气熏蒸法杀虫，氰耐受力高的个体比例上升，最后导致整个种群基因频率改变，使整个种群对氰的耐受力提高。家蝇对DDT抗性的进化也是这种情况。据考察，自DDT发明和广泛应用以后，不到40年，大多数害虫已经进化出高的耐受性，以致DDT被淘汰。

蛾子的工业黑化(industrial melanism)是自然界中自然选择导致适应进化的第一个实证。英国学者描述的蛾子工业黑化现象已经被许多进化教科书用作自然选择的典型例证。野外观察证明，许多鳞翅目昆虫的天敌(主要是鸟类)是靠视觉识别来捕捉猎物。统计结果表明，虫子体色与环境背景不一致的个体被捕杀的比例显著大于那些与环境背景色靠近的个体。这就构成了一种自然选择作用，即由鸟类差异性捕食所造成的选择。对许多蛾子的遗传分析表明，它们体色的深浅是多基因控制的数量性状，在种群内存在着体色多态现象，即浅色与深色的个体以不同的比例存在。早在19世纪中期，英国学者Ford就发现分布在东部工业区的蛾子比在西部非工业区的同种蛾子颜色黑得多，这称为工业黑化现象。发生工业黑化的蛾子不止一种，Ford描述了好几种属于鳞翅目不同科蛾子的黑化现象，它们都有停息在树干上或岩石上的习性，并不隐蔽自己，其中一种称为白桦蛾(*Biston betularia*)，可以作为典型例子。在有灰白色地衣覆盖的树干和岩石上，灰色的蛾子与背景色很接近，不易被天敌发现。但是，地衣对工业污染极为敏感，工业区的空气污染使树干和岩石上的地衣消失，背景色变深。观察发现，在工业区的深色树干和岩石上的灰白色蛾子被天敌捕杀的比例远大于黑色蛾子。因此，这个原先灰白色蛾子占有优势的种群发生了黑化现象，即黑色个体的数量逐渐占优势。这个黑化过程时快时慢，与英国的工业发展情况相关联。据文献记载，最早受英国工业化影响的白桦蛾的第一个黑色蛾子的标本是1848年在曼彻斯特捉到的，到了1895年，曼彻斯特区种群中98%的个体已经是黑色的。

自工业化以来，对于繁殖速度较快的物种，产生的适应性进化已经较为明显；然而对于繁殖速度较慢的物种，如哺乳动物等，产生的适应性进化尚不明显，也有的进化跟不上环境污染的程度而导致物种灭绝。

(二) 物理性污染与生物适应和变异

1. 生境减少和破碎化与生物适应

生境破碎化(habitat fragmentation)是指在人为活动和自然干扰下，大块连续分布的自然生境被其他非适宜生境分隔成许多面积较小的生境斑块的过程，又称生境岛屿化或生境片断化。造成圣经破碎化的因素是多方面的，如森林大量砍伐、森林或农田城市化、修建公路和机场、围海造田、过度放牧等。在1978年以前，我国的生物栖息环境破碎化主要来自农业垦殖和森林采伐,1978年以后,由于经济的快速发展,特别是在沿海的发达地区,城市化程度已经从改革开放前的20%发展到70%,城市化工程使大块的自然生境被城市化隔离,大规模的公路和铁路工程逐渐延伸到生物多样性比较丰富的山区和无人区,随之而来的是路旁大规模的森林采伐,使原本连续的原始森林被切割成一个个大大小小的斑块。栖息地的破碎化或丧失会使某些物种的个体数量下降或灭绝,但并不是每个物种都如此,种群的稳定性随着种群增大而增大。栖息地丧失后,迁徙种群会转向适应新的生存环境,这种能力种群生存的关键,取决于种群的自然历史或其生物学特性。多数迁徙行为受后天学习的影响,但是很多证据证明是由遗传决定的,遗传变异可发生在种间和种内,因此,迁移策略也会对选择做出反应。

生境破碎化对于不进行迁移的生物会带来很多不利影响,但生物的最大特点就是它的适应性,只要环境变化是在它所能承受的范围内,一般它都会通过改变自己的生活习性、生理特点等来适应环境的改变。例如,丹顶鹤(*Grus japonensis*)历来喜欢在没有人烟的芦苇沼泽地中筑巢繁殖,在广阔的生境中,自然状态下丹顶鹤的巢区范围为 $1\sim 4\ km^2$。但当它们的生境因人类的一些开发活动而出现破碎时,它们也会"与时俱进",适当缩小巢区范围,在 $0.37\ km^2$ 的斑块内也能营巢。血雉(*Ithaginis cruentus*)是一种生活在青藏高原的特有鸟类,一般生活在海拔较高的高寒山地的针叶林和针阔混交林中,地栖性生活,迁移扩散能力较弱。在我国的甘肃南部,血雉生存生境破碎化比较严峻,但有关学者在研究中却意外发现,血雉在破坏较为严重的森林斑块(针叶林砍伐率达60%以上,已经转变成次生的阔叶林和灌木林)中依然能够生存。在美国野火鸡(*Meleagris gallopavo*)的种群恢复和重建过程中,人们意外地发现,野火鸡对以前认为是不适宜的生境有着出乎意料的适应能力。

野外调查数据显示,在生境破碎化的最初阶段,生物可以通过改变自己来适应环境,但改变不是无限度的,存在阈值,当超过生物所能承受的阈值时,生物种群会因为隔离效应而迅速下降,当然这会因种而异。例如,当原始森林的比例减至20%以下时,斑点猫头鹰(*Strix occidentalis*)的种群将趋于灭绝;在森林覆盖率小于30%的破碎景观中,林蛙(*Rana sylvatica*)和斑点蝾螈(*Ambystoma maculatum*)会消失;而红点水螈(*Notophthalmus viridescens*)在森林覆盖率小于50%以下时会消失。当然,对绝大多数物种,目前还不能精确预测在何种破碎水平下生存会受到影响,还有待今后更深入的研究。

2. 电磁辐射与生物适应

电离辐射(electromagnetic radiation)是指作用于物质并能使其发生电离现象的辐射,如X射线、γ射线、宇宙射线、α射线、β射线、质子射线和中子射线等。电离辐射因其辐射强度的不同会对植物造成不同程度的损伤。低剂量的电离辐射会引起植物突变,因而在生产中电离辐射被广泛应用于大田作物、牧草、蔬菜、果树、观赏性植物及森林树木等的诱变育种,不仅可以缩短育种年限、提高突变率、扩大突变谱,还可有效地改良个别性状,且诱发的变异较易稳定下来。低剂量电离辐射对植物的种子有刺激作用,可以打破休眠、促进萌发、加速生长和发育、提早或延期开花、诱导生根、增加产量和提高抗病力等。在受电离辐射过程中,种子对辐射的抗性强于植株的根、茎、叶、花等部分。随着电离辐射量的增大,植物损伤加重,表现为性状异常、生长减缓、产量降低、再生能力丧失,甚至造成植物枯萎和死亡。

切尔诺贝利核电站位于乌克兰北部，1986年4月26日该核电站第4号核反应堆在进行半烘烤试验中突然失火，引起爆炸，造成的辐射量相当于400颗美国投在日本的原子弹的辐射量，是迄今最严重的核事故。爆炸使得机组完全损坏，8 t多强辐射物质泄漏，放射性尘埃随风飘散。福岛县第一核电站位于日本福岛县工业区，2011年3月12日，受地震影响，发生核泄漏事故，随后日本政府决定将其1至6号机组永久废弃。这两次严重的核泄漏问题都造成了较大面积区域的电离辐射污染。Timothy A. Moussean教授从2000年开始对切尔诺贝利核电站周围的生物、环境进行研究，福岛事件发生后跟进了研究。他的研究表明，在切尔诺贝利地区辐射强度较高的地方的生物多样性(鸟类、哺乳动物、昆虫和蜘蛛等物种的数目)明显降低，受试鸟类和小型哺乳动物的寿命显著下降，生育能力被抑制。在辐射强度较高区域，树木的生长和微生物的降解作用受到了抑制。对切尔诺贝利地区和福岛地区的观察结果表明，不同物种对于辐射的敏感度有较大差异，除之前提到的物种外，还有部分物种没有受到影响。少数物种甚至出现了数量增加的趋势，推测可能是生物大量死亡使其可以获得更多的食物和栖息地，同时由于对于食物链顶端生物的影响较大，导致这些物种的天敌变少。通过对多种生物遗传物质研究，得到了在电磁辐射急性暴露环境下基因会出现损伤的确凿证据，而福岛和切尔诺贝利地区物种基因损伤存在一些差异，这说明有些变异是在多代繁殖的过程中不断累积形成的。而一些物种没有出现应有的基因损伤，还有一些物种展现出了通过进化适应高辐射环境。这些物种通过进化加强了自身的抗氧化活性，这种活性可以防止来自电离辐射的伤害。根据DNA修复能力和氧化应激防御的相关研究结果表明鸟类是受影响最大的物种。切尔诺贝利地区出现的辐射产生的有害效应包括白内障、肿瘤、生长发育异常、畸形精子和白化病的概率提高，同时这些地区鸟类和啮齿类的脑容量下降也说明了动物的神经系统发育会受到影响。由于神经系统出现损伤，鸟类的认知能力和生存能力出现了可以被观测到的不利后果。

(三) 生物性污染与生物变异

生物性污染包括很多方面，而生物入侵是对生态环境影响较大且较容易观察的一种。外来种(alien species)是指在特定的生态系统中，不是本地发生或进化的生物，而是后来随着不同的途径从其他地区传播过来，并能在自然状态下繁殖的生物种、亚种或更低级的分类单位，即非原生地的物种。当外来种进入一个过去不曾分布的地区，能够存活、繁殖，形成野化种群，并且其种群的进一步扩散已经或即将造成明显的环境和经济后果时，这一过程称为生物入侵。导致生物入侵的物种称为外来入侵种。入侵的生物并不是直接对当地的生态造成危害，其成为入侵种需要产生遗传上的变异。

生物入侵常常构成快速进化事件。当一个外来物种的少量个体被引入一个新的区域后，如果新区域的生物和非生物环境与原产地不同，在新的环境胁迫下，必然导致外来种产生形态、行为和遗传特征方面的变化，即产生快速适应进化，甚至入侵几代后便出现这种飞跃式的变化。只有这样，外来种才能在新环境中成功定居，并建立新种群，进而迅速繁殖、扩散，成为入侵种。在入侵过程中，时滞阶段是快速进化产生的重要时期。

这个阶段包括对新生境的适应进化，对入侵生活史性状的进化，以及对导致近交衰退基因的清除等。

除入侵种自身的适应性进化外，入侵种还常常通过排斥、生态位取代、杂交、基因渗入或捕食等方式改变土著种的进化途径。即土著种为了应答新的入侵者也产生了相应的适应性变化，当然其中也有一些物种因为生物入侵而产生的生态位替代及竞争等而灭绝。例如，通过竞争排斥，入侵的火蚂蚁(Solenopsis invicta)对它们所遇到的当地节肢动物种群具有灾难性的影响，致使当地蚂蚁的生物多样性降低了70%，当地个体数减少了90%以上；非蚂蚁的节肢动物多样性减少了30%，个体数目减少了70%。

1) 外来入侵种的适应性进化

入侵能否成功部分取决于入侵种与其入侵环境是否相匹配，所以只要新抵达的环境与其原生环境不同，入侵种的形态和行为就将出现进化上的趋异以适应新的环境。这种情况在动物(包括昆虫、鸟类、爬行类)中的研究实例比较多，植物中也有报道，而且所观察到的进化变化大都是发生在入侵以后的较短时期内，所以从这种意义上讲，进化并不缓慢。例如，Losos 等发现，蜥蜴(Anolis sagrei)引入加勒比海的一些与原产地植被不同的小岛上 10 余年以后，蜥蜴的后肢长度出现了与栖木半径相适应的进化；果蝇(Drosophila subobscura)从东半球入侵北美西海岸 10 年以后，翅大小的纬度梯度变异尚未出现，但 20 年以后，明显的适应性进化——翅大小的纬度梯度变异已形成。

入侵种在行为方面进化最著名的例子是一些社会性昆虫。例如，火蚂蚁从阿根廷入侵北美后，入侵种群表现出与原产地不同的行为习性。在原产地，由于种内不同巢穴个体间的竞争激烈，巢穴之间边界明确，因而只能形成小而分散的蚁群。但入侵北美后，蚁群内争斗减少，巢穴之间没有明显的界限，数个家族能相安无事地生活在同一领地，形成较大的社群，由于减少了争斗内耗，种群的生活力和繁殖力大大提高，能占领更大的领地。

还有的入侵种会通过生理性状的改变来适应新栖息地，如稗子(Echinochloa crusgalli)具有 C_4 光合系统，原本仅适合于生存在较温暖的地理区域内，但当它从北美南部地区入侵到较冷的加拿大魁北克地区以后，在生理上发生了适应进化，通过提高某些酶的催化效率来适应较低的环境温度。

2) 土著种的适应性进化

许多研究表明，适应进化不仅出现在入侵种中，土著种的特征也会相对于入侵种的存在而产生适应进化。例如，Singer 等在 11 年的观察期里发现，因牧场主将欧洲的长叶车前(Plantago lanceolata)引入美国内华达的施耐德，当地蝴蝶 Euphydras editha 的食性发生了快速的适应性进化，并偏好于外来的长叶车前。无患子甲虫(Jadera haematoloma)的喙长在入侵寄主进入后仅 50 年便出现了明显的变异，进化出适应新寄主的不同长度的喙，而且通过一系列试验证明，这种适应性性状的改变是可以遗传的，每个寄主小种的甲虫已对其寄主的化学物质有一定的适应，说明在相当短的时间内，一组适应性性状已经进化出来。杂草的性状相对于作物进化的例子就更多了。例如，稗子进化出水稻的拟态，不仅形态学外表和物候学发育上与农作物相似，连种子都与农作物的种子相似，所以在收获时也无法将它们与农作物分开并剔除。

土著种除对入侵种的直接响应外，还有一些土著种通过与入侵种发生关系而导致基因结构的改变。入侵种对土著种的遗传影响是间接的，如改变自然选择的模式或土著种群间的基因流通，也可以直接通过杂交和基因渗透等削弱土著种的适合度。当入侵种施加强烈的选择压时，预计土著种的自然种群会改变其等位基因频率。

杂交与种质渗入是入侵种与土著种之间的相互作用在进化层次上最为突出的方面。入侵种与土著种杂交可能导致三种结果。一是产生一种新的、有入侵性的杂合体基因型。二是产生不育的杂合体，与土著种竞争资源，这对于濒危种来说其实是浪费配子。三是产生一群杂交体和广泛的基因渗透，通过"基因污染"而导致本地种的灭绝。目前人们对转基因作物释放的担心之一也是转基因生物与作物近源种的杂交和种质渗入。有关这一影响的例子很多，而且在植物中尤为突出。例如，在英国的 2834 种植物中外来种有 1264 种，由土著种与外来种所形成的杂种就有 70 种，另有 21 个外来种与外来种杂交后形成的杂种。在鱼类、鸟类和哺乳动物中也不乏其例。鱼类中的鳟鱼就是一例，即便是小规模的引种也会通过杂交与种质渗入而对土著鱼的遗传学产生很大的影响。绿头鸭(*Anas platyphynchos*)被引入世界许多地区，如引入新西兰后，与当地的灰鸭(*Anas superciliosa*)杂交后导致土著鸭种群数量减少。此外，Abernathy 报道，约 100 年前从日本引入英国的日本鹿(*Cervus nippon*)，已与英国的土著种红鹿(*Cervus elephaus*)杂交，并对土著种的遗传整体性产生了明显的影响。

入侵种与土著种的杂交不仅破坏了物种的整体性，而且有时还可以导致新物种的起源。大米草(*Spartina* spp.)就是其中一个著名的例子。19 世纪早期，分布于北美东海岸的 *S. alterniflora* 曾通过压载水带入英国的南部港口安普顿，其与当地的 *S. maritima* 杂交后形成了不育杂种，不育杂种通过染色体加倍后形成了可育的多倍体新种 *S. anglica*。*S. anglica* 的入侵能力非常强，并能占领原来种属不能利用的光滩，所以很快占领了英国大面积的海岸线，与此同时土著种 *S. maritima* 和入侵种 *S. alterniflora* 的分布区缩小。

二、环境胁迫和生物抗性

(一) 药物污染与耐药性

现在植物保护工作者和医药科学工作者都已经意识到，生物在人类提供的定向选择压下的适应进化已经使得任何人工合成的杀虫剂和抗菌药从有效逐渐变得无效，"一劳永逸"的杀虫和抗菌的方法是不可能得到的。

细菌在产生耐药性上有着天生的优势。细菌与所生活的环境紧密无间，对于自由生活的物种，这种情况相当于不断受到所接触的各种可能有毒物质的威胁，这些有毒物质可能由抵御微生物入侵的其他生物故意产生，也可能是正常的代谢产物。同样地，共生生物和病原生物必须保护自己免受宿主分泌的特殊或非特殊物质的攻击。单细胞生物已经进化出旨在减少或防止有毒有害物质积累的复杂防御系统。要形成防御系统的这种遗传机制，还意味着这些生物要拥有同样复杂的调控机制，且它们能够控制这些系统，目前比较清楚的系统包括抗药性整体反应系统和固有的修饰酶。

为了克服病原菌抗药性必须不断地发现和开发新抗生素。尽管很多药物靶位在革兰阳性菌、阴性菌中都有很高的保守型，然而，无论是最近通过审批的抗生素还是正在研发的抗菌化合物，普遍缺乏抗革兰阴性菌活性。研究证明，多重抗药(multi-drug resistance, MDR)外排泵在革兰阴性菌固有抗药性方面发挥了突出作用。而且外排泵在临床获得性方面也发挥着显著作用。基于这些考虑，以外排泵为靶位的外排泵抑制剂(efflux pump inhibitor, EPI)与抗生素联用能够增强抗菌力、扩展抗菌谱、降低获得性抗药性。目前，研究已经确定了 5 个细菌药物外排泵家族，在革兰阴性菌中，参与临床相关抗药性的外排泵大部分属于抗药小结分裂区(resistance/nodulation/division, RND)家族。通过与其他抗药机制的协同作用，药物外排发挥了最大功效，如革兰阴性菌外膜蛋白是亲水或疏水物质渗透入细胞的开关，降低外膜蛋白通透性，可以减少药物的摄入。为了有效降低药物的摄入，一些革兰阴性菌多重药物外排泵的亚基直接穿过细胞膜与外界相通，进行跨膜转运。RND 家族的作用底物范围惊人地宽泛，RND 外排泵能够识别并排出带有正、负乃至不带电荷的分子及疏水有机溶剂、脂类物质，以及亲水化合物如氨基糖苷类。

药物靶位修饰、减少药物渗入及对药物进行修饰是很多细菌获得抗药性的三大重要机制。细菌对药物靶位的修饰方式多样，说明靶位修饰机制在细菌产生抗药性中发挥重要作用。靶位修饰主要有六种机制，分别是靶蛋白的自发性突变、同源重组产生马赛克蛋白、获得性代谢途径改造靶位、靶蛋白过度表达阻止药物接近关键靶位点、获得性蛋白进行靶位修饰和保护、获得性旁路靶蛋白。其中大部分原理都是使结合力降低，部分是隔离与药物的接触。

下面以几种具体种类抗生素的抗药性作为例子，说明细菌的抗药性进化。

氨基糖苷类抗生素是一类带正电荷的含碳水化合物的分子，用于临床治疗由革兰阴性和阳性细菌引起的感染。它最初发现于 80 多年前，接着又发现了具有重要临床治疗效果的庆大霉素、妥布霉素、阿米卡星、奈替米星和链霉素。这类抗生素靶向作用细菌核糖体并干扰蛋白质的翻译。与其他阻断蛋白质翻译的抗生素不同，大多数氨基糖苷类具有杀菌作用，这在抗感染的化学治疗剂中具有比较可取的优势。氨基糖苷类的杀菌作用机制与其倾向性有关，引起 mRNA 转录时的错误翻译，导致异常蛋白质产生。细菌对其产生抗药性的四个基本的机制见表 10-2。

表 10-2 细菌产生抗药性的基本机制

序号	类型	特征
1	改变药物摄入量	变异形成营养缺陷型从而减少对于氨基糖苷类抗生素摄入，但是这类在临床上比较少见，因为自身菌种的生存能力也会随之下降；参与肽跨膜转运的蛋白质在结构上发生突变，使得突变体不能摄取某些抗生素
2	抗生素外排泵	外排蛋白子系统发生适应性进化，能够从细胞间质和细胞质中捕获抗生素并且输出
3	靶位修饰	通过氨基糖苷类抗生素作用的靶位点的突变，增加其抗药性，包括核糖体 RNA 或者核糖体蛋白点突变；16s rRNA 甲基化
4	化学修饰	O-磷酸转移酶、O-核酸转移酶和 N-乙酰基转移酶对氨基糖苷类抗生素关键位点进行修饰，使得其失去相应功能，增加细菌自身的抗药性

β-内酰胺类抗生素抗药性产生的主要原因是病原菌产生 β-内酰胺酶，其可以水解 β-

内酰胺类抗生素。这种方式主要产生在革兰阴性菌中，而革兰阳性菌则进化出另外的策略对抗内酰胺类抗生素，如青霉素结合蛋白修饰。病原菌产生的 β-内酰胺酶共有四类，第一类主要由克拉维酸无法抑制的头孢菌素酶组成；第二类由青霉素酶组成，包括能被 β-内酰胺酶抑制剂抑制的广谱青霉素酶；第三类由能被金属螯合剂 EDTA 抑制的 β-内酰胺酶组成；第四类则由其他不受克拉维酸抑制的 β-内酰胺酶组成。

(二) 重金属污染与抗性

随着工业的发展、"三废"的排放、矿产的开发和利用，很多重金属离子进入环境。过量的重金属一旦进入环境，特别是进入土壤后就很难予以去除，还有在生物体内累积的趋势，以致其产生更大的危害。而重金属区别于其他的污染物，有着很强的急性毒性，贵州某地农村炼锌，导致超过 300 km^2 的地区寸草不生。许多世界公害病也都是由重金属造成的，如日本的骨痛病是镉污染造成的，水俣病是有机汞污染造成的。

植物能够生存于某一定特定的含量较高的重金属环境中而不会出现生长效率下降或死亡等毒害症状，如芦苇对重金属有很高的抗性，在其他植物都不能生长的环境中，芦苇能正常生长，甚至还能完成生活史。植物对重金属抗性的获得可以分为两种途径：避性和耐性。要研究植物抗性就必须了解这些特定的生理机制、作用方式和条件。

避性指一些植物可通过某种外部机制保护自己，使其不吸收环境中高含量的重金属从而免受毒害。主要方式有限制重金属离子跨膜吸收和与体外分泌物络合。耐性指植物体内具有某些特定的生理机制，使植物能生存于高含量的重金属环境中而不受伤害，此时植物体内具有较高浓度的重金属，主要通过两种基本途径产生耐性：金属排斥和金属积累。

植物根系分泌物是植物在生长过程中，根系向生长介质分泌质子和大量有机物质的总称。广义的根系分泌物包括 4 种类型：渗出物，即主动扩散出来的一类相对分子质量低的化合物；分泌物，即生长代谢过程中被动释放出来的物质；黏胶质，包括根冠细胞、未形成次生壁的表皮细胞分泌的黏胶状物质；裂解物质，即成熟根段脱落的衰亡植物体。其中分泌的大量有机酸、酚酸等组分对重金属离子都有较高的络合能力，金属离子被这些大分子物质络合之后，生物可利用性会大大下降。

植物利用这些机制，能在含有重金属的土壤中正常生长，其中部分植物除耐受重金属以外，还能富集高浓度的重金属，这类植物大部分是重金属超积累植物。它们大多数生长在重金属含量较高的土壤上，同时具有重金属耐性的特性。通常，超积累植物有以下特点：能够忍耐较高浓度重金属的毒害；植物地上部积累的重金属应达到一定的量；植物地上部的重金属浓度应高于根部。这类超积累植物又可以分为两类：一类是超耐性植物，能够超量吸收和积累重金属而不影响其生长；另一类是营养型超积累植物，这类植物嗜好某些重金属元素，并以这些元素作为其自身生长的营养物质。表 10-3 是一些常见的超积累植物及积累重金属的浓度。植物体内的重金属会与细胞壁结合，进入液泡或是形成金属络合物。

表 10-3　某些超积累植物对重金属的积累浓度

重金属	超积累植物	浓度/(μg/g 干物质)
铜	高山甘薯(*Ipomoea alpine*)	12300(茎)
镉	天蓝遏蓝菜(*Thlaspi caerrulenscena*)	1800(茎)
铅	圆叶遏蓝菜(*Thlaspi rotundifolium*)	8200(茎)
锌	天蓝遏蓝菜(*Thlaspi caerrulenscena*)	51600(茎)
锰	粗脉叶澳洲坚果(*Macadamia neurophylla*)	51800(茎)
钴	星香草(*Haumaniastrum robertii*)	10200(茎)
铌	佰希亚(*Berkheya coddii*)	7880(地上部分)
铼	铁芒萁(*Dicranopteris dichodoma*)	3000(地上部分)

除了植物，其他生物对金属也有一定的耐性。金属进入生物体内后会诱导一些功能蛋白的产生，如金属硫蛋白。金属硫蛋白是一种位于胞质内的低分子蛋白，半胱氨酸含量极高，约 30%，相对分子质量一般在 6000~7000，对热稳定，金属含量高。金属硫蛋白首次在马肾中被分离，目前已经发现这种蛋白质广泛存在于原生动物、真菌、植物和所有的无脊椎动物和脊椎动物中。金属硫蛋白对二价金属离子具有极高的亲和力，能够与其形成络合物，在细胞内起储存必需的微量金属如 Zn、Cu 和结合有毒金属如 Cd、Hg 的作用。它与必需金属的结合起调节这些金属在细胞中浓度的作用，而与有毒金属的结合则可以保护细胞免受金属毒性影响。

第三节　生物改变生存环境

环境中生物受到环境的影响发生适应、变异，但是在一定的条件下，生物可以改变生存环境，提升环境质量，有利于生物自身的生存。

一、生物净化污染环境

(一) 大气污染与植物

大气污染物主要包括悬浮颗粒物(飘尘、降尘)、二氧化硫、氮氧化物、一氧化碳、碳氢化合物、卤素化合物及有害微生物等。就其性质而言，大气污染可分为物理性污染、化学性污染与生物性污染 3 种类型。植物是大气污染的受害者，同时它又能通过叶片对污染物的吸收、吸附和过滤等作用，使空气得到净化，减轻大气污染。植物修复化学性大气污染的主要过程是持留和去除。持留过程涉及植物截获、吸附、滞留等；去除过程包括植物吸收、降解、转化、同化等。

1. 植物对大气中化学污染物的净化作用

在植物吸收空气中有害物质的作用方面，国内外学者开展了大量研究，并开始利用绿色植物作为治理工业污染的补充手段，已取得一定的净化空气效果。

1) 吸收二氧化硫

二氧化硫是当前最普遍、危害较大的大气污染物质。凡是烧煤的地方几乎都有二氧化硫的污染，目前世界上仅各种燃料的燃烧便产生约 1.5×10^5 t 二氧化硫。大气中二氧化硫除一部分在高空扩散外，大部分降落到地面，小部分被雨水溶解渗入地面土壤中，其大部分主要靠各种暴露的自然表面所附着和吸收。

植物对二氧化硫的净化作用大致包括两部分。①植物表面附着粉尘等固体污染物而吸附一部分二氧化硫。有人用水洗涤叶面并分析洗液中的硫，发现单位面积的蒙尘量和含硫量呈正相关，即叶面蒙尘量越多，洗液中含硫量越多。②二氧化硫通过植物体表面被吸收到体内后进而转化或排出体外。孟庆英等用 $^{35}SO_2$ 对苗木进行试验，证实二氧化硫主要通过叶片进入植物体内，同时枝条的皮孔也可以吸收 $^{35}SO_2$，吸收量可占叶片吸收量的 1/3。进入植物体内的 $^{35}SO_2$ 部分参与氨基酸的组成，部分以 ^{35}S 形态通过根系排出体外。

2) 吸收氯气

氯气虽然不是一种普遍污染气体，但在化工、农药、塑料及以氯为原料、含氯盐类电解等行业都有氯气逸散，它对人和植物的伤害较大。植物对氯气的吸收能力很强，在氯气污染环境中生长的植物，叶片含氯量往往可以比非污染区的高几倍甚至几十倍。植物由于种类不同，对氯气吸收能力差距很大。在吸收氯气能力强的种类中，有很多是喜盐碱或耐盐碱的植物，如柽柳、沙枣、皂角、木麻黄、松叶牡丹和落地生根等。江苏省中国科学院植物研究所研究认为，落叶树比常绿树吸收氯气能力强。空气中氯气在一定浓度范围内，浓度高时植物吸收氯气量也比较大，但如果空气中氯气的浓度过高，影响植物生长，反而会降低植物吸收氯气的能力。

3) 吸收氟化氢

大气中氟一般以 HF 的形式存在，它对动植物都有很强的毒性，当人畜吸收并积累了一定量的氟，会引起中毒及死亡。当空气中氟浓度超过 1 mg/L 时，就会对人呼吸器官等产生影响。同样，植物吸收积累一定量的氟也会引起中毒及死亡。各种植物在正常情况下，叶片含氟量一般在 0~25 mg/kg(干重)，但在空气中有氟化氢污染的情况下，植物叶片可以吸收氟化氢，使叶片含氟量大大增加。在不超过植物忍受的浓度范围内，植物可以不断吸收氟而不受到伤害，如果浓度过高，叶片就会出现损伤症状，甚至全株死亡。各种植物吸收氟化氢的能力和忍受限度不同，如家榆叶片含氟量达 2500 mg/kg(干重)时仍能正常生长，而唐菖蒲和桃树的叶片含氟量在 30~50 mg/kg(干重)时，就会出现明显的受害症状。

4) 吸收空气中其他污染物质

铅、镉、汞等重金属元素对人类危害较大，大气中铅主要来自金属矿石的冶炼、汽车尾气和生活用煤的燃烧，一般铅以粉末和气溶胶状态存在于大气中。大气中镉主要来源于冶金和材料加工，散发到空气中的镉一般为颗粒形态，常是氧化物，但也有硫化物和硫酸盐。滞留在植物表面的铅、镉颗粒被空气中水分溶解后，在植物叶片与周围空气进行气体交换时，由气孔进入植物体。吸收数量除与大气中铅、镉浓度有关外，还与植物种类、叶龄等有一定关系。

不少植物可以吸收汞蒸气而减少空气中汞浓度,据上海市园林管理处对 13 种植物的测定，在汞污染环境下它们都能吸收一定量的汞而其生长不受影响。北京植物园在空气汞污染日平均浓度为 0.04 mg/m³ 的某灯泡厂进行盆栽试验，60 天后不同植物含汞量分别为：海州常山，0.534 mg/kg；接骨木，0.454 mg/kg；连翘，0.44 mg/kg；木槿，0.44 mg/kg；五叶地锦，0.428 mg/kg；含羞草，0.392 mg/kg；常春藤，0.224 mg/kg；毛白杨，0.188 mg/kg；悬铃木，0.116 mg/kg。

很多植物具有较强的吸收 NO_2 的能力。据报道，生长在 1 mg/L NO_2 环境下的草本植物，每平方米叶片每小时吸收 NO_2 的量分别为：向日葵，29 mg；番茄，17 mg；蓖麻，12 mg；牵牛花，10 mg。木本植物每平方米叶片每天吸收 NO_2 量分别为：樱树，190 mg；三角枫，60 mg。向日葵吸收 NO_2 能力很强，据推测，1 hm² 面积的向日葵种群，在大气 NO_2 日平均浓度为 0.06 mg/L 时，1 天能吸收 NO_2 480 g。沙枣、加拿大杨等植物还能吸收空气中醛、酮、醇、醚和致癌物质安息香吡啉等污染物。

2. 植物对大气物理性污染物的净化作用

大气除受到有害气体污染外，粉尘也是重要的污染物质。据统计，地球每年降尘量达 $1×10^6 \sim 3.7×10^6$ t。许多工业城市每年每平方千米降尘量平均为 500 t 左右，某些工业十分集中的城市甚至高达 1000 t 以上。植物，特别是树木，对粉尘有明显的阻挡、过滤和吸附作用，从而能够减轻大气的污染。树木能够减尘，一方面是由于树冠茂密，具有降低风速的作用，随着风速的降低，空气中携带的大颗粒粉尘便下降地面。另一方面是由于叶子表面不平，多茸毛，有的还能分泌黏性的油脂和汁浆，空气中的尘埃经过树木时，便附着在叶面及枝丫上。蒙尘的植物经过雨水淋洗，又能恢复其吸尘的能力。树木由于总面积很大，因此吸滞粉尘的能力很大，树木是空气的天然滤尘器。

3. 植物对大气生物污染物的净化效果

空气中细菌借助空气中灰尘等漂浮物传播，植物有阻尘、吸尘作用，减少了空气病原菌的含量和传播。同时，许多植物分泌的气体或液体具有抑菌或杀菌的作用。研究表明，茉莉、黑胡桃、柏树、柳杉、松柏等均能分泌挥发性杀菌或抑菌物质，柠檬、桦树等也具有较好的杀菌能力，绿化较差的街道较绿化较好的街道空气中细菌含量可高出 1~2 倍。

(二) 生物净化水体污染

水体污染是指某种物质进入水体，进而导致水体的化学、物理、生物或者放射性等方面特性的改变，从而影响水的有效利用，危害人体健康或者破坏生态环境，造成水质恶化的现象。

1) 森林生态系统对污水的净化

大气降水携带各种污染物进入森林生态系统后，所遇到的第一个作用面就是起伏不平的林冠层。在此作用面，一方面雨水中的物质因枝叶的截留作用而减少；另一方面雨水对附在枝叶表面的大气污染物及林木本身分泌物的淋溶作用，使某些物质的量又有增加。就某一物质而言，其量是增加还是减少，与此物质的性质、林冠层的结构和生理特性及降雨时的气象条件等有关。

当降水到达林地时，遇到的第二个作用面是地被物层和土壤层，其对净降水量进行了再次分配。一部分被地被物层和土壤层截留而失散；另一部分深入土壤深层，成为地下水，以地下径流形式输出森林生态系统。携带着各种物质的降水流经地被物层和土壤层时，与流经林冠层相似，同样发生两种相反的过程，即淋溶和截留过滤。降水流经地被物质和土壤后，从森林生态系统外输入的污染物不仅被进一步净化，而且降水从森林生态系统内淋溶出的各类污染物也不同程度地被过滤。地被物和土壤的净化功能主要是活地被物和枯枝落叶层的截留、微生物对污染物的分解、对离子的摄取和土壤颗粒的物理吸附作用，还有土壤对重金属元素的化学吸附及沉淀，这些与土壤结构、温湿条件及地被物种紧密相关。

2) 大型水生植物对污水的净化

一般来说，几乎所有水生维管束植物都能净化污水，水体污染物主要包括金属、农药、有机物、非金属如氮、磷、砷、硼等污染及放射性元素如锶、镭、铀等。这些污染物，有的是植物生长所必需的元素，有的则能被植物以其巨大的体表吸附。大型水生植物对这些污染物的净化包括附着、吸收、积累和降解几个环节。植物可以通过根系吸收，也可以直接通过茎叶等器官的体表吸收。大型水生植物根系发达，有利于吸收水中物质。植物吸收的水中难降解物质，如 DDT、六六六等有机氯农药和重金属离子等，可储存在体内的某些部位。研究表明，Pb、Zn 进入香蒲体内，主要积累在皮层细胞中细胞壁上，只有少量进入原生质，可见细胞壁对重金属有较高的亲和力。吸收到大型水生植物体内的部分有机物，如酚、氰等，可被降解为其他毒性小的物质，甚至降解为二氧化碳和水。

3) 藻类对污水的净化

藻类对污水的净化效率高，由于藻类在污水净化过程中产生大量的氧气，可减少水体因缺氧而形成的恶臭气味。将小球藻和栅藻分别培养在一级处理出水和二级处理出水中，结果表明，两种藻类在一级处理出水中生长较好，对氮、磷的去除率在培养一周之后达到 70%以上。在利用藻类处理混合污水时发现，除氮、磷被大量去除外，BOD 和 COD 也减少了 90%。藻类对营养物质的去除取决于污水中营养物质的浓度、氮磷比例和营养物可利用度及藻细胞内营养物的浓度等。

淡水、海洋环境由于富营养化而导致藻华(赤潮)暴发，引起环境退化演替，然而过度生长的藻对环境也有一定的净化作用。已有研究表明，反硝化作用主要在沉积物中进行，通过沉积物厌氧层内的反硝化作用，以 N_2O、N_2 等气体形态去除的内源氮负荷可达到湖泊外源性氮输入总量的一半以上。然而在藻华暴发的水体中，除沉积物进行反硝化作用外，藻团内形成的好氧-缺氧的微环境，以及蓝藻衰亡过程中分解产生的大量有机物，加剧水体中溶解氧的消耗，导致水体中氧化还原电位大幅度下降，较低的氧化还原电位有利于微生物反硝化作用的进行，使水体中氮的赋存数量降低。同时，引起太湖藻华的铜绿微囊藻也有反硝化能力。所以藻华现象并不是单纯的环境污染，自身也是自然环境自净的一环。

4) 微生物对污染物的降解

微生物作为生态系统中的分解者，对污染物的去除和养分的循环起着重要作用。尤其当水生态系统中接纳大量的无机营养物质时，通过对氮的氨化、硝化和反硝化作用，微生物驱动着水体中氮的生物地球化学循环；微生物参与有机磷的分解作用，可以促进水生植物对磷的吸收。最近研究发现，湖泊沉积物由厌氧条件下的微生物还原可产生磷化氢，同样参与着湖泊磷的生物地球化学循环。

(三) 土壤污染的生物净化

土壤污染成为影响全球居民健康的重大问题之一，污染土壤的净化正逐渐成为保障生态安全的重要措施之一。植物除具有抵抗和净化大气污染、水体污染的能力外，对污染土壤的净化能力也是巨大的。植物可以吸收、转化、清除或降解环境污染物，具有实现净化环境、修复生态的功能。

1) 植物对土壤重金属污染的净化

由于工业的迅速发展，重金属污染已成为一个严重的问题，重金属具有长期性和非移动性等特性，一旦污染土壤，会对作物、农产品和地下水产生次级污染，并通过食物链影响人类健康。在环境污染方面所说的重金属实际上主要是指汞、镉、铅、铬及类金属砷、硒等生物毒性强的元素。

用植物清理被重金属污染土壤的方法在美国等国家已使用了多年，用于清理受污染的工业区。1991 年纽约的 MelChin 在镉污染的土壤上种植了 5 种植物：遏蓝菜、麦瓶草、长叶莴苣、Cd 累积型玉米和 Zn、Cd 抗性紫洋芋。这些植物成功地将一片光秃秃的死地变成生机盎然的活土，这种用植物净化污染土壤的方法比移走受污染土壤要廉价得多。在污染环境的重金属中，Pb 是最常见的一种。芝加哥是美国儿童铅中毒数目最多的地区，每年有 2 万多名 6 岁以下的儿童被确定为血液中铅含量超标，其程度足以对儿童造成永久的智力损伤。研究结果表明，种植一枝黄花、羊茅、玉米和向日葵等植物是清除人们住宅周围土壤中所含 Pb 的一种经济又便捷的方法，因此，采用超积累植物修复重金属污染的土壤前景较好。

2) 植物对土壤有机污染物的净化

有机污染物能被化学降解并最终矿化为无害的化合物，但它们必须首先从污染的场所被有效地提取出来。植物根系复杂的生理生化特性给植物作为有机污染物清除剂提供了很大的潜力。对一些有机化合物的污染，植物的主要解毒反应是形成糖苷等复合物，使外来物质钝化；或赋予水溶性，使其进入植物的液泡。有些有机物可直接形成复合物，而另外一些必须先经过化学改性后才能形成复合物。

3) 微生物对土壤重金属污染的净化

土壤中微生物的种类和数量相当大，它们是土壤中的活性胶体，具有比表面积大、带电荷、代谢活动旺盛等特点。重金属污染起到了对土壤微生物进行选择和富集的作用，在长期受某种重金属污染的土壤中，生存有很大数量的、能适应重金属污染环境并能氧化或还原重金属的微生物类群，对重金属污染土壤的修复起到不容忽视的作用。

微生物修复重金属污染的机制包括生物吸附(利用活细胞、金属结合蛋白、多肽或生物多聚体作为生物吸附剂)、表面生物大分子吸收转运、空泡吞饮、细胞代谢、沉淀和氧化还原反应等。微生物通过上述的种种代谢活动改变土壤环境中重金属的赋存形态，从而改变它们的生物毒性和生物有效性，最终达到修复重金属污染土壤的目的。

二、生物固碳

工业革命以来，化石燃料燃烧和人类活动，使得大气中 CO_2 等温室气体浓度急剧增加，导致全球气候变暖，因此为了防止气候显著变化，要控制温室气体浓度上升，而控制温室气体浓度上升的一个重要方法是加强固碳工程建设。固碳方法有物理固碳、化学固碳和生物固碳。其中生物固碳因其安全、有效、经济、绿色、环保等优点得到国际社会的普遍关注,也成为近年来众多学科交叉研究的热点,是实现"双碳"目标的重要途径,生物固碳的研究对于缓解全球气候变暖具有重要科学意义,并能为实现低碳经济、节能减排而开展的相关科学研究提供重要参考依据。

目前,减少温室气体(主要是 CO_2)排放的方法,按其原理主要可以分为物理方法、化学方法和生物方法。物理方法原理简单但成本极高,如深海注射、陆地埋藏等技术,耗资巨大;化学方法主要通过酶促氢化及电化学技术、碳化作用,将 CO_2 转化为可永久储存的化学物质或转化为可重复利用的化学能源,起到消耗 CO_2 的目的,但该技术开发和应用成本一般较高,并且在处理过程中能源的消耗及排放的 CO_2 又会增加环境的负担,也存在较多问题;生物固碳的技术主要如下:①原始森林和再造林的调节;②高等植物和藻类的光合作用;③非光合微生物的固碳作用。

(一) 生物固碳过程

1) 固碳微生物

固碳也称碳封存,指的是以捕获碳并安全封存的方式来取代直接向大气中排放 CO_2 的过程。生物固碳是指自养生物吸收无机碳转化成有机物的过程。

微生物固定 CO_2 的方式有两种:异养固定与自养固定。自养固定是指自养微生物利用光能或无机物氧化时产生的化学能同化 CO_2,构成细胞物质;异养固定是指异养微生物以有机化合物作为碳源和能源,在自身代谢过程中固定少量的 CO_2。这两种微生物固定 CO_2 有本质上的区别:自养微生物固定 CO_2,受体是由 CO_2 合成的,且过程可循环;异养微生物固定 CO_2 是将 CO_2 固定在受体分子上,该受体不是由 CO_2 合成的。因此,自养微生物固定 CO_2 的能力远远超过异养微生物。

固定 CO_2 的微生物主要有两类:光能自养型微生物和化能自养型微生物。光能自养型微生物主要包括微藻类和光合细菌,它们都含细胞色素,以光为能源,以 CO_2 为碳源,合成细胞组成物质或中间代谢产物。其中,微藻类属于真核微生物,它们的种类繁多,包括绿藻、硅藻、红藻等。而光合细菌均属于原核生物界,其中蓝细菌虽为原核生物,但它们可进行产氧光合作用。其他光合细菌具有多种多样的色素,以 H_2S、S 或 H_2 作为电子供体,但不产生氧。这些不产氧光合细菌包括红细菌、红螺菌、绿弯菌、绿硫细菌等。化能自养型微生物包括严格化能自养菌和兼性化能自养菌。它们以 CO_2 为碳源,主要通过氧化 H_2、H_2S、$S_2O_3^{2-}$、NH_4^+、NO_2^- 及 Fe^{2+} 等还原态无机物质获得能源。固定 CO_2 的微生物种类如表 10-4 所示。

表 10-4 固定 CO_2 的微生物种类

碳源	能源	好氧/厌氧	微生物
二氧化碳	光能	好氧	藻类
			蓝细菌
		厌氧	光合细菌

续表

碳源	能源	好氧/厌氧	微生物
二氧化碳	化学能	好氧	氢细菌
			硝化细菌
			硫化细菌
			铁细菌
		厌氧	甲烷菌
			醋酸菌
		兼性	一氧化碳氧化菌
			有氧氢氧化细菌

2) 生物固定 CO_2 的生化机理

目前已发现的自养生物固碳途径主要有五种，分别是卡尔文循环(Calvin cycle)(图 10-2)、还原乙酰辅酶 A 途径、还原性三羧酸循环、3-羟基丙酸途径和琥珀酰辅

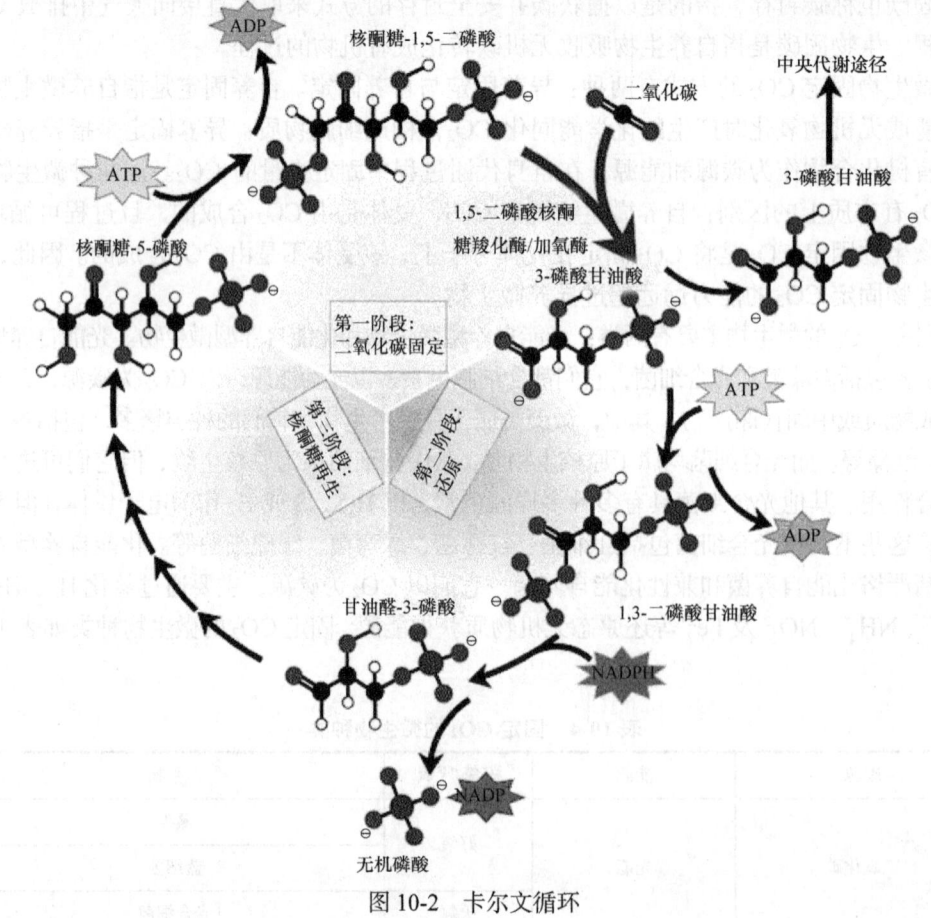

图 10-2　卡尔文循环

酶 A 途径。其中卡尔文循环又称还原戊糖磷酸循环或光合碳还原循环，是一种类似于克雷布斯循环(Krebs cycle，又称柠檬酸循环)的新陈代谢过程。其主要分为三个阶段：羧化反应、还原反应和 CO_2 受体的再生。其中，碳以 CO_2 的形态进入并以糖的形态离开卡尔文循环。整个循环是利用 ATP 作为能量来源，并以降低能阶的方式来消耗 NADPH，如此增加高能电子来制造糖。采用此固碳途径的生物主要是利用氧或硝酸盐作为电子受体的化能无机自养生物及产氧的和非产氧的光合生物，如蓝细菌、陆地植物、藻类等所有光合生物，还有不产氧的紫色光合生物及细菌域中的硫氧化菌、硝化菌、铁氧化菌等化能无机自养生物与混养生物，以及绿屈挠菌门绿颤蓝细菌属中多数不产氧的光合细菌

(二) 生物固碳方法

1) 耐受高浓度 CO_2 藻类固碳

一般来说，大型工业厂区(包括发电厂、水泥厂、钢铁厂等耗能工厂)是排放含高浓度 CO_2 的主要场所，其废气中含有 20%～30% CO_2。一般高等植物不能在该条件下存活，因此能够耐受极高浓度 CO_2 的微藻具有较大的应用价值。

1970 年，Seckbach 报道了一种嗜酸红藻(*Cyanidium caldarium*)可以在纯 CO_2 下存活并生长，这是首次对藻类耐受高浓度 CO_2 的研究。Kodama 等发现绿球藻(*Chlorococcum littorale*)可以耐受极高浓度 CO_2，并可在由此产生的酸性条件下保持稳定的细胞内环境。因此，绿球藻可作为研究极端环境下生物抗逆反应和探讨其适应机理的极佳材料。到目前筛选出的耐受性藻包括绿球藻(*C. littorale*)、小球藻(*Chlorella* sp.)、栅藻(*Scenedesmus* sp.)、嗜酸红藻(*Cyanidium caldarium*)、组囊藻(*Anacystis nidulans*)、青绿荚膜球藻(*Prasinococcus capsulatus*)，以及大型藻 *Gracilaria tikvihae* 等十多种，以单细胞的绿藻和蓝藻居多，大多能在 15%～40%的高浓度 CO_2 下生长良好，从而满足试验和具体应用的需求。

大规模利用生物反应器培养微藻固碳，不仅能以高效的生物固碳方式固定大型工业生产及其他方式排放的大量 CO_2，还可以生产能够循环使用的能源，如甲烷、乙醇、煤油、石油及氢类燃料等，来代替化石类能源，节约有限的化石能源资源。而经济微藻的大量生产也可以应用于废水处理和水产业，提供高价值的次生代谢副产品。但目前对利用高 CO_2 浓度培养藻类技术的开发还处于起步阶段，还有待更多的科研工作者参与该技术的基础研究及其相应新技术的开发工作，解决日益严重的环境问题。

2) 氢细菌固碳

光合微生物在培养中需要光照，因而在反应器中进行高密度培养时，细菌浓度达到一定程度后，细菌不断生长而产生的遮蔽现象会使菌液中部分细菌因得不到足够光照而无法进行光合反应，CO_2 固定速率逐步下降。氢细菌则不存在这一问题，且环境适应性强，可生长在较广范围的温度、pH 和盐溶液的环境中，从土壤到海洋都可生存。氢细菌生长速率快，固定 CO_2 的能力强，可耐受高 CO_2 浓度(CO_2 体积分数为 10%～20%)，而一般藻类在 CO_2 体积分数超过 3%的条件下，固定 CO_2 能力就会下降，因而在烟道废气中脱除 CO_2(CO_2 体积分数为 10%～20%)的处理过程中，氢细菌将发挥较大作用。

另外，混合营养方式也是氢细菌主要的生态学特征，即氢细菌是一种兼性自养菌，

其对有机物的利用有相当的局限性。一般自养微生物不能利用有机物，有些有机物甚至会抑制自养微生物的生长，主要表现为对核酮糖二磷酸羧化酶(RuBisCO，卡尔文循环中的关键酶)的抑制。但对于氢细菌，这种抑制作用表现得比较复杂。以敏捷假单胞菌为例，在以果糖和核糖为碳源的异养生长条件下，RuBisCO 和磷酸核糖激酶的活性仍然保持一定的水平(相当于自养生长的 20%～70%)，表明在氢细菌中，自养和异养生长方式可同时存在，这一点极好地体现了自养与异养在生物学上的连续性。用混合营养方式培养氢细菌，虽然会降低固定 CO_2 的能力，但若能加快氢细菌生长速率，使相同时间内固定的 CO_2 总量上升，其将具有一定的工业价值。

3) 森林固碳

森林固碳是指森林植物的固碳作用。森林作为陆地生态系统的主体，兼有碳源(carbon source)和碳汇的双重功能，森林碳汇在缓解气候变暖趋势方面具有重要作用，森林碳汇抵消 CO_2 排放已成为国际气候公约的重要内容。在不同植被类型中，森林储碳量约占整个植被总储碳量的 4/5，被认为是最有效的固碳方式。据研究，每生产 1 m^3 林木可以吸收 1.83 t CO_2。近年来，过度采伐、毁林或发生森林火灾、病虫害之后，大部分储存在森林植物和土壤中的有机碳逐步释放至大气。联合国政府间气候变化专门委员会的评估报告认为，全球毁林排放的 CO_2 是列在能源、工业部门之后的第三大温室气体排放源。因此，林业是当前到未来 30 年或更长时期内，在经济、技术上具有较大可行性的减缓气候变化的重要措施。只要设计合理，林业项目可在以较低成本减排的同时，使森林适应气候变化的能力提高，同时增加就业和收入，保护生物多样性，防止水土流失，提供可再生能源，推进可持续发展等多种效益。

应对气候变化，增加森林碳汇，一方面要增加森林面积，另一方面要促进森林生长，提高蓄积能力。我国森林的平均碳密度仍远低于世界平均水平，现有森林的实际储碳量也只有潜在储碳量的 50%左右，固碳潜力还很大。国土中宜林土地的有限性决定了增加造林面积的受限性，因此通过森林经营，促进森林加快增长，提高林木蓄积，是未来增加生物碳汇的主要途径。

4) 微生物碳泵

海洋是地球上最大的碳库。全球气候变暖主要是由大气 CO_2 增加导致，而海洋可以大量吸收 CO_2，从而缓解气候变暖。海洋吸收 CO_2 的已知机制是"生物泵"(BP)和"溶解度泵"(SP)。焦念志院士提出了一种海洋吸收 CO_2 的新机制，即海洋微型生物碳泵(microbial carbon pump, MCP)。海洋在地球气候中所起的作用，很大程度上是依靠微生物驱动的。已知的海洋储碳生物学机制是"生物泵"，即通过光合作用固碳将 CO_2 转化为颗粒有机碳并通过沉降转移到海底长期保存。然而，生物泵输送到海底的碳量不足表层固碳量的 0.1%。事实上，海洋中 95%的有机碳是溶解态的，而其中 95%又是惰性的，可在海洋中保存 5000 年，惰性溶解有机碳的形成机制至今尚未明了。焦念志院士的"微型生物碳泵"理论提出了不依赖于颗粒碳沉降的储碳机制，是基于溶解有机碳的非沉降机制。MCP 比 BP 的储碳能力更强，MCP 不仅储碳，而且释放氮、磷，从而促进海洋初级生产力的提升；与 SP 相比，MCP 具有不可比拟的优势：不存在化学平衡移动，不会导致海洋酸化。"微型生物碳泵"概念的提出始于对一类特殊功能类群细菌——好氧不产氧光合异养细菌(AAPB)的系统研究。不产氧光合作用微生物是所有光合作用类型的祖先，包括厌氧不产氧和好氧不产氧两种光合作用类型。其中很早发现并被深入认识的厌氧不产氧光合细菌，在不断氧化的现代海洋中由于氧抑制作用而被限制在有光的缺氧区域。AAPB 则由于对氧的适应机制在现代海洋中有着广阔的生存空间，广泛分布于全球海洋的真光层。因此，AAPB 在海洋生物量中占有重要份额，并由于其具有独特的生理特征和生态功能，AAPB 可以通过光合作用形成 ATP，从而实现固碳，这就是海洋碳汇机制之一，具有广阔的应用前景。

三、生物导致环境污染

(一) 湖泊富营养化

1. 我国湖泊营养化程度

湖泊随着自然环境条件的变迁，有其自身发生、发展、衰老和消亡的必然过程，由湖泊形成初始阶段的贫营养逐渐向富营养过渡，直至最后消亡。富营养化原本是湖泊演化过程中的一种自然现象，这种演化非常缓慢，但是由于人类经济活动迅速增强，大大加速了湖泊的这一进程，富营养化引起的环境问题日益严重。

根据《2023 年中国环境状况公报》，209 个重要湖泊(水库)中，Ⅰ～Ⅲ类水质湖泊(水库)占 74.6%，劣Ⅴ类水质湖泊(水库)占 4.8%。主要污染指标为总磷、化学需氧量和高锰酸盐指数。205 个监测营养状态的湖泊(水库)中，贫营养状态湖泊(水库)占 8.3%，中营养状态湖泊(水库)占 64.4%，轻度富营养状态湖泊(水库)占 23.4%，中度富营养状态湖泊(水库)占 3.9%。

2. 湖泊富营养化表现及危害

世界经济合作与发展组织定义的富营养化是指营养盐在水中大量富集，引起藻类及其他植物异常增殖，鱼类群落退化，随之降低等一系列的变化，最终大大削弱水体可用性的现象。欧盟委员会定义的富营养化是由营养盐(特别是氮磷)导致水体加富的现象，并引起藻类和其他更高级植物加速生长，对水质和生态平衡产生不良影响。美国国家环保局对富营养化定义为一种缓慢的湖泊衰老的自然过程，该过程受人类影响则会大大加快，其指出了富营养化将带来氮磷富集、藻类过度增殖、水体沼泽化等一系列后果。

湖泊富营养化是一个连续的过程，当营养盐在水体中累积到一定程度后，不同湖泊的生态系统会表现不同，根据营养盐特征及湖泊自身属性不同，湖泊富营养化的表现也不相同，具体来讲，湖泊富营养化有浮游植物响应型(藻型)、大型水生植物响应型(草型)、草藻混合型及非响应型 4 种表现类型，其中藻型富营养化的特征表现如下。

1) 水华暴发

水华通常是指浮游植物的生物量严重高于湖泊平均水平。在饮用水水源地及景观水体中，水华常被定义为表层水体中藻细胞浓度已经达到了引起人们厌恶感的程度。湖泊富营养化导致的藻华暴发种类较多，有蓝藻水华、绿藻水华、甲藻水华、金藻水华等，但通常以蓝藻水华为主。中国太湖、巢湖、滇池等多数重污染及中度污染型湖泊夏秋季节暴发的水华多以微囊藻水华为主。

2) 水体透明度降低、底层溶解氧下降

水体暴发大规模水华以后，由于浮游植物的遮光作用，光补偿层迅速变浅，水体透明度快速下降。太湖、巢湖、滇池微囊藻水华暴发时，透明度常常降低至不足 0.5 m。水体底层氧下降原因较为复杂，湖泊表层过度增殖的浮游植物死亡后，沉积至底层会导致底层缺氧，缺氧可能导致底层大型水生植物死亡，大型水生植物的死亡会导致更为严重的缺氧；在分层型湖泊中，水华在表层的堆积会导致氧的传输障碍，使湖体下层缺氧；此外，过量繁殖的浮游植物在夜间的呼吸作用也可能使水体夜间短暂性缺氧。

3) 水体毒素和异味

伴随着水华暴发，堆积的藻类细胞衰亡后会释放出大量蓝藻毒素、异味物质及其他有毒有害物质，引发各种衍生污染，对生态环境造成危害并危及人类健康。蓝藻水华暴发不仅造成水质下降，而且还释放出内源性藻毒素，其中微囊藻毒素是出现频率最高、危害严重的藻类毒素。研究表明，微囊藻毒素可通过水生生物(鱼、虾、蟹、螺、蚌等)的直接摄食在生物体内积累，并通过食物链对人类健康产生危害。动物模型试验表明，微囊藻毒素具有明显的嗜肝性，其污染与肝癌的发生、肝坏死及肝内出血有密切关系，严重时甚至能引起受试生物死亡。

4) 大型水生植物退化

巢湖在 20 世纪 50 年代以前，水质良好，生物多样性十分丰富；80 年代，巢湖水质超过当时国家地表水环境质量标准Ⅲ类水标准限值；90 年代，巢湖湖泊富营养化进一步加剧，甚至出现了全湖水质超过Ⅴ类水的严重情况。巢湖富营养化程度的加剧，使得藻类过量繁殖，水体透明度下降，大型水生植物种类和数量均呈下降趋势，金鱼藻、穗花狐尾藻和轮叶黑藻等沉水植物稀少，濒临消失。

(二) 外来生物入侵

生物入侵对本地物种产生影响，并使自身发生进化。生物入侵也会导致环境污染，产生除了生物多样性下降以外的危害。

1. 生物入侵的过程

外来种入侵可以分为几个阶段：引入、逃逸、种群建立和危害。生物入侵的过程可划分为三次转移。第一次转移，是从进口到引入，称为逃逸。第二次转移，是从引入到建立种群，称为建群。第三次转移，是从建群到变成经济上有负作用的生物(即入侵种)。每次转移的概率是 10%左右，在 5%~20%之间，称为"十分之一法则"。即到达某一地区的外来种仅有 10%的物种可以发展为偶见种群，偶见种群有 10%的概率可以发展为定居种群，定居种群发展成为有害生物的概率也大约为 10%，可见一个地区所有外来种最终可以成为有害杂草或害虫的概率只有约 1/1000。

2. 生物入侵的途径

生物入侵有时是一个自然过程，有时即便没有人类的介入，生物在生物区之间、大陆之间和岛屿之间的远距离传播也有可能发生，但这种自然入侵只是小概率事件。人类的活动大大加快了生物入侵速率，使外来物种能够到达靠自然传播无法到达的生境。外来物种可以通过三种途径入侵。

1) 自然入侵

靠自身的扩散传播力或借助于自然力量而传入，这种入侵模式在现代历史上极为罕见。

2) 无意识引进

人员和物资跨区域运移无意间将外来种从原生地带到遥远的别的地区。有相当一部分入侵种是由这种方式带入的，侵入我国的蔗扁蛾、褐家鼠、豚草、紫茎泽兰、美国白蛾等都是随人员或商品贸易带入的。有些害虫是随着作物的引入而入侵的，如墨西哥棉铃虫和棉红铃虫。

3) 有意识引进

引入用于农林牧渔生产、生态环境改造与恢复、景观美化、观赏等目的的物种，由于管理不善或事前缺乏相应的风险评估，有的物种变成了入侵种。例如，我国于 1901 年从日本引入凤眼莲，并作为饲料和净化水质的植物而推广种植，后其逃逸为野生。目前，我国南方的湖泊河流普遍发生凤眼莲疯长覆盖水面、阻碍航道的现象，已经引起公众和环保部门的广泛关注。

3. 生物入侵的危害

生物入侵的危害虽然已经引起人们的警觉和注意，但是对于生物入侵造成的威胁并不是人人都能认识与自觉防范的。据初步统计，入侵我国的有害杂草约 96 种，引起较大经济损失的入侵有害昆虫、植物病害、软体动物、哺乳动物等在 80 种以上，如松材线虫、松突圆蚧、湿地松粉蚧、美国白蛾、棉红铃虫、烟粉虱、空心莲子草、薇甘菊等。

1) 生物多样性的丧失和生态环境破坏

外来种入侵对本土生物多样性具有毁灭性的影响，在《生物多样性公约》中，外来种入侵被认为是对生物多样性的第二大威胁，仅次于生境丧失。

在自然界长期的进化过程中，生物与生物之间相互制约、相互协调，将各自的种群限定在一定的生境内和数量上，形成了稳定的生态平衡系统。当其他物种入侵到本地后，会打破现有的生态平衡，同时也会破坏当地的生物多样性。原产中美洲的紫茎泽兰目前已遍布我国西南大部分地区，在紫茎泽兰入侵的区域，其他本地物种很难生长，这是由于它可以分泌根系分泌物抑制其他草本植物发芽和生长，对当地生物多样性造成严重影响。在我国云南洱海，土著鱼类有 17 种，后来人们无意引入了 13 个外来鱼种，使得 5 种土著鱼类陷入濒危状态，主要原因是外来鱼种与土著种争夺食物、产卵场所及吞食土著种的鱼卵等，破坏了原有生态系统的平衡。

2) 威胁人类的健康和安全

外来入侵生物不仅可以对生态环境、农林业生产带来巨大损失，而且直接威胁人类健康。豚草和三裂叶豚草分别于 20 世纪 30 年代和 50 年代传入我国东南沿海，随后向其他地方扩散蔓延，豚草产生的花粉是引起人类花粉过敏症的主要病原物，可以导致花粉症。

第四节　环境与人类健康

一、人类在环境中的地位

(一) 人类在自然环境中的地位和作用

自然界是一个有机整体，人只是这个整体中的一部分。人是自然界长期演化的产物，又在本质上不同于自然环境的其他事物，人是自然界唯一具有智慧的社会生物。人以自身独具的智慧和劳动，改变着自然，使自然环境成为越来越适宜人类居住的场所。然而，人类活动给自己创造优越生存环境的同时也给自然带来了极大的破坏，导致环境维持生命系统的能力下降，影响了人类的持续发展。

作为自然界的有意识自觉的改造者，人类有着地球上其他生命所不具备的力量，借此人类不断地改变自然，使原始环境发生巨变。但是，人类在未能完全认清自己与自然环境的相互关系时，尤其是意愿未受到责任感的约束时，往往过高地估计了自己的能力，滥用技术的力量，导致与良好愿望相反的后果，破坏了地球环境。

自然界是一个具有复杂结构的动态平衡的巨大系统，有自身动态的自组织的调节机制，有不以人的意志而改变的客观规律。人类尚未认识的规律总是以不可抗拒力量的方式束缚人类活动、限制着人类的自由和发展。人依存于自然，一切社会实践活动离不开自然环境。人为了取得维持自身生存和发展必需的物质资料，不得不与自然产生联系，通过实践认识自然并实现对自然的开发、改造和利用。在认识和遵循自然规律的基础上，人类通过社会性劳动，按照意愿支配自然，使得自然之力受制于人类的智慧，服务于人类。并且随着生产力的发展、科学技术的进步，人类控制自然的能力越来越强大。在某种程度上，人类成为大自然的主宰。人类从大自然争得了生存权和发展权，赢得了自然界中独特的、某种程度的"主人翁"地位。

人对自然环境有着无可比拟的巨大作用，这是人优越于其他一切事情的独有能动性的重要体现。但是，人改造自然的这种巨大力量却不是与生俱来的，是在人类社会漫长历程中逐步发展起来的。现在人类在自然中的优势地位，是在与自然界的艰苦抗争中，不断改变自身与环境的关系，经过无数代的持续努力而得以确立的。人类社会在远古时代，刚刚从动物界分化出来，生产力极其低下，人对自然的认识初期，在强大的自然力面前往往显得无能为力。人类处处受到自然的压迫，人类全部的活动都依赖于周围自然环境。那时，人的能动性只表现为制造和使用简单的石器工具，勉强地适应环境，依靠采集和狩猎而维持生存。人受缚于自然，对自然的作用力很小，引起环境的变化是微乎其微的。之后，人类在与大自然抗争中，逐渐积累起生产经验，开始认识大自然，生产力和技术随之得以发展，对大自然的利用也越来越多。人类社会从渔猎发展到农业文明、工业文明，人与自然的相互关系也发生了变化。人类由受自然力压迫，变为通过智慧和劳动充分地利用自然，获得了极大的解放。

特别是近代工业革命以来，科技迅猛发展，生产力飞速提高，人的多样需求大幅增长，人类开始大规模向自然界索取财富。从自然压迫解放出来的人类，在"知识就是力量"的号召下，对自然进行了全面的改造，推动物质文明和精神文明向前发展，获得了许多的成就。但是随着盲目开发，无限夸大主体的能动作用，人类为了自己的需求，追求最大限度的效益，导致能源危机和污染等环境问题，甚至威胁到了人类自身的生存和健康。在这样的情况下，人类再也不能忽视环境问题，环境保护意识在人类社会开始觉醒。

(二) 人类对环境的危害

1) 人类活动威胁局域生态过程

捕捞、狩猎、放牧、木材收集和伐木等类似活动都是经典的消费者与资源之间的相互作用。在大多数自然系统中，这类相互作用是稳定的，其原因是，当资源变得稀少时，开采利用的效率直线下降，之后消费者种群随之降低，或者寻求其他替代资源，直到消费者及其原有资源再回到平衡状态。然而，人类具有使用工具的本领，其利用自然系统的能力不断增强，并超过了所有部分，以致自然难以与之保持相应步伐。人类过度利用造成了部分地区自然资源匮乏。

人类交通能力逐渐提高，脚步越来越远，也带来了外来物种入侵的问题。新西兰是一个极端的例子，其大部分地区由引入的植物和动物所占据。当地森林很早以前就被砍伐掉并且被北美的松树和澳洲的桉树所替代；恐鸟因被当地毛利族捕猎而灭绝，现在是绵羊取代了它的位置。

栖息地基本性质的变化常常导致自然再生和调节过程的倾覆。土壤贫瘠的热带森林砍伐破坏了维持森林生产力的营养物质循环过程，由于暴露在强烈的淋洗作用和阳光之下，土壤的物理结构发生巨大变化，土地的生产力猛烈下降。例如，在亚马孙河流域，侵蚀率从 20 世纪 60 年代的每年每公顷 6~10 t，增加到 1985 年的 18~190 t，主要是由森林砍伐和过度放牧引起的。

与栖息地变化相关的问题不仅局限于热带森林。人类自从开始农业活动以来已经引用各种灌溉方案增加土地生产力，虽然收益巨大，但是其后果要到多年后才能显现出来。用井作为灌溉水源的地下水位下降；农药、化肥和自然有毒元素浓度上升，地下水质量明显降低；灌溉土壤盐分在干旱地区积累；水生生物传播疾病。

在农业土地上施加的肥料，有相当大一部分进入地下水，并且由此进入河流、湖泊，最后到达海洋。硝酸盐、磷酸盐和其他无机肥对河流湖泊如同对农田一样有增加生物生产力的效应，会造成水体的富营养化。

2) 毒物在环境中积累

毒物是干扰动植物正常生理功能以杀死它们的物质，人类的活动增加了一些毒物在环境中的积累。例如，矿业生产使得环境中酸类和重金属浓度变高；杀虫剂的使用使得环境中未曾有过的有机化合物浓度不断上升；核电站的使用使得当地有受到辐射的潜在威胁。

3) 大气污染在全球尺度上威胁环境

臭氧是由分子氧和二氧化氮在太阳光的条件下氧化产生的，在汽油燃烧量较大的城市，地面附近的臭氧浓度很高，对于人的健康、作物和自然植被有着极大危害。同时臭氧在上层大气中也会产生，臭氧层吸收太阳辐射，形成了保护地球表层免受紫外辐射的保护层。而人类社会产生的某些物质，如氯氟烃废气，会导致臭氧层破坏，形成臭氧层空洞。随着氯氟烃的停止使用，臭氧层空洞正在不断恢复。

大气中含有天然的二氧化碳，其对保持地球表面的温度十分重要。随着人类使用化石燃料的不断增多，大气中的二氧化碳浓度有一定幅度的提高，从而产生了温室效应。全球气温上升不仅导致海平面上升，而且导致极端天气频繁出现。

(三) 人类改善环境质量

人类为了控制环境污染和生态恶化采取了许多措施，各国除了加强立法、管理和提高技术等，还进行了广泛的国际合作。例如，为了控制温室气体的排放，国际社会进行了多次讨论，1992年6月在巴西里约热内卢举行的联合国环境与发展大会上通过了《联合国气候变化框架公约》，提出到2000年发达国家温室气体的年排放量控制在90年代的水平。1997年，在日本京都召开了缔约国第二次大会，通过了《京都议定书》，规定了6种受控温室气体，明确了世界各国采取联合行动，消减温室气体的排放量。2015年12月，巴黎气候变化大会通过了《巴黎协定》，为2020年后全球应对气候变化行动做出安排，承诺到21世纪下半叶，全球范围内的温室气体要实现"净零"排放(排放的二氧化碳与吸收和消减的量相同)。

为了遏制臭氧层耗损的趋势，自20世纪80年代以来，国际社会做出了极大的努力以减少和停止使用氯氟烃产品。1985年，美国、苏联、日本、加拿大等20多个国家签署了《保护臭氧层维也纳公约》；1987年，24个国家共同签署了《关于消耗臭氧层物质的蒙特利尔议定书》，简称《蒙特利尔议定书》，规定工业国家必须在2000年前禁止使用和生产氯氟烃，发展中国家则延迟10年执行；1990年约有60个国家在伦敦签署了《蒙特利尔议定书》的补充协议；1992年在哥本哈根对协议进行了修改，进一步强化了《蒙特利尔议定书》，要求发达国家在1995年年底就终止使用氯氟烃，并设立基金用于发达国家对第三世界国家的技术转让，生产对臭氧层无危害的化学物质。1995年，荷兰、丹麦、奥地利、瑞士和瑞典已经停止使用氯氟烃；德国于1995年1月禁止生产含氯氟烃的制冷设备。我国于1991年正式签署了《蒙特利尔议定书》，并实施了国家方案和行业战略，于1995年1月削减600 t消耗臭氧层的物质。

在物种保护方面，20世纪80年代初，国际自然保护联盟(IUCN)、联合国环境保护署(UNEP)和世界自然基金会(WWF)出版了《世界自然资源保护大纲》，在此之前，国际自然保护联盟还出版了濒危物种红皮书，呼吁全球一致行动起来，为保护物种而共同努力。

二、环境污染与人类疾病

(一) 环境污染事件

为了给人类敲响警钟，人们评选出了20世纪全球十大环境污染事件，其中有的环境污染事件不仅导致区域环境发生毁灭性破坏，而且危及人体健康。

(1) 库巴唐"死亡谷"事件。巴西圣保罗以南60千米的库巴唐市，20世纪80年代以"死亡之谷"知名于世。该市位于山谷之中，60年代引入炼油、石化、炼铁等外资企业300多家，人口剧增至15万，成为圣保罗的工业卫星城。企业随意排放废气废水，谷地浓烟弥漫、臭水横流，有20%的人得了呼吸道过敏症，医院挤满了接受吸氧治疗的儿童和老人，2万多贫民窟居民严重受害。

(2) 联邦德国森林枯死病事件。联邦德国共有森林740万 hm^2，到1983年有34%染上枯死病，每年枯死的森林体积量超过同年森林生长量的21%，先后有80多万 hm^2 森林被毁。这种枯死病来自酸雨之害。在巴伐利亚森林公园，受酸雨的影响，几乎每棵树都得了病。黑森州海拔500 m以上的枞树相继枯死，汉堡也有3/4的树木面临死亡。当时鲁尔工业区的森林里，到处可见秃树、死鸟、死蜂，该区儿童每年有数万人感染特殊的喉炎症。

(3) 印度博帕尔公害事件。1984年12月3日午夜，坐落在博帕尔市郊的联合碳化杀虫剂厂一座存储45 t异氰酸甲酯的储槽出现毒气泄漏事故。1 h后有毒烟雾袭向这个城市，形成一个方圆25 mi(1 mi ≈ 1.609344 km)的毒雾笼罩区。毒雾扩散时，居民们有的以为是"瘟疫降临"，有的以为是"原子弹爆炸"，有的以为是"世界末日的来临"。一周后，有2500人死于这场污染事故，另有1000多人病危，3000多人病重，15万人因受污染危害而进入医院就诊，还有20多万人双目失明。

(4) 切尔诺贝利核泄漏事件。1986年4月26日凌晨，乌克兰切尔诺贝利核电站一组反应堆发生泄漏事故，带有放射性物质的云团随风飘到丹麦、挪威、瑞典和芬兰等国，瑞典东部沿海地区的辐射剂量超过正常情况时的100倍。核事故使乌克兰地区10%的小麦受到影响，苏联和欧洲其他国家的畜牧业大受其害。当时预测，这场核灾难，还可能导致日后十年中10万居民患肺癌和骨癌。

(5) 雅典"紧急状态事件"。1989年11月2日上午9时，希腊首都雅典市中心大气质量监测站显示，空气中二氧化碳浓度为318 mg/m^3，超过国家标准(200 mg/m^3)59%。11时浓度升至604 mg/m^3，超过500 mg/m^3 的紧急危险线。中央政府宣布雅典进入"紧急状态"，禁止所有私人汽车在市中心行驶，限制出租汽车和摩托车行驶，并令熄灭所有燃料锅炉，主要工厂削减燃料消耗量50%。中午，二氧化碳浓度增至631 mg/m^3，超过历史最高纪录，一氧化碳浓度也突破危险线，许多市民出现头疼、乏力、呕吐、呼吸困难等中毒症状。

20世纪全球十大环境污染事件中有5件环境污染事件导致大量人群的健康受到危害，引发人体疾病。

随着我国社会经济的迅速发展，雾霾污染问题变得更加严重，不仅雾霾天气出现频率越来越高，且有加重的趋势。相关研究显示，我国雾霾污染最为严重的区域主要有四个：①华南地区，主要以珠三角地区为主；②西南地区，四川盆地是最为严重的雾霾区域；③华北地区，以北京、天津和河北为主；④以上海、江苏、浙江为主的长三角地区，雾霾污染也非常严重。中国气象局雾霾气象显示，2013年我国雾霾污染波及100多个大中型城市，全国的平均雾霾天数达到历史巅峰——29.9天，远远超过历史同期平均雾霾天数。由于环境污染等原因，我国恶性肿瘤发病率、死亡率、育龄人群的不孕不育率、出生缺陷率等均呈增长趋势，环境污染对健康的负面影响已经显现，一些地区的污染造成的健康损害问题还相当严重。

湖南是我国重要的重金属矿区之一，分布有大量优质铅锌矿和铜锌矿等重金属矿。长期以来，许多矿山由于管理不善和资金等问题，在开采过程中对矿区周围的土壤和环境造成了严重的影响。有些中小型矿山企业将尾矿和矿乱堆乱放，采矿、冶炼过程中产生大气沉降，采矿过程中产生的大量废水未经过处理，直接排入河流造成地表水和地下水重金属污染。以湖南临武县为例，2006年7月检测发现县中甘溪河水中铅、镉、砷超标严重(表10-5)。

表10-5 甘溪河水质情况

项目	铅	镉	铜	锌	砷	化学需氧量
测量值/(mg/L)	5.49	1.21	3.74	6.37	3.79	568
标准值/(mg/L)	0.05	0.005	1	1	0.05	20

由于工业布局不合理，污染物排入相对集中，区域污染叠加影响，局部区域环境质量恶化。2004年3月，长沙某化工厂提炼镉生产线，环保设施不健全，含镉废渣、废水排入环境，导致周边500 m范围的土壤、农作物和禽畜含镉超标严重，2888人中509人尿镉超标。2009年5月，湖南桂阳的冶炼企业违法排污，导致周边上百人血铅超标。

环境污染主要包括大气污染、水污染、土壤污染和噪声污染。大气污染对健康的危害主要表现如下：①引起中毒等急性危害。②造成呼吸系统疾病等慢性危害，长期生活在低浓度污染的空气环境中，引发肺炎、矽肺等疾病。③致癌作用。水体污染对健康的危害表现在：①通过饮水引发中毒。工业废水中含有的铅、镉等重金属毒物及有机物、油脂等都会引起中毒。②诱发癌症。污水中的许多污染物都会诱发癌症，导致头昏、乏力、脱发、白细胞增加或减少等病症。③污水中的病菌如伤寒、副伤寒、痢疾、结核等会传播疾病。土壤污染大多来源于水污染和大气污染，污染物通过食物进入人体而产生危害。

(二) 环境污染与癌症

大部分癌症与环境因素有关，由环境污染所产生的化学致癌物是重要的原因之一。现在已知的化学致癌物有上千种，由于它们的来源性质和作用方式不同，因而在环境中的分布也不一样。大多数致癌物质有明显的挥发性，通过烟雾尘埃的弥漫，以稳定的气溶胶形式在大气中飘移扩散，有的通过工业废水的排放而进入水体和土壤，有些则存在于食物中。

肺癌的发病率在上海、北京和东北的主要工业城市中已有显著上升的趋势，这些地区的大气污染也日渐严重，成为我国的肺癌高发区。大气中的致癌物有多环芳烃类、致癌性的金属尘埃、石棉、砷剂及氯乙烯和芳香胺等工业化合物。对多环芳烃的致癌作用研究得最早也最深入，其是呼吸致癌物的典型代表。苯并[a]芘就属于这类化合物，在炼焦、烧煤、石油燃烧、油毡厂、橡胶厂、沥青、汽车废气和香烟的烟气中都产生多环芳烃类化合物，被吸附在空气中细小颗粒上，随着呼吸进入肺脏。

食品中的致癌物除了在生产、加工、运输和储藏过程中导入污染物，或通过一些成分之间的相互作用产生致癌物，微生物的活动也能产生毒性很强的致癌物。例如，黄曲霉素是由真菌黄曲霉产生的。1960年英格兰的一些地区由于用作饲料的花生被黄曲霉污染，食用这些饲料的10万只火鸡死亡。黄曲霉素有12种，其中以B1的毒性最强，G1次之，B2和G2较弱，其对各种动物都有很强的毒害作用，最主要的是损害肝脏。在我国广西和江苏某些地区的肝癌病因调查中，都发现粮食和饲料中有黄曲霉素的污染。

卫生部的统计显示，2006年恶性肿瘤成为我国城乡居民的首要死因。我国恶性肿瘤高发的首要原因就是环境恶化。许多地方为追求GDP增长，对污染造成的严重性认识不足，将化工、印染企业都建在水边以便排污，城镇垃圾和工业废料大量倾倒，从而使得水中的苯、烯等致癌物增多，危及人们的身体健康。癌症高发已成为流域污染地区农村无法回避的现实，仅在淮河支流沙颍河就发现了二十余个癌症村。在广东省韶关市翁源县一个有3000多户居民的村子，从1987~2015年已有250余人因癌症去世。河南省沈丘县有一个2400多户居民的村子，2001~2015年已有114人死于癌症。江苏无锡市有一个200多户居民的村子，2010~2015年因癌症去世的有近20人，已查出患癌症者也有近30人，占全镇癌症患者总数的60%以上。河南省一个距离沈丘县城15 km的贫困村，有2个以上癌症患者的家庭有20多个。据1990~2004年全村死亡情况的统计，14年中共死亡204人，年平均死亡率达到了8.2‰，而以往该村的自然死亡率在5‰。癌症死亡年龄大多为50岁左右，最小的只有一岁。100多名癌症患者基本都居住在坑塘和沟渠附近，而坑塘和沟渠周围几百米内的人家几乎都有消化道类的疾病。水质分析结果表明，当时沙河沈丘段、村子水塘、干渠等水属于劣Ⅴ类水。因此，环境污染导致此类疾病。

(三) 环境污染与职业病

环境对人的健康影响不仅表现在日常生活中，也反映在工作环境中。其中由于从事某种特定职业而产生的职业病危害不容小视。造成职业病危害的因素很多，其中包括：执业活动中存在的各种有害的化学、物理、生物因素及在作业过程中产生的其他职业有害因素。目前我国《职业病分类和目录》规定了包括尘肺、职业性放射性疾病、职业中毒等在内的10大类132种疾病。

以尘肺为例，尘肺是由于在执业活动中长期吸入的生产性粉尘，在肺内滞留而引起的以肺组织弥漫性纤维化(瘢痕化)为主的全身性疾病。按其吸入粉尘的种类不同，可分为无机尘肺和有机尘肺。尘肺大部分为无机尘肺，我国法定的12种尘肺有：硅肺、煤工尘肺、石墨尘肺、炭黑尘肺、石棉肺、滑石尘肺、水泥尘肺、云母尘肺、陶工尘肺、铝尘肺、电焊工尘肺、铸工尘肺。据2006年统计，全国累计报告职业病67万多例。其中，尘肺病累计发病61万多例，死亡14万多例，1991~2006年平均每年新发尘肺患者近1万例。

2002年6月25日，广东某鞋厂发生女工中毒事件。由于正己烷中毒，20岁的田某四肢不能灵活运转，手指无法抓紧筷子。与田某一样的还有来自贵州、河南、四川、湖北等地的27名打工妹。她们由于曾在该鞋厂打过工，有的可能产生正己烷中毒，有的可能面临瘫痪的危险。鞋厂使用的胶水罐上并没有按照《职业病防治法》规定标明胶水成分及成分危害性和急救处理的方法。根据规定，产生严重职业病危害的作业岗位，应当在其醒目位置设置警示标志和中文警示说明。鞋厂车间内没有通风管和抽风机，加温隔层处也没有排气管道，有毒、无毒作业场所混在同一车间内。员工所戴的棉手套和胶手套都不符合要求。2000年，广东省政府曾组织有关部门对江门、佛山、南海、深圳和惠州等地的职业病危害情况进行调查，发现情况非常严重。广东省卫生厅的调查表明，普遍存在有章不循、地方领导对职业病危害认识不足、化学品使用管理混乱等问题。有的企业使用的化学品不标明化学成分、毒性和防护等说明，只用代号来代替。20世纪90年代以前，广东的职业病中70%为重金属中毒，1989年有机溶剂中毒占职业病的比例只有2.5%，2001年上升到80%，整体情况与发达国家类似。伴随着工业生产高速发展，新职业病种类也在迅速增加，2001年新发现了11种，2002年又发现了13种。导致中毒的行业也在扩展，电子、五金电镀、制鞋、印刷、宝石加工等行业都发现了职业病，连以前较少发生职业病的制衣业也因为化学品的使用而发现了职业病。

三、可持续发展

人类有意识、有目的地改造客观环境的能动作用，是人类区别于一切其他动物的特点。一般动物只能消极地适应周围环境，从事一些本能的活动。它们既不可能能动地认识世界，更不可能有意识、有目的地改造自然。而人类则不同，人类在社会实践中，不仅有适应周围环境及其运动变化的能力，有保护自己免受侵犯的能力，而且有能动地认识世界和能动地改造世界的能力，这种能力称为主观能动性。人类的生存和发展需要从自然界获取资源和能量，工业革命之后尤其是20世纪以来，社会生产力迅速发展，人类改造自然的能力得到极大提高。在人类的物质生活发生很大改变的同时，也出现了很多生态环境问题，包括水污染、大气污染、固体废弃物污染、酸雨、荒漠化、森林锐减、资源减少、生物多样性丧失、臭氧层损耗、全球气候异常变化、持久性有机物污染等。

面对日益严重的生态环境问题，人们自20世纪60年代起就进行了严肃的思考。联合国于1972年召开了人类环境会议，号召各国政府和人民都要关注环境、保护环境。1983年还成立了世界环境与发展委员会，要求进一步研究经济发展与环境保护的关系，寻求正确的出路。1987年，世界环境与发展委员会发表了名为"我们共同的未来"的研究报告，首次提出解决发展与环境的矛盾的正确道路是改变发展模式，走可持续发展的道路。这部著作促使联合国在1992年召开了环境与发展大会，把可持续发展战略写入了大会宣言，制定了《21世纪议程》，要求各国政府都切实实施。

（一）可持续发展的定义

联合国环境与发展大会为可持续发展所做的定义是："既符合当代人类需求，又不致损害后代人满足其需求能力的发展。"与传统的发展战略相比较，可持续发展的主要特征是：从单纯以经济增长为目标的发展转向经济、社会、资源和环境的综合发展；从注重眼前利益和局部利益的发展转向注重长远利益和整体利益的发展；从资源推动型的发展转向知识推动型的发展；从对自然掠夺的发展转向与自然和谐的发展。

中国迫切需要实施可持续发展战略。中国虽然地大物博，但人口众多，因此中国的人均资源拥有量要比世界人均资源拥有量少得多,中国资源的空间分布又很不均匀。1980年以来，中国经济发展速度远远超过了世界工业发达国家，而经济发展模式却仍然粗放，造成了严重的资源短缺、生态破坏和环境污染。

我国自1993年以来，就将可持续发展战略定为国家基本战略。党的十七大把科学发展观写入了《中国共产党章程》，十八大更是把其确立为党的指导思想，进一步要求大力推进生态文明建设。十九大提出了"绿水青山就是金山银山"新思想，有力推动了我国绿色发展和可持续发展。

(二) 可持续发展的途径

可持续发展是一个综合概念，涉及经济、社会、文化、技术和自然环境等各个方面。它不是一般意义上所指的发展进程的连续性和不被中断，而是特别强调环境资源的承载能力和永续利用对发展进程的重要性及改善生活质量的重要性，是一种立足于环境和自然资源而提出的关于人类长期发展的战略和模式。

首先，可持续发展鼓励经济增长。必须通过经济增长提高当代人的福利水平、增强国家实力和增加社会财富，源于经济活动的环境问题也只能通过经济发展来解决。但经济增长不仅包括数量的增长，更要追求质量的增长和效益的提高。因此，必须改变以"高投入、高消耗、高污染"为特征的生产和消费模式，减少每单位经济活动造成的环境压力。其次，可持续发展的标志是资源的永续利用和良好的生态环境。经济和社会的发展应以自然资源为基础，同生态环境相协调，不能超越资源和环境的承载能力。最后，可持续发展的目标是社会的全面进步。尽管各国的发展阶段和目标有所不同，但发展的本质应当包括改善人类生活质量，提高人类健康水平，创造一个保障人们平等、自由、教育和免受暴力的社会环境。因此，在可持续发展系统中，经济发展是基础，环境保护是条件，社会进步是目的，三者相互影响、彼此协调，形成一个综合体。人与环境和谐相处，共同发展，环境生物学在其中必将发挥重要的作用。

人类活动与太湖水生态环境质量的相互作用

人类活动导致太湖水环境质量下降，对水体浮游植物的演替产生重要影响。从20世纪80年代开始，太湖富营养化每隔10年上升一个等级，而水质则下降一个等级，2015年全湖处于富营养到中富营养状态，湖泊水质属于V类标准。太湖富营养化的发展和治理已历经多年，特别是"十五"以来，国家投入大量人力、物力治理太湖富营养化，试图恢复湖泊原有山清水秀的环境，但收效甚微。自1998年在太湖启动"三省一市零点达标排放"以来，太湖富营养化不但没有得到有效控制，反而呈现出进一步加剧的趋势，从太湖水体总氮和总磷监测平均值看，2008年来水质不断改善(图10-3和图10-4)。

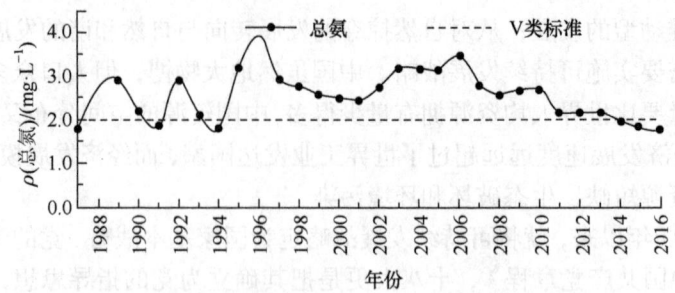

图 10-3　1987～2016 年太湖湖体总氮浓度变化过程

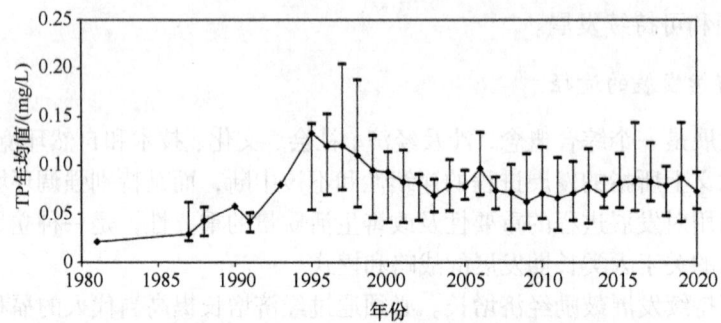

图 10-4　1980～2020 年太湖湖体总磷浓度变化过程

根据《2023 年中国环境状况公报》，太湖湖体为轻度污染，主要污染指标为总磷。湖心区、北部沿岸区和西部沿岸区为轻度污染，湖心区和东部沿岸区水质良好。全湖为轻度富营养状态，其中，东部沿岸区为中营养状态，湖心区、北部沿岸区和西部沿岸区为轻度富营养状态。

太湖流域人类活动对太湖水体的富营养化有重要影响。一段时期以来，一系列不合理的开发活动导致太湖生态系统遭受严重破坏。尤其是新中国成立后湖泊实施围垦，许多湖滨滩涂湿地遭到破坏。据统计，太湖共围垦面积 528 km^2，这些被围垦的水域绝大部分位于湖滨浅水地区，水生植物茂盛；围垦后进行种植水稻或渔业养殖等，使得原来的拦截污染物的净化区转变为输出污染物的污染源，不仅水体的净化能力下降，而且生态系统发生演替，导致太湖富营养化日趋严重。1985 年来，太湖沿湖地区工农业生产的迅猛发展，对地方经济发展及全国经济振兴有重大意义。但与此同时，随着该地区社会经济的高速发展及人口的急剧增加，大量的工业、农业、生活污水产生并源源不断地排入太湖，流域的水环境急剧恶化，给该地区的环境造成了巨大压力，对该地区经济持续发展和人们健康造成了很大威胁。太湖水质调查结果表明，20 世纪 80 年代初，太湖主要为 3 种水质类型，轻污染水域（Ⅳ类）面积占全湖的 1%，主要分布在入湖河道及小梅口附近的局部水域；尚清洁水域（Ⅲ类）占 30%，主要分布在太湖的沿岸区；较清洁水域（Ⅱ类）占 69%，主要分布在湖心区。20 世纪 80 年代末期太湖出现了重污染水域，占 0.8%，主要分布在五里湖及梅梁湖区的间江口附近，轻污染水域也上升为 3.2%。20 世纪 90 年代水质评价的结果表明，轻污染水域已占全湖面积的 70% 以上，重污染水域占 1%，同时较清洁的水域面积仍在继续缩小。

太湖水体中的主要污染物为氮、磷及耗氧有机物。大量氮、磷等营养物质进入太湖后，引起藻类等浮游生物旺盛增殖，从而破坏水体的生态平衡，富营养化程度不断加剧。20 世纪 60 年代，太湖水体的营养状态大致在贫营养状态到中营养状态之间，并且偏向贫营养状态。进入 80 年代后，水体逐渐由中营养状态向富营养状态过渡，在 80 年代末已经达到中营养化标准。90 年代后富营养化日趋加剧，并且速度越来越快，局部水体（如五里湖和梅梁湖）部分年份已表现为重富营养状态。随着太湖富营养化的加剧，浮游植物种类和数量发生显著地演替。近 30 年来的每年夏季，太湖的某些水域都不同程度地出现大量藻类水华,特别是在 1990 年和 1998 年夏季,局部水域(如竺山湖、梅梁湖、太湖西部沿岸等水域)两度发生藻类水华大量暴发,藻类总密度(监测点)最高分别达到了 7.6 亿个/L、4.3 亿个/L。随着太湖水质的恶化,尤其是富营养化的加剧,生态环境发生明显改变,已影响到人民的日常生活,制约了流域的经济发展。1990 年夏季,整个梅梁湖被藻类覆盖,水域约 100 km^2 水面藻密度在较高的数量水平上持续 25 天,局部藻细胞含量为 13 亿个/L,自来水被迫大幅度减产,近百家工厂相继被迫减产和停产,造成直接经济损失超亿元。供水量不足、水质不好,给当地居民生活造成了不利的影响。太湖富营养化和水污染日趋严重已成为国内外广泛关注且迫切需要尽快解决的环境问题。2000 年以后,太湖藻类以微囊藻为主,夏季蓝藻水华面积达 1000 km^2 以上。2007 年太湖发生大面积蓝藻水华,2008 年和 2009 年又相继形成湖泛,严重破坏了太湖水生态系统,并对社会生产和人民生活产生严重不利的影响。

太湖流域的人类活动导致太湖水体富营养化,蓝藻水华大面积暴发,不仅影响景观,而且引发饮用水安全问题,对生态环境和人体健康产生巨大危害,因此各级政府采取各种措施进行产业升级、污染控制和生态修复,同时也开展蓝藻打捞、清除蓝藻行动,有效减缓了太湖水质下降的趋势,改善了局部水质。2023 年太湖湖体平均水质为Ⅳ类,总磷、总氮浓度分别为 0.053 mg/L 和 1.08 mg/L,太湖藻情达 16 年来最高水平,从卫片可以发现,蓝藻水华在夏末才在少数区域分布,水质有效提升,藻华得到有效控制。希望通过不断努力,早日恢复太湖碧波美景。

思考题和习题

1. 淡水环境污染是如何导致生物演替的?
2. 环境污染如何导致生物变异?
3. 简述生物改变其生存环境的方式。
4. 如何实现环境与人类协调发展?
5. 论述生物与环境如何发生交互作用。

参 考 文 献

陈英旭, 等. 2008. 土壤重金属的植物污染化学. 北京: 科学出版社
顾卫兵. 2007. 环境生态学. 北京: 中国环境科学出版社
范清华, 沈红军, 张涛, 等. 2017. 1987~2016 年太湖总氮浓度变化趋势分析[J]. 环境监控与预警, 9(6): 8-13
韩阳, 李雪梅, 朱延姝, 等 2005. 环境污染与植物功能. 北京: 化学工业出版社
黄冠胜. 2014. 中国外来生物入侵与检疫防范. 北京: 中国质检出版社, 中国标准出版社
黄民生, 陈振楼. 2010. 城市内河污染治理与生态修复: 理念、方法与实践. 北京: 科学出版社
庞素艳, 于彩莲, 解磊. 2015. 环境保护与可持续发展. 北京: 科学出版社
吴浩云, 贾更华, 徐彬, 等. 2021. 1980 年以来太湖总磷变化特征及其驱动因子分析[J]. 湖泊科学, 33(4): 974-991
万冬梅. 2006. 环境与生物进化. 北京: 化学工业出版社
王焕校. 2012. 污染生态学. 3 版. 北京: 高等教育出版社
张露思. 2016. 环境生态学原理及其可持续发展研究. 北京: 中国书籍出版社